MEI GONGCHENG JISHU
JI YINGYONG TANXI

酶工程技术
及应用探析

姜华 著

内 容 提 要

全书主要内容包括：绪论，酶的生物合成法，酶的分离和纯化方法，酶的定点突变，酶分子的定向进化，酶的化学修饰，有机介质中水和有机溶剂对酶催化反应的影响，有机介质中酶催化反应的类型条件及其控制，酶非水相催化的应用，酶反应器的类型与特点，酶反应器的选择与设计，酶反应器的操作分析，酶反应器的发展，酶的应用探析和酶的安全性及管理。

图书在版编目（CIP）数据

酶工程技术及应用探析 / 姜华著. -- 北京 : 中国水利水电出版社, 2014.9（2022.9重印）
ISBN 978-7-5170-2564-1

Ⅰ. ①酶… Ⅱ. ①姜… Ⅲ. ①酶工程 Ⅳ. ①Q814

中国版本图书馆CIP数据核字(2014)第220824号

策划编辑：杨庆川　责任编辑：杨元泓　封面设计：马静静

书　名	酶工程技术及应用探析
作　者	姜 华 著
出版发行	中国水利水电出版社
	(北京市海淀区玉渊潭南路1号D座 100038)
	网址：www.waterpub.com.cn
	E-mail：mchannel@263.net(万水)
	sales@mwr.gov.cn
	电话：(010)68545888(营销中心)、82562819（万水）
经　售	北京科水图书销售有限公司
	电话：(010)63202643、68545874
	全国各地新华书店和相关出版物销售网点
排　版	北京鑫海胜蓝数码科技有限公司
印　刷	天津光之彩印刷有限公司
规　格	170mm×240mm　16开本　19.5印张　349千字
版　次	2015年5月第1版　2022年9月第2次印刷
印　数	2001-3001册
定　价	59.00元

前 言

酶工程作为生物工程的重要组成部分之一，在生物工程中所占据的地位非同一般。酶工程是指以酶学原理与化工技术相结合而形成的应用技术领域，即在一定的生物反应装置里，利用酶的催化作用，将相应的原料转化为有关物质的技术。近年来，随着基因工程、蛋白质工程和电子信息技术等高新技术的发展，酶工程也得到了迅速的发展，一些新技术、新发明和新成果如雨后春笋般涌出，已经对人们的生活和社会经济的发展产生了非同一般的影响，也在医药、轻工、能源、环保和生物技术等领域发挥着越来越重要的作用，并展现出令人憧憬的前景。

酶工程的主要内容包括酶的生产、酶的改性和酶的应用三大部分。

酶的生产(enzyme production)是通过各种方法获得人们所需的酶的技术过程，酶的生产方法可以分为酶的生物合成法和酶的分离和纯化等。

酶的改性(enzyme improving)是通过各种方法改进酶的催化特性的技术过程。酶改性是基于酶的结构及其与催化特性的关系，实现酶分子的改造和修饰。

酶具有专一性强、催化效率高、作用条件温和等显著特点。在酶的应用过程中，人们也发现酶具有稳定性较差、抗原性高、半衰期短等弱点。为了克服酶在使用过程中的不足，人们经过不断深入研究，开发出各种酶的特性改进技术，主要包括酶分子的改造和修饰、酶的非水相催化以及酶反应器分析等。近几年来，相继出现的DNA重排(DNA shuffling)技术、高通量筛选(high throughput creening)技术、易错PCR(error－prone PCR)技术定向进化(directed evolution)技术等新技术，酶分子侧链修饰技术、大分子结合技术等酶的化学修饰技术，为酶催化特性的进一步改进提供了强有力的手段，对酶工程的发展有强大的推动作用。

酶的应用(enzyme application)是在特定的条件下通过酶的催化作用，获得人们所需的产物、除去不良物质或者获得所需信息的技术过程。

酶的催化特性以及酶催化作用动力学是酶应用的基本理论。通过酶的催化作用，可以得到人们所需要的物质或者将不需要的甚至有害的物质除去，以利于人体的健康、环境的保护、经济的发展和社会的进步。目前，酶已经在食品、环境保护、医药、生物技术、饲料生产等领域广泛应用。在酶的应用过程中，酶反应器的设计非常重要，有助于控制好酶催化反应的各种条件，使酶最大程度地发挥其催化功能，以达到预期的效果。

本书内容分 7 章，包括：绪论、酶的生产方法、酶分子的改造和修饰、酶的非水相催化、酶反应器分析、酶的应用探析和酶的安全性和管理。

作者在撰写此书过程中，参考了相关专家、学者的研究成果或文献，在此对这些作者表示衷心的感谢！

由于酶工程技术的发展非常迅速，许多新技术、新成果尚来不及消化吸收，加上作者水平有限，错误和不妥之处在所难免，恳请广大读者朋友们批评指正。

作者于齐鲁工业大学
2014 年 5 月

目 录

第1章 绪 论

酶是由活细胞产生的生物催化剂,生物体内的一切代谢反应都是在酶的催化下进行的,从此意义上讲,没有酶就没有生命。探讨酶的本质和发展问题是酶学研究的内容。

酶工程又称酶技术,它是随着酶学研究的迅速发展,特别是酶的应用推广使酶学和工程学互相渗透、结合而发展成的一门新的科学技术,是酶学、微生物学的基本原理与化学工程有机结合而产生的交叉性学科,是以应用目的为出发点来研究酶,利用酶的催化特性并通过工程化将相应原料转化为目的物质的技术。因此酶工程就是酶的生产和应用技术。其主要任务是通过预先设计,经人工操作而获得大量所需的酶,并利用各种方法使酶发挥其最大的催化功能,为人类和社会服务。

近20年来,由于基因工程、蛋白质工程和计算机信息等高科技技术的发展,使酶工程技术得到了迅速的发展和应用,各种新成果、新技术、新发明不断涌现。与此同时,酶工程产业也在快速发展。美国、欧盟国家和日本,在酶工程研究和酶工程产业方面发展非常迅速,仍然居于领先地位。从世界知名企业产品所占市场份额情况看,如丹麦的Novo公司、荷兰的Gist-brocades公司是主要的酶制剂制造商,分别占世界酶制剂市场的55%与25%,美国酶制剂公司约占125,其他分别为日本、德国等国家。目前我国需要跟踪国际上的最新发展动向,制订发展计划,使我国的酶工程研究和酶工程产业取得更快的发展。

1.1 酶及酶工程研究的意义

生物工程综合性地运用生物学、化学和工程学(如化学工程和电子计算机等)的技术,以创造物种、改造物种,分离和改造生物体中的某些组分(如酶、蛋白质、核酸、细胞器等),利用生物体的某些特殊机能(如酶的催化功能、抗体的免疫功能等),为工农业生产以及医疗卫生等行业服务。现在,我国已利用生物技术手段生产贵重生化药物,如人胰岛素、干扰素、乙肝疫苗、生长激素等,产生了巨大的经济效益和社会效益。

生物工程主要分为发酵工程(微生物工程)、酶工程、基因工程和细胞工程四部分,它们相互依存、相互促进。其中,酶工程是生物工程的重要组成部分，是生物工程的核心。酶工程与发酵工程、基因工程、细胞工程有着密切的联系(图 1-1)，尤其与基因工程和发酵工程的联系更加紧密。[①]

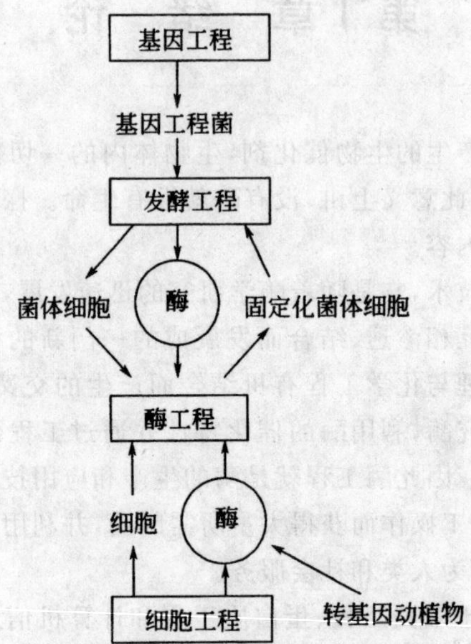

图 1-1　酶工程与发酵工程、基因工程、细胞工程的关系

运用基因工程技术和发酵工程技术可改善原有酶的性能，如提高酶的产率、增加酶的稳定性、使其在之后的提取工艺和应用过程中更容易操作。运用基因工程技术还可以将原来由有害的、未经批准的微生物产生的酶的基因，或由生长缓慢的、动植物产生的酶的基因，克隆到安全的、生长迅速的、产量很高的微生物体内，改由微生物发酵来生产。运用基因工程技术还可以通过增加编码该酶的基因的拷贝数，来提高微生物发酵产酶的数量。这一原理已成功地用于提高大肠杆菌(*E. coli*)青霉素 G 酰胺酶的产量。目前，世界上最大的工业酶制剂生产厂商丹麦诺和诺德公司(NovoNordisk)生产酶制剂的菌种约有 80％是基因工程菌。

一切生物的生命活动都是由新陈代谢的正常运转来维持的，而代谢中的各种化学反应是由各种酶的催化来实现的。没有酶，代谢就会停止。因此研究酶的理化性质及其作用机理，对于阐述生命现象的本质具有十分重要的意义。

现代生物科学技术的迅速发展已经深入到分子水平，根据生物大分子的结构与功能关系的研究来探讨生命现象的本质和规律，从酶分子水平探

① 肖连东，张彩莹．酶制剂技术．北京：化学工业出版社，2008：1-5

讨酶和生命活动、代谢调节、疾病、生长发育等的关系具有重大意义。个别酶的缺失或者酶的活性受到抑制就会引起代谢受阻或紊乱，从而引发疾病。例如，某些儿童由于缺少苯丙氨酸羟化酶而产生严重的苯基酮尿症，这是因为苯丙氨酸羟化酶的缺乏使得苯丙氨酸正常的降解途径受阻，而改变为另一条降解途径，即苯丙氨酸与 α-酮戊二酸发生转氨反应，产生苯丙酮酸，此物质积累在血液中，最后由尿排出体外。血液中过量的苯丙酮酸妨碍儿童大脑的正常发育，造成严重的智力迟钝。又如：有机磷农药由于能抑制胆碱酯酶活性，而能杀死害虫，并能使人畜中毒死亡。因此，研究酶的结构与功能及其动力学，对于阐明生命的本质和活动规律，以及阐明发病机理，指导诊断治疗，具有极其重要的作用。

对于酶及酶工程的研究还能为药物设计以及疾病的酶法快速诊断及治疗、催化剂设计提供重要的依据和新思想、新概念。在治疗疾病方面，不少酶制剂可以作为治疗疾病的药用酶，有很好的疗效。例如，来自男性尿的尿激酶在治疗各种血栓病方面有特效；天冬酰胺酶能治疗白血病和抗肿瘤；人尿胰蛋白酶抑制剂能使急性胰腺炎患者转危为安；猪、牛凝血酶在外科手术过程中用于止血，效果很好。

疾病诊断的酶法分析具有灵敏、准确、快速、简便等优点，在临床化验和化学分析方面已发挥了越来越大的作用。例如，测定血液中谷丙转氨酶活性，可以为诊断肝炎活动期及病情严重程度提供重要的依据；利用葡萄糖氧化酶电极测定血液和尿中的葡萄糖浓度，可以为糖尿病的诊断提供重要的依据；用辣根过氧化物酶标记乙肝病毒表面抗原或抗体，然后用酶标免疫测定法测定人体血液中乙肝病毒的含量，为诊断乙肝及病情提供重要的依据。

酶作为生物催化剂，与化学催化剂相比，既有共性，又有其特殊性。因此，对酶的研究成果必然能进一步充实和发展催化剂理论。

酶还是生物学研究和生物技术研究的重要工具。正是由于某些专一性酶（工具酶）的发现和研究，使蛋白质、核酸一级结构测定和基因工程研究得以突破。例如，胰蛋白酶、羧肽酶、氨肽酶等作为测定蛋白质一级结构用酶；限制性内切酶、T_7 DNA 聚合酶、核糖核酸酶、核酸酶等作为测定核酸一级结构用酶；限制性内切酶、DNA 连接酶、*Taq* DNA 聚合酶等作为基因工程的工具酶。由此可见，利用工具酶进行研究是研究分子生物学的重要手段之一，它在一定程度上推动了分子生物学的发展。

酶工程作为生物技术的组成部分之一，在生物技术中占据相当重要的位置。高效地设计生产酶、有效地改造完善酶、高效地利用酶而为人类造福，已经使酶工程在许多领域起着举足轻重的作用。酶及酶工程不但受到生物化学工作者的重视，也日益受到广大工农业、医药保健及能源环保工作者的重视。

酶及酶工程在工农业生产上日益广泛的应用已经产生了较大的经济效益和社会效益。首先是运用酶技术生产有重要价值的产品。例如,利用固定化氨基酰化酶拆分 DL-酰化氨基酸,自动连续地生产 L-氨基酸;利用固定化青霉素酰化酶合成半合成青霉素;利用固定化木瓜蛋白酶合成高甜度低热量的甜味二肽。其次是利用酶制剂改进生产工艺,提高产品质量和产率,降低生产成本。例如,用酶法代替碱皂法使蚕丝脱胶,提高了丝织物的质量;利用乳糖酶从牛奶中除去乳糖,提高了牛奶的质量;在水果加工过程中加入果胶酶,使果汁易于过滤、澄清,并提高果汁产率。

酶及酶工程就是要通过了解酶的基本特性以及获取的方法和如何应用等,开创性地高效利用酶,服务于人类,造福于社会。

1.2 酶工程的内容

酶工程(enzyme engineering)是在 1971 年第一届国际酶工程会议上才得以命名的一项新技术。根据研究和解决问题的手段不同,将酶工程分为化学酶工程和生物酶工程。

化学酶工程也可称为初级酶工程(primary enzyme engineering),是指天然酶、化学修饰酶、固定化酶及人工模拟酶的研究和应用。

生物酶工程是酶学和以 DNA 重组技术为主的现代分子生物学技术相结合的产物,也称高级酶工程(advanced enzyme engineering)。主要包括三方面内容:用基因工程技术大量生产酶(克隆酶);对酶基因进行修饰,产生遗传修饰酶(突变酶);设计新酶基因,合成自然界不曾有的、性能稳定、催化效率更高的新酶。

就酶工程本身的发展来说,包括下列主要内容。

(1)酶的生产及酶生产中基因工程技术的应用

酶制剂的来源有微生物、动物和植物,但主要的来源是微生物,因为微生物比动植物具有更多的优点。为了提高发酵液浓度,可通过选育优良菌株、构建基因工程菌、优化发酵条件来实现。工业生产需要特殊性能的新型酶,如耐高温的 α-淀粉酶、耐碱性的蛋白酶和脂肪酶等,因此,需要研究、开发、生产特殊性能新型酶的菌株。

(2)酶的分离纯化

酶的分离提纯技术是当前生物下游技术的核心。采用各种分离提纯技术,从微生物细胞及其发酵液,或动植物细胞及其培养液中分离提纯酶,制成高活性的不同纯度的酶制剂,并通过研究新的分离提纯技术来获得能更广泛地应用于国民经济各个方面的高活性、高纯度和高收率的酶制剂。

(3)酶分子改造

酶分子改造(又称酶分子修饰)包括酶的化学方法修饰和生物技术方法修饰。针对酶稳定性差、抗原性强及药用酶在机体内的半衰期较短的缺点，采用各种修饰方法对酶分子结构进行改造，以便创造出天然酶所不具备的某些优良特性(如较高的稳定性、无抗原性或抗原性较低、抗蛋白酶水解等)，以适用于医药的应用及研究工作的要求。甚至于创造出新的酶活性，扩大酶的应用，从而提高酶的应用价值，达到较大的经济效益和社会效益。

目前酶分子改造可从以下两个方面进行。

①用化学法或酶法直接改造酶蛋白分子的一级结构，或者用化学修饰法对酶分子中的侧链基团进行化学修饰，以改变酶学性质。这类酶在酶学基础研究中及医药方面特别有用。

②酶分子的定向进化，即用蛋白质工程技术对酶分子结构基因进行改造，以获得一级结构和空间结构较为合理的、具有优良特性的高活性新酶。

(4)酶和细胞固定化

酶和细胞固定化研究是酶工程的主要任务之一。为了提高分离酶的稳定性、解决酶在水溶液中与底物反应后回收再用及便于产物的分离纯化问题，以及扩大酶制剂的应用范围，采用化学或物理学方法对酶进行固定化，使水溶性酶成为不溶于水的、但仍具有酶活性状态的固定化酶，如固定化葡萄糖异构酶、固定化氨基酰化酶等，测定固定化酶的各种性质，并对固定化酶做各方面的应用与开发研究。

固定化细胞是在固定化酶的基础上发展起来的。通过对微生物细胞、动物细胞和植物细胞进行固定化，制成各种固定化生物细胞。研究固定化细胞的酶学性质，特别是动力学性质，以及研究与开发固定化细胞在各方面的应用，是当今酶工程的一个热门课题。

固定化技术是酶技术现代化的一个重要里程碑，是克服天然酶在工业应用方面的不足之处而又可以发挥酶反应特点的突破性技术。可以说没有固定化技术的开发就没有现代的酶技术。

(5)酶抑制剂、激活剂的开发及应用研究

许多类型的分子有可能会干扰个别酶的活性，凡能降低酶催化反应速度的物质称抑制剂，而能加快某种酶反应速度的物质称为激活剂。通过酶抑制剂和激活剂的开发应用研究有效阻断不必要或有害的反应，加速有用反应，并通过对一些抑制剂和激活剂对酶的作用机制的探讨，对酶的应用研究特别是对疾病治疗酶学的研究和医疗实践有着十分重要的意义。

(6)非水相介质中酶的催化

由于酶在有机介质中的催化反应具有许多优点，因此，近年来，对酶在有机介质中的催化反应的研究，已受到许多人的重视，其成为酶工程中的一个新的发展方向。对酶在有机介质中要呈现很高的活性所必须具备的条件以及有机介质对酶性质的影响的研究已取得重要进展。

(7)酶传感器(又称酶电极)

酶电极是由感受器(如固定化酶)和换能器(如离子选择性电极)所组成的一种分析装置，用于测定混合溶液中某种物质的浓度。其研究内容包括酶电极的种类、结构与原理以及酶电极的制备、性质及其应用等。

(8)酶反应器研究

酶反应器是完成酶促反应的装置。其研究内容包括酶反应器的类型及特点以及酶反应器的设计、制造及选择等。

(9)核酶、抗体酶、人工酶和模拟酶

一些核酸分子也可以有酶活性。核酶主要指一类具有生物催化功能的RNA，也称RNA催化剂；其主要研究内容为：核酶的结构、作用机制及应用。抗体酶是一类具有催化活性的抗体，是抗体的高度专一性与酶的高效催化能力二者巧妙结合的产物；其研究内容是：抗体酶的制备、结构、特性、作用机理以及催化反应类型和应用等。人工酶是用人工合成的具有催化活性的多肽或蛋白质。利用有机化学合成的方法合成了一些比酶结构简单得多的具有催化功能的非蛋白质分子，这些物质分子可以模拟酶对底物的结合和催化过程，既可以达到酶催化的高效率，又能够克服酶的不稳定性，这样的物质分子称为模拟酶；用环糊精已成功地模拟了胰凝乳蛋白酶等多种酶。

(10)酶技术的应用性开发

即研究与开发酶、固定化酶以及固定化细胞等在食品、环境保护以及医药等方面的应用。

1.3 酶工程发展概况及展望

1.3.1 酶工程发展概况

化学工业生产出大量的化工产品，极大地丰富了人们的生活，为人类社会的发展做出了重要贡献。但是随着化学工业的发展，也越来越暴露出它的弊端。在生产人类有用产品的同时，也产生了大量有害的物质，污染了环境，破坏了自然界的生态平衡，甚至危及人类的健康和生命安全。同时，化学工业在生产中常常需要高温高压，这必然要耗费大量的能源及需大量的设备投资。由于石油、煤炭等能源储量都是有限的，为了改变未来的资源和能源结构，除了积极开发新的能源外，必须采用节能而且效率高的生产技术。由于人们对酶的研究和认识的不断发展，预示了酶的应用可能为改造和发展现有化学工业开辟一条有效的途径。因为工业上的大多数化学反应能用化学催化剂催化，同时亦几乎都可以用一种或多种酶催化，显而易见，工业上许多化学催化的反应可用酶催化来代替。酶作为生物催化剂，具有大多数化学催化剂所不具备的优点：酶的催化活性极高，催化作用具有专一性，反应的副产物少，能在温和的条件下如常温常压和水溶液中起催化反应，耗能少。因此，酶的应用正好能够克服化学工业出现的弊端。如果酶能在工业上广泛应用，充分发挥它的特点，就可达到简化工艺、降低能源消耗、节省设备投资和减少环境污染的目的，使工业面貌发生明显改观。因此积极探索和研究酶的应用技术已受到世界各国尤其是发达国家的重视，推动了酶工程的迅速发展。

酶工程是在酶的生产和应用过程中逐步形成并发展起来的学科。我国劳动人民早在4000年前就已掌握了酿酒技术，商朝的酿酒业已相当发达。酒是酵母发酵的产物，是细胞内酶作用的结果。公元10世纪左右，我国已能用豆类做酱。豆酱是在霉菌蛋白酶作用下，豆类蛋白质水解所得到的产品。秦汉前已利用麦曲含有的淀粉酶将淀粉降解为麦芽糖，用于制造饴糖等等。酶作为商品生产已有100多年历史，早在1833年还没出现“酶”的定义之前，已有人用酒精沉淀出麦芽淀粉酶，叫diastase，可使2000倍淀粉液化而用于棉布退浆。但是直到19世纪人们才逐渐建立起“酶”的概念。①

19世纪30年代德国科学家Schwann发现了胃蛋白酶，化学家Patou等发现了淀粉酶，19世纪90年代E. Büchner从得到的纯净酵母液中发现了多种酶。

1894年，日本的高峰让吉首先从米曲霉中制备得到高峰淀粉酶，用作消化剂，开创了近代酶的生产和应用的先例；1908年，德国的罗姆(Rohm)从动物胰脏中制得胰酶，用于皮革的软化；1908年，法国的波伊定(Roidin)制备得到细菌淀粉酶，用于纺织品的褪浆；1911年，华勒斯坦(Wallerstein)从木瓜中获得木瓜蛋白酶，用于啤酒的澄清。1917年，法国的Boidin将用枯草杆菌产生的淀粉酶，用作纺织工业上的退浆剂。20世纪20年代，美国科学家J. Summer从刀豆中提取出一种结晶形的新物质，弄清了酶就是蛋白质，为此获得了诺贝尔化学奖。从此，人们才意识到酶的重要作用，现代

① 陈宁．酶工程．北京：中国轻工业出版社，2014：3-6

微生物酶技术才真正起步。此后，酶在工业上应用的研究逐渐深入到很多领域，酶的生产和应用逐步发展。然而，在近半个世纪的时间里，都是停留在从动物、植物或微生物细胞中提取酶并加以应用的阶段。这种方法由于受到原料来源的制约，加上受到分离纯化技术的限制，大规模的工业化生产受到一定限制。

1949 年，日本开始采用微生物液体深层培养方法进行细菌 α-淀粉酶的发酵生产，揭开了现代酶制剂工业的序幕。20 世纪 50 年代以后，随着发酵工程技术的发展，许多酶制剂都采用微生物发酵方法生产。由于微生物种类繁多，生长繁殖迅速，能在人工控制条件的生物反应器中进行生产，使酶的生产得以大规模发展。

1959 年，采用葡萄糖淀粉酶催化淀粉生产葡萄糖的新工艺研究获得成功，彻底革除了原来葡萄糖生产中需要高温高压的酸水解工艺，使得淀粉得糖率由 80％提高到 100％，致使日本 1960 年的精制葡萄糖产量猛增 10 倍。由于这项改革的成功，大大促进了酶在工业上应用的发展，先后出现了不少成功的应用实例。例如将 5f-磷酸二酯酶用于 5′-核苷酸的生产，用青霉素酰胺酶制备 6-氨基青霉烷酸（6-APA），用氨基酰化酶拆分 DL-氨基酸，用 β-酪氨酸酶催化生产 L-多巴等等。

1960 年，法国的雅各（Jacob）和莫诺德（Monod）提出操纵子学说，阐明了酶生物合成的调节机制，使酶的生物合成可以按照人们的意愿加以调节控制。在酶的发酵生产中，依据操纵子学说，进行诱导和解除阻遏等调节控制，就有可能显著提高酶的产率。

20 世纪 80 年代迅速发展起来的动植物细胞培养技术，继微生物发酵生产酶之后，已成为酶生产的又一种途径。植物细胞和动物细胞都可以同微生物细胞一样，在人工控制条件的生物反应器中进行培养，通过细胞的生命活动，得到人们所需的各种产物，其中包括各种酶。例如，通过植物细胞培养可以获得超氧化物歧化酶（SOD）、木瓜蛋白酶、木瓜凝乳蛋白酶、过氧化物酶、糖苷酶、糖化酶等。通过动物细胞培养可以获得血纤维蛋白溶酶原活化剂、胶原酶等。

随着酶生产的发展，酶的应用越来越广泛。由于酶具有专一性强、催化效率高、作用条件温和等显著特点，在食品、环境保护和医药等领域广泛应用。

在酶的应用过程中，人们注意到酶的一些不足之处。例如，大多数酶不能耐受高温、强酸、强碱、有机溶剂等作用，稳定性较差；酶通常在水溶液中与底物作用，只能作用一次；酶在反应液中与反应产物混在一起，使产物的分离纯化较为困难等。针对这些不足，人们从多方面进行研究，寻找各种方法对酶的催化特性进行改进,以便更好地发挥酶的催化功能,满足人们对酶使用的要求。

通过各种方法改进酶的催化特性的技术过程称为酶的改性(enzyme improving)。酶的改性技术主要有酶分子修饰(enzyme molecule modification)、酶固定化(enzyme immo-bilization)、酶非水相催化(enzyme catalysis in non-aquaqous phase)、酶定向进化(enzyme directed evolution)等。

1916年,美国的奈尔森(Nelson)和格里芬(Griffin)发现蔗糖酶吸附在骨炭上后,该酶仍然显示出催化活性。1953年,德国的格鲁布霍费(Grubhofer)和施来斯(Schleith)首先将聚氨基苯乙烯树脂重氮化,然后将淀粉酶、胃蛋白酶、羧肽酶和核糖核酸酶等与上述载体结合,制成固定化酶。到了20世纪60年代,固定化技术迅速发展。1969年,日本的千烟一郎首次在工业上应用固定化氨基酰化酶进行DL-氨基酸拆分而生产L-氨基酸,从此学者们开始用"酶工程"这个名词来代表酶的生产和应用的科学技术领域。1971年,在美国举行了第一届国际酶工程学术会议,会议的主题是固定化酶。

为了省去酶分离纯化的过程,出现了固定在菌体中的固定化酶(又称为固定化死细胞或固定化静止细胞)技术。固定化酶具有稳定性提高、可以反复使用或连续使用较长的一段时间、易于与产物分离等显著特点,但是固定化技术较为繁杂,而且用于固定化的酶要首先经过分离纯化。1973年,日本成功地利用固定在大肠杆菌菌体中的天冬氨酸酶,由反丁烯二酸连续生产L-天冬氨酸。现在已经有多种固定化酶用于大规模工业化生产。例如,利用固定化葡萄糖异构酶由葡萄糖生产果葡糖浆,利用固定化青霉素酰化酶生产半合成青霉素或头孢霉素,利用固定化延胡索酸酶由反丁烯二酸生成L-苹果酸,利用固定化β-半乳糖苷酶生产低乳糖奶,利用固定化天冬氨酸-β-脱羧酶由天冬氨酸生产L-丙氨酸等。

在固定化酶的基础上,又发展了固定化细胞(固定化活细胞或固定化增殖细胞)技术。1978年,日本的铃木等用固定化细胞生产α-淀粉酶研究成功。此后,采用固定化细胞生产蛋白酶、糖化酶、果胶酶、溶菌酶、天冬酰胺酶等的研究相继取得进展。1983年,Altman等人发现核糖核酸酶P(RNase P)的RNA部分具有核糖核酸酶的催化活性,而该酶的蛋白质部分(C5蛋白)却没有催化活性。RNA具有催化活性这一现象的发现,改变了有关酶的概念,被认为是近年来生物科学领域最令人鼓舞的发现之一,为此,Cech和Altman共同获得了1989年度的诺贝尔奖。

在固定化生产α-淀粉酶、糖化酶、果胶酶等的研究方面取得可喜成果。

固定化细胞可以反复或连续用于酶的发酵生产,有利于提高酶的产率,缩短发酵周期，然而只能用于生产胞外酶等容易分泌到细胞外的产物。

胞内酶等许多胞内产物之所以不能分泌到细胞外，原因是多方面的，其中细胞壁作为扩散障碍是阻止胞内产物向外分泌的主要原因之一。因此，如果能除去细胞壁这一扩散障碍，就有可能使较多的胞内产物分泌到细胞外。为此，进行固定化原生质体技术的研究。1986 年开始，华南理工大学生物工程研究所采用固定化原生质体生产碱性磷酸酶、葡萄糖氧化酶、谷氨酸脱氢酶等的研究相继取得成功，为胞内酶的连续生产开辟新途径。

在酶工程领域中，存在着与酶分子本身没有直接关系的两个重要研究方向：酶抑制剂和酶生物反应器。20 世纪 60 年代初，梅泽滨夫（Umezawa）提出了酶抑制剂的概念，从而将抗生素的研究扩大到酶抑制剂的新领域，开创了从微生物代谢产物中寻找其他生理活性物质的新时代。自此，酶抑制剂在医药和农业领域获得广泛的应用开发。其中，临床疾病治疗、新药的筛选与开发、新型农药的设计、抗病虫植物新品种培育、肥料及饲料的添加剂等方面，是当前酶抑制剂研究的热点。酶生物反应器的正确设计、选择和操作，往往可以提高酶催化效率，简化工艺流程，从而产生良好的经济效益，也是酶应用开发过程中必须重视的重要课题。

酶的性质和催化功能是由酶分子的特定结构决定的。如果酶分子的结构发生改变，就可能引起酶的性质和催化功能的改变。为了更好地发挥酶的催化功能，根本的办法是进行酶分子修饰。通过各种方法使酶分子的结构发生某些改变，从而改变酶的某些特性和功能的技术过程称为酶分子修饰。20 世纪 80 年代以来，酶分子修饰技术发展很快，修饰方法主要有：酶分子主链修饰、酶分子侧链基团修饰、酶分子组成单位置换修饰、酶分子中金属离子置换修饰和物理修饰等。广义来说，酶的固定化技术也属于酶分子修饰技术的一种。两者的主要区别在于固定化酶是水不溶性的，而修饰酶则是水溶性的。通过酶分子修饰，可以提高酶的催化效率，增加酶的稳定性，消除或降低酶的抗原性等。故此，酶分子修饰技术已经成为酶工程中具有重要意义和广阔应用前景的研究、开发领域。尤其是 20 世纪 80 年代中期发展起来的蛋白质工程，已把酶分子修饰与基因工程技术结合在一起。通过基因定位突变技术，可把酶分子修饰后的信息储存于 DNA 之中，经过基因克隆和表达，就可以通过生物合成的方法不断获得具有新的特性和功能的酶，使酶分子修饰展现出更广阔的前景。

1984 年，克利巴诺夫（Klibanov）等进行了有机介质中酶的催化作用的研究，发现脂肪酶在有机介质中不但具有催化活性，而且还具有很高的热稳定性，改变了酶只能在水溶液中进行催化的传统观念。此后，有机介质中酶的催化作用的研究迅速发展。与水溶液中酶的催化相比，酶在有机介质中的催化具有提高非极性底物或产物的溶解度、进行在水溶液中无法进行的合成反应、减少产物对酶的反馈抑制作用、提高手性化合物不对称反应的对映体选择性等显著特点，具有重要的理论意义和应用前景。

随着易错PCR(error-prone PCR)技术、DNA重排(DNA shuffling)技术、基因家族重排(gene family shuffling)技术等体外基因随机突变技术以及各种高通量筛选(highthroughput screening)技术的发展，酶定向进化(enzyme directed evolution)技术已经发展成为改进酶催化特性的强有力手段。

酶定向进化技术是模拟自然进化过程(随机突变和自然选择等)，在体外进行基因的随机突变，建立突变基因文库，通过人工控制条件的特殊环境，定向选择得到具有优良特性的酶的突变体的技术过程。

酶定向进化不需要事先了解酶的结构、催化功能、作用机制等有关信息，应用面广；通过易错PCR、DNA重排、基因家族重排等技术，在体外人为地进行基因的随机突变，短时间内可以获得大量不同的突变基因，建立突变基因文库；在人工控制条件的特殊环境下进行定向选择，进化方向明确，目的性强。酶的定向进化是一种快速有效地改进酶的催化特性(底物特异性、酶活性、稳定性、对映体选择性等)的手段，通过酶的定向进化，有可能获得具有优良特性的新酶分子。例如，1993年，Chen等通过易错PCR技术进行定向进化，使枯草杆菌蛋白酶在60%的DMF中进行非水相催化的催化效率提高157倍；1994年，斯田沫(Stemmer)等通过DNA重排技术(DNA shuffling)进行定向进化，使β-内酰胺酶的催化效率提高32000倍；2004年，阿哈若尼(Aharoni)等用基因家族重排技术进行定向进化，使大肠杆菌磷酸酶对有机磷酸酯的催化效率提高40倍，同时使该酶对有机磷酸酯的特异性提高2000倍等。酶定向进化技术已经成为酶工程研究的热点。①

经过100多年的发展，酶工程已经成为生物工程的主要内容。在世界科技和经济的发展中起重要作用。今后随着工业生物技术的发展，酶工程将以更快的速度向纵深发展，显示出广阔而诱人的前景。

1.3.2 酶工程的展望

酶工程是生物技术的一个重要组成部分。酶工程的应用范围已遍及食品、环境保护、医药和生物技术等各个方面。下面简要介绍国际上酶工程的几个展望。

---

① 郭勇．酶工程．3版．北京：科学出版社，2009：22-25

1. 非水介质中酶的催化

在无水或含微水(＜1%)的有机溶剂中，许多酶不仅能催化特殊反应，而且反应稳定性会显著提高。由于酶的反应介质的改变，使酶具备了不少水相中所不具备的特点，主要包括利于疏水性底物的反应、提高酶的热稳定性、易于实现固定化和产物回收、避免产物和底物的抑制作用及微生物污染等。

目前已证实在非水介质中酶可催化 C—O 和 C—N 键的形成、氧化反应、异构化反应等。

2. 组合生物催化

组合生物催化是酶催化、化学催化和微生物转化在组合化学中的应用，即通过生物催化技术对先导化合物的生物转化，从而建立起高质量的化合物文库，然后从文库中筛选出活性更高或性能更佳的化合物。组合生物催化技术的应用大大加快了产生新化合物的速度，经过良好设计的组合化学文库还可以大大提高了化合物结构的多样性。

3. 酶法拆分

手性化合物因分子内含有一个或多个不对称碳原子而具有不同的性质，有时同一药物的两个对映体的药效和毒性甚至可相差几十到几百倍。鉴于此，美国 FDA 申明：外消旋药物不得作为单一化合物对待，新药上市要尽可能以单一手性异构体形式出售，消旋药物申请时需要同时提供两个对映体的全部数据。这一政策极大地促进了手性药物的发展。生物催化最重要的特性是专一性(包括立体专一性)强，因此酶工程将在手性药物合成和手性拆分方面大有用武之地。

4. 寻找酶生物转化合成新途径

酶或微生物细胞作为催化剂用于手性药物及有机物的合成工业已初见成效。酶合成的专一性及选择性较化学合成具有明显优势，是有机合成化学领域的一个重大进展。酶或微生物催化的立体异构性，如羟化、环氧化、水解、对映体拆分、药物中间体合成，其中一些反应用化学法是难以进行的。

已实现工业化或准工业化的酶法或微生物法合成包括：类固醇合成、类萜合成、生物碱合成、半合成抗生素合成、核苷酸类合成、胺及日用化学品合成等。例如，高特异性脱氢酶用于酮对映体的选择性还原；氯过氧化物酶用于合成手性过氧化物及醇等。此外，酶法合成已渗透到非天然物质的合成与转化，应用于化学和电子工业。

5. 极端环境条件下新酶种类的开发

近来，人们已经发现许多极端环境，如地热环境、极地、酸性和碱性的泉以及海洋深处的高压冷环境中，都栖息着能够适应这些环境的嗜极微生物。这些嗜极微生物为我们提供了有巨大应用潜力的酶类，因此从极端环境条件下开发新的具有特殊性能的酶类，是当前的研究热点之一。嗜极微生物主要包括有嗜热微生物、嗜冷微生物、嗜盐微生物、嗜酸微生物、嗜碱微生物和嗜压微生物等。目前，人们已经发现在80～110℃条件下生长最快的嗜热微生物和古生菌，在－10～0℃条件下生长的嗜冷微生物，能够在pH接近于1.0条件下生长的嗜酸微生物，能够在pH11.0条件下生长的嗜碱微生物，能够在饱和食盐溶液（含盐32%或5.2mol/L）中生长的嗜盐微生物，能够在100MPa条件下生长的嗜压微生物等。其中，人们对嗜热微生物的研究最多，耐高温的α-淀粉酶和Taq酶等也已获得广泛的应用。①

迄今为止，人们对极端环境微生物和不可培养微生物（unculturable microorganisms）的研究还处于起步阶段。目前从自然界中分离到的微生物仅占1%，还有近99%的微生物等待着我们去开发。

6. 发挥微生物酶在环境治理中的作用

环境污染已成为制约人类社会发展的重要因素，我国年废水排放量达416亿t，年废弃二氧化硫和烟尘排放量达2000万t，工业固体废物达1000亿t，对污水的治理费用每年高达数十亿美元。不断扩张的城市、过度使用化肥以及各种工厂的肆意排污.使得中国的水资源现状不断恶化，近半数河流和湖泊严重污染。

生物技术是解决环境问题的一种工具，它能提供保护及恢复环境的新途径。最成熟的活性污泥废水处理技术就是依靠微生物酶的作用。人们已经证实微生物是自然界物质循环的关键环节，各种微生物酶能够分解环烃、芳香烃、有机磷农药、氰化物和某些人工合成的聚合物等，正成为环境保护领域研究的一个热点课题。

① 聂国兴．酶工程．北京：科学出版社，2013：8-9

第2章 酶的生产方法

通过细胞的生命活动合成各种酶的过程称为酶的生物合成。经过预先设计,通过人工操作,利用微生物、植物或动物细胞的生命活动,获得所需酶的技术过程,称为酶的生物合成法。酶的生物合成法生产根据使用的细胞不同,可以分为微生物发酵产酶、植物细胞培养产酶和动物细胞培养产酶。在酶的生产过程中,首先要选择优良的产酶细胞,再使用适宜的培养基在一定的条件下培养,通过细胞的生命活动进行酶的生物合成,然后经过分离纯化得到所需的酶。

酶的分离和纯化是酶学研究的基础,是酶工程的主要内容之一,主要包括酶制剂的制备,酶的分离与提取以及酶的纯化与精制。

2.1 酶的生物合成法

通过细胞的生命活动合成各种酶的过程称为酶的生物合成。

经过预先设计,通过人工操作,利用微生物、植物或动物细胞的生命活动,获得所需酶的技术过程,称为酶的生物合成法生产。

酶的生物合成法生产根据使用的细胞不同,可以分为微生物发酵产酶、植物细胞培养产酶和动物细胞培养产酶。

在酶的生产过程中,首先要选择优良的产酶细胞,再使用适宜的培养基在一定的条件下培养,通过细胞的生命活动进行酶的生物合成,然后经过分离纯化得到所需的酶。

2.1.1 产酶细胞的选择

虽然所有生物体的细胞在一定的条件下都能合成多种多样的酶,但是在酶的生产中使用的细胞必须根据需要进行严格的选择与培育。一般说来,用于酶的生产细胞必须具备以下几个条件。

(1)酶的产量高

优良的产酶细胞要具有高产的特性,才有较好的开发应用价值。高产细胞可以通过筛选、诱变或者采用基因克隆、细胞或原生质体融合等技术而获得。在生产过程中,如果发现退化现象,必须及时进行复壮处理,以保持细胞的高产特性。

(2)容易培养和管理

优良的产酶细胞必须容易生长繁殖，适应性强，易于控制，便于管理。

(3)产酶稳定性好

优良的产酶细胞在正常的生产条件下，要能够稳定地生长和产酶，不易退化，一旦出现退化现象，通过适当的处理，可以使其恢复原有的产酶特性。

(4)利于酶的分离纯化

要求产酶细胞及其他杂质容易和酶分离，以便获得所需纯度的酶，以满足使用要求。

(5)安全可靠、无毒性

要求产酶细胞及其代谢产物安全无毒，不会对人体和环境产生不良影响，也不会对酶的应用产生其他不良影响。

现在大多数的酶都采用微生物细胞发酵生产，也有一部分植物细胞和动物细胞用于酶的生产。现介绍常用的产酶细胞。

1. 微生物

产酶微生物包括细菌(bacteria)、放线菌(actinomycetes)、霉菌(fungi)、酵母(yeast)等。有不少性能优良的微生物菌株已经在酶的发酵生产中广泛应用，现将常用的产酶微生物简介如下。

(1)大肠杆菌

大肠杆菌(Escherichia coli)可以用于生产谷氨酸脱羧酶、天冬氨酸酶、青霉素酰化酶、天冬酰胺酶、β-半乳糖苷酶、限制性内切核酸酶、DNA 聚合酶、DNA 连接酶、核酸外切酶等多种酶。大肠杆菌产生的酶一般都属于胞内酶，通常需要经过细胞破碎才能分离得到。

(2)枯草芽孢杆菌

枯草芽孢杆菌是应用最广泛的产酶微生物，可以用于生产α-淀粉酶、蛋白酶和β-葡聚糖酶等。枯草杆菌生产的α-淀粉酶和蛋白酶等都是胞外酶，可以分泌到发酵液中，而其产生的碱性磷酸酶存在于细胞质之中。

(3)链霉菌

链霉菌是生产葡萄糖异构酶的主要微生物，还可以用于生产青霉素酰化酶、纤维素酶、碱性蛋白酶和中性蛋白酶等。此外，链霉菌还含有丰富的16-α-羟化酶，可用于甾体转化。

(4)黑曲霉

黑曲霉可用于生产多种酶，有胞外酶也有胞内酶，如糖化酶、α-淀粉酶、酸性蛋白酶、果胶酶、葡萄糖氧化酶、脂肪酶、纤维素酶、橙皮苷酶和柚苷酶等。

(5)米曲霉

米曲霉中糖化酶和蛋白酶的活力较强，这使米曲霉在我国传统的酒曲和酱油曲的制造中广泛应用。此外，米曲霉还可以用于生产氨基酰化酶、磷酸二酯酶、果胶酶和核酸酶 P 等。

(6)青霉

青霉种类很多，其中产黄青霉用于生产葡萄糖氧化酶、果胶酶和纤维素酶等。橘青霉用于生产 5′-磷酸二酯酶、脂肪酶、葡萄糖氧化酶、核酸酶 S1 和核酸酶 P1 等。

(7)木霉

木霉是生产纤维素酶的重要菌株。木霉生产的纤维素酶中包含有 C_1 酶、C_X 酶和纤维二糖酶等。此外，木霉中含有较强的 17-α-羟化酶，常用于甾体转化。

(8)根霉

根霉可用于生产糖化酶、α-淀粉酶、蔗糖酶、碱性蛋白酶、核糖核酸酶、脂肪酶、果胶酶、纤维素酶和半纤维素酶等。根霉有强的 11-α-羟化酶，是用于甾体转化的重要菌株。

(9)毛霉

毛霉常用于生产蛋白酶、糖化酶、α-淀粉酶、脂肪酶和果胶酶等。

(10)红曲霉

红曲霉可用于生产 α-淀粉酶、糖化酶、麦芽糖酶和蛋白酶等。

(11)酿酒酵母

酿酒酵母除了用于啤酒等酒类的生产外，还可以用于转化酶、丙酮酸脱羧酶和醇脱氢酶等的生产。

2. 植物细胞

植物细胞培养主要用于色素、药物和香精等次级代谢物的生产。用于产酶的植物细胞如表 2-1 所示。

表 2-1　植物细胞培养产酶

酶	产酶植物细胞
糖苷酶	胡萝卜细胞
β-半乳糖苷酶	紫苜宿细胞
漆酶	假挪威槭细胞
过氧化物酶	甜菜细胞
	大豆细胞
β-葡萄糖苷酶	利马豆细胞

续表

酶	产酶植物细胞
酸性转化酶	甜菜细胞
碱性转化酶	甜菜细胞
糖化酶	甜菜细胞
苯丙氨酸裂合酶	花生细胞
	大豆细胞
木瓜蛋白酶	番木瓜细胞
超氧化物歧化酶	大蒜细胞
菠萝蛋白酶	菠萝细胞
剑麻蛋白酶	剑麻细胞
木瓜凝乳蛋白酶	番木瓜细胞

3. *动物细胞*

动物细胞培养主要用于疫苗、抗体、激素、多肽、酶等功能蛋白质的生产，到目前为止，通过动物细胞培养生产的酶不多，主要有组织纤溶酶原激活剂(tPA)、胶原酶、尿激酶等。用于产酶的动物细胞主要有人黑色素瘤细胞、中国仓鼠卵巢细胞(CHO)、小鼠骨髓瘤细胞、牛内皮细胞等。

2.1.2 培养基的配制

培养基是指人工配制的用于细胞培养和发酵的各种营养物质的混合物。

培养基可以根据其水分含量和形态的不同，分为固体培养基、半固体培养基和液体培养基。其中固体培养基还可以根据其形状的不同，分为平板培养基、斜面培养基等；也可以根据其用途，分为种子培养基、生长培养基、发酵培养基、产酶培养基、微生物培养基、植物细胞培养基、动物细胞培养基等；还可以根据其主要营养成分的来源不同，分为天然培养基、合成培养基、麦芽汁培养基、马铃薯培养基、血清培养基等。

在设计和配制培养基时，首先要根据不同细胞和不同用途的要求，确定各种组分的种类和含量，并调节至所需的 pH，以满足细胞生长、繁殖和新陈代谢的需要。不同的细胞对培养基的要求不同，同一种细胞用于生产不同物质时，所要求的培养基也有所不同；有些细胞在生长、繁殖阶段与发酵阶段所要求的培养基也不一样。因此，必须根据需要配制不同的培养基。

1. 培养基的基本组分

虽然培养基种类繁多，但是培养基的基本组分一般包括碳源、氮源、无机盐和生长因子等几大类组分。

(1)碳源

碳源(carbon source)是指能够为细胞提供碳素化合物的营养物质。

碳是构成细胞的主要元素之一，也是所有酶的重要组成元素，所以碳源是酶的生物合成法生产中必不可少的营养物质。

在酶的生物合成法生产中，首先要从细胞的营养要求和代谢调节方面考虑碳源的选择，此外还要考虑到原料的来源是否充裕、价格是否低廉、对发酵工艺条件和酶的分离纯化有无影响等因素。

不同的细胞对碳源的利用有所不同，在配制培养基时，应当根据细胞的营养需要而选择不同的碳源。目前，大多数产酶微生物采用淀粉或其水解产物，如淀粉水解糖、麦芽糖和葡萄糖等为碳源。植物细胞通常以蔗糖为碳源，动物细胞则以谷氨酰胺或谷氨酸为碳源。此外有些微生物可以采用脂肪、石油、酒精、醋酸等为碳源。

在酶的发酵生产过程中，除了根据细胞的不同营养要求以外，还要充分注意到某些碳源对酶的生物合成具有代谢调节的功能，主要包括酶生物合成的诱导作用以及分解代谢物阻遏作用。例如，淀粉对 α-淀粉酶的生物合成有诱导作用，而果糖对该酶的生物合成有分解代谢物阻遏作用，因此，在 α-淀粉酶的发酵生产中，应当选用淀粉为碳源，而不采用果糖为碳源。同样的道理，在 β-半乳糖苷酶的发酵生产时，应当选用对该酶的生物合成具有诱导作用的乳糖为碳源，而不用或者少用对该酶的生物合成具有分解代谢物阻遏作用的葡萄糖为碳源等。

(2)氮源

氮源(nitrogen sonrce)是指能向细胞提供氮元素的营养物质。

氮元素是各种细胞中蛋白质、核酸等组分的重要组成元素之一，也是各种酶分子的组成元素。氮源是细胞生长、繁殖和酶的生产必不可少的营养物质之一。

氮源可以分为有机氮源和无机氮源两大类。有机氮源主要是各种蛋白质及其水解产物，例如，豆饼粉、蛋白水解液和氨基酸等。无机氮源是各种含氮的无机化合物，如氨水、硫酸铵、磷酸铵以及硝酸铵等铵盐和硝酸盐等。

不同的细胞对氮源有不同的要求。应当根据细胞的营养要求进行选择和配制。一般说来，动物细胞要求氨基酸、蛋白胨等有机氮源；植物细胞主要使用铵盐、硝酸盐等无机氮源；微生物细胞中，异养型细胞要求有机氮源，自养型细胞可以采用无机氮源。一般微生物使用同时含有有机氮源和无机氮源的混合氮源。

在使用无机氮源时，铵盐和硝酸盐的比例对细胞的生长和新陈代谢有显著的影响。在使用时应该充分注意。

此外，碳和氮两者的比例，即碳氮比(C/N)，对酶的产量有显著影响。所谓碳氮比一般是指培养基中碳元素(C)的总量与氮元素(N)总量之比，可以通过测定和计算培养基中碳素和氮素的含量而得出。有时也采用培养基中所含的碳源总量和氮源总量之比来表示碳氮比。这两种比值是不同的，有时相差很大，在使用时要注意。

(3)无机盐

无机盐(inorganic salt)的主要作用是提供细胞生命活动必不可缺的各种无机元素，并对细胞内外的 pH、氧化还原电位和渗透压起调节作用。

不同的无机元素在细胞生命活动中的作用有所不同。有些是细胞的主要组成元素，如磷、硫等；有些是酶分子的组成元素，如磷、硫、锌、钙等；有些作为酶的激活剂调节酶的活性，如钾、镁、锌、铜、铁、锰、钙、钼、钴、氯、溴、碘等；有些则对 pH、氧化还原电位和渗透压起调节作用，如钠、钾、钙、磷、氯等。

根据细胞对无机元素需要量的不同，无机元素可以分为大量元素和微量元素两大类。大量元素主要有：磷、硫、钾、钠、钙、镁、氯等；微量元素是指细胞生命活动必不可少，但是需要量很少的元素，主要包括：铜、锰、锌、钼、钴、溴、碘等。微量元素的需要量很少，过量反而对细胞的生命活动有不良影响，必须严加控制。

无机元素是通过在培养基中添加无机盐来提供的，一般采用添加水溶性的硫酸盐、磷酸盐、盐酸盐或硝酸盐等。有些微量元素在配制培养基所使用的水中已经足量，不必再添加。

(4)生长因子

生长因子(growth factor)又称为生长因素，是指细胞生长繁殖所必需的微量有机化合物，主要包括各种氨基酸、嘌呤、嘧啶、维生素、生长激素等。氨基酸是蛋白质的组分，嘌呤、嘧啶是核酸和某些辅酶或辅基的组分，维生素主要起辅酶作用，动、植物生长激素则分别对动物细胞和植物细胞的生长、分裂起调节作用。有的细胞可以通过自身的新陈代谢合成所需的生长因子；有的细胞属于营养缺陷型细胞，自身缺少合成某一种或几种生长因子的能力，需要在培养基中添加所需的生长因子，细胞才能正常生长、繁殖。

在酶的发酵生产中，一般在培养基中添加含有多种生长因子的天然原料的水解物，如酵母膏、玉米浆、麦芽汁、麸皮水解液等，以提供细胞所需的各种生长因子；也可以加入某种或某几种提纯的有机化合物，以满足细胞生长繁殖之需。

2. 微生物培养基

微生物培养基是用于微生物培养和发酵生产的各种培养基的总称。微生物培养基的基本成分必须包括碳源、氮源、无机盐和生长因子等，但是不同的微生物，生产不同的酶，所使用的培养基不同。即使是相同的微生物，生产同一种酶，在不同地区、不同企业中采用的培养基亦有所差别，必须根据具体情况进行选择和优化。

微生物培养基中，碳源一般采用淀粉或其水解产物，氮源一般采用同时含有有机氮源和无机氮源的混合氮源，无机盐和生长因子则根据需要而添加。

3. 植物细胞培养基

植物细胞培养基是用于植物细胞培养和生产各种产物的培养基。植物细胞培养基的基本成分同样包括碳源、氮源、无机盐和生长因子等，但是由于植物细胞与微生物的特性不同，其细胞生长和产酶过程对于培养基也有不同的要求。

(1)植物细胞培养基的特点

植物细胞培养的培养基与微生物培养基有较大的差别。其主要不同点表现在以下几点。

①植物细胞的生长和代谢需要大量的无机盐，除了 P、S、N、K、Na、Ca、Mg 等大量元素以外，还需要 Mn、Zn、Co、Mo、Cu、B、I 等微量元素。培养液中大量元素的质量浓度一般为 $10^2 \sim 3\times10^3$ mg/L(表 2-3)，而微量元素的质量浓度一般为 $10^{-2} \sim 30$mg/L(表 2-4)。

②植物细胞需要多种维生素和植物生长激素，如硫胺素、吡哆素、烟酸、肌醇、生长素、分裂素等。培养液中维生素的质量浓度一般为 0.1～100mg/L(表 2-6)；而植物生长激素的质量浓度一般为 0.1～10mg/L，例如，大蒜细胞培养生产 SOD 的培养基中，激动素(KT)的质量浓度为 0.1mg/L，2,4-二氯苯氧乙酸(2,4-D)的质量浓度为 2mg/L。

③植物细胞要求的氮源一般为无机氮源，即可以同化硝酸盐和铵盐。

④植物细胞一般以蔗糖为碳源，蔗糖的含量一般为 2%～5%。

(2)几种常用的植物细胞培养基

①MS 培养基。MS 培养基是 1962 年由 Murashinge 和 Skoog 为烟草细胞培养而设计的培养基，其主要特点是硝酸盐(硝酸钾、硝酸铵)的浓度比其他培养基高。广泛应用于植物细胞、组织和原生质体培养。

②B_5 培养基。B_5 培养基是 1968 年 Gamborg 等人为大豆细胞培养而

设计的培养基，其主要特点是铵盐的浓度较低，适用于双子叶植物特别是木本植物的组织、细胞培养。

③White 培养基。White 培养基是 1934 年由 White 为番茄根尖培养而设计的培养基，其特点是无机盐浓度较低，适用于生根培养。

④KM－8P 培养基。KM-8P 培养基是 1974 年为原生质体培养而设计的，其特点是有机成分的种类较全面，包括多种单糖、维生素和有机酸，在原生质体培养中广泛应用。

现将 MS 培养基和 B_5 培养基的组成列于表 2-2、2-3、2-4、2-5 和 2-6，供参考。

表 2-2 MS 和 B5 培养基的组成

组分	MS 培养基(每升含量)	B_5 培养基(每升含量)
碳源	蔗糖 30g	蔗糖 20g
大量元素	MS1 液 100mL	B_5 L 液 100mL
微量元素	MS2 液 10mL	B_5 M 液 10mL
铁盐	MFe 液 10mL	B_5 Fe 液 10mL
维生素	MB^+ 液 10mL	B_5 V 液 10mL
pH	5.7	5.5

表 2-3 MS 和 B_5 培养基中大量元素母液(10 倍浓度)的组成

组分	MS1 液/$(g \cdot L^{-1})$	B_5 L 液/$(g \cdot L^{-1})$
KNO_3	19.0	25.0
NH_4NO_3	16.5	—
$(NH_4)_2SO_4$	—	1.34
$CaCl_2 \cdot 2H_2O$	4.4	1.5
$MgSO_4 \cdot 7H_2O$	3.7	2.5
KH_2PO_4	1.7	—
NaH_2PO_4	—	1.5

表 2-4　MS 和 B_5 培养基中微量元素母液(100 倍浓度)的组成

组分	MS2 液/($g \cdot L^{-1}$)	B_5M 液/($g \cdot L^{-1}$)
H_2BO_3	0.62	0.30
$MgSO_4 \cdot H_2O$	1.56	1.0
$ZnSO_4 \cdot 7H_2O$	0.86	0.2
$Na_2MoO_4 \cdot 2H_2O$	0.025	0.025
$CuSO_4 \cdot 5H_2O$	0.0025	0.0025
$CoCl_2 \cdot 6H_2O$	0.0025	0.0025
KI	0.083	0.075

表 2-5　MS 和 B_5 培养基中铁盐母液(100 倍浓度)的组成

组分	MFe 液/($g \cdot L^{-1}$)	B_5Fe 液/($g \cdot L^{-1}$)
$FeSO_4 \cdot 7H_2O$	2.78	2.78
Na_2-EDTA	3.73	3.73

表 2-6　MS 和 B_5 培养基中维生素母液(100 倍浓度)的组成

组分	MB^+ 液/($g \cdot L^{-1}$)	B_5V 液/($g \cdot L^{-1}$)
甘氨酸	0.20	—
盐酸硫胺素	0.01	1.0
烟酸	0.05	0.1
吡哆素	0.05	0.1
肌醇	10.00	10.0

(3)植物细胞培养基的配制

植物细胞培养基的组成成分较多,各组分的性质和含量各不相同。为了减少每次配制培养基时称取试剂的麻烦,同时为了减少微量试剂在称量时造成的误差,通常将各种组分分成大量元素溶液、微量元素溶液、维生素溶液和植物激素溶液等几个大类,先配制成 10 倍或者 100 倍浓度的母液,放在冰箱保存备用。在使用时,吸取一定体积的各类母液,按照比例混合、稀释,制备得到所需的培养基。

①大量元素母液,即含有 N、P、S、K、Ca、Mg 和 Na 等大量元素的无机盐混合液。由于各组分的含量较高,一般配制成 10 倍浓度的母液。在使用时,每配制成 1L 培养液,吸取 100mL 母液。在配制母液时,要先将各个组

分单独溶解，然后按照一定的顺序一边搅拌，一边混合，特别要注意将钙离子(Ca^{2+})与硫酸根、磷酸根离子错开，以免生成硫酸钙或磷酸钙沉淀。

②微量元素母液，即含有B、Mn、Zn、Co、Cu、Mo和I等微量元素的无机盐混合液。由于各组分的含量低，一般配制成100倍浓度的母液。在使用时，每配制1L培养液，吸取10mL母液。

③铁盐母液，因为铁离子与其他无机元素混在一起放置时，容易生成沉淀，所以铁盐必须单独配制成铁盐母液。铁盐一般采用螯合铁(Fe-EDTA)，通常配制成100倍(或者200倍)浓度的铁盐母液。在使用时，每配制1L培养液，吸取10mL(或者5mL)铁盐母液。在MS和B_5培养基中，铁盐浓度为0.1mmol/L。如果配制100倍浓度的铁盐母液，即配制10mmol/L铁盐母液，可以用2.78g $FeSO_4 \cdot 7H_2O$和3.73g Na_2-EDTA溶于1L水中，在使用时，每配制1L培养液，吸取10mL母液。

④维生素母液，是各种维生素和某些氨基酸的混合液。一般配制成100倍浓度的母液。在使用时，每配制1L培养液，吸取10mL母液。

⑤植物激素母液，各种植物激素单独配制成母液，一般质量浓度为100mg/L，使用时根据需要取用。由于大多数植物激素难溶于水，需要先溶于有机溶剂或者酸、碱溶液中，再加水定容到一定的浓度。它们的配制方法如下。

2,4-D(2,4-二氯苯氧乙酸)母液：称取2,4-D 10mg，加入2mL 95%乙醇，稍加热使之完全溶解，(或者用2mL 1mol/L的NAOH溶解后)加蒸馏水定容至100mL。

IAA(吲哚乙酸)母液：称取IAA 10mg，溶于2mL 95%乙醇中，再用蒸馏水定容至100mL。IBA(吲哚丁酸)、GA(赤霉酸)母液的配制方法与此相同。

NAA(萘乙酸)母液：称取NAA 10mg，用2mL热水溶解后，定容至100mL。

KT(kinetin，激动素)母液：称取KT 10mg，溶于2mL 1mol/L的HCl中，用蒸馏水定容至100mL。BA(苄基腺嘌呤)母液的配制方法与此相同。

玉米素(zeatin)母液：称取玉米素10mg，溶于2mL 95%乙醇中，再加热水定容至100mL。

4. 动物细胞培养基

动物细胞培养基是用于动物细胞培养和生产各种产物的培养基，包括碳源、氮源、无机盐和生长因子等营养成分，但是比微生物培养基和植物细胞培养基复杂得多。

(1)动物细胞培养基的组分

动物细胞培养基的组分较为复杂，包括氨基酸、维生素、无机盐、葡萄糖、激素和生长因子等。

①氨基酸。在动物细胞培养基中,必须加进各种必需氨基酸(赖氨酸、苯丙氨酸、亮氨酸、异亮氨酸、缬氨酸、甲硫氨酸、组氨酸、色氨酸)以及半胱氨酸、酪氨酸、谷氨酰胺等。其中多数动物细胞利用谷氨酰胺作为碳源和能源,有些动物细胞则利用谷氨酸。

②维生素。动物细胞培养所需的各种维生素,在含血清的培养基中一般由血清提供;在血清含量低的培养基中或者在无血清的培养基中,必须补充B族维生素,有的还需补充维生素C。

③无机盐。动物细胞培养基中必须添加含有大量元素的无机盐,如Na^+、K^+、Ca^{2+}、Mg^{2+}、PO_3^{3-}、SO_4^{2-}、Cl^-、HCO_3等,主要用于调节培养基的渗透压。而微量元素一般由血清提供,在无血清培养基或血清含量低的培养基中,则需要添加Fe、Cu、Zn和Se等。

④葡萄糖。大多数动物细胞培养基中含有葡萄糖,作为碳源和能源使用。但是葡萄糖含量较高的培养基在细胞培养过程中容易产生乳酸。研究表明,在动物细胞培养中,细胞所需的能量和碳素来自谷氨酰胺。

⑤激素。动物细胞培养过程中需要胰岛素、生长激素、氢化可的松等激素。其中,胰岛素可以促进细胞对葡萄糖和氨基酸的吸收和代谢;生长激素与促生长因子结合,有促进有丝分裂的效果;氢化可的松可促进细胞黏着和增殖,然而当细胞浓度较高时,氢化可的松可抑制细胞生长并诱导细胞分化。动物细胞培养所需的激素一般在血清中已经存在,但在低血清或者无血清培养基中必须添加适当的激素。

⑥生长因子。血清中含有各种生长因子,可以满足细胞的需要。在无血清或者低血清培养基中,需要添加适量的表皮生长因子、神经生长因子、成纤维细胞生长因子等。

(2)动物细胞培养基的配制

动物细胞培养液的组分复杂,有些组分的含量很低,所以应首先配制各类母液,如100倍浓度氨基酸母液、1000倍浓度维生素母液、100倍浓度葡萄糖母液(溶解于平衡盐溶液)等。在使用前,分别吸取一定体积的母液,混匀得到混合母液,膜过滤除菌后,冷冻备用;使用时,取一定体积的混合母液,用无菌的平衡盐溶液稀释至所需浓度。

在母液配制时,要确保所有组分都能完全溶解,并在灭菌及保存过程中不产生沉淀。如果采用无血清培养基,则需要补充各种激素和生长因子等组分,如表2-7所示。

表 2-7 无血清培养基的补充组分

	组分	浓度
激素和生长因子	胰岛素(INS)	0.1～10mg/L
	胰高血糖素	0.05～5mg/L
	表皮生长因子(EGF)	1～100μg/L
	神经生长因子(NGF)	1～10μg/L
	成纤维细胞生长因子(FGF)	1～100μg/L
	促卵泡激素释放因子(FSH)	50～500μg/L
	生长激素(GH)	50～500μg/L
	促黄体激素(LH)	0.5～2mg/L
	促甲状腺激素释放因子(TRH)	1～10μg/L
	促黄体激素释放因子(LHRH)	1～10μg/L
	前列腺素 E1(PG-E1)	1～100μg/L
	前列腺素 F2α	1～100μg/L
	三碘甲腺原氨酸(T_3)	1～100μg/L
	甲状旁腺激素(PTH)	1μg/L
	促生长因子(SMC)	1μg/L
	氢化可的松(HC)	10～100nmol/L
	黄体酮	1～100nmol/L
	赤二醇	1～10nmoL/L
	睾酮	1～10nmol/L
结合蛋白	转铁蛋白(TF)	0.5～100μg/L
	无脂肪酸清蛋白	1g/L
贴壁及铺展因子	冷不溶球蛋白	2～10μg/L
	血清铺展因子	0.5～5μg/L
	胎球蛋白	0.5g/L
	胶原胶	基底膜层
	聚赖氨酸	基底膜层

续表

	组分	浓度
小分子营养物质	H_2SeO_3	10～100nmol/L
	$CdSO_4$	0.5μmol/L
	丁二胺	100μmol/L
	维生素 C	10mg/L
	维生素 E	10mg/L
	维生素 A	50mg/L
	亚油酸	3～5mg/L

现在常用的各种动物细胞培养基都已经商品化生产，一般有培养液、10倍浓度培养液、粉末状培养基等形式，可以根据需要选购使用。由于谷氨酰胺不稳定（在培养液中的半衰期，4℃时为3周，36.5℃时为1周），要单独配制并冷冻保存。

2.1.3 产酶工艺条件及其控制

在酶的生产过程中，除了选择性能优良的产酶细胞和配制适宜的培养基以外，还必须进行产酶工艺条件的优化控制，以满足细胞生长、繁殖和产酶的需要。酶生产的一般工艺流程如图 2-1 所示。

1. 细胞活化与扩大培养

在进行酶的生产之前，通常将选育得到的优良产酶细胞通过真空冷冻干燥保藏、低温保藏和石蜡油保藏等方法进行细胞保藏，以保持细胞的生长、繁殖和产酶特性。

在酶的生产过程中，首先要将保藏的细胞接种于新鲜的培养基上，在一定的条件下进行培养，使细胞的生命活性得以恢复，这个过程称为细胞活化。

活化了的细胞需在种子培养基中经过一级乃至数级的扩大培养，以获得足够数量的优质细胞。种子扩大培养所使用的培养基和培养条件，应当适合细胞生长、繁殖的最适条件。种子培养基中一般含有较为丰富的氮源，碳源可以相对少一些。种子扩大培养时，温度、pH、溶解氧等培养条件，应尽量满足细胞生长和繁殖的需要。种子扩大培养的时间一般以培养到细胞对数生长期为宜。进入下一级种子扩大培养或接入发酵罐的种子量一般为下一工序培养基总量的1%～10%。

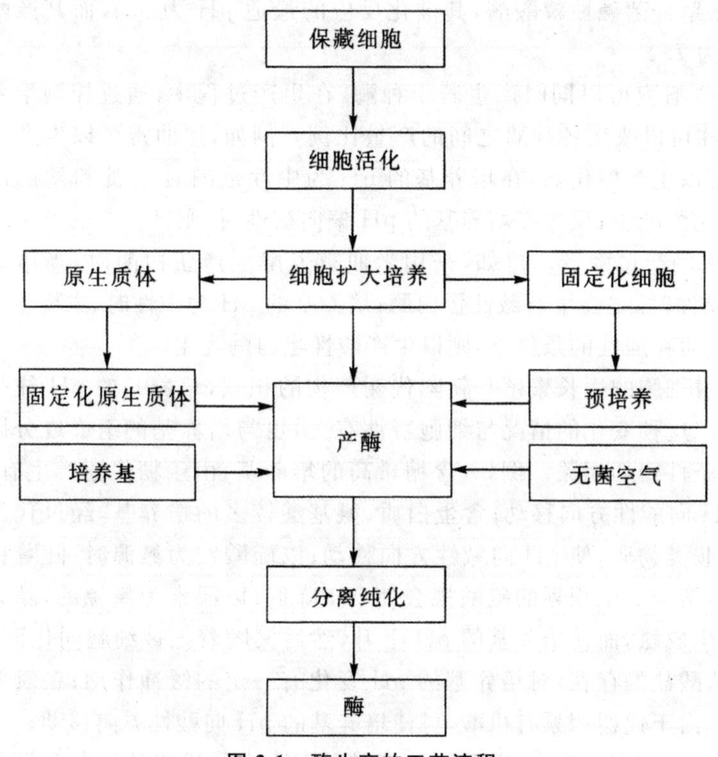

图 2-1　酶生产的工艺流程

2. 产酶工艺条件的优化与调节控制

(1)pH 的优化与调节控制

培养基的 pH 与细胞的生长繁殖以及产酶关系密切,除了在起始培养基中调节到适宜的 pH 以外,在产酶过程中必须根据变化的情况进行必要的调节控制。

不同的细胞,其生长繁殖的最适 pH 有所不同。一般细菌和放线菌的生长最适 pH 在中性或碱性范围(pH 6.5～8.0),霉菌和酵母的最适生长 pH 为偏酸性(pH 4～6),植物细胞生长的最适 pH 为 5.2～5.8,动物细胞生长的最适 pH 为 7.2～7.6。

细胞产酶的最适 pH 与生长最适 pH 往往有所不同。细胞生产某种酶的最适 pH 通常接近于该酶催化反应的最适 pH。例如,发酵生产碱性蛋白酶的最适 pH 为碱性(pH 8.5～9.0),生产中性蛋白酶的 pH 以中性或微酸性(pH 6.0～7.0)为宜,而酸性条件(pH 4～6)有利于酸性蛋白酶的产生。然而,有些酶在其催化反应的最适条件下,产酶细胞的生长和代谢可能受到影响,在此情况下,细胞产酶的最适 pH 与酶催化反应的最适 pH 有所差别,如枯草杆菌碱性磷酸酶,其催化反应的最适 pH 为 9.5,而其产酶的最适 pH 为 7.4。

有些细胞可以同时产生若干种酶,在生产过程中,通过控制培养基的 pH,往往可以改变各种酶之间的产量比例。例如,黑曲霉可以生产 α-淀粉酶,也可以生产糖化酶,在培养基的 pH 为中性范围时,α-淀粉酶的产量增加而糖化酶减少;反之在培养基的 pH 偏向酸性时,则糖化酶的产量提高而 α-淀粉酶的产量降低。再如,采用米曲霉发酵生产蛋白酶时,当培养基的 pH 为碱性时,主要生产碱性蛋白酶;培养基的 pH 为中性时,主要生产中性蛋白酶;而在酸性的条件下,则以生产酸性蛋白酶为主。

随着细胞的生长繁殖和新陈代谢产物的积累,培养基的 pH 往往会发生变化。这种变化的情况与细胞特性有关,也与培养基的组成成分以及发酵工艺条件密切相关。例如,含糖量高的培养基,由于糖代谢产生有机酸,会使 pH 向酸性方向移动;含蛋白质、氨基酸较多的培养基,经过代谢产生较多的胺类物质,使 pH 向碱性方向移动;以硫酸铵为氮源时,随着铵离子被利用,培养基中积累的硫酸根会使 pH 降低;以尿素为氮源的,随着尿素被水解生成氨,而使培养基的 pH 上升,然后又随着氨被细胞同化而使 pH 下降;磷酸盐的存在,对培养基的 pH 变化有一定的缓冲作用;在氧气供应不足时,由于代谢积累有机酸,可使培养基的 pH 向酸性方向移动。

所以在产酶过程中,需要对培养基的 pH 进行适当的控制和调节。调节 pH 的方法可以通过改变培养基的组分或其比例,也可以使用缓冲液来稳定 pH,或者在必要时通过添加适宜的稀酸、稀碱溶液的方法,调节培养基的 pH,以满足细胞生长和产酶的要求。

(2)温度的优化与调节控制

培养温度对细胞的生长繁殖和发酵产酶有重要影响。只有在一定的温度范围内,细胞才能正常生长、繁殖和维持正常的新陈代谢。

不同的细胞有各自不同的最适生长温度。例如,枯草杆菌的最适生长温度为 34～37℃,黑曲霉的最适生长温度为 28～32℃,植物细胞一般生长适宜温度为 22～28℃,动物细胞的适宜温度通常为 36～37℃。

有些细胞产酶的最适温度与细胞生长最适温度有所不同,而且往往低于生长最适温度。这是由于在较低的温度条件下,可以提高酶所对应的 mRNA 的稳定性,增加酶生物合成的延续时间,从而提高酶的产量。例如,采用酱油曲霉生产蛋白酶,在 28℃的温度条件下,其蛋白酶的产量比在 40℃条件下高 2～4 倍;在 20℃的条件下,则其蛋白酶产量更高,但是细胞生长速度较慢。如果温度太低,则由于代谢速度缓慢,反而降低酶的产量,延长生产周期。植物细胞一般生长适宜温度为 22～28℃,温度高些,对生长有利，但是在产酶阶段，温度以低些为好，所以必须进行试验，以确定最佳产酶温度。为此在有些酶的生产过程中，要在不同的阶段控制不同的温度，即在细胞生长阶段控制在细胞生长的最适温度范围，而在产酶阶段，控制在产酶最适温度范围。

在细胞生长和产酶过程中，由于细胞的新陈代谢作用，会不断放出热量，使培养基的温度升高，同时，由于热量的不断扩散，会使培养基的温度不断降低。两者综合结果，决定了培养基的温度。由于在细胞生长和产酶的不同阶段，细胞新陈代谢放出的热量有较大差别，散失的热量又受到环境温度等因素的影响，使培养基的温度发生变化，为此必须及时对温度进行调节控制，使培养基的温度维持在适宜的范围内。温度的调节一般采用热水升温、冷水降温的方法。为了及时进行温度的调节控制，在生物反应器中，均应设计有足够传热面积的热交换装置，如排管、蛇管和喷淋管等，并且随时备有冷水和热水，以满足温度调控的需要。

(3)溶解氧的优化与调节控制

溶解氧(soluble oxygen)是指溶解在培养基中的氧气。由于氧是难溶于水的气体，通常培养基中的溶解氧并不多，而在培养基中培养的细胞一般只能吸收和利用溶解氧，所以在细胞培养过程中，培养基中原有的溶解氧很快就会被细胞利用完。

为了满足细胞生长繁殖和产酶的需要，在生产过程中必须不断供给氧(一般通过供给无菌空气来实现)，使培养基中的溶解氧保持在一定的水平。

溶解氧的调节控制，就是要根据细胞对溶解氧的需要量，连续不断地进行补充，使培养基中溶解氧的量保持恒定。

细胞对溶解氧的需要量与细胞的呼吸强度及培养基中的细胞浓度密切相关。可以用耗氧速率 K_{O_2} 表示：

$$\mathrm{K_{O_2}} = \mathrm{Q_{O_2}} \cdot \mathrm{C_c}$$

式中，$\mathrm{K_{O_2}}$ 为耗氧速率，指的是单位体积(L，mL)培养液中的细胞在单位时间(h，min)内所消耗的氧气量(mmol，mL)。耗氧速率一般以“mmol氧/(h·L)”表示；$\mathrm{Q_{O_2}}$ 为细胞呼吸强度，是指单位细胞量(每个细胞，g干细胞)在单位时间(h，min)内的耗氧量，一般以“mmol/(h·g干细胞)”或“mmol氧/(h·每个细胞)”表示。细胞的呼吸强度与细胞种类以及细胞的生长期有关。不同的细胞其呼吸强度不同，同一种细胞在不同的生长阶段，其呼吸强度亦有所差别。一般细胞在生长旺盛期的呼吸强度较大，在发酵产酶高峰期，由于酶的大量合成，需要大量氧气，其呼吸强度也大。C_c 为细胞浓度，指的是单位体积培养液中细胞的量，以“g干细胞/L”或者“个细胞/L”表示。

在酶的生产过程中，处于不同生长阶段的细胞，其细胞浓度和细胞呼吸强度各不相同，致使耗氧速率有很大的差别。因此必须根据耗氧量的不同，不断供给适量的溶解氧。

溶解氧的供给，一般是将无菌空气通入发酵容器，再在一定的条件下，使空气中的氧溶解到培养液中，以供细胞生命活动之需。培养液中溶解氧的量，取决于在一定条件下氧气的溶解速率。

氧的溶解速率又称为溶氧速率或溶氧系数，用 K_d 表示。溶氧速率是指单位体积的发酵液在单位时间内所溶解的氧的量，其单位通常以"mmol 氧/(h·L)"表示。

溶氧速率与通气量、氧气分压、气液接触时间、气液接触面积以及培养液的性质等有密切关系。一般说来，通气量越大、氧气分压越高、气液接触时间越长、气液接触面积越大，则溶氧速率越大。培养液的性质，主要是黏度、气泡以及温度等对于溶氧速率有明显影响。

当溶氧速率和耗氧速率相等时，即 $K_{O_2}=K_d$ 的条件下，培养液中的溶解氧的量保持恒定，可以满足细胞生长和发酵产酶的需要。

在细胞耗氧速率发生改变时，必须相应地对溶氧速率进行调节。

调节溶解氧的方法主要有以下几种。

①调节通气量。通气量是指单位时间内流经培养液的空气量(L/min)，也可以用培养液体积与每分钟通入的空气体积之比表示。例如，$1m^3$ 培养液，每分钟流经的空气量为 $0.5m^3$，即通气量为 1∶0.5；每升培养液，每分钟流经的空气为 2L，则通气量为 1∶2 等。在其他条件不变的情况下，增大通气量，可以提高溶氧速率；反之，减少通气量，则使溶氧速率降低。

②调节氧的分压。提高氧的分压，可以增加氧的溶解度，从而提高溶氧速率。通过增加发酵容器中的空气压力，或者增加通入的空气中的氧含量，都能提高氧的分压，会使溶氧速率提高。

③调节气液接触时间。气液两相的接触时间延长，可以使氧气有更多的时间溶解在培养基中，从而提高溶氧速率；气液接触时间缩短，则使溶氧速率降低。可以通过增加液层高度，降低气流速率，在反应器中增设挡板，延长空气流经培养液的距离等方法，以延长气液接触时间，提高溶氧速率。

④调节气液接触面积。氧气溶解到培养液中是通过气液两相的界面进行的。增加气液两相接触界面的面积，将有利于提高氧气溶解到培养液中的溶氧速率。为了增大气液两相接触面积，应使通过培养液的空气尽量分散成小气泡。在发酵容器的底部安装空气分配管，使气体分散成小气泡进入培养液中，是增加气液接触面积的主要方法。装设搅拌装置或增设挡板等可以使气泡进一步打碎和分散，也可以有效地增加气液接触面积，从而提

高溶氧速率。

⑤改变培养液的性质。培养液的性质对溶氧速率有明显影响,如果培养液的黏度大,在气泡通过培养液时,尤其是在高速搅拌的条件下,会产生大量泡沫,影响氧的溶解。可以通过改变培养液的组分或浓度等方法,有效地降低培养液的黏度;设置消泡装置或添加适当的消泡剂,可以减少或消除泡沫的影响,以提高溶氧速率。

如果溶氧速率低于耗氧速率,则细胞所需的氧气量不足,必然影响其生长繁殖和新陈代谢,使酶的产量降低。然而,过高的溶氧速率对酶的发酵生产也会产生不利的影响,一方面会造成浪费,另一方面,高溶氧速率也会抑制某些酶的生物合成,如青霉素酰化酶等。此外,为了获得高溶氧速率而采用的大量通气或快速搅拌,也会使某些细胞(如霉菌、放线菌、植物细胞、动物细胞、固定化细胞等)受到损伤。所以在生产过程中,应尽量控制溶氧速率等于耗氧速率。

2.1.4 微生物发酵产酶

1. 微生物发酵产酶的方式及其特点

微生物的研究历史较长,而且微生物具有种类多、易培养、代谢能力强等特点,在酶的生产中广泛采用。

酶的发酵生产根据微生物培养方式的不同,可以分为固体培养发酵、液体深层发酵、固定化细胞发酵和固定化原生质体发酵等。

固体培养发酵是在固体或者半固体的培养基中接种微生物,在一定条件下进行发酵,以获得所需酶的发酵方法,我国传统的各种酒曲、酱油曲等都是采用这种方法进行生产。其主要目的是获得所需的淀粉酶类和蛋白酶类,以催化淀粉和蛋白质的水解。固体培养发酵的优点是设备简单、操作方便、麸曲中酶的浓度较高,特别适用于各种霉菌的培养和发酵产酶;其缺点是劳动强度较大、原料利用率较低、生产周期较长。

液体深层发酵是在液体培养基中接种微生物,在一定的条件下进行发酵,生产所需酶的发酵方法。液体深层发酵不仅适合于微生物细胞的发酵生产,也可以用于植物细胞和动物细胞的培养。液体深层发酵的机械化程度较高,技术管理较严格,酶的产率较高,质量较稳定,产品回收率较高,是目前酶发酵生产的主要方式。

固定化细胞发酵是在固定化酶的基础上发展起来的发酵技术。固定化细胞是指固定在水不溶性的载体上,在一定的空间范围内进行生命活动的细胞。固定化细胞发酵具有提高产酶能力,发酵稳定性好,可以反复使用或连续使用,利于连续化、自动化生产,利于产品分离纯化,提高产品质量等显著特点。

固定化原生质体发酵是20世纪80年代中期发展起来的技术。固定化原生质体是指固定在载体上，在一定的空间范围内进行生命活动的原生质体。

固定化原生质体由于除去了细胞壁这一扩散屏障，有利于胞内物质透过细胞膜分泌到细胞外。这样就可以不经过细胞破碎和提取步骤直接从发酵液中分离得到所需的发酵产物，为胞内酶等胞内物质的工业化生产开辟新途径。

2. 提高产酶量的措施

(1)添加诱导物

诱导物是能够使某些酶的生物合成开始或者加速进行的物质。例如，纤维二糖是纤维素酶的诱导物，蔗糖是蔗糖酶的诱导物。

在诱导酶的发酵过程中，添加适宜的诱导物，在一定的条件下，就可以加速酶的生物合成，从而显著提高酶的产量。例如，在葡萄糖受到限制的培养基中，添加乳糖可以显著提高β-半乳糖苷酶的产量等。

一般说来，不同的酶有各自不同的诱导物，然而，有时一种诱导物可以诱导同一个酶系的若干种酶的生物合成。如β-半乳糖苷可以同时诱导乳糖系的β-半乳糖苷酶、透过酶和β-半乳糖乙酰化酶等3种酶的生物合成。

同一种酶往往有多种诱导物，例如纤维素、纤维糊精、纤维二糖等都可以诱导纤维素酶的生物合成等。在实际应用时可以根据酶的特性、诱导效果和诱导物的来源、价格等方面进行选择。

诱导物一般可以分为3类，酶的作用底物、酶的催化反应产物和酶作用底物的类似物。

①酶的作用底物。许多诱导酶都可以由其作用底物诱导产生。例如，大肠杆菌在以葡萄糖为单一碳源的培养基中生长时，每个细胞平均只含有1分子β-半乳糖苷酶，如果将大肠杆菌细胞转移到含有乳糖而不含有葡萄糖的培养基中培养时，2min后细胞内大量合成β-半乳糖苷酶，平均每个细胞产生3000分子的β-半乳糖苷酶。纤维素酶、果胶酶、青霉素酶、右旋糖酐酶、淀粉酶、蛋白酶等均可以由各自的作用底物诱导产生。

②酶的催化反应产物。有些酶可以由其催化反应的产物诱导产生。例如，半乳糖醛酸是果胶酶催化果胶水解的产物，它可以作为诱导物，诱导果胶酶的生物合成；纤维二糖诱导纤维素酶的生物合成；没食子酸诱导单宁酶的产生等。

③酶作用底物的类似物。虽然有些酶的作用底物和酶的反应产物都可以对酶的生物合成进行诱导，然而，研究结果表明，酶的最有效的诱导物，往往不是酶的作用底物，也不是酶的反应产物，而是可以与酶结合，又不能被酶催化的底物类似物。例如，异丙基-β-硫代半乳糖苷对β-半乳糖苷酶的诱导效果比乳糖高几百倍，蔗糖甘油单棕榈酸酯对蔗糖酶的诱导效果比蔗糖高几十倍等。

可见,在细胞发酵产酶的过程中,添加适宜的诱导物对酶的生物合成具有显著的诱导效果。

(2)控制阻遏物的浓度

阻遏物是能够引起某些酶的生物合成停止或者减速的物质。例如,无机磷酸是碱性磷酸酶的阻遏物等。

在酶的发酵过程中,如果培养基中有一定量的阻遏物存在,就会导致该酶的合成受阻而使产酶量降低。为了提高酶产量,必须设法解除阻遏物引起的阻遏作用。

阻遏作用根据其作用机理的不同,可以分为产物阻遏和分解代谢物阻遏两种。产物阻遏作用是由酶催化作用的产物或者代谢途径的末端产物引起的阻遏作用,而分解代谢物阻遏作用是由分解代谢物(葡萄糖等和其他容易利用的碳源等物质经过分解代谢而产生的物质)引起的阻遏作用。

控制阻遏物的浓度是解除阻遏作用、提高酶产量的有效措施。例如,郭勇等人研究表明,枯草杆菌碱性磷酸酶的生物合成受到其反应产物无机磷酸的阻遏,当培养基中无机磷酸的含量超过1.0mmol/L的时候,该酶的生物合成完全受到阻遏;当培养基中无机磷酸的含量降低到0.01mmol/L的时候,阻遏解除,该酶大量合成。所以,为了提高该酶的产量,必须限制培养基中无机磷酸的含量。

再如,β-半乳糖苷酶受葡萄糖引起的分解代谢物阻遏作用。在培养基中有葡萄糖存在时,即使有诱导物存在,β-半乳糖苷酶也无法大量生成。只有在不含葡萄糖的培养基中或者培养基中的葡萄糖被细胞利用完以后,诱导物的存在才能诱导该酶大量生成。类似情况在不少酶的生产中均可以看到。

为了减少或者解除分解代谢物阻遏作用,应当控制培养基中葡萄糖等容易利用的碳源的浓度。可以采用其他较难利用的碳源,如淀粉等,或者采用补料、分次流加碳源等方法,控制碳源的浓度在较低的水平,以利于酶产量的提高。此外,在分解代谢物阻遏存在的情况下,添加一定量的环腺苷酸(cAMP),可以解除或减少分解代谢物阻遏作用,若同时有诱导物存在,即可以迅速产酶。

对于受代谢途径末端产物阻遏的酶,可以通过控制末端产物浓度的方法使阻遏解除。例如,在利用硫胺素缺陷型突变株发酵过程中,限制培养基中硫胺素的浓度,可以使硫胺素生物合成所需的4种酶的末端产物阻遏作用解除,使4种酶的合成量显著增加,其中硫胺素磷酸焦磷酸化酶的合成量提高1000多倍。对于非营养缺陷型菌株,由于在发酵过程中会不断合成末端产物,即可以通过添加末端产物类似物的方法,以减少或者解除末端产物的阻遏作用。例如,组氨酸合成途径中的10种酶的生物合成受到组氨酸的反馈阻遏作用,如果在培养基中添加组氨酸类似物2-噻唑丙氨酸,即可以解除组氨酸的反馈阻遏作用,使这10种酶的生物合成量提高30倍。

(3)添加表面活性剂

细胞均具有细胞膜,细胞膜由双层磷脂分子构成,具有高度选择透过性,用于控制胞外物质的吸收和胞内物质的分泌。

如果在培养基中添加表面活性剂(surfactant),就可以与细胞膜相互作用,增加细胞的透过性,有利于胞外酶的分泌,从而提高酶的产量。

表面活性剂有离子型和非离子型两大类。其中,离子型表面活性剂又可以分为阳离子型、阴离子型和两性离子型 3 种。

将适量的非离子型表面活性剂,如吐温(Tween)、特里顿(Triton)等添加到培养基中,可以加速胞外酶的分泌,而使酶的产量增加。例如,利用木霉发酵生产纤维素酶时,在培养基中添加 1%吐温,可使纤维素酶的产量提高 1～20 倍。在使用时,应当控制好表面活性剂的添加量,过多或者不足都不能取得良好效果。此外,添加表面活性剂有利于提高某些酶的稳定性和催化能力。

由于离子型表面活性剂对细胞有毒害作用,尤其是季胺型表面活性剂(如“新洁尔灭”等)是消毒剂,对细胞的毒性较大,不能在酶的发酵生产中添加到培养基中。

(4)添加产酶促进剂

产酶促进剂是指可以促进产酶、但作用机理未阐明清楚的物质。在酶的发酵生产过程中,添加适宜的产酶促进剂,往往可以显著提高酶的产量。例如,添加一定量的植酸钙镁,可使霉菌蛋白酶或者橘青霉磷酸二酯酶的产量提高 1～20 倍;添加聚乙烯醇可以提高糖化酶的产量;聚乙烯醇、醋酸钠等的添加对提高纤维素酶的产量也有效果等。产酶促进剂对不同细胞、不同酶的作用效果各不相同,现在还没有规律可循,要通过试验确定所添加的产酶促进剂的种类和浓度。

3. 酶发酵动力学

发酵动力学(fermentation kinetics)是研究发酵过程中细胞生长速率、产物生成速率、基质消耗速率以及环境因素对这些速率的影响规律等的学科。

发酵动力学包括细胞生长动力学、产物生成动力学和基质消耗动力学。

细胞生长动力学主要研究发酵过程中细胞生长速率以及各种因素对细胞生长速率的影响规律。产物生成动力学主要研究发酵过程中产物生成速率以及各种因素对产物生成速率的影响规律,由于在酶的发酵生产过程中,主要产物是酶,故此本书主要阐述产酶动力学。基质消耗动力学主要研究发酵过程中基质消耗速率及各种因素对基质消耗速率的影响规律。

在酶的生产过程中,研究发酵动力学,对于了解酶的生物合成模式、发酵工艺条件的优化控制、提高酶的产率等方面均具有重要意义。

(1)酶生物合成的模式

细胞在一定条件下培养生长,其生长过程一般经历调整期、生长期、平衡期和衰退期等 4 个阶段(图 2-2)。

总细胞浓度活细胞浓度

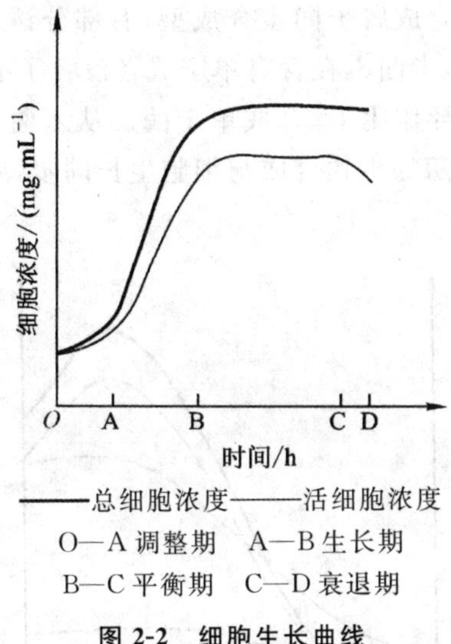

——总细胞浓度——活细胞浓度

O—A 调整期　A—B 生长期

B—C 平衡期　C—D 衰退期

图 2-2　细胞生长曲线

通过分析比较细胞生长与酶产生的关系,可以把酶生物合成的模式分为 4 种类型,即同步合成型、延续合成型、中期合成型和滞后合成型(图 2-3)。

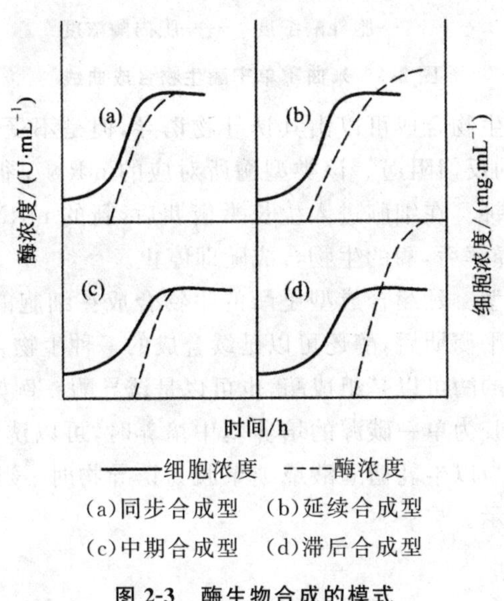

——细胞浓度　----酶浓度

(a)同步合成型　(b)延续合成型

(c)中期合成型　(d)滞后合成型

图 2-3　酶生物合成的模式

现将酶生物合成的 4 种模式分述如下。

①同步合成型。同步合成型又称为生长偶联型,是酶的生物合成与细

胞生长同步进行的一种生物合成模式。

属于该合成型的酶,其生物合成伴随着细胞的生长而开始;在细胞进入旺盛生长期时,酶大量生成;当细胞生长进入平衡期后,酶的合成随着停止。大部分组成酶的生物合成属于同步合成型,有部分诱导酶也按照此种模式进行生物合成。例如,米曲霉在含有单宁或者没食子酸的培养基中生长,在单宁或没食子酸的诱导作用下,合成单宁酶。从米曲霉单宁酶的合成曲线(图 2-4)可以看到,该酶的生物合成与细胞生长同步,属于同步合成型。

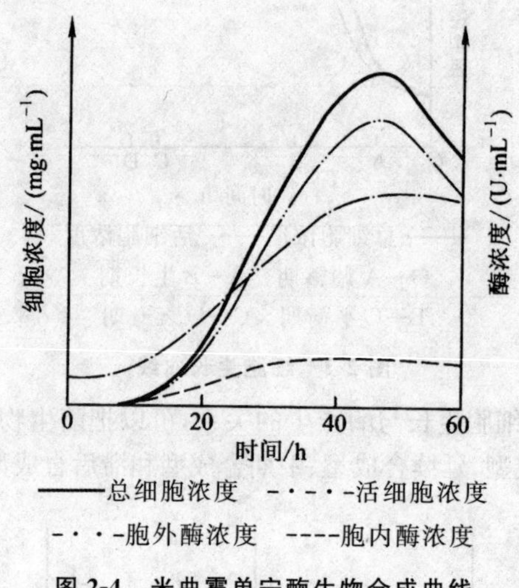

图 2-4 米曲霉单宁酶生物合成曲线

该类型酶的生物合成可以由其诱导物诱导,但是不受分解代谢物的阻遏,也不受产物的反馈阻遏。该类型酶所对应的 mRNA 很不稳定,其寿命一般只有几十分钟。在细胞进入生长平衡期后,新的 mRNA 不再生成,原有的 mRNA 被降解后,酶的生物合成随即停止。

②延续合成型。延续合成型是酶的生物合成在细胞的生长阶段开始,在细胞生长进入平衡期后,酶还可以延续合成的一种生物合成模式。

属于该类型的酶可以是组成酶,也可以是诱导酶。例如,当黑曲霉在以半乳糖醛酸或果胶为单一碳源的培养基中培养时,可以诱导聚半乳糖醛酸酶的生物合成。当以半乳糖醛酸或纯果胶为诱导物时,该酶的生物合成曲线如图 2-5(a)所示。

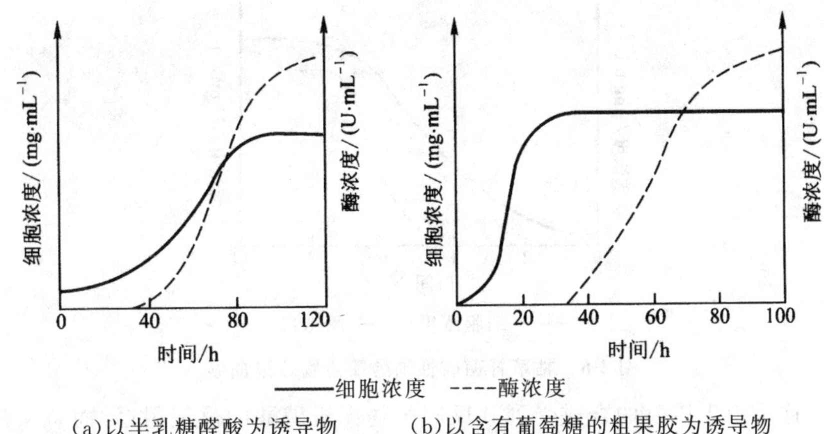

(a)以半乳糖醛酸为诱导物　　(b)以含有葡萄糖的粗果胶为诱导物

图 2-5　黑曲霉聚半乳糖醛酸酶生物合成曲线

从图 2-5(a)可以看到，以半乳糖醛酸为诱导物的情况下，在培养一段时间以后(图中约 40h)，细胞生长进入旺盛生长期，此时，聚半乳糖醛酸酶开始合成；当细胞生长达到平衡期(图中约 80h)后，细胞生长达到平衡，然而该酶却继续合成，直至 120h 以后。该过程呈现延续合成型的生物合成模式。

而从图 2-5(b)可以看到，当以含有葡萄糖的粗果胶为诱导物时，细胞生长速率较快，细胞浓度在 20h 达到高峰，但是聚半乳糖醛酸酶的生物合成由于受到分解代谢物阻遏作用而推迟开始合成的时间，直到葡萄糖被细胞利用完之后，该酶的合成才开始进行。如果果胶中所含葡萄糖较多，就要在细胞生长达到平衡期以后，酶才开始合成，呈现出滞后合成型的合成模式。

由此可见，属于延续合成型的酶，其生物合成可以受诱导物的诱导，在细胞生长达到平衡期以后，仍然可以延续合成，说明这些酶所对应的 mRNA 相当稳定，在平衡期后相当长的一段时间内仍然可以通过翻译而合成其所对应的酶。

有些酶所对应的 mRNA 相当稳定，其生物合成又可以受到分解代谢物阻遏，则在培养基中没有阻遏物时，呈现延续合成型，而在有阻遏物存在时，转为滞后合成型。

③中期合成型。中期合成型是酶的生物合成在细胞生长一段时间以后才开始，而在细胞生长进入平衡期以后，酶的生物合成也随着停止的一种合成模式。例如，枯草杆菌碱性磷酸酶的生物合成模式属于中期合成型(图 2-6)。

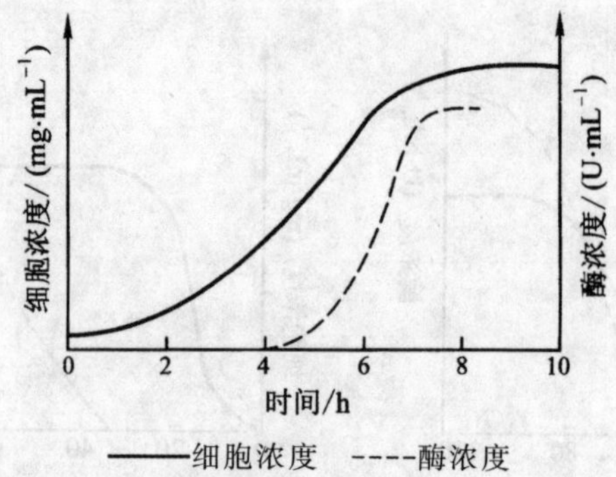

图 2-6 枯草杆菌碱性磷酸酶生物合成曲线

这是由于该酶的合成受到其反应产物无机磷酸的反馈阻遏，而磷又是细胞生长所必不可缺的营养物质，培养基中必须有磷的存在。这样，在细胞生长的开始阶段，培养基中的磷阻遏碱性磷酸酶的合成，只有当细胞生长一段时间，培养基中的磷几乎被细胞用完（低于 0.01mmol/L）以后，该酶才开始大量生成。又由于碱性磷酸酶所对应的 mRNA 不稳定，其半衰期只有 30min 左右，所以当细胞进入平衡期后，酶的生物合成随着停止。

中期合成型的酶具有的共同特点是：酶的生物合成受到产物的反馈阻遏作用或分解代谢物阻遏作用，而酶所对应的 mRNA 稳定性较差。

④滞后合成型。滞后合成型又称为非生长偶联型，是酶的生物合成在细胞生长进入平衡期以后才开始并大量积累的一种合成模式。许多水解酶的生物合成都属于这一类型。

例如，黑曲霉羧基蛋白酶或称为黑曲霉酸性蛋白酶（carboxyl proteinase，EC 3.4.23.6）的生物合成曲线如图 2-7 所示。从图中可以看到，细胞生长 24h 后进入平衡期，此时羧基蛋白酶才开始合成并大量积累，直至 80h，酶的合成还在继续。

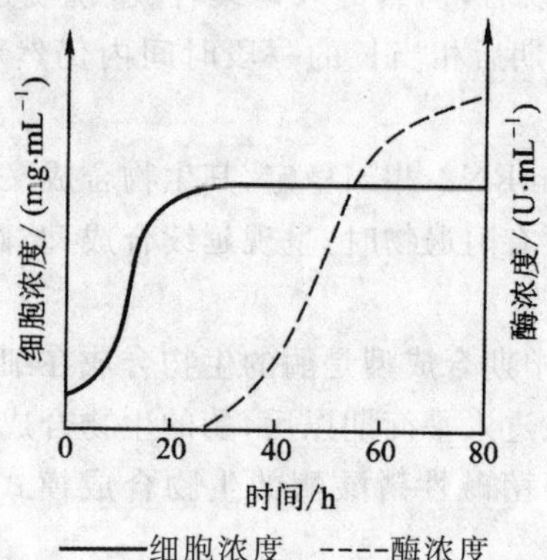

图 2-7 黑曲霉羧基蛋白酶生物合成曲线

冈崎等人对黑曲霉生产羧基蛋白酶进行过深入研究。在该酶合成过程中，添加放线菌素D，以抑制RNA的合成，结果如图2-8所示。在添加放线菌素D几个小时以后，羧基蛋白酶的生物合成继续正常进行，说明该酶所对应的mRNA具有很高的稳定性。

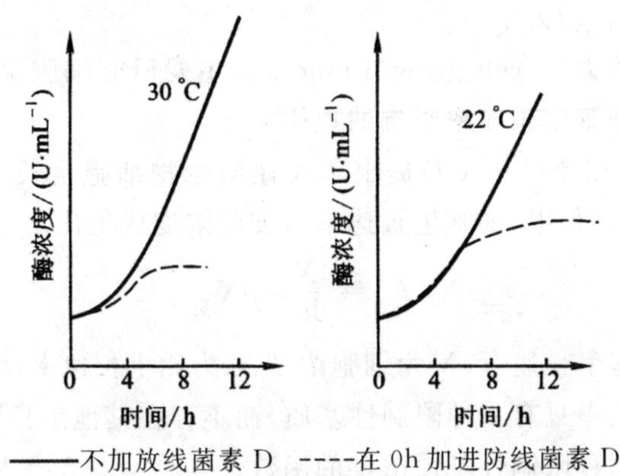

图2-8　放线菌素D对黑曲霉羧基蛋白酶生物合成的影响

属于滞后合成型的酶，之所以要在细胞生长进入平衡期以后才开始合成，主要原因是由于受到培养基中存在的阻遏物的阻遏作用。只有随着细胞的生长，阻遏物几乎被细胞用完而使阻遏解除后，酶才开始大量合成。若培养基中不存在阻遏物，该酶的合成可以转为延续合成型。该类型酶所对应的mRNA稳定性很好，可以在细胞生长进入平衡期后的相当长的一段时间内，继续进行酶的生物合成。

综上所述，酶所对应的mRNA的稳定性以及培养基中阻遏物的存在是影响酶生物合成模式的主要因素。其中，mRNA稳定性好的，可以在细胞生长进入平衡期以后，继续合成其所对应的酶；mRNA稳定性差的，就随着细胞生长进入平衡期而停止酶的生物合成；不受培养基中存在的某些物质阻遏的，可以伴随着细胞生长而开始酶的合成；受到培养基中某些物质阻遏的，则要在细胞生长一段时间甚至在平衡期后，酶才开始合成并大量积累。

在酶的发酵生产中，为了提高产酶率和缩短发酵周期，最理想的合成模式应是延续合成型。因为属于延续合成型的酶，在发酵过程中没有生长期和产酶期的明显差别，细胞一开始生长就有酶产生，细胞生长进入平衡期以后，酶还可以继续合成一段较长的时间。

对于其他合成模式的酶，可以通过基因工程/细胞工程等先进技术，选育得到优良的菌株，并通过工艺条件的优化控制，使它们的生物合成模式更加接近于延续合成型。其中对于同步合成型的酶，要尽量提高其对应的mRNA的稳定性，为此适当降低发酵温度是可取的措施；对于滞后合成型的酶，要设法降低培养基中阻遏物的浓度，尽量减少甚至解除产物阻遏或分解代谢物阻遏作用，使酶的生物合成提早开始；而对于中期合成型的酶，则要提高 mRNA 的稳定性以及解除阻遏，使其生物合成的开始时设法间提前，并尽量延迟其生物合成停止的时间。

(2)细胞生长动力学

细胞生长动力学(cell growth kinetics)主要研究细胞生长速率以及外界环境因素对细胞生长速率影响的规律。

1950 年，莫诺德(Monod)提出了表述微生物细胞生长的动力学方程。他认为，在培养过程中，细胞生长速率与细胞浓度成正比。

$$R_X=\frac{\mathrm{d}X}{\mathrm{d}t}=\mu X$$

式中，R_X 为细胞生长速率；X 为细胞浓度；μ 为比生长速率；t 为时间。

假设培养基中只有一种限制性基质，而不存在其他生长限制因素时，比生长速率 μ 为这种限制性基质浓度的函数。

$$\mu=\frac{\mathrm{d}X}{\mathrm{d}t}\frac{1}{X}=\frac{\mu_{\mathrm{m}}\cdot S}{K_{\mathrm{s}}+S}$$

此式称为莫诺德生长动力学模型(growth kinetics model)，又称为莫诺德方程。式中，S 为限制性基质的浓度；μ_m 为最大比生长速率，是指限制性基质浓度过量时的比生长速率(specific growth rate)，即当 $S\gg K_s$ 时，$\mu=\mu_m$；K_s 为莫诺德常数，是指比生长速率达到最大比生长速率一半时的限制性基质浓度，即当 $\mu=0.5\mu_m$ 时，$S=K_s$。

莫诺德方程(Monod equation)是基本的细胞生长动力学方程，在发酵过程优化以及发酵过程控制方面具有重要的应用价值。此后，不少学者从不同的情况出发或运用不同的方法，对莫诺德方程进行了修正，得出了适用于不同情况的各种动力学模型。

例如，采用连续全混流生物反应器进行连续发酵的过程中，稳态时游离细胞连续发酵的生长动力学方程可以表达为：

$$\frac{\mathrm{d}X}{\mathrm{d}t}=\frac{\mu_{\mathrm{m}}\cdot S\cdot X}{K_{\mathrm{s}}+S}-DX=(\mu-D)\cdot X$$

式中，D 为稀释率，是指单位时间内，流加的培养液与发酵容器中发酵液体积之比，一般以 h^{-1} 为单位。例如，$D=0.2$ 表明每小时流加的培养液体积为发酵容器中培养液体积的 20%。

稀释率可以在 0 与 μ_m 之间变动，当 $D=0$ 时，为分批发酵；当 $D<\mu$ 时，$\frac{\mathrm{d}X}{\mathrm{d}t}$为正值，表明发酵液中细胞浓度不断增加，随着细胞浓度增加，限制性基质的浓度相对降低，使比生长速率减小，在比生长速率降低到与稀释速率相

等时，重新达到稳态；当 $D=\mu$ 时，$\frac{dX}{dt}$ 为 0，发酵液中细胞浓度保持恒定不变；当 $D>\mu$ 时，$\frac{dX}{dt}$ 为负值，发酵液中的细胞浓度不断降低，随着细胞浓度降低，限制性基质的浓度相对升高，使比生长速率增大，在比生长速率提升到与稀释率相同时，建立新的平衡，重新达到稳态；而当 $D>\mu_m$ 时，细胞浓度趋向于零，无法达到新的稳态。

所以在游离细胞连续发酵过程中，必须根据情况控制好稀释速率，使之与特定的细胞比生长速率相等，才能使发酵液中的细胞浓度恒定在某个数值，从而保证发酵过程的正常运转。

莫诺德方程与酶反应动力学的米氏方程相似，其最大比生长速率 μ_m 和莫诺德常数也可以通过双倒数作图法求出。将莫诺德方程改写为其倒数形式，即为：

$$\frac{1}{\mu}=\frac{K_s}{\mu_m S}+\frac{1}{\mu_m}$$

通过实验，在不同限制性基质浓度 $S_1, S_2, \cdots, S_n$ 的条件下，分别测出其对应的比生长速率 $\mu_1, \mu_2, \cdots, \mu_n$，然后，以 $\frac{1}{\mu}$ 为纵坐标，$\frac{1}{S}$ 为横坐标作图（图2-9），即可得到 μ_m 和 K_s。

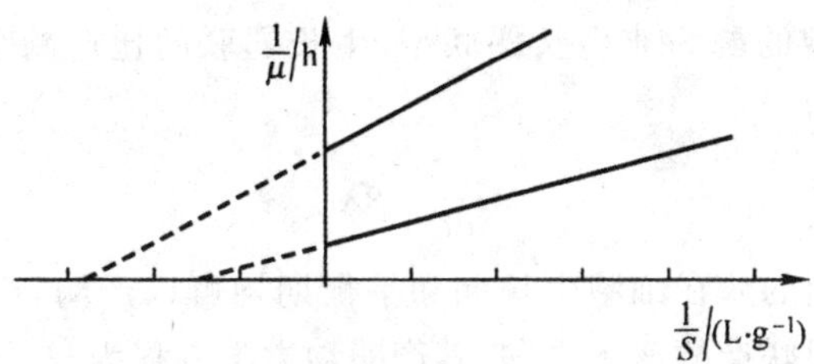

图 2-9　双倒数作图法求出 μ_m 和 K_s

(3)产酶动力学

产酶动力学主要研究细胞产酶速率以及各种环境因素对产酶速率的影响规律。

产酶动力学的研究可以从整个发酵系统着眼，研究群体细胞的产酶速率及其影响因素，这称为宏观产酶动力学或非结构动力学；也可以从细胞内部着眼，研究细胞中酶合成速率及其影响因素，这谓之微观产酶动力学或结构动力学。在酶的发酵生产中，酶的产量高低是发酵系统中群体细胞产酶的集中体现，在此主要介绍宏观产酶动力学。

宏观产酶动力学的研究表明，产酶速率与细胞比生长速率、细胞浓度以及细胞产酶模式有关。产酶动力学模型或称为产酶动力学方程可以表达为：

$$\frac{dE}{dt}=(\alpha\mu+\beta)X$$

式中，X 为细胞浓度，以每升发酵液所含的干细胞质量表示（g　DC/L）；μ 为细胞比生长速率（$1/h$）；α 为生长偶联的比产酶系数，以每克干细胞产酶的单位数表示（U/g　DC）；β 为非生长偶联的比产酶速率，以每小时每克干细胞产酶的单位数表示，U/（h·g　DC）；E 为酶浓度，以每升发酵液中所含的酶单位数表示（U/L）；t 为时间（h）。

根据细胞产酶模式的不同，产酶速率与细胞比生长速率的关系也有所不同。

同步合成型的酶其产酶与细胞生长偶联。在平衡期产酶速率为 0，即非生长偶联的比产酶速率 $\beta=0$，所以其产酶动力学方程为

$$\frac{dE}{dt}=\alpha\mu X$$

中期合成型的酶其合成模式是一种特殊的生长偶联型。在培养液中有阻遏物存在时，$\alpha=0$，无酶产生。在细胞生长一段时间后，阻遏物被细胞利用完，阻遏作用解除，酶才开始合成，在此阶段的产酶动力学方程与同步合成型相同。

滞后合成型的酶为非生长偶联型，生长偶联的比产酶系数 $\alpha=0$，其产酶动力学方程为

$$\frac{dE}{dt}=\beta X$$

延续合成型的酶在细胞生长期和平衡期均可以产酶，产酶速率是生长偶联与非生长偶联产酶速率之和，其产酶动力学方程为

$$\frac{dE}{dt}=\alpha\mu X+\beta X$$

（4）基质消耗动力学

基质消耗动力学主要研究发酵过程中基质消耗速率及各种因素对基质消耗速率的影响规律。

在发酵过程中，培养基中的限制性基质（例如碳源、氮源、氧气等）不断被消耗，被消耗的基质主要用于细胞生长、产物生成和维持细胞的正常新陈代谢 3 个方面。所以发酵过程中的基质消耗速率 $-\frac{dS}{dt}$ 主要由用于细胞生长的基质消耗速率 $\left(-\frac{dS}{dt}\right)_G$、用于产物生成的基质消耗速率 $\left(-\frac{dS}{dt}\right)_P$ 和用于维持细胞代谢的基质消耗速率 $\left(-\frac{dS}{dt}\right)_M$ 三者组成。

用于细胞生长的基质消耗速率$\left(-\frac{dS}{dt}\right)_G$是指单位时间内由于细胞生长所引起的基质浓度的变化量，与细胞生长速率成正比，与细胞生长得率系数成反比。其动力学方程为：

$$-\left(\frac{dS}{dt}\right)_G=\frac{1}{Y_{X/S}}\frac{dX}{dt}=\frac{\mu X}{Y_{X/S}}$$

式中，S为培养液中基质浓度(g/L)；t为时间(h)；X为细胞浓度，以每升发酵液所含的干细胞质量表示(g DC/L)；μ为细胞比生长速率(1/h)；$Y_{X/S}$为细胞生长得率系数。

由于随着细胞的生长，基质浓度不断降低，因此其基质消耗速率为负值。

细胞生长得率系数($Y_{X/S}$)是指细胞浓度变化量(ΔX)与基质浓度降低量($-\Delta S$)的比值。

$$Y_{X/S}=\frac{\Delta X}{-\Delta S}$$

$$Y_{X/S}=\frac{\Delta X}{-\Delta S}$$

式中，ΔX为细胞浓度变化量(g/L)；$-\Delta S$为基质浓度降低量(g/L)。

用于产物生成的基质消耗速率$\left(-\frac{dS}{dt}\right)_P$是单位时间内由于产物生成所引起的基质浓度变化量。与产物生成速率成正比，与产物得率系数成反比。其动力学方程为

$$\left(-\frac{dS}{dt}\right)_P=\frac{1}{Y_{P/S}}\frac{dP}{dt}$$

式中，$\frac{dP}{dt}$为产物生成速率(g/h)；$Y_{P/S}$为产物生成得率系数。

由于随着产物的生成，基质浓度不断降低，因此其基质消耗速率为负值。

产物生成得率系数$Y_{P/S}$是产物浓度变化量(ΔP)与基质浓度降低量($-\Delta S$)的比值：

$$Y_{P/S}=\frac{\Delta P}{-\Delta S}$$

式中，ΔP为产物浓度变化量(g/L)；$-\Delta S$为基质浓度降低量(g/L)。

用于维持细胞代谢的基质消耗速率$\left(-\frac{dS}{dt}\right)_M$是单位时间内由于维持细胞正常的新陈代谢所引起的基质浓度变化量，与细胞浓度以及细胞维持系数成正比。其动力学方程为：

$$-\left(\frac{\mathrm{d}S}{\mathrm{d}t}\right)_{\mathrm{M}}=mX$$

式中，X 为细胞浓度(g/L)；m 为细胞维持系数(h^{-1})。

因为维持细胞正常的新陈代谢，使基质浓度不断降低，所以其基质消耗速率为负值。细胞维持系数 m 是单位时间内基质浓度变化量($-\Delta S$)与细胞浓度(X)的比值：

$$m=\frac{-\Delta S}{Xt}$$

式中，m 为细胞维持系数(h^{-1})；t 为时间(h)；X 为细胞浓度(g/L)；$-\Delta S$ 为基质浓度变化量(g/L)。

细胞维持系数主要取决于微生物的种类，也受基质和温度、pH 等环境因素的影响。对于同一种微生物，在基质和环境条件相同的情况下，细胞维持系数保持不变，故又称为细胞维持常数。

根据物料衡算，在发酵过程中，总的基质消耗动力学方程为

$$R_{\mathrm{S}}=-\frac{\mathrm{d}S}{\mathrm{d}t}=\frac{\mu X}{Y_{X/S}}+\frac{1}{Y_{\mathrm{P/S}}}\frac{\mathrm{d}P}{\mathrm{d}t}+mX$$

基质消耗动力学方程中的各个参数是在实验的基础上，运用数学物理方法，对实验数据进行分析和综合，然后估算得出。

4. 固定化微生物细胞发酵产酶

固定化细胞是指采用各种方法固定在载体上，在一定的空间范围进行生长、繁殖和新陈代谢的细胞。

固定化细胞发酵产酶是在 20 世纪 70 年代后期才发展起来的技术。利用固定化细胞发酵生产 α-淀粉酶、糖化酶、蛋白酶、果胶酶、纤维素酶、溶菌酶和天冬酰胺酶等胞外酶的研究均取得了成功。

(1)固定化细胞发酵产酶的特点

固定化细胞发酵产酶与游离细胞发酵产酶相比，具有下列显著特点。

①提高产酶率。细胞经过固定化后，在一定的空间范围内生长繁殖，细胞密度增大，因而使生化反应加速，从而提高产酶率。

例如，固定化枯草杆菌生产 α-淀粉酶，在分批发酵时，其体积产酶率(又称为产酶强度，指每升发酵液每小时产酶的单位数，U/(L·h)达到游离细胞的 122%，在连续发酵时，产酶率更高，如表 2-8 所示。

表 2-8　不同发酵方式对 α-淀粉酶产酶率的影响

细胞	发酵方式	稀释率/h^{-1}	体积产酶率/($U \cdot L^{-1} \sim \cdot h^{-1}$)	相对产酶率/%
固定化	连续	0.43	4875	578
	连续	0.30	4515	535
	连续	0.13	3240	384
	分批	—	1031	122
游离	分批	—	844	100

固定化细胞的比产酶速率(ε_g)，即每毫克细胞每小时产酶的单位数(U/(mg・h))，也比游离细胞(ε_f)高 2～4 倍甚至更高。

再如，转基因大肠杆菌细胞生产 β-酰胺酶，经过固定化后的细胞比没有选择压力时游离细胞的产酶率提高 10～20 倍。

②可以反复使用或连续使用较长时间。固定化细胞固定在载体上，不容易脱落流失，所以固定化细胞可以进行半连续发酵，反复使用多次，也可以在高稀释率的条件下连续发酵较长时间。例如，固定化细胞进行酒精、乳酸等厌氧发酵，可以连续使用半年或更长时间；固定化细胞发酵生产 α-淀粉酶，也可以连续使用 30 天以上。

③稳定性好。细胞经过固定化后，由于受到载体的保护作用，使细胞对温度、pH 的适应范围增宽，能够比较稳定地进行发酵生产。

④缩短发酵周期，提高设备利用率。固定化细胞，如果经过预培养，生长好以后，才转入发酵培养基进行发酵生产。转入发酵培养基以后，很快就可以发酵产酶，而且能够较长时间维持其产酶特性，所以可以缩短发酵周期，提高设备利用率。如果不经过预培养，第一批发酵时，周期与游离细胞基本相同，但是第二批以后，其发酵周期将明显缩短。例如，固定化黑曲霉细胞半连续发酵生产糖化酶，第二批发酵时，周期为 120h，与游离细胞发酵周期相同，但是从第二批发酵开始，发酵周期缩短至 60h。如果采用连续发酵，则可以在高稀释率的条件下连续稳定地产酶，这就更加提高设备利用率。

⑤产品容易分离纯化。固定化细胞不溶于水，发酵完成后容易与发酵液分离，而且发酵液中所含的游离细胞很少，有利于产品的分离纯化，提高产品的纯度和质量。

⑥适用于胞外酶等胞外产物的生产。因为固定化细胞与载体结合在一

起，所以固定化细胞只适用于胞外酶等胞外产物的生产。

(2)固定化细胞发酵产酶的工艺条件控制

固定化细胞发酵产酶的基本工艺条件与前述游离细胞发酵的工艺条件基本相同，但在其工艺条件控制方面有些问题要特别加以注意。

①固定化细胞的预培养。固定化细胞制备好以后，一般要进行预培养，以利于固定在载体上的细胞生长繁殖。待其生长好以后才用于发酵产酶。

②溶解氧的供给。固定化细胞在进行预培养和发酵的过程中，由于受到载体的影响，氧的溶解和传递受到一定的阻碍，致使氧的供给成为主要的限制性因素。为此，必须增加溶解氧的量，才能满足细胞生长和产酶的需要。因为固定化细胞反应器通常不能采用强烈的搅拌，以免固定化细胞受到破坏，所以增加溶解氧的方法主要是加大通气量。例如，游离的枯草杆菌细胞发酵生产 α-淀粉酶，通气量一般控制在 0.5～1，而采用固定化枯草杆菌细胞发酵，其通气量则要求在 1～2 以上。溶解氧的供给是固定化细胞好氧发酵过程的关键限制性因素，要特别加以重视，并进一步研究解决。

③温度的控制。固定化细胞对温度的适应范围较宽，在分批发酵和半连续发酵过程中不难控制。但是在连续发酵过程中，由于稀释率较高，反应器内温度变化较大。一般在培养液进入反应器之前，必须预先调节至适宜的温度。

④培养基组分的控制。固定化细胞发酵培养基，从营养要求的角度来看，与游离细胞发酵培养基没有明显差别，但是从固定化细胞的结构稳定性和供氧的方面考虑，却有其特殊性，在培养基的配制过程中需要加以注意。

培养基的某些组分可能影响某些固定化载体的结构，为了保持固定化细胞的完整结构，在培养基中应控制其含量。例如，采用海藻酸钙凝胶制备的固定化细胞，培养基中过量的磷酸盐会使其结构受到破坏，所以在培养基中应该限制磷酸盐的浓度，并在培养基中添加一定浓度的钙离子，以保持固定化细胞的稳定性。

固定化细胞好氧发酵过程中，溶解氧的供给是一个关键的限制性因素。为了有利于氧的溶解和传递，培养基的浓度不宜过高，特别是培养基的黏度应尽量低一些为好。

(3)固定化细胞生长和产酶动力学

①固定化细胞生长动力学。固定化细胞在适宜的培养基和培养条件下培养，以一定的速率生长，在达到平衡期以后的相当长的一段时间内，固定化细胞的浓度基本保持恒定。同时，随着细胞的生长和繁殖，有一些细胞泄漏到培养液中，这些泄漏细胞则是游离细胞，它们也在培养液中生长繁殖，如图 2-10 所示。

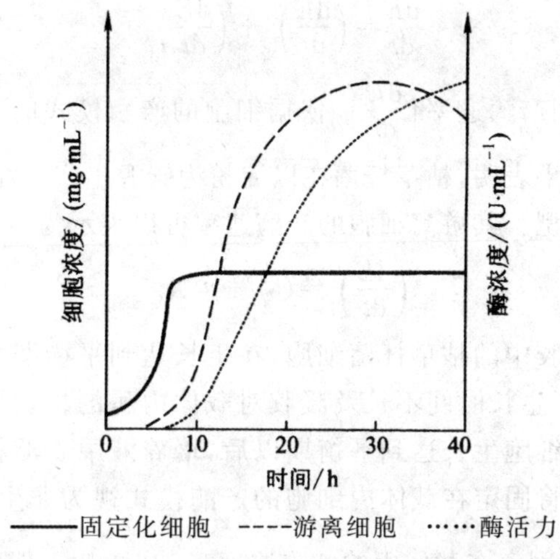

图 2-10 固定化细胞生长和产酶曲线

从图中可以看到，在固定化细胞的培养系统中，细胞包括固定在载体上的细胞和游离细胞两部分，其生长速率也由两部分组成，即

$$\frac{\mathrm{d}X}{\mathrm{d}t}=\left(\frac{\mathrm{d}X}{\mathrm{d}t}\right)_{\mathrm{g}}+\left(\frac{\mathrm{d}X}{\mathrm{d}t}\right)_{\mathrm{f}}$$

式中，下标 g 和 f 分别代表固定在载体上的细胞和游离细胞。

细胞生长速率与细胞浓度(X)和比生长速率(μ)成正比。

$$\frac{\mathrm{d}X}{\mathrm{d}t}=\mu_{\mathrm{g}}X_{\mathrm{g}}+\mu_{\mathrm{f}}X_{\mathrm{f}}$$

根据莫诺德方程

$$\mu=\frac{\mu_{\mathrm{m}}S}{K_{\mathrm{s}}+S}$$

固定化细胞生长动力学方程可以表达为：

$$\frac{\mathrm{d}X}{\mathrm{d}t}=\frac{\mu_{\mathrm{mg}}SX_{\mathrm{g}}}{K_{\mathrm{sg}}+S}+\frac{\mu_{\mathrm{mf}}SX_{\mathrm{f}}}{K_{\mathrm{sf}}+S}$$

式中，μ_{mg}、μ_{mf}分别代表固定在载体上的细胞和游离细胞的最大比生长率，K_{sg}、K_{sf}分别代表固定在载体上细胞和游离细胞的莫诺德常数。

郭勇等人在以角叉菜胶为载体的固定化细胞生产 α-淀粉酶的研究结果表明，上述方程中，参数 K_{sg} 与 K_{sf} 的数值差别不大，而 μ_{mg} 的值比 μ_{mf} 小得多，这说明固定在载体上的细胞的生长明显受到抑制。

②固定化细胞产酶动力学。在固定化细胞发酵过程中，固定在载体上的细胞和培养液中的游离细胞都可以产酶。其产酶速率也由两部分组成。即

$$\frac{\mathrm{d}E}{\mathrm{d}t}=\left(\frac{\mathrm{d}E}{\mathrm{d}t}\right)_{\mathrm{g}}+\left(\frac{\mathrm{d}E}{\mathrm{d}t}\right)_{\mathrm{f}}$$

其中,游离细胞的产酶速率$\left(\frac{\mathrm{d}E}{\mathrm{d}t}\right)_{\mathrm{f}}$依据细胞的产酶模式的不同而不同。笔者等人的研究结果表明,枯草杆菌在以淀粉为碳源生产 α-淀粉酶时,产酶模式属于延续合成型。其游离细胞的产酶速率可以表示为:

$$\left(\frac{\mathrm{d}E}{\mathrm{d}t}\right)_{\mathrm{f}}=(\alpha\mu+\beta)X_{\mathrm{f}}$$

而固定在角叉莱胶中的枯草杆菌细胞,在生长达到平衡期之前 α-淀粉酶很少,这主要是由于生长时间不长及凝胶对载体内酶的扩散有一定的阻碍作用。而在载体内细胞生长达到平衡期以后,培养液中 α-淀粉酶的浓度持续升高。由此可以将固定在载体内细胞的产酶模式视为非生长偶联型,其产酶速率$\left(\frac{dE}{dt}\right)_{g}$与固定在载体内的细胞浓度 X_g 成正比。即:

$$\left(\frac{\mathrm{d}E}{\mathrm{d}t}\right)_{\mathrm{g}}=\gamma X_{\mathrm{g}}$$

由上述三式,可以得出固定化细胞产酶动力学方程:

$$\frac{\mathrm{d}E}{\mathrm{d}t}=(\alpha\mu+\beta)X_{\mathrm{f}}+\gamma X_{\mathrm{g}}=\varepsilon_{\mathrm{f}}X_{\mathrm{f}}+\varepsilon_{\mathrm{g}}X_{\mathrm{g}}$$

式中,$\varepsilon_g=\alpha\mu+\beta$ 为游离细胞比产酶速率;$\varepsilon_f=\gamma$ 为固定在载体上细胞的比产酶速率。

③固定化细胞连续产酶动力学。在固定化细胞连续发酵过程中,如反应器内系全混流态,则 X_{f} 在整个反应器中是均一的,与流出反应器的游离细胞浓度相同,其细胞生长速率为

$$\frac{\mathrm{d}X}{\mathrm{d}t}=\mu_{\mathrm{g}}X_{\mathrm{g}}+\mu_{\mathrm{f}}X_{\mathrm{f}}-DX_{\mathrm{f}}=\mu_{\mathrm{g}}X_{\mathrm{g}}+(\mu_{\mathrm{f}}-D)X_{\mathrm{f}}$$

式中,D 为稀释率。从式中可以看到,稀释率只会影响游离细胞的浓度,对固定在载体上的细胞浓度无影响。

当 $D<\mu_{\mathrm{f}}$ 时,发酵容器内的细胞浓度越来越高,直到达到平衡为止。

当 $D>\mu_{\mathrm{f}}$ 时,发酵容器内的细胞浓度越来越低,直到达到新的稳态。

而固定在载体上的细胞浓度不受稀释率的影响,所以固定化细胞发酵的显著优点之一,就是可以在高稀释率的条件下进行连续发酵。

在 $D=\mu_{\mathrm{f}}$ 的条件下,发酵容器内的细胞浓度达到动态平衡,游离细胞浓度(X_{f})和固定在载体上的细胞浓度(X_{g})基本上保持恒定。此时,固定化细胞连续发酵的产酶动力学方程可以表达为

$$\frac{\mathrm{d}E}{\mathrm{d}t}=\varepsilon_{\mathrm{f}}X_{\mathrm{f}}+\varepsilon_{\mathrm{g}}X_{\mathrm{g}}$$

郭勇等人的研究结果表明，采用角叉莱胶包埋法制备的直径为4mm的固定化枯草杆菌细胞，在气升式反应器中连续发酵生产α-淀粉酶，当稀释率为0.43h^{-1}，达到稳态的时候，固定在载体上细胞的比产酶速率ε_g＝2.31U/(h·mg细胞)，游离细胞的比产酶速率ε_f＝0.572U/(h·mg细胞)，固定化细胞的比产酶速率达到游离细胞的4倍以上。

5. 固定化微生物原生质体发酵产酶

固定化原生质体(immobilized protoplasts)是指固定在载体上，在一定的空间范围内进行生命活动的原生质体。

原生质体是除去细胞壁后由细胞膜及胞内物质组成的微球体。原生质体不稳定，容易受到破坏。通过凝胶包埋法等固定化方法制备得到固定化原生质体，可以使原生质体的稳定性显著提高。

固定化原生质体由于除去了细胞壁这一扩散屏障，有利于胞内酶等物质透过细胞膜分泌到细胞外，可以用于胞内酶的生产。

利用固定化原生质体，在生物反应器中进行发酵生产，可以直接从发酵液中得到所需的酶，为胞内酶的生产开辟新途径。

固定化原生质体可以使原本存在于细胞质中的胞内酶不断分泌到细胞外。例如，郭勇等人采用固定化黑曲霉原生质体生产葡萄糖氧化酶，使细胞内90%以上的葡萄糖氧化酶分泌到细胞外。

固定化原生质体有利于氧气和其他营养物质的传递和吸收和酶的分泌，可以显著提高酶产率。例如，郭勇等人的研究表明，固定化枯草杆菌原生质体发酵生产碱性磷酸酶，使原来存在于细胞间质中的碱性磷酸酶全部分泌到发酵液中，产酶率提高36%。

固定化原生质体发酵产酶还具有操作稳定性和保存稳定性好，可以反复使用或者连续使用利于产物的分离纯化，提高产品质量等显著特点。

固定化原生质体发酵产酶与游离细胞发酵产酶的工艺条件基本相同，但是在工艺条件控制方面需要注意下列问题。

(1)渗透压的控制

固定化原生质体发酵的培养基中，需要添加一定量的渗透压稳定剂，以保持原生质体的稳定性，发酵结束后，可以通过层析或膜分离等方法使渗透压稳定剂与产物分离。

(2)防止细胞壁再生

固定化原生质体在发酵过程中，需要添加青霉素等抑制细胞壁生长的物质，防止细胞壁再生，以保持固定化原生质体的特性。

(3)保证原生质体的浓度

因为细胞去除细胞壁、制成原生质体后，影响了细胞正常的生长繁殖，所以在制备固定化原生质体时,应保证原生质体的浓度达到一定的水平。

2.1.5 植物细胞培养产酶

植物细胞培养是从植物外植体中获得植物细胞,然后在一定条件下进行培养,以获得各种所需产物的技术过程。

植物细胞培养产酶是20世纪80年代发展起来的技术,该技术首先从植物外植体中诱导获得植物细胞,再通过筛选、诱变、原生质体融合或基因重组等手段选育得到优良的产酶细胞,然后在人工控制条件的反应器中进行细胞培养,而获得所需的酶。

植物细胞培养生产酶和其他代谢产物具有提高产率、缩短周期、提高产品质量等显著优点,而且不占用耕地,不受地理环境和气候条件的影响,具有深远的意义和广阔的应用前景。

1. 植物细胞的特性

植物、动物和微生物细胞都可以在人工控制条件的生物反应器中,生产人们所需的各种产物,然而它们之间具有不同的特性。如表2-9所示。

表2-9 植物、微生物、动物细胞的特性比较

细胞种类	植物细胞	微生物细胞	动物细胞
细胞大小/μm	20～300	1～10	10～100
倍增时间/h	>12	0.3～6	>15
营养要求	简单	简单	复杂
光照要求	大多数要求光照	不要求	不要求
对剪切力	敏感	大多数不敏感	敏感
主要产物	色素、药物、香精、酶等次级代谢物	醇类、有机酸、氨基酸、抗生素、核苷酸、酶等	疫苗、激素、单克隆抗体、酶等功能蛋白质

从表2-9中可以看到,植物细胞与动物细胞及微生物细胞之间的特性差异主要有以下几点。

①植物细胞比微生物细胞大得多,植物细胞的体积也比动物细胞大。

②植物细胞的生长速率和代谢速率比微生物低,生长倍增时间较微生物长,生产周期也比微生物长。

③植物细胞和微生物细胞的营养要求较为简单。

④植物细胞与动物细胞、微生物细胞的主要不同点之一,是大多数植物细胞的生长以及次级代谢物的生产要求一定的光照强度和光照时间。在植

物细胞大规模培养过程中，如何满足植物细胞对光照的要求，是反应器设计和实际操作中要认真考虑并有待研究解决的问题。

⑤植物细胞与动物细胞一样，对剪切力敏感，这在生物反应器的研制和培养过程通气、搅拌方面要严加控制。

⑥植物细胞和微生物、动物细胞用于生产的主要目的产物各不相同。植物细胞主要用于生产色素、药物、香精和酶等次级代谢物；微生物主要用于生产氨基酸、核苷酸、抗生素和酶等；而动物细胞主要用于生产疫苗、激素和酶等功能蛋白质。

2. 植物细胞培养的特点

植物细胞培养生产各种天然产物具有如下显著特点。

(1)提高产率

使用优良的植物细胞进行培养生产天然产物，可以明显提高天然产物的产率。例如，日本三井石油化学工业公司于1983年在世界上首次成功地采用紫草细胞培养生产紫草宁，使用750L的反应器，培养23d，细胞中紫草宁的含量达到细胞干重的14%，比紫草根中紫草宁的含量高10倍。植物细胞培养生产紫草宁的比产率达到5.7mg/(d·g)细胞，比种植紫草的紫草宁比产率0.0068mg/(d·g植物)高830倍。其后的许多研究表明，采用植物细胞培养生产木瓜蛋白酶、木瓜凝乳蛋白酶、胡萝卜素、维生素E、花青素、超氧化物歧化酶和蒽醌等物质，其产率均达到或者超过完整植株的产率。

(2)缩短周期

植物细胞生长的倍增时间一般为12～60h，一般生产周期15～30d，这比起微生物来是相当长的时间，但是与完整植物的生长周期比较，却是大大地缩短生产周期。一般植物从发芽、生长到收获，短则几个月，长则数年甚至更长时间。例如，木瓜的生长周期一般为8个月，紫草为5年，野山参则更长。

(3)易于管理，减轻劳动强度

植物细胞培养在人工控制条件的生物反应器中进行生产，不受地理环境和气候条件等的影响，易于管理，大大减轻劳动强度。

(4)提高产品质量

植物细胞培养的主要产物的产率较高、杂质较少，在严格控制条件的生物反应器中生产，可以减少环境中的有害物质的污染和微生物、昆虫等的侵蚀，产物易于分离纯化，从而使产品质量提高。

与微生物比较，植物细胞培养具有对剪切力敏感、生产周期长等缺点，此外，许多植物细胞的生长和代谢需要一定的光照。这些特点在植物细胞生物反应器的设计和工艺条件的控制等方面会引起一系列问题的出现，必须充分注意，并进一步研究解决。

3. 植物细胞培养的工艺条件及其控制

(1)温度的控制

植物细胞培养的温度一般控制在室温范围(25℃左右)。温度高些，对植物细胞的生长有利，温度低些，则对次级代谢物的积累有利。但是通常不能低于20℃，也不要高于32℃。

有些植物细胞的最适生长温度和最适产酶温度有所不同，要在不同的阶段控制不同的温度。

(2)pH的控制

植物细胞的pH一般控制在微酸性范围，即pH5～6。培养基配制时，pH一般控制在5.5～5.8范围，在植物细胞培养过程中，一般pH变化不大。

(3)溶解氧的调节控制

植物细胞的生长和产酶需要吸收一定的溶解氧。溶解氧一般通过通风和搅拌来供给，适当的通风、搅拌还可以使植物细胞不至于凝集成较大的细胞团，以使细胞分散、分布均匀，有利于细胞的生长和新陈代谢。然而，因为植物细胞代谢较慢，需氧量不多，过量的氧反而会带来不良影响，而且植物细胞体积大、较脆弱、对剪切力敏感，所以通风和搅拌不能太强烈，以免破坏细胞。这在植物细胞反应器的设计和实际操作中，都要予以充分注意。

(4)光照的控制

光照对植物细胞培养有重要影响，大多数植物细胞的生长以及次级代谢物的生产要求一定波长的光的照射，并对光照强度和光照时间有一定的要求，而有些植物次级代谢物的生物合成却受到光的抑制。例如，欧芹细胞在黑暗的条件下可以生长，但是只有在光照的条件下，才能形成类黄酮化合物；植物细胞中萘醌的生物合成受到光的抑制等。笔者等人的研究表明，光质对于玫瑰茄细胞培养生产花青素有显著影响，其中蓝光(波长420～530nm)可以显著促进花青素的生物合成。因此在植物细胞培养过程中，应当根据植物细胞的特性以及目标次级代谢物的种类不同，进行光照的调节控制。尤其是在植物细胞的大规模培养过程中，如何满足植物细胞对光照的要求，是反应器设计和实际操作中要认真考虑并有待研究解决的问题。

(5)前体的添加

前体是指处于目的代谢物代谢途径上游的物质。为了提高植物细胞培养生产次级代谢物的产量，在培养过程中添加目的代谢物的前体是一种有效的措施。例如，在辣椒细胞培养生产辣椒胺的过程中添加苯丙氨酸作为前体，可以使其全部转变为辣椒胺；添加香草酸和异癸酸作为前体，亦可以显著提高辣椒胺的产量。

(6)刺激剂的添加

刺激剂可以促使植物细胞中的物质代谢朝着某些次级代谢物生成的方向进行，从而强化次级代谢物的生物合成，提高某些次级代谢物的产率。所以在植物细胞培养过程中添加适当的刺激剂，可以显著提高某些次级代谢物的产量。

常用的刺激剂有微生物细胞壁碎片和果胶酶、纤维素酶等微生物胞外酶。例如，Rolfs 等人用霉菌细胞壁碎片为刺激剂，使花生细胞中 L-苯丙氨酸氨基裂合酶的含量增加 4 倍，同时使二苯乙烯合酶的量提高 20 倍；Funk 等人采用酵母葡聚糖(酵母细胞壁的主要成分)作为刺激剂，可使细胞积累小檗碱的量提高 4 倍；郭勇等人在鼠尾草细胞悬浮培养中，添加 0.5U/mL 的果胶酶作为刺激剂，可使细胞中迷迭香酸的产量提高 62%。

4. 植物细胞培养产酶的过程

利用植物细胞培养技术生产的酶已有十多种，现以大蒜细胞培养生产超氧化物歧化酶为例，说明其工艺过程。

超氧化物歧化酶(superoxide dismutase，SOD)是催化超氧负离子进行氧化还原反应的氧化还原酶，具有抗辐射、抗氧化、抗衰老的功效。SOD 可以从动物、植物和微生物细胞中提取分离得到。郭勇等人从 1992 年开始进行大蒜细胞培养生产超氧化物歧化酶的研究，并取得可喜成果。这里简单介绍其工艺过程。

(1)大蒜愈伤组织的诱导

选取结实、饱满、无病虫害的大蒜蒜瓣，在 4℃冰箱中放置 3 周，以打破休眠。去除外皮，先用 70%乙醇消毒 20s，再用 0.1%氯化汞消毒 10min，然后用无菌水漂洗 3 次。

在无菌条件下，切成 0.5cm^3 的小块，植入含有 3mg/L 2，4-D 和 1.2mg/L 6-BA 的半固体 MS 培养基中，25℃，600lx，12h/d 光照的条件下培养 18d，诱导得到愈伤组织，每 18d 继代一次。

(2)大蒜细胞悬浮培养

将上述在半固体 MS 培养基上培养 18d 的愈伤组织，在无菌条件下转入含有 3mg/L 2，4-D 和 1.2mg/L 6-BA 的液体 MS 培养基中，加入灭菌的玻璃珠，25℃，600 lx，12h/d 的光照条件下振荡培养 10～12 天，使愈伤组织分散成为小细胞团或单细胞。

然后在无菌条件下，经过筛网将小细胞团或单细胞转入含有 3mg/L 2.4-D 和 1.2mg/L 6-BA 的液体 MS 培养基中，25℃，600lx，12h/d 光照的条件下培养 18d。

(3)酶的分离纯化

细胞培养完成后,收集细胞。经过细胞破碎,用 pH7.8 的磷酸缓冲液提取、有机溶剂沉淀等,分离得到超氧化物歧化酶。

2.1.6 动物细胞培养产酶

动物细胞培养是在 20 世纪 60 年代迅速发展起来的技术。已经在疫苗、激素、多肽药物、单克隆抗体、酶等功能性蛋白质及皮肤等人体组织、器官的生产中广泛应用,已经成为生物工程研究开发的重要领域。

动物细胞培养主要用于生产下列功能蛋白质。

①疫苗:脊髓灰质炎(小儿麻痹症)疫苗、牲畜口蹄疫苗、风疹疫苗、麻疹疫苗、腮腺炎疫苗、黄热病疫苗、狂犬病疫苗、肝炎疫苗等。

②激素:催乳激素、生长激素、前列腺素、促性腺激素、淋巴细胞活素、红细胞生成素、促滤泡素、胰岛素等。

③多肽生长因子:神经生长因子、成纤维细胞生长因子、血清扩展因子、表皮生长因子、纤维黏结素等。

④酶:胶原酶、纤溶酶原激活剂、尿激酶等。

⑤单克隆抗体:各种单克隆抗体。

⑥非抗体免疫调节剂:干扰素、白细胞介素、集落刺激因子等。

这里主要介绍动物细胞培养产酶的特点及其工艺控制。

1. *动物细胞的特性*

动物细胞与微生物细胞和植物细胞比较具有下列特性。

①动物细胞与微生物细胞和植物细胞的最大区别在于没有细胞壁,细胞适应环境的能力差,显得十分脆弱。

②动物细胞的体积比微生物细胞大几千倍,稍小于植物细胞的体积。

③大部分动物细胞在机体内相互粘连以集群形式存在,在细胞培养中大部分细胞具有群体效应、锚地依赖性、接触抑制性以及功能全能性。

④动物细胞的营养要求较复杂,必须供给各种氨基酸、维生素、激素和生长因子等,动物细胞培养基中一般需要加进 5%~10%的血清。

2. *动物细胞培养的特点*

动物细胞培养具有如下显著特点。

①动物细胞培养主要用于各种功能蛋白质的生产。

②动物细胞的生长较慢,细胞倍增时间 15~100h。

③为了防止微生物污染,在培养过程中,需要添加抗生素。加进的抗生

素要能够防治细菌的污染，又不影响动物细胞的生长。现在一般采用青霉素（50～100U/mL）和链霉素（50～100U/mL）联合作用。也可以添加一定浓度的两性霉素（fungizone）、制霉菌素（mycostatin）等。此外，为了防治支原体的污染，可以采用卡那霉素、金霉素、泰乐菌素等进行处理。

④动物细胞体积大，无细胞壁保护，对剪切力敏感，所以在培养过程中，必须严格控制温度、pH、渗透压、通风搅拌等条件，以免破坏细胞。

⑤大多数动物细胞具有锚地依赖性，适宜采用贴壁培养；有部分细胞，例如来自血液与淋巴组织的细胞、肿瘤细胞和杂交瘤细胞等，可以采用悬浮培养。

⑥动物细胞培养基成分较复杂，一般要添加血清或其代用品，产物的分离纯化过程较繁杂，成本较高，适用于高价值药物的生产。

⑦原代细胞继代培养50代后，即会退化死亡，需要重新分离细胞。

3. *动物细胞培养方式*

动物细胞培养方式可以分为两大类：一类是来自血液与淋巴组织的细胞、肿瘤细胞和杂交瘤细胞等，可以采用悬浮培养的方式；另一类是存在于淋巴组织以外的组织、器官中的细胞，它们具有锚地依赖性，必须依附在带有适当正电荷的固体或半固体物质的表面上生长，需采用贴壁培养。

(1)悬浮培养

对于非锚地依赖性细胞，如杂交瘤细胞、肿瘤细胞以及来自血液、淋巴组织的细胞等，可以自由地悬浮在培养液中生长、繁殖和新陈代谢，与微生物细胞的液体深层发酵过程相类似。悬浮培养的细胞均匀地分散于培养液中，具有细胞生长环境均一、培养基中溶解氧和营养成分的利用率高、采样分析较准确且重现性好等特点。但是由于动物细胞具有无细胞壁、对剪切力敏感、不能耐受强烈的搅拌和通风、对营养的要求复杂等特性，因此，动物细胞悬浮培养与微生物培养在反应器的设计及操作、培养基的组成与比例、培养工艺条件及其控制等方面都有较大差别。此外，对于大多数具有锚地依赖性的动物细胞，不能采用悬浮培养方式进行培养。

(2)贴壁培养

大多数动物细胞，如成纤维细胞、上皮细胞等，由于具有锚地依赖性，在培养过程中要贴附在固体表面生长。在反应器中培养时，贴附于容器壁上，原来圆形的细胞一经贴壁就迅速铺展，然后开始有丝分裂，很快进入旺盛生长期。在数天内铺满表面，形成致密的单层细胞。常用的动物细胞系，如HeLa、Vero、BHK、CHO等，都属于贴壁培养的细胞。

锚地依赖性细胞的贴壁培养，可以采用滚瓶培养系统。滚瓶培养系统结构简单、投资较少、技术成熟、重现性好，现在仍然在使用。然而采用滚瓶培养系统培养动物细胞的劳动强度大、细胞生长的表面积小、体积产率较低，为此 Van Wezel 在 1967 年开发了微载体培养系统。

微载体培养系统是由葡聚糖凝胶等聚合物制成直径为 50～250μm、密度与培养液的密度差不多的微球，动物细胞依附在微球体的表面，通过连续搅拌悬浮于培养液中，呈单层细胞生长繁殖的培养系统。这种系统具有如下显著特点：微载体的比表面积大，单位体积培养液的细胞产率高，如 1mL 培养液中加入 1mg 微载体 Cytodex 1，其表面积可达到 5cm^2，足够 10^8～10^9 个动物细胞生长所需的表面积；因为微载体悬浮在培养液中，使其具有悬浮培养的优点，即细胞生长环境均一、营养成分利用率高、重现性好等，所以微载体培养系统现在已经广泛应用于贴壁细胞的大规模培养。

(3)固定化细胞培养

细胞与固定化载体结合，在一定的空间范围进行生长繁殖的培养方式称为固定化细胞培养。锚地依赖性和非锚地依赖性的动物细胞都可以采用固定化细胞培养方式。动物细胞的固定化一般采用吸附法和包埋法，上述微载体培养系统就是属于吸附法固定化细胞培养。此外，还有凝胶包埋固定化、微胶囊固定化、中空纤维固定化等。

4. 动物细胞培养的工艺条件及其控制

动物细胞培养首先要准备好优良的种质细胞，然后将种质细胞用胰蛋白酶消化处理，分散成细胞悬浮液；再将细胞悬浮液接入适宜的培养液中，在人工控制条件的反应器中进行细胞悬浮培养或者贴壁培养；培养完成后，收集培养液，分离纯化得到所需产物。

(1)温度的控制

温度对动物细胞的生长和代谢有密切关系，一般控制在 36.5℃，允许温度波动范围在 0.25℃之内。

温度的高低也会影响培养基的 pH，因为在温度降低时，可以增加 CO_2 的溶解度，而使 pH 降低。

(2)pH 的控制

培养基的 pH 对动物细胞的生长和新陈代谢有显著影响，一般控制在 pH7.0～7.6 的微碱性范围内，通常动物细胞在 pH7.4 的条件下生长最好。

在动物细胞培养过程中，随着新陈代谢的进行，培养液的 pH 将发生变化，从而影响动物细胞的正常生长和代谢。为此，在培养过程中需要对培养基的 pH 进行监测和调节。

培养基中 pH 的调节，通常采用 CO_2 和 $NaHCO_3$ 溶液。增加 CO_2 的浓度，可使培养液的 pH 降低；添加 $NaHCO_3$ 溶液，可使 pH 升高。然而，通

过改变 CO_2 的浓度的方法来调节 pH,会对培养液中的溶解氧产生影响,所以在 pH 控制系统的设计和操作过程中,应当同时考虑溶解氧的控制。在细胞密度高时,由于产生的 CO_2 和乳酸等物质的量增加,pH 的变化较大,必要时可以采用流加酸液或碱液的方法进行 pH 的调节,但是要注意局部 pH 的较大波动和渗透压的增加,会对细胞生长带来不利的影响。

为了避免培养过程中 pH 的快速变化,维持 pH 的稳定,通常在培养液中加入缓冲系统。例如,CO_2 与 $NaHCO_3$ 系统、柠檬酸与柠檬酸盐系统等。此外,另一个被广泛采用的缓冲系统是 HEPES。HEPES 的添加浓度一般为 25mmol/L,如果浓度高于 50mmol/L,则可能对某些细胞产生毒害作用。

监测动物细胞培养液中 pH 的变化,常用的指示剂为酚红。可以根据酚红颜色的变化确定 pH:蓝红色为 pH7.6,红色为 pH7.4,橙色为 pH7.0,黄色为 pH6.5。

(3)溶解氧的控制

溶解氧的供给对动物细胞培养至关重要。供氧不足时,细胞生长受到抑制;氧气过量时,也会对细胞产生毒害。

不同的动物细胞对溶解氧的要求各不相同,同一种细胞在不同的生长阶段对氧的要求有所差别,细胞密度不同,所要求的溶解氧也不一样,所以在动物细胞培养过程中,要根据具体情况的变化,随时对溶解氧加以调节控制。

在动物细胞培养过程中,一般通过调节进入反应器的混合气体的量及其比例的方法进行溶解氧的调剂控制。混合气体由空气、氧气、氮气和二氧化碳 4 种气体组成,其中二氧化碳兼有调节供氧和调节 pH 的双重作用。

(4)渗透压的控制

动物细胞培养液中渗透压应当与细胞内的渗透压处于等渗状态,一般控制在 700～850kPa 范围内。在配制培养液或者改变培养基成分时,要特别注意。

5. 动物细胞培养产酶的工艺过程

通过动物细胞培养获得的酶主要有胶原酶、纤溶酶原激活剂、尿激酶等。现以人黑色素瘤细胞培养生产组织纤溶酶原激活剂为例,说明动物细胞培养产酶的工艺过程及其控制。

组织纤溶酶原激活剂是一种丝氨酸蛋白酶,可以催化纤溶酶原水解,生成纤溶酶。纤溶酶催化血栓中的血纤维蛋白水解,对血栓性疾病有显著疗效。

纤溶酶原激活剂根据其结构和特性的不同,可以分为组织纤溶酶原激活剂(tissue plasminogen activator,tPA)和尿激酶纤溶酶原激活剂(urokinase plasminogen activator,uPA)两种,现在国内外应用的都是组织纤溶酶原激活剂。现以人黑色素瘤细胞培养生产 tPA 的工艺过程简述如下。

(1)人黑色素瘤细胞培养基的配制

人黑色素瘤细胞培养通常采用已经商品化的 Eagle 培养基,使用时按照商品说明书上标明的方法配制。

(2)人黑色素瘤细胞培养

①将人黑色素瘤的种质细胞用胰蛋白酶消化处理、分散,用 pH7.4 的磷酸盐缓冲液洗涤,计数,稀释成细胞悬浮液。

②在消毒好的反应器中装进一定量的培养液,将上述细胞悬浮液接种至反应器中,接种浓度为(1～3)×10^3 个细胞/mL,于 37℃的 CO_2 培养箱中,通入含 5%CO_2 的无菌空气,培养至长成单层致密细胞。

③倾去培养液,用 pH7.4 的磷酸盐缓冲液洗涤细胞 2～3 次。

④换入一定量的无血清 Eagle 培养液,继续培养。

⑤每隔 3～4d,取出培养液进行 tPA 的分离纯化。

⑥然后再向反应器中加入新鲜的无血清 Eagle 培养液,继续培养,以获得大量 tPA。

(3)组织纤溶酶原激活剂的分离纯化

在获得的上述培养液中加入一定量的蛋白酶抑制剂和表面活性剂,过滤去沉淀,适当稀释后,采用亲和层析技术进行分离(以 tPA 抗体为配基,以溴化氢活化的琼脂糖凝胶为母体制成亲和层析剂,上柱、洗涤后用 3mol/L KSCN 溶液洗脱,分部收集),得到 tPA 溶液。经过浓缩、葡聚糖 G-150 凝胶层析、冷冻干燥得到精制 tPA 干粉。①

2.2 酶的分离和纯化方法

2.2.1 酶制剂的制备过程

1. 材料的选择

制备酶,首先应考虑选择材料问题。生物物种不同,其酶含量不同;即使同种生物,其不同器官和组织的酶含量亦不同。有时一种酶含量丰富的器官、组织或细胞可能比酶含量低的高上千倍甚至上万倍。也可采用代谢工程的方法来提高生物材料中酶的含量,或采用重组 DNA 技术得到酶含

① 郭勇. 酶工程原理与技术. 2 版. 北京:高等教育出版社,2010:36-70

量丰富的工程菌株。材料中酶含量高，一般易于将酶纯化到均一程度。可以想象，如果酶只占材料中蛋白质总量的千万分之几，欲将其分离纯化出来则是很困难的。采用含量低的材料制备酶，不仅难度高，工作量大，也不经济。酶制剂生产上更应慎重选材。

通常应选择酶含量高、易于分离的动植物组织或微生物材料做原料。具体选什么材料主要依据我们的目的而定。从工业生产角度上考虑，注意选择含酶量高、来源丰富、制备工艺简单、材料易得、成本低的原材料。但有时几方面不能同时具备，含量丰富但来源困难，或含量和来源都理想但所得的材料分离纯化步骤繁琐，反而不如含量略低些但易于获得纯品者。因此，必须根据具体情况加以决定。

选材时还应注意植物的季节性、微生物的生长期和动物的生理状态之间的差异。动物在饥饿时，脂类和糖类含量相对减少，有利于酶的分离。在微生物生长的对数期，酶的含量较高。

2. 材料预处理

过去多用动物或植物的器官组织作为酶的来源，近年来则主要采用微生物作材料。但是不管采用什么原料，在选定以后，通常都需要先进行适当的预处理。例如，动物组织先要剔除结缔组织、脂肪组织等；油质种子最好先用乙醚等脱脂；种子研磨前应去壳，以免单宁等物质着色污染；微生物材料则应将菌体和发酵液分离。经过这些处理后，原料须尽可能以非常新鲜的状态直接应用，否则就应将完整材料立即冰冻起来，尤其是动物性材料需要深度冷冻保存。

所选用的材料不同，其预处理亦有差别。预处理对酶的分离纯化成功与否至关重要，主要包括下述内容。

(1)细胞破碎

根据酶的分布可将其分为胞内酶和胞外酶。如果是胞外酶，如细菌分泌到培养基中的酶，动植物体液中的酶，则没有细胞破碎的问题；但胞外酶种类很少，且一般多为水解酶类，绝大多数酶都属于胞内酶。要制备胞内酶首先就得破碎细胞，使酶从细胞内释放出来，而且抽提效果也往往与细胞破碎程度有关。

细胞破碎的方法很多，可以分为机械破碎法、化学破碎法、酶溶法和物理破碎法。

①机械破碎法。通过机械运动所产生的剪切力的作用，使细胞破碎的方法称为机械破碎法。按照所使用的破碎机械的不同，可以分为研磨法、绞切捣碎法、匀浆法、挤压法。

②化学破碎法。通过各种化学试剂对细胞膜的作用，使细胞破碎的方

法称为化学破碎法。

用表面活性剂(如十二烷基硫酸钠、Triton x-100 等)、螯合剂(如乙二胺四乙酸)、盐(改变离子强度)或有机溶剂(丙酮、苯、甲苯等)处理细胞,可增大细胞壁的通透性,使酶容易释放。

丙酮干粉对微生物材料也适用,一般步骤是先将材料粉碎或分散,然后在 0℃以下的低温条件下,加入 5～10 倍预冷至-15℃～-20℃的丙酮,迅速搅拌均匀,随即过滤,最后低温干燥,研磨过筛。丙酮处理一方面能有效地破坏细胞壁(膜);另一方面由于丙酮是脂溶剂,这种处理有利于除去大量脂类物质,以免它在以后的操作步骤中产生干扰,有时这种处理还能使某些结合酶易于溶解;此外,丙酮干粉含水量低,易于保存。但应注意,丙酮可能引起某些酶变性失活,有些酶则根本不能采用此法。

③酶溶法。酶溶法是利用溶解细胞壁的酶处理菌体细胞,使细胞壁受到部分或完全破坏,或再利用渗透压冲击等方法破坏细胞膜,进一步增大胞内产物的通透性。

溶菌酶适用于革兰氏阳性菌细胞壁的分解,应用于革兰氏阴性菌时,需辅以 EDTA 使之更有效地作用于细胞壁。

在适当的温度、pH 条件下,将菌体悬液直接保温,或加甲苯、乙酸乙酯或其他溶剂一起保温一定时间,使菌体自溶液化,称为自溶法。一般认为,自溶法不是好方法,其理由是:第一,自溶液中成分十分复杂;第二,有破坏待分离酶的危险。在工业上细菌材料还可用细菌磨或压榨器等处理。过去多用自溶法处理酵母细胞壁,现在则采用细胞壁溶解酶处理法、盐振荡法和冷热破壁法。

④物理破碎法。

a. 渗透压法。渗透压法是在各种细胞破碎法中最温和的一种,适用于易于破碎的细胞,如动物细胞和革兰氏阴性菌。将细胞置于高渗透压的介质(如较高浓度的甘油或蔗糖溶液)中,达到平衡后,将介质突然稀释或将细胞转置于低渗透压的水或缓冲溶液中。在渗透压的作用下,水渗透通过细胞壁和膜进入细胞,使细胞壁和膜膨胀破裂。

b. 冻融法。将细胞急剧冻结后在室温缓慢融化,反复进行多次冻结—融化操作,使细胞受到破坏的方法称为冻融法。

c. 超声波破碎法。超声波破碎的原理是:在超声波作用下液体发生空化作用,空穴的形成、增大和闭合产生极大的冲击波和剪切力,从而使细胞破碎。

超声波破碎法是很强烈的破碎方法,适用于多数微生物的破碎。超声波破碎法操作过程中产生大量的热,因此操作需在冰水或有外部冷却的容器中进行。由于对冷却的要求相当苛刻，所以不易放大，主要用于实验室规模的细胞破碎。

不同的微生物材料处理的方法与难易程度各有差异。一般霉菌材料比较容易破碎，可通过机械剪切、研磨或加细胞壁溶解酶等方法解决。对于细菌，少量材料常用超声波破碎器和溶菌酶等处理，大量材料通常采用丙酮干粉法或自溶法。

有时这些方法可结合起来使用。例如，有些细菌对超声波有一定抗性，可先用溶菌酶酶解处理，然后进行超声波处理，效果比单独使用一种方法要好很多。上述各种细胞破碎的方法各有其特点，由于材料不同，其性质各异，所以选择细胞破碎的方法很有讲究。

需要注意的是，如果欲制备的酶是在细胞器内，最好的方法是先将此细胞器分离纯化，然后再从细胞器中提取酶。这可使酶得到富集并使酶的分离纯化工作变得更简便。因此，必须采用非常温和的细胞破碎方法，以防止细胞器破裂。细胞器的分离纯化常采用离心法。

(2)防止蛋白酶的水解作用

如果材料本身含有较多的蛋白酶，则必须小心地防止蛋白酶的水解作用。例如，酵母含有好几种蛋白酶，大多存在于液泡中。当破碎酵母细胞时，这些蛋白酶能释放出来，如不采取预防措施，它们将降解欲制备的目的酶。预防的措施是加入蛋白酶抑制剂。常用的丝氨酸蛋白酶抑制剂有苯甲基磺酰氟、二异丙基氟磷酸等。EDTA 和 EGTA(乙二醇四乙酸)在降低金属蛋白酶活力方面很有用。保持溶液在 pH7 或更高，可降低酸性蛋白酶活力。

又例如，肝脏中亦含有大量的蛋白酶，大部分位于溶酶体中。除了组织蛋白酶 D 是酸性蛋白酶外，一般都是巯基蛋白酶。除了可用蛋白酶抑制剂(如对羟基苯甲酸汞等)外，在 60～65℃加热 5min 亦可破坏鼠肝中蛋白酶。

在使用蛋白酶抑制剂时需十分小心，因为它们不仅抑制蛋白酶，也抑制一些其他酶。

(3)除核酸

核酸可与许多蛋白质形成复合物，不易分离，从而干扰纯化操作，因此在纯化工作开始前应除去核酸。一般微生物和植物的粗提液中往往有大量核酸污染。除核酸可用沉淀法，例如，加入鱼精蛋白硫酸盐(终浓度为 0.2%～0.4%)或链霉素硫酸盐(1%～2%)，通常能将粗提液中的核酸沉淀，也可用 $MnCl_2$(50mmol/L)沉淀核酸，还可用聚乙烯亚胺、PEG、溶菌酶等沉淀核酸。沉淀剂的选择需经试验确定。增高离子强度(如 O.2mol/L 硫酸铵)可降低核酸-蛋白质相互作用，以提高分离效果。另外，也可用核酸酶降解核酸。

3. 制定酶的分离程序

在上述工作的基础上,以下要解决的问题是如何确定用最少的步骤将酶纯化到所需的纯度,即建立一个有效的酶分离纯化程序。各种纯化酶的方法都有其固有的优缺点。在设计某一酶的纯化路线时,应考虑各种因素对选用的纯化方法及先后次序的影响。对目标酶而言,可以有多种纯化方法,具体采用何种方法,一般来说,应考虑下述几点。

①利用酶在分离纯化上最有利的特性。首先考虑酶对极端条件件的不寻常稳定性、分子质量特大或特小等特性并加以利用。

②尽早使用一种选择性好的方法。现在多将亲和层析材料直接加入粗提液中,取代过去常用的硫酸铵或 PEG 分级沉淀,作为起始步骤。待亲和吸附完成后,抽滤,然后经清洗,再装入层析柱进行洗脱。有些情况,尤其在纯化过程中存在蛋白水解酶时,为了尽快将酶纯化,可先用一些快速提纯法(如硫酸铵盐析等),而不采用较费时的柱层析等方法。采用高效液相色谱(HPLC)也能使层析操作快速进行。凝胶过滤时可采用称为 Superose 交联珠状琼脂糖介质以提高操作压力,使流速加快,缩短层析时间。

③选择交换能力高的层析技术进行第一步层析。第一步层析的材料交换能力要大,这样所用层析材料体积小,洗脱体积亦小,利于后续的层析步骤。

④避免连续使用相同的纯化方法。如果连续使用同一种纯化方法,难于提高纯化倍数,反而降低了回收率。同时,将不同的层析连接起来,手续更为方便。例如,凝胶过滤柱的洗脱液可直接上离子交换柱,离子交换柱的洗脱液可直接上疏水层析柱。

⑤将各层析步骤连接起来,并使前一步得到的样品液适用于下一步层析。前一步层析洗脱液的 pH、离子强度等,应符合后一步层析柱上样的要求,否则就要进行调整。并且前后层析步骤之间要连接,使之成为一个完整的工艺流程。

⑥在造成酶被稀释的步骤后面要用浓缩酶的方法。某一步如将酶稀释了,应立即接一个酶浓缩的方法。因为酶在稀溶液中比在浓溶液中更不稳定,且体积大不利于下步分离纯化。酶浓缩的方法很多,常用的有超滤,盐析,有机溶剂沉淀,对 25%的 PEG-20000 或 3.8mol/L 硫酸铵反透析,用于 PEG、纤维素、葡萄糖凝胶、浓缩棒脱水,电泳,冷冻干燥等。要根据不同的情况选用不同的浓缩方法,例如,盐析和有机溶剂沉淀法适用于大体积的浓缩;反透析法和 PEG 等脱水法适用于小体积浓缩;超滤是广泛采用的方法,关键在于要有合适的超滤设备;冷冻干燥一般用于最后的成品酶浓缩。

⑦应使每步过程的分辨能力呈递增趋势。操作时必须注意，绝不可把分辨能力低的步骤放在分辨能力高的步骤后面。

⑧每步纯化过程后，通过酶活力和蛋白浓度的测定，监测纯化进程。通过酶活力和蛋白浓度的测定，为检测和评价一个纯化程序是否合理、有效提供必要的数据。如果不合理、效率低，则应对程序进行改进。

对一个酶的纯化过程及结果应做完整的记录。记录数据不仅为其自身的改进提供了依据，而且为他人提供了可借鉴的资料。为了判断一个分离纯化方法的优劣，常采用活力回收（亦称回收率或产率）和比活力提高的倍数（亦称提纯倍数）两个指标。回收率反映酶的损失情况。提纯倍数表示方法的有效程度。一个好的纯化步骤应是回收率较高，提纯倍数也较大。一般实际工作中二者难以兼得，所以在设计纯化方案时，应根据材料是否容易得到、提纯进行的不同阶段等情况考虑取舍。

2.2.2 酶的分离与提取

大多数酶的化学本质是蛋白质，所以用于蛋白质分离纯化的方法一般也适用于酶的分离纯化。此外，酶是具有催化功能的蛋白质，因此根据酶与底物、底物结构类似物、辅助因子、抑制剂等的特异亲和力，发展出酶独特的亲和层析技术。所有的分离纯化方法，都是根据被分离物质间不同的物理、化学和生物学性质的差异而设计出来的。用于酶分离纯化的主要方法有：沉淀法，层析法，电泳法，离心法，过滤与膜分离法和萃取法。

1. 沉淀法

沉淀法是通过改变某些条件，使溶液中某些溶质的溶解度降低，从而使其从溶液中沉淀析出，达到与其他溶质的分离。沉淀分离是酶的分离纯化过程中经常采用的方法，且沉淀分离的方法有很多种，常用的有盐析法、共沉淀法（复合沉淀法）、等电点沉淀法、有机溶剂沉淀法和热处理沉淀法等。

（1）盐析法

盐析法是比较古老的方法，但目前仍广泛采用，它是根据酶和杂蛋白在高浓度盐溶液中的溶解度差别进行分离纯化。

（2）共沉淀法（复合沉淀法）

共沉淀法是利用离子型表面活性剂、非离子型聚合物在一定条件下能与蛋白质直接或间接地形成络合物，使蛋白质沉淀析出，然后再用适当方法使需要的酶溶解出来，除去杂蛋白和沉淀剂，从而达到纯化目的。

（3）等电点沉淀法

已知两性电解质在等电点时溶解度最低。且不同的两性电解质具有不同的等电点。利用这一特性对酶、蛋白质、氨基酸等两性电解质进行分离纯化的方法称为等电点沉淀法。

(4)有机溶剂沉淀法

利用酶和杂蛋白在有机溶剂中的溶解度不同而使酶与杂蛋白得以分离的方法称为有机溶剂沉淀法。

(5)热处理沉淀法

该方法条件剧烈,目的酶须对热不敏感,否则不能使用。因为大多数蛋白质都易热变性,对一个热稳定酶(如铜锌超氧化物歧化酶、酵母醇脱氢酶等),可以利用这一特性。通过控制一定温度的处理,可使大量的杂蛋白变性沉淀而被除去,提纯效果很好。热处理操作应十分小心,要搅拌良好,防止局部过热;一般用比变性温度高 10℃的水浴迅速升温;在变性温度下保持一定时间后,用冰迅速冷却。

2. 层析法

层析法的分离原理是利用混合物中各组分的物理化学性质(分子的大小和形状、分子极性、吸附力、分子亲和力和分配系数等)的不同,使各组分在两相中的分布程度不同而达到分离。层析分离中有两相,一个是固定相,另一个是流动相。当流动相流经固定相时,各组分的移动速度不相同,从而使不同的组分分离纯化。可采用多种层析方法进行酶的分离纯化,生产上常用的酶的纯化方法有:吸附层析、离子交换层析、凝胶层析、亲和层析、层析聚焦和高效液相层析等。

(1)吸附层析

吸附层析(adsorption chromatography)是以吸附剂为固定相,以缓冲液或有机溶剂为流动相,利用吸附剂对不同物质的吸附力不同,而使混合液中的各组分分离的一种层析方法。

通常用于酶分离纯化的吸附剂有羟基磷灰石、硅藻土和活性炭等。这些吸附剂一般在低 pH、低离子强度的条件下对酶有较强的吸附作用,而在高 pH、高离子强度的条件下,酶可解吸洗脱出来。例如,枯草杆菌 a-淀粉酶在弱酸性条件下,可吸附在氧化铝上,再用 pH8～9 的 Na3P03 溶液洗脱。根据要分离的混合溶液,一般应选择吸附选择性好、稳定性强、表面积大、颗粒均匀、成本低廉的吸附剂。吸附剂可以装在吸附柱上进行吸附柱层析,也可以把吸附剂加到酶液中,吸附后过滤出来,再加进洗脱剂,使酶解吸出来。

吸附层析的设备简单,操作容易,吸附剂来源丰富,价格低廉,又有一定的分辨率,是层析中应用得最早且至今仍广泛应用的层析分离技术。

(2)离子交换层析

离子交换层析(ion exchange chromatography)是利用离子交换剂上的可解离基团对各种离子的亲和力不同,而使不同物质得以分离的方法。蛋白质或酶都是两性电解质，不同的蛋白质或酶由于其pI不同，在同一种pH介质中电离状况有所不同，分子所带电荷的种类和数量就不同，与离子交换剂的静电吸附能力亦不同。通过上样吸附和改变离子强度或pH解吸洗脱，可使蛋白质依据其静电吸附能力根据由弱到强的顺序而分离开来。

离子交换层析已成功地用于葡萄糖氧化酶、葡萄糖苷酶、纤维素酶等多种酶的分离纯化。用作离子交换剂基质的物质有多种，如葡聚糖凝胶、琼脂糖凝胶、纤维素和合成树脂等。在酶纯化工作中，前三种基质最常用。

(3)凝胶层析

凝胶层析又称分子筛层析、凝胶过滤或分子排阻层析，是以各种多空凝胶为固定相，依据分子筛效应，利用溶液中各组分的分子质量不同而进行分离的技术。此法具有条件温和、设备简单、操作简便、层析柱可反复使用和无须再生处理等优点，已广泛地用于酶的分离纯化。

(4)亲和层析

亲和层析是将配体共价连接到基质上，用此种基质填充成层析柱，利用配体与对应的生物大分子(目的物)的专一亲和力，将目的物与其他杂质分离的一种分离纯化技术。

(5)层析聚焦

层析聚焦是将酶等两性物质的等电点特性与离子交换层析特性结合在一起以实现组分分离的技术。

(6)高效液相层析

众所周知，基质颗粒越细，其分辨力越高。但颗粒越细，流速也越慢，分离时间越长，为克服流速慢的缺点，可采用泵加压；高压条件下需机械稳定性好的基质，为了解决这些问题就产生了高效液相层析，亦称高压液相层析。

高效液相层析与普通的液相层析比较，有下述优点。

①分辨力高。

②快速，整个分离过程仅几十分钟。

③灵敏度高，分析样品量只需ng或pg水平。

④同一根柱可分析几百甚至上千个样品，而无须重新填装柱。

其理想的基质要求：至少对1mm/s的流动相流速有机械稳定性，完全亲水，交换容量高，在较宽的pH范围有化学稳定性，颗粒大小在3～10μm，孔径在30～100nm，圆颗粒，易堆积，价格不昂贵。

3. 电泳法

电泳技术是一种先进的检测手段，与其他先进技术相配合，能创造出惊人的成果，可使人们用较少代价获得最优效益。例如，它对解决当前人类所面临的食品、能源、环境和疾病等一系列迫切问题都有积极作用，显示出强大的生命力。因此电泳技术正越来越多地为人们所重视，广泛应用于各个领域。

带电粒子在电场中向着与其本身所带电荷相反的电极移动的过程称为电泳。按其使用的支持体的不同，电泳可以分为纸电泳、薄层电泳、薄膜电泳、凝胶电泳和等电聚焦电泳等。

颗粒在电场中的移动速度主要取决于其本身所带的净电荷量，同时受颗粒形状和颗粒大小的影响，此外还受到电场强度、溶液的 pH 及离子强度等外界条件的影响。

电场强度是指每厘米距离的电压降，又称为电位梯度或电势梯度。电场强度对颗粒的泳动速度起着十分重要的作用。根据电场强度的大小可将电泳分为常压电泳和高压电泳。常压电泳的电场强度一般为 2～1OV/cm，电压为 100～500V，电泳时间从几十分钟到几十小时，多用于带电荷的大分子物质的分离；高压电泳的电场强度为 20～200V/cm，电压大于 500V，电泳时间从几分钟到几小时，多用于带电荷的小分子物质的分离。①

溶液的 pH 决定了溶液中颗粒分子的解离程度，即决定了颗粒分子所带净电荷的多少。对于两性电解质而言，溶液的 pH，不仅决定颗粒分子所带电荷的种类，而且决定净电荷的数量。电泳时，溶液的 pH 应该选择在适当的数值，并需采用缓冲液，使 pH 维持恒定。

溶液的离子强度越高，颗粒的泳动速度越慢。一般电泳溶液的离子强度为 0.02～0.2 较为适宜。

(1)纸电泳

纸电泳是以滤纸为支持体的电泳技术。在电泳过程中，首先要选择纸质均匀、吸附力小的滤纸作为支持物，一般采用层析用滤纸，并根据需要剪裁成一定的形状和尺寸。再根据欲分离物质的物理化学性质，从提高电泳速度和分辨率出发，选择一定 pH 和一定离子强度的缓冲液。然后，在滤纸的适当的位置点好样品，平置于电泳槽的适当位置，接通电源，在一定的电压条件下进行电泳。经过适宜的时间后，取出滤纸，进行显色或采用其他方法进行分析鉴定。

(2)薄层电泳

薄层电泳是将支持体与缓冲液调制成适当厚度的薄层而进行电泳的技术。常用的支持体有淀粉、纤维素、硅胶、琼脂等，其中以淀粉最常用。这是由于淀粉易于成型，对蛋白质等的吸附少，样品易洗脱，电渗作用低，分离效

① 聂国兴．酶工程．北京：科学出版社，2013：88

果好。

(3)薄膜电泳

薄膜电泳是以醋酸纤维等高分子物质制成的薄膜为支持体的电泳技术。它具有简单、快速、区带清晰、灵敏度高、易于定量和便于保存的特点，广泛用于各种酶的分离。

醋酸纤维薄膜电泳是以醋酸纤维薄膜为支持物的一种电泳方法。醋酸纤维素膜是对纤维素的羟基进行乙酰化而得，将其溶于有机溶剂(丙酮、氯仿、氯乙烯、醋酸乙酯等)后抹成一均匀薄膜，则成醋酸纤维素膜。它有强渗透性、对分子移动无阻力、操作简便快速、样品用量少、应用范围广、分离清晰、没有吸附现象等优点。

(4)凝胶电泳

凝胶电泳是以各种具有网状结构的多孔凝胶作为支持体的电泳技术。与其他电泳的主要区别在于：凝胶电泳同时具有电泳和分子筛的双重作用，具有很高的分辨率。凝胶电泳的支持体主要有聚丙烯酰胺凝胶和琼脂糖凝胶，最常用的是聚丙烯酰胺凝胶电泳。

(5)等电点聚焦电泳

等电点聚焦电泳又称为等电点聚焦或电聚焦，是在 Vesterberg 等人合成载体两性电解质以后才发展起来的电泳技术，已成功地用于酶的分离纯化及其等电点的测定。

在电泳系统中加入两性电解质载体，通以直流电后，载体两性电解质即在电场中形成一个由阳极到阴极连续增高的 pH 梯度。当酶进入这个体系时，不同的酶即聚焦于与其等电点相当的 pH 位置上，从而使不同等电点的酶得以分离。这种技术称为等电聚焦电泳。

等电聚焦电泳的显著特点有以下几点。

①分辨率高，可将等电点仅相差 0.01～0.02pH 单位的酶分开。

②随着电泳时间的增加，区带越来越窄，克服了其他电泳中存在的扩散作用。

③由于电聚焦作用，不管样品加在什么部位，都可以聚焦到与其等电点 pH 相当的位置。

④很稀的样品都可分离，而且重现性好。

⑤可准确地测定酶的等电点。然而，等电聚焦电泳对于那些在等电点 pH 时不溶解或发生变性的酶不适用。

4. 离心法

离心分离是借助于离心机旋转所产生的离心力，使不同大小、不同密度的物质分离的过程。

需离心分离的生物样品,常预先制成悬浮液。悬浮液在高速旋转下,由于巨大的离心力作用,悬浮的微小颗粒以一定的速度沉降,从而使溶质得以分离。

颗粒的沉降速度取决于离心机的转速,颗粒的质量、大小和密度。在重力场的作用下,悬浮的颗粒逐渐下沉,颗粒越重,下沉越快。小于几微米的蛋白质在溶液中呈胶体或半胶体状态,在强离心力作用下,样品中具有不同沉降系数和浮力密度的蛋白质分离开。沉降系数是指颗粒在单位离心力场中粒子移动的速度,以 s 来表示。沉降系数以每单位重力的沉降时间表示,通常为 1×10^{-13}～200×10^{-13} s,10^{-13} 这个因子叫做沉降单位(S),即 1S=10^{-13} S,如血红蛋白的沉降系数约为 4×10^{-13} s 或 4S。大多数蛋白质和核酸的沉降系数在 4S 和 40S 之间。

离心分离的常用方法有以下三种。

(1)沉淀离心法

沉淀离心法是目前应用最广的一种离心方法,指选用一种离心速度,使悬浮溶液中的悬浮颗粒在离心力的作用下完全沉淀下来的方法。

(2)差速离心法

采用不同的离心速度和离心时间,使沉降速度不同的颗粒分步分离的方法,称为差速离心法(又称分步离心法)。此法适用于分离沉降系数相差较大的蛋白质分子。在一定的离心时间内,以一定的离心力进行离心时,在离心管底部就会得到分子质量最大的蛋白质分子沉淀,将上清液倾倒于另一离心管中,再加大离心力,离心一定时间,又得到第二部分较大的蛋白质分子沉淀及含较小分子的上清液,如此多次离心处理,即能把液体中的不同蛋白质分子较好地分离开。图 2-11 为差速离心法示意图。

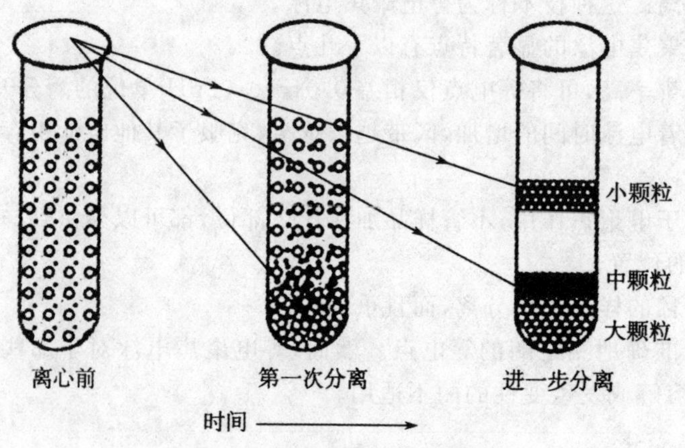

图 2-11 差速离心法示意图

(3)密度梯度离心法

密度梯度离心法(又称区带离心法)是将样品加在惰性梯度介质中进行离心沉降或沉降平衡,在一定的离心力下把颗粒分配到梯度中某些特定位置上,形成不同区带的分离方法。

密度梯度区带离心法又可分为两种。

①速率区带离心法。具有不同沉降速度的粒子在离心力作用下,各自以一定的速度沉降,离心后不同沉降速度的粒子处于不同的密度梯度层,从而在密度梯度介质的不同区域上形成几条分开的样品区带的方法称为差速区带离心法。此法仅用于分离有一定沉降系数差的颗粒(20%或更大的沉降系数差)或分子质量相差3倍的蛋白质,而与颗粒的密度无关。梯度介质通常用蔗糖溶液,其最大密度和质量分数可达1.28kg/cm^{3}和60%。此离心法的关键是选择合适的离心转速和时间。

②等密度区带离心法。当不同颗粒存在浮力密度差时,在离心力场下,颗粒或向下沉降,或向上浮起,一直沿梯度移动到它们密度恰好相等的位置上(即等密度点),形成几条不同的区带,称为等密度区带离心法。体系到达平衡状态后,再延长离心时间和提高转速已无意义,处于等密度点上的样品颗粒的区带形状和位置均不再受离心时间所影响,提高转速可以缩短达到平衡的时间,离心所需时间以最小颗粒到达等密度点(即平衡点)的时间为基准,有时长达数日。等密度区带离心法所用的梯度介质通常为氯化铯,其密度可达1.7g/cm^2。此法适用于分离复合蛋白质,但不适用于分离简单蛋白质。

5. 过滤与膜分离法

过滤是借助于过滤介质将不同大小、不同形状的物质加以分离的技术。

过滤介质多种多样,常用的有滤纸、滤布、纤维、多孔陶瓷和各种高分子膜等。其中以各种高分子膜为过滤介质的过滤称为膜分离技术。

根据过滤介质的不同,过滤可以分为膜过滤和非膜过滤两大类。

根据过滤介质截留物质颗粒大小的不同,过滤可分为粗滤、微滤、超滤和反渗透四大类。它们的主要特性和用途如表2-10所示。

表2-10　过滤的分类与特性

类别	截留的颗粒大小	截留的主要物质	过滤介质
粗滤	$>2\mu m$	霉菌、酵母、动植物细胞、固形物	滤纸、滤布、玻璃纤维、多孔陶瓷等
微滤	$0.2\sim2\mu m$	细菌、灰尘	微滤膜
超滤	$2\times10^{-3}\sim0.2\mu m$	病毒、生物大分子	超滤膜
反渗透	$<2\times10^{-3}\mu m$	盐、离子、生物小分子	反渗透膜

(1)非膜过滤

采用高分子膜以外的材料,如滤纸、滤布、纤维、多孔陶瓷、烧结金属等作为过滤介质的分离技术称为非膜过滤,包括粗滤和部分微滤。

①粗滤。借助于过滤介质截留悬浮液中直径大于 2 肛 m 的大颗粒,使固形物与液体分离的技术称为粗滤(coarse filter)。通常所说的过滤就是指粗滤。

粗滤主要用于分离酵母、霉菌、动物细胞、植物细胞、培养基残渣及其他大颗粒固形物。粗滤所使用的过滤介质主要有滤纸、滤布、纤维、多孔陶瓷、烧结金属等。

为了加快过滤速度,提高分离效果,粗滤经常需要添加助滤剂。常用的助滤剂有硅藻土、活性炭、纸粕等。

根据推动力的产生条件不同,过滤有常压过滤、加压过滤、减压过滤三种。

常压过滤是以液位差为推动力的过滤。实验室常用的滤纸过滤以及生产中使用的吊篮或吊袋过滤都属于常压过滤。

加压过滤是以压力泵或压缩空气产生的压力为推动力。生产中常用各式压滤机进行加压过滤。添加助滤剂、降低悬浮液黏度、适当提高温度等措施,均有利于加快过滤速度和提高分离效果。

减压过滤又称为真空过滤或抽滤,是通过在过滤介质的下方抽真空的方法,以增加过滤介质上下方之间的压力差,推动液体通过过滤介质,而把大颗粒截留的过滤方法。实验室常用的抽滤瓶和生产中使用的各种真空抽滤机均属于此类。减压过滤需要配备有抽真空系统。由于压力差最高不超过 0.1MPa,多用于黏性不大的物料的过滤。

②微滤。微滤又称为微孔过滤。微滤介质截留的物质颗粒直径为 0.2~2μm,主要用于细菌、灰尘等光学显微镜可以看到的物质颗粒的分离。

非膜微滤一般采用微孔陶瓷、烧结金属等作为过滤介质。也可采用微滤膜为过滤介质进行膜分离。

(2)膜分离技术

借助于一定孔径的高分子薄膜,将不同大小、不同形状和不同特性的物质颗粒或分子进行分离的技术称为膜分离技术。膜分离所使用的薄膜主要是由丙烯腈、醋酸纤维素、赛璐玢及尼龙等高分子聚合物制成的高分子膜,有时也可以采用动物膜等。根据物质颗粒或分子通过薄膜的原理和推动力的不同,膜分离可以分为以下三大类。

①加压膜分离。加压膜分离是以薄膜两边的流体静压差为推动力的膜分离技术。在静压差的作用下,小于孔径的物质颗粒穿过膜孔,而大于孔径

的颗粒被截留。

根据所截留的物质颗粒的大小不同，加压膜分离可分为微滤、超滤和反渗透三种。

a. 微滤。以微滤膜(也可以用非膜材料)作为过滤介质的膜分离技术。微滤膜所截留的颗粒直径为0.2～2μm。微滤过程所使用的操作压力一般在0.1MPa以下。

在实验室和生产中通常利用微滤技术除去细菌等微生物，达到无菌的目的。

b. 超滤。超滤又称超过滤，是借助于超滤膜将不同大小的物质颗粒或分子分离的技术。超滤膜截留的颗粒直径为20～2000A，相当于分子质量为$1\times10^3\sim5\times10^5$Da。超滤主要用于分离病毒和各种生物大分子。

膜的透过性一般以流率表示。流率是指每平方厘米的膜每分钟透过的流体的量。超滤时流率一般为0.01～5.0ml/(cm^2·min)。影响流率的主要因素是膜孔径的大小。膜的孔径大，流率也大。此外，颗粒的形状与大小、溶液浓度、操作压力、温度和搅拌等条件对超滤流率也有显著影响。

在酶的超滤分离过程中，压力一般由压缩气体来维持，操作压力一般控制在0.1～0.7MPa。

c. 反渗透。反渗透膜的孔径小于20A，被截留的物质分子质量小于1000Da，操作压力为0.7～13MPa，主要用于分离各种离子和小分子物质。

②电场膜分离。电场膜分离是在半透膜的两侧分别装上正、负电极，在电场作用下，小分子的带电物质或离子向着与其本身所带电荷相反的电极移动，透过半透膜而达到分离的目的。电渗析和离子交换膜电渗析即属于此类。

a. 电渗析。电渗析在外加电场的作用下，水溶液中的阴、阳离子会分别向阳极和阴极移动，如果中间再加上一种交换膜，就可能达到分离浓缩的目的，称为电渗析。电渗析器中交替排列着许多阳膜和阴膜，分隔成小水室。当酶液进入这些小室时，在直流电场的作用下，溶液中的离子就做定向迁移。阳膜只允许阳离子通过而把阴离子截留下来，阴膜只允许阴离子通过而把阳离子截留下来，从而使酶得到分离和浓缩。渗析时要控制好电压和电流强度，渗析开始的一段时间，由于中心室溶液的离子浓度较高，电压可以低一些；当中心室的离子浓度较低时，要适当提高电压。

电渗析主要用于酶液或其他溶液的脱盐、海水淡化、纯水制备及其他带电荷小分子的分离。也可以将凝胶电泳后的、含有蛋白质或核酸等的凝胶切开，置于中心室，经过电渗析使带电荷的大分子从凝胶中分离出来。

b. 离子交换膜电渗析。离子交换膜电渗析的装置与一般电渗析相同，只是以离子交换膜代替一般的半透膜而组成。离子交换膜的选择透过性比一般半透膜强。离子交换电渗析用于酶液脱盐、海水淡化，以及从发酵液中分离柠檬酸、谷氨酸等带有电荷的小分子发酵产物等。

③扩散膜分离。扩散膜分离是利用小分子物质的扩散作用，不断透过半透膜扩散到膜外，而大分子被截留，从而达到分离效果。常见的透析就是属于扩散膜分离。透析膜可用动物膜、羊皮纸、火棉胶或赛璐玢等制成。透析主要用于酶等生物大分子的分离纯化，从中除去无机盐等小分子物质。

6. 萃取法

萃取分离是利用物质在两相中的溶解度不同而使其分离的技术。

萃取分离中的两相一般为互不相溶的两个液相。按照两相的组成不同，萃取可以分为有机溶剂萃取、双水相萃取、超临界萃取和反胶束萃取等。

(1)有机溶剂萃取

有机溶剂萃取的两相分别是水相和有机溶剂相，利用溶质在水和有机溶剂中的溶解度不同而达到分离。用于萃取的有机溶剂主要有乙醇、丙酮、丁醇、苯酚等。例如，用丁醇萃取微粒体或线粒体中的酶，用苯酚萃取RNA等。

因为有机溶剂容易引起酶蛋白和酶RNA的变性失活，所以在酶的萃取过程中，应在0～10℃的低温条件下进行，并要尽量缩短酶与有机溶剂接触的时间。

(2)双水相萃取

双水相萃取的两相分别为互不相溶的两个水相。双水相萃取中使用的双水相一般由按一定百分率组成的互不相溶的盐溶液和高分子溶液或者两种互不相溶的高分子溶液组成。

双水相系统是指将两种亲水性的聚合物都加在水溶液中，当超过某一浓度时，就会产生两相，两种聚合物分别溶于互不相溶的两相中。在双水相系统中，蛋白质、RNA等在两相中的溶解度不一样，分配系数不同，从而达到分离。典型的两相系统如表2-11所示。

表2-11 各种双水相系统

聚合物P	聚合物Q或盐
聚丙二醇	甲基聚丙二醇，聚乙二醇，聚乙烯醇，聚乙烯吡咯烷酮，羟丙基葡聚糖，葡聚糖
聚乙二醇	聚乙烯醇，葡聚糖，聚蔗糖
甲基纤维素	羟甲基葡聚糖，葡聚糖

续表

聚合物 P	聚合物 Q 或盐
乙基羟乙基纤维素	葡聚糖
羟丙基葡聚糖	葡聚糖
聚蔗糖	葡聚糖
聚乙二醇	硫酸镁，硫酸铵，硫酸钠，甲酸钠，酒石酸钾钠

双水相形成的条件和定量关系可用相图表示，对于两种聚合物和水相组成的系统，其相图如图 2-12 所示。

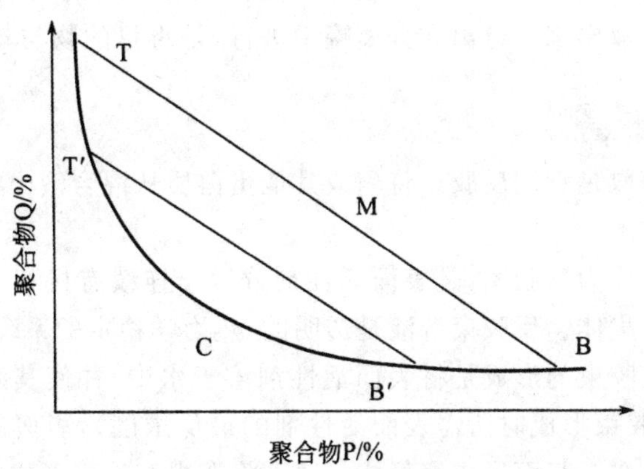

图 2-12　双水相系统相

从图 2-12 中可以看到，只有当 P 和 Q 的浓度达到一定时才能形成两相，图中曲线 TCB 称为双节线，直线 TMB 称为系线，在双节线下方的区域是均匀的单相区，在双节线的上方则是双相区。T 点和 B 点分别表示达到平衡时的上相组成和下相组成。在同一直线上的各点分成的两相，具有相同的组成，但体积不同。

影响酶在两相中分配系数的主要因素有：两相的组成，高分子聚合物的分子质量、浓度、极性等，两相溶液的比例，酶的分子质量、电荷、极性等，温度、pH 等。对于酶在两相中的分配系数，目前尚无成熟的理论可作为依据，需通过试验而确定。

(3)超临界萃取

超临界萃取又称为超临界流体萃取，是利用欲分离物质与杂质在超临界流体中的溶解度不同而达到分离的一种萃取技术。

不同的温度和压力条件下，可以以不同的形态存在，如固体(S)、液体(L)、气体(G)、超临界流体(SCF)等。

作为萃取剂的超临界流体必须具有以下条件:具有良好的化学稳定性,对设备没有腐蚀性;临界温度不能太高或太低,最好在室温附近或操作温度附近;操作温度应低于被萃取溶质的分解温度或变质温度;临界压力不能太高,可节约压缩动力费;选择性要好,容易制出高纯度的制品;溶解度要高,可以减少溶剂循环量;萃取剂要容易获得,价格便宜。

目前在酶的超临界萃取中最常用的超临界流体是 CO_2。

CO_2 超临界点的温度为 31.1℃,超临界压力为 7.3MPa,超临界密度为 0.47g/ml,特别适用于生物活性物质的提取分离。

CO_2 超临界萃取的工艺过程由萃取和分离两个步骤组成。萃取在萃取罐中进行,将原料装入萃取罐,通入一定温度和压力的超临界 CO_2,将欲分离的组分萃取出来。分离在分离罐中进行,是将目的物与超临界 CO_2 分离的过程。

(4)反胶束萃取

反胶束萃取是利用反胶束将酶或其他蛋白质从混合液中萃取出来的一种分离纯化技术。

反胶束又称为反胶团,是表面活性剂分散于连续有机相中形成的纳米尺度的一种聚集体。反胶束溶液是透明的、热力学稳定的系统。

胶束与反胶束的形成是将表面活性剂溶于水中,并使其浓度超过临界胶束浓度(即胶束形成时所需表面活性剂的最低浓度),表面活性剂就会在水溶液中聚集在一起而形成聚集体。通常将在水溶液中形成的聚集体胶束称为正胶束。在胶束中,表面活性剂的排列方向是极性基团在外,与水接触;非极性基团在内,形成一个非极性的核心,在此核心可以溶解非极性物质。如果将表面活性剂溶于非极性溶剂中,并使其浓度超过临界胶束浓度,便会在有机溶剂内形成聚集体,这种聚集体称为反胶束。在反胶束中,表面活性剂的非极性基团在外,与非极性有机溶剂接触,而极性基团则排列在内,形成一个极性核,此极性核具有溶解极性物质的能力。

在反胶束萃取中,首先要根据欲分离组分的特性,选择适宜的表面活性剂及有机溶剂。

表面活性剂是由极性基团和非极性基团组成的两性分子,有阳离子、阴离子和非离子型表面活性剂。在反胶束系统中,表面活性剂通常与某些有机溶剂一起混合使用,如表 2-12 所示。

表 2-12　反胶束萃取中常用的表面活性剂及其相应的有机溶剂

表面活性剂	有机溶剂
AOT	正烷烃(C_6～C_{10}),异辛烷,环己烷,四氯化碳,苯
CTAB	乙醇/异辛烷,己醇/辛烷,三三氯甲烷/辛烷
TOMAC	环己烷
Brij60	辛烷
Triton X	己醇/环己烷
磷脂酰胆碱	苯,庚烷
磷脂酰乙醇胺	苯,庚烷

最常用的是阴离子表面活性剂,如 AOT,其化学名为丁二酸乙基己基酯磺酸钠。这种表面活性剂具有双链,极性基团小,形成反胶束时不需要借助表面活性剂,并且形成的反胶束较大,有利于大分子蛋白质进入。

反胶束萃取除了受表面活性剂和有机溶剂的影响外,还有以下影响因素。

①水相 pH。水相 pH 决定了蛋白质表面带电基团的离子化状态。对于带正电荷的表面活性剂,当水相 pH 高于蛋白质的等电点时,有利于蛋白质溶于反胶束中;对于阴离子表面活性剂则相反。

②离子强度。水相中的离子强度决定带电表面所赋予的静电屏蔽程度,在反胶束萃取中静电屏蔽程度会产生两个重要的效应。首先,它降低了带电蛋白质分子和反胶束带电界面之间的静电相互作用;其次,它降低了表面活性剂头部基团之间的静电排斥力,导致在高离子强度下反胶束颗粒变小。

2.2.3　酶的纯化与精制

1. 酶纯化与精制的原则

酶分离纯化工作的最终目的就是制备高含量、高纯度的酶制剂,也就是说,酶的含量要高,且不含或尽可能少含杂质。

在进行分离纯化工作时,下述问题作为基本原则必须加以考虑。

首先,要注意防止酶变性失效,这一点在纯化的后期更为突出。因为酶很不稳定,因此应注意防止酶变性失活。一般地说,凡是用以预防蛋白质变性的要领与措施通常也都适用于酶的分离纯化工作。例如:大多数酶在 $pH<5$ 和 >9 的情况下不稳定,因为纯化操作必须控制整个溶液系统不要过酸或过碱，同时要避免在调整 pH 时产生局部酸、碱过量现象。除个别例子外，很多酶在温度高时不稳定。因此分离纯化工作都应在低温下进行。酶和其他蛋白一样，往往易在溶液表面或界面形成薄膜而失活，故操作中应尽量防止泡沫形成。重金属等能引起酶失效，有机溶剂能使酶变性，微生物污染以及蛋白水解酶的存在能使酶分解破坏，所有这些也都应予以足够的重视。

其次，从理论上说，凡是用于蛋白质分离纯化的一切方法都同样适用于酶。由于酶分离纯化的最终目的是要将酶以外的一切杂质(包括其他酶)尽可能地除去，因此，容许在不破坏目的酶的限度内，使用各种激烈手段。此外，由于酶和它作用的底物及它的抑制剂等具有亲和性，当这些物质存在时，酶的理化性质和稳定性又往往会发生一些变化，这样，酶的分离纯化工作又可以采用更多、更有效的方法与条件。

最后，酶具有催化活性，检测酶活性可以跟踪酶的来龙去脉，为酶的抽提、纯化以及制剂过程中选择适当的方法与条件提供直接的依据。实际上，从原料开始，整个过程的每一步始终都应贯穿比活力与总活力的检定与比较，因为只有这样，才能知道在某一步骤中采用的各种方法与条件分别使酶的纯度提高了多少，酶回收了多少，从而决定它们的取舍。

2. 酶纯化与精制的方法

酶液需经浓缩或结晶以及其他处理，使酶得到精制，以便于保存。精制的方法主要包括：浓缩、结晶和干燥等。

(1)浓缩

浓缩是从低浓度酶液中除去部分的水或其他溶剂而成为高浓度溶液的过程。浓缩的方法很多，如离心分离、过滤和膜分离、沉淀分离、层析分离等。用各种吸水剂，如干燥的凝胶、聚乙二醇等吸收酶液中的水分，也可使酶液浓缩。下面主要介绍常用的蒸发浓缩。

蒸发浓缩是通过加热或减压方法使溶液中的部分溶剂气化蒸发，溶液得以浓缩的过程。因为酶在高温下不稳定，容易变性失活，所以酶液的蒸发浓缩一般都采用真空浓缩，即在密闭的浓缩器中，用各种抽气减压装置维持浓缩系统在一定的真空度下操作，使酶液在 60℃以下的温度进行浓缩。

蒸发速度受到很多因素的影响。除了溶剂和溶液的特性以外，主要影响因素有温度、压力和蒸发面积等。一般说来，在不影响酶的稳定性的前提下，适当提高温度、增大液体的蒸发面积、降低压力等都可提高蒸发速度。

蒸发浓缩的装置多种多样，主要有真空蒸发器和薄膜蒸发器等。

真空蒸发器是在密闭的加热容器上接上真空泵等减压装置而成。操作时，一边加热一边抽真空，利用减压条件下溶液沸点降低的原理，使溶液在较低温度下沸腾蒸发,达到浓缩目的。真空蒸发器有夹形式、蛇管式、回流循环式、旋转式等多种形式,供使用时选择。

薄膜蒸发器能使液体形成液膜,蒸发面积大,可在很短的时间内迅速蒸发而达到浓缩的效果,可连续操作,酶活力损失较少,是较为理想的蒸发浓缩装置。薄膜蒸发器有多种形式,如升膜式、降膜式、刮板式和离心式等,可根据实际情况选择使用。

(2)结晶

所谓结晶,是指分子通过氢键、离子键或分子间力,按规则且周期性排列的一种固体形式。由于各种分子形成结晶的条件不同,也由于变性的蛋白质和酶不能形成结晶,因此结晶既是一种酶是否纯净的标志,也是一种酶和杂蛋白分离纯化的手段。

结晶是溶质以晶体形式从溶液中析出的过程。要使酶从酶液中析出结晶,必须预先把酶液经过一定程度的分离纯化。如果酶液纯度太低,结晶无法出现。一般说来,酶液中酶的纯度应在 50%以上,方有可能进行结晶,总的趋势是酶的纯度越高,结晶就越容易。但是要说明的是,不同的酶对结晶时纯度的要求不同,有的酶在纯度达到 50%时就可能结晶,而有些酶在纯度很高的条件下也无法析出结晶。因此,酶的结晶并非达到绝对纯化,只是达到相当的纯度。为了获得更纯的酶,一般要经过多次重结晶。每经过一次重结晶,酶的纯度均有一定的提高,直至恒定为止。

在结晶时,酶液应达到一定的浓度。浓度太低是无法析出结晶的。一般来说,酶的浓度越高,就越容易结晶。但浓度过大时,会形成很多小晶核,结晶小,不易长大。因此结晶时应控制好酶液浓度。此外还要控制好温度、pH、离子强度等结晶条件。

酶结晶的方法多种多样,主要是为了使母液中酶的溶解度慢慢降低,使其处于稍微过饱和状态,而使酶析出结晶。其主要方法有:盐析结晶法、有机溶剂结晶法、透析平衡结晶法和等电点结晶法等。

①盐析结晶法。盐析结晶法是在适宜的温度和 pH 等条件下,缓慢增加酶液中盐的浓度,使酶的溶解度慢慢降低,从而使酶结晶。

盐析结晶所采用的中性盐是硫酸铵,也可采用硫酸钠等其他中性盐。盐析结晶时,一般是把饱和盐溶液慢慢滴加到浓酶液中,至呈现稍微浑浊为止。让其在一定温度下(一般在 0~10℃的低温条件下)放置一段时间,慢慢析出结晶,再缓慢而均匀地补加少量饱和盐溶液,直至结晶完全。有时也可用固体硫酸铵粉末代替饱和硫酸铵溶液,但加固体盐容易引起局部过饱和而生成沉淀,故必须注意慢慢加入,并边加入边搅拌,使之充分溶解。

②有机溶剂结晶法。有机溶剂结晶法是在经过浓缩和初步纯化的酶液

中，调节 pH 到酶稳定的 pH，用冰浴冷却至 0℃左右，边搅拌边慢慢加入有机溶剂，当酶液稍微出现浑浊时，在冰箱中放置 1～2h，离心去除沉淀，取上清液置于冰箱中让其慢慢析出结晶。

有机溶剂结晶常用的溶剂有乙醇、丙酮、丁醇、甲醇、异丙醇、甲基戊二醇、二甲基亚砜等。例如：L-天冬酰胺酶的结晶可采用加入甲基戊二醇的方法得到。

有机溶剂结晶的优点是含盐少，结晶时间较短。但操作需要在低温下进行，以免引起酶变性失活。

③透析平衡结晶法。透析平衡结晶法将初步纯化的浓缩酶液装在透析袋中，对一定浓度的盐溶液或有机溶剂或一定 pH 的缓冲溶液进行透析。经一段时间后，酶液渐渐达到过饱和状态而析出结晶。

透析平衡结晶既可进行大量酶样品的结晶，也可用于微量样品结晶，是常用的结晶方法之一。例如：过氧化氢酶、己糖激酶、亮氨酰-tRNA 合成酶、羊胰蛋白酶等都可用此法得到结晶。

④等电点结晶法。等电点结晶法通过缓慢地改变酶液的 pH，使之逐步到达酶的等电点，而使酶析出结晶。

调节酶液 pH 时，一定要均匀并缓慢。如果不均匀，将出现局部过酸或过碱，无法得到结晶。如果速度太快，则往往得到沉淀而得不到完整的结晶。为此，可采用透析平衡法或气相扩散法，使酶液的 pH 慢慢接近其等电点。透析平衡时，透析液采用一定 pH 的缓冲溶液，经过透析，酶液的氢离子浓度缓慢改变，实现结晶。气相扩散法是将装酶液的容器与装有挥发性酸或碱的容器一起置于一个较大的密闭容器中，挥发性酸或碱（例如乙酸、干冰、氨水等）挥发到气相中，然后慢慢溶解到酶液中，使酶液 pH 缓慢改变，逐步接近酶的等电点而使酶结晶析出。

肌酸激酶、胰蛋白酶、核糖核酸酶、过氧化氢酶、胃蛋白酶等都可采用等电点结晶法获得结晶。

(3)干燥

干燥是将固体、半固体或浓缩液中的水分（或其他溶剂）除去一部分，以获得含水分较少的固体的过程。干燥的目的主要是提高产品的稳定性，使之易于保存、运输和使用。

干燥过程中，水或其他溶剂首先从物料表面蒸发，随后物料内部的水分子扩散到表面继续蒸发。因此，干燥速率与蒸发面积成正比，增大蒸发面积，有利于干燥。此外在不影响物料稳定性的条件下，适当提高温度、降低压力、加强空气流通等都可使干燥速度提高。但是，干燥速度并非越快越好，而是要控制在一定范围内。因为干燥速度过快时，表面水分迅速蒸发，可能使物料表面粘结成壳，妨碍内部水分子扩散到表面，反而影响干燥效果。

在固体酶制剂的生产过程中，为了提高酶的稳定性，便于保存、运输和使用，一般都必须进行干燥。干燥的方法很多，常用的有真空干燥、冷冻干燥、喷雾干燥、气流干燥和吸附干燥等。

①真空干燥。真空干燥在可密闭的干燥器中进行。干燥器与真空装置相连。操作时，一边抽真空一边加热，使酶在较低的温度下蒸发干燥。汽化产生的水蒸气在进入真空泵之前，通过冷凝装置凝结收集，以免汽化产生的水蒸气进入真空泵。酶液真空干燥的温度一般控制在60℃以下。

②冷冻干燥。冷冻干燥是先将浓酶液降温到冰点以下，使之冻结成固态，然后在低温下抽真空，使冰直接升华为气体，而使酶干燥。

冷冻干燥的产品质量高，保持完整的结构。但该方法成本较高，特别适用于对热非常敏感而有较高价值的酶的干燥。

③喷雾干燥。喷雾干燥是将酶液通过喷雾装置喷成直径为几十微米的雾滴，分散于热气流之中，水分迅速蒸发而使酶成为粉末状干燥制品。

喷雾干燥时，由于液体分散成雾滴，直径小，表面积大，水分迅速蒸发，只需几秒钟的时间就可干燥。在干燥过程中，因为水分蒸发吸收热量，使雾滴及其周围的空气温度比气流进口处的温度低，所以只要控制好气流进口温度，就可减少酶在干燥过程中引起的变性失活。

④气流干燥。气流干燥是在常压下利用热空气流直接与固体或半固体状态的制品接触，水分蒸发而得到干燥制品的过程。

气流干燥设备简单，操作方便，但用于酶制剂干燥时，酶活力损失较大。为了减少酶的变性失活，提高干燥质量，要控制好气流温度。温度不能太高，并要使气流的流通性保持良好，以便把蒸发的水汽及时带走，同时要经常翻动酶制剂，使干燥均匀。

⑤吸附干燥。吸附干燥是在密闭的容器中用各种干燥剂吸收水分或其他溶剂，使制品干燥。

3．酶制剂的保存

为适应各种需要，并考虑到经济和应用效果，酶制剂常采用以下四种剂型保存。

(1)液体酶制剂

液体酶制剂包括稀酶液和浓缩酶液。一般在除去菌体等杂质后，不再纯化而直接制成或加以浓缩。该剂型比较经济，但不稳定，需要添加稳定剂后才能出厂，而且成分复杂，只适于就近的某些工业部门直接应用。

(2)固体粗酶制剂

固体粗酶制剂便于运输和短期保存,成本也不高。固体粗酶制剂有的是发酵液经过杀菌后直接浓缩干燥制成;有的是发酵液滤去菌体后喷雾干燥制成;有的则加有淀粉等填充料;也有的是把发酵液或抽提液除去杂质,并经初步纯化后制成,如用于洗涤剂、药物等生产的酶制剂。用于加工或生产某种产品的制剂,必须去掉其中起干扰作用的杂酶,否则会影响产品质量。

(3)纯酶制剂

纯酶制剂包括结晶酶在内,通常用作分析试剂或用作医疗药物,要求有较高的纯度。用作分析工具酶时,除了要求没有干扰作用的杂酶存在外,还要求单位重量的酶制剂中酶活性达到一定单位数,用作基因工程的工具酶则要求不含非专一性的核酸酶,或完全不含核酸酶。作为蛋白质结构分析对象的酶必须"绝对地"纯净,而注射用的医用酶则应设法除去热源类物质。

(4)固定化酶制剂

获得酶制剂后,进一步的问题是如何提高酶的稳定性,延长其有效期。影响酶的稳定性的因素主要有:温度、pH 和缓冲液、酶蛋白浓度和氧等。为了保证有较高的稳定性,通常将酶制剂固定化,以提高酶的稳定性,延长酶的保存时间。

第3章 酶分子的改造与修饰

为了增强酶的催化活性、拓宽其使用面、降低其抗原性、提高其稳定性，就需要对酶分子进行一定的改造和修饰，下面讨论一下酶的定点突变、酶分子的定向进化以及酶的化学修饰。

3.1 酶的定点突变

定点突变(site-directed mutagenesis)是指向酶分子基因序列中特定位点引入突变，特殊碱基的添加、删除、取代等都属于定点突变的范畴，通过改变特定氨基酸来获得突变体酶，天然酶的催化活性、底物特异性或稳定性就会发生改变。基因工程技术的发展，使得在任何一段DNA序列中插入、改变、删除特定的核苷酸不再是痴人说梦，因此定点突变现已发展成为酶基因操作的一项基本技术。由于酶分子特征、空间结构及结构与功能关系等信息的获得可以说是定点突变的首要条件，在此基础上，找出需要改造的部位、进行酶分子的设计和改造，因此将这种改造称为酶分子的理性设计。

定点突变技术具有操作简便、重复性好等特点，使得该技术不仅是优化和改造酶基因常用的手段，也是酶结构和功能之间复杂关系的研究中一件有力且效果能够让人满意的工具，在酶基因的结构与功能、基因调控序列的研究中得到了广泛的应用。

3.1.1 酶定点突变中突变位点的设计原则

为了使定点突变的突变结果在人们的控制范围之内，通过对蛋白质三维结构的认识和立体化学参数的检验，人们确定了以下几条定点突变的经验法则。①突变位点应远离活性部位，尽可能地降低突变对活性的影响；②尽可能只改变蛋白质表面环区上的氨基酸残基，使得对蛋白质整体结构的破坏尽可能地降低；③将碱性氨基酸突变为中性氨基酸，这样的话，酶在酸性条件下的稳定性就会得到提高；④尽可能只改变表面正负电荷交界区的残基位点，使得蛋白质表面的整体电荷分布得以有效保持；⑤将较大氨基酸突变为较小氨基酸，酶在有机溶剂中的稳定性也会得到提高。

3.1.2 酶定点突变常用的技术方法

目前常用的定点突变方法有寡核苷酸引物介导的定点突变、PCR介导的定点突变及盒式突变几种。

1. 寡核苷酸引物介导的定点突变

由加拿大的生物化学家Michael Smith于1978年发明了该方法。其原理是用含有突变碱基的寡核苷酸片段作引物，DNA分子体外复制的启动是在聚合酶的作用下完成的，由此使得这段寡核苷酸引物成为新合成的DNA分子链的一部分而将突变成功引入。将复制产生的异源双链DNA分子转化入克隆载体，突变型同源双链DNA分子可通过复制形成。其操作的主要过程：①首先合成一段含20个左右碱基的寡核苷酸序列，该序列中除了有所需引入的突变碱基外，其余序列必须与待突变基因编码链的特定区段是完全互补的关系，而且突变碱基应设计在寡核苷酸序列的中央部位；②将待突变基因克隆到突变载体上；③使突变载体变性形成单链模板；④含突变位点的寡核苷酸引物与待突变的单链核苷酸模板退火，在DNA聚合酶的催化下，实现PCR扩增，获得具突变碱基的异源双链DNA分子；⑤将获得的异源双链DNA分子转化大肠杆菌，从而产生带有野生型、突变型的同源双链DNA分子的克隆；⑥具有突变的酶基因可通过限制性酶切法、探针杂交法和生物学法初步筛选获得，对突变体基因进行序列分析并检测突变体酶活性。

寡核苷酸引物介导的定点突变方法具有保真性好的特点，不易产生期望之外新的变异从而得到了良好的应用。但是其操作过程复杂，突变效率较低。针对这些问题，一些有效的改进方法已经被提出来，包括将单链模板中部分胸腺嘧啶以尿嘧啶取代，使突变后的异源双链DNA分子转化大肠杆菌后，模板链被降解，仅突变链被复制的Kunkel法，如图3-1所示；采用特殊的专用试剂、材料及专用的定点突变试剂盒；采用没有甲基修复酶的菌株作为突变基因的受菌体，突变被修复的频率才能够有效降低；改进质粒特性，制备单链模板的步骤得以省略；抗生素筛选标志和相对应的消除/修复引物得以有效增加，从而使得突变反应及突变体筛选更加快速、简便。

2. PCR介导的定点突变

定点突变的发展得益于PCR的出现，以PCR为介导的定点突变为基因修饰、改造提供了更为快捷、简便的途径。其原理是利用在PCR反应中设计特殊的引物，使其3′端核苷酸序列能够尽可能好地与模板序列相匹配以引发 PCR，而引物的 5′端可以含有任何所想要的突变核苷酸序列。通过对需要改变的 DNA 序列的 PCR 扩增，携带突变的寡核苷酸引物序列被掺入到所产生的 DNA 分子的末端。通过使用这种方法，可以直接将突变引入，还可以通过重叠延伸(overlap extension)PCR 技术在目的基因的中心区段引入位点特异性的取代、插入或缺失突变，如图 3-2 所示。

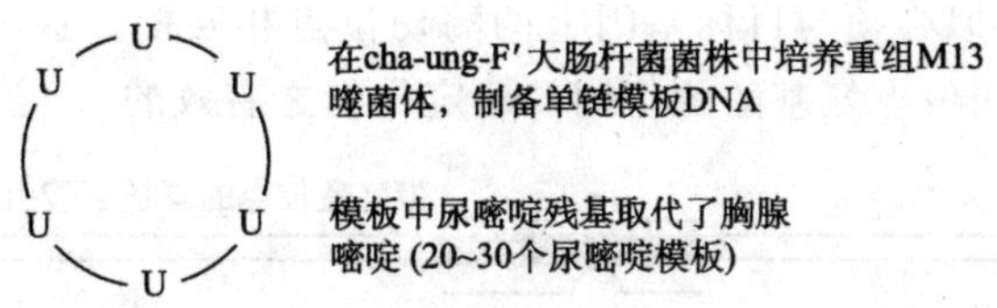

带突变位点的磷酸化的诱变寡核苷酸

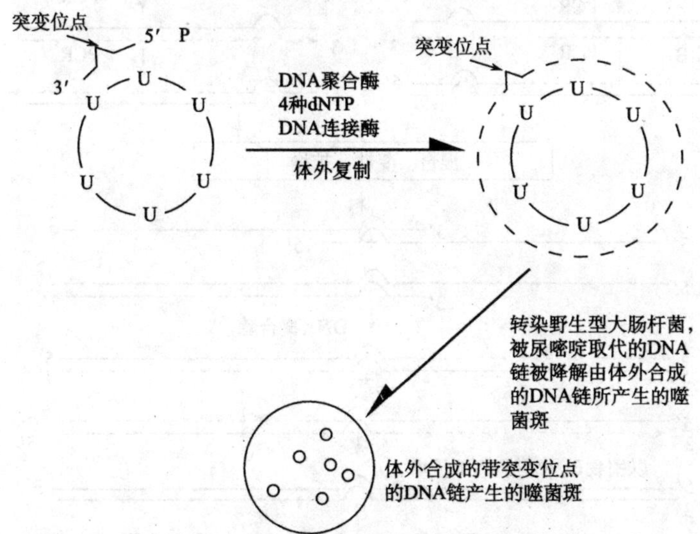

图 3-1 一种改良的寡核苷酸引物介导的定点突变

PCR 介导的定点突变操作较简单，引入突变的效率可达 100%。但是由于涉及多次 PCR，在 PCR 过程中新的非预期突变容易产生，因此必须 DNA 测序验证是否发生了其他突变，在扩增过程中应尽可能使用高保真 DNA 聚合酶。

3. 盒式突变

盒式突变(cassette mutagenesis)又称 DNA 片段取代(DNA fragment replacement)，是利用目的基因中所具有的适当限制性内切酶酶切位点，目标基因中的相应序列可以用一段含基因突变序列的双链寡核苷酸片段(其突变位点两端含有与目标基因待取代部位两端同样的酶切位点)来取代。将目标基因以限制性内切酶酶切后与突变寡核苷酸片段混合,经变性后重新退火时,带突变的寡核苷酸片段与目标基因中相对应的酶切黏性末端连接而将突变成功引入。如果将合成的寡核苷酸突变位点换成不同的简并核苷酸,在一次实验中数量众多的突变体即可顺利获得。为了保证盒式突变序列能按正确的方向插入,突变序列的两端连接的限制性内切酶识别位点最好有所区别,但必须与目标基因上的酶切位点相匹配。这种方法对于蛋白质分子中不同位点氨基酸的作用的确定是行之有效的。

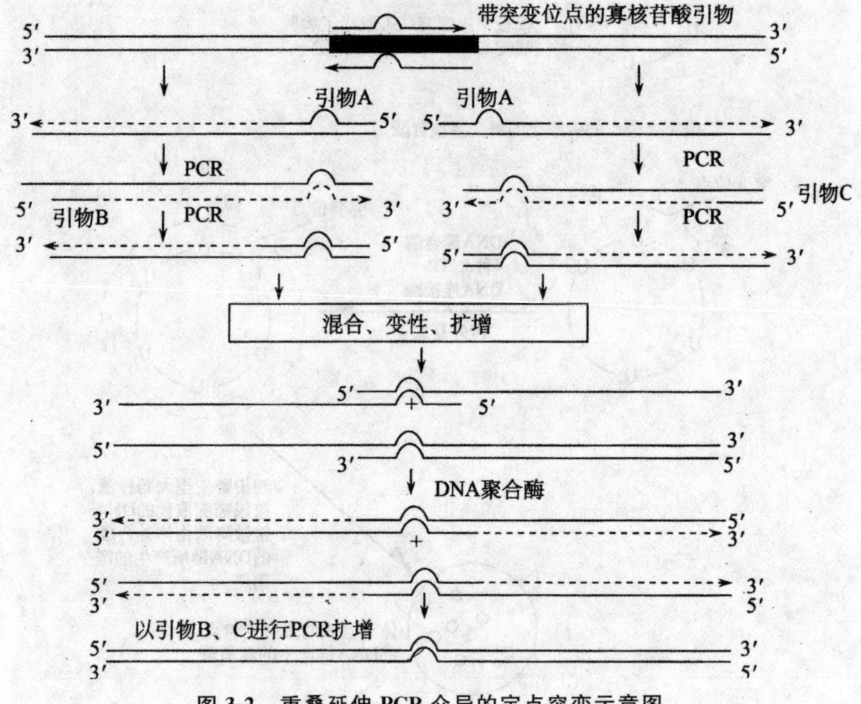

图 3-2 重叠延伸 PCR 介导的定点突变示意图

和前两种突变方法比起来,盒式突变具有简单易行、突变效率高等优点,还可以在一对限制性酶切位点内一次突变多个位点。但是在一般情况下,在目标 DNA 片段的两侧存在一对限制性酶切位点的要求的满足的难度是非常大的,限制了该方法的广泛应用。然而一旦具备了这样的条件,该方法可以作为获得突变的首选方法。一些以定点突变改变酶性质的实例如表 3-1 所示。

表 3-1　酶定点突变的成功案例

酶	氨基酸突变	目的	结果
枯草杆菌蛋白酶	MetT222→Ser→Leu	提高酶的抗氧化能力,用来制备具漂白作用的加酶洗涤剂	突变体能保留原酶活力的50%,但在1mol/L H_2O_2 条件下,酶活能维持1h
嗜热丝孢菌脂肪酶	引入Cys二硫键	提高脂肪酶热稳定性	热稳定性提高了12℃,最适作用温度提高了10℃
木聚糖酶XYNⅡ	N端两个β折叠片层间添加二硫键	提高木聚糖酶的稳定性	最适反应温度由50℃提高到60℃～70℃,半衰期由1min提高到14min,50℃ 30min条件下pH稳定范围由4.0～9.0扩展到3.0～10.0
葡萄糖异构酶	Gly38→Pro	提高热稳定性	在酶比活力相近的情况下,突变体葡萄糖异构酶的半衰期延长了1倍,最适反应温度提高了10℃～12℃
中性纤维素内切酶maEG	删除第49位脯氨酸	提高热稳定性	70℃处理120min,热稳定性比野生型提高了21.6%

3.2　酶分子的定向进化

3.2.1　概述

酶分子定向进化(enzyme molecular directed evolution),又称为酶定向进化(enzyme directed evolution)是模拟自然进化过程(随机突变和自然选择),在体外实现酶基因的人工随机突变,建立突变基因文库,在人工控制条件的特殊环境下,定向选择得到具有优良催化特性的酶的突变体的技术过程。

酶分子定向进化是在基因水平上进行的酶改性技术,通过基因突变,酶分子结构得以有效改变,酶的催化特性也会有所改进。

酶分子定向进化是最近十几年来发展起来的分子定向进化技术之一。分子定向进化以各种生物大分子为进化对象,进化的目的是为了使得目标分子的结构、功能和特性得到改良，主要有酶分子定向进化、蛋白质分子定向进化、核酸分子(RNA)定向进化等。从细胞内提取或者通过 PCR 等方法获得目标分子的基因是分子定向进化的第一步，然后在体外采用易错 PCR 技术、DNA 改组技术、基因家族重排等技术进行人工随机突变，然后进行定向选择而获得所需突变体。

天然酶长期在生物体内存在并进行催化活动，在生物体内的环境条件下，经过长期的自然进化，与生物体内条件相适应的完整的空间结构和一系列催化特性得以有效形成。当酶从生物体内被提取分离出来，在人工控制条件的酶反应器中进行催化反应的时候，酶往往不能适应环境条件的变化，人们使用的要求也就无法得到满足，主要表现在催化效率较低、稳定性较差等方面。为此人们采用酶分子修饰、酶固定化、酶非水相催化、酶定向进化等多种酶改性(enzyme improving)技术，使得酶的催化特性得以改进。

酶分子基因的随机突变和突变基因的定向选择两个步骤组成了酶分子定向进化。如图 3-3 所示。

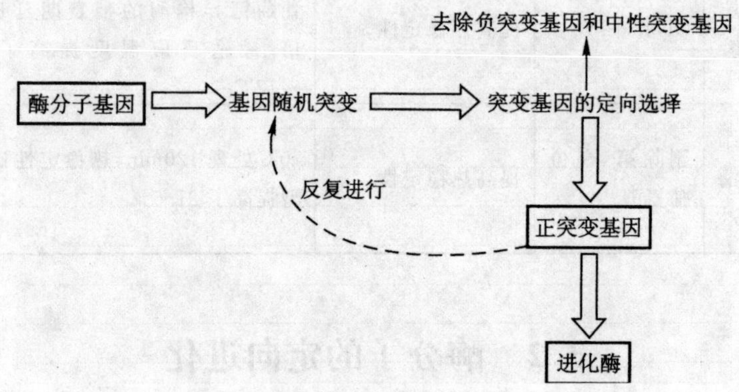

图 3-3　酶分子定向进化的基本过程

酶分子定向进化的第一步是将获得的酶分子基因人为地进行体外随机突变，以获得丰富多样的突变基因。体外随机突变的技术多种多样，主要有易错 PCR 技术、DNA 改组技术、基因家族重排技术等。

然后将各种突变基因与适当的载体重组，突变基因文库得以组建完成，再在特定的环境条件下，采用高通量的筛选方法，定向选择得到具有优良特性的酶突变体，平板筛选法、荧光筛选法、噬菌体表面展示法、细胞表面展示法、核糖体表面展示法等是常用的高通量筛选方法。

酶分子定向进化可以显著提高酶的催化效率、增加酶的稳定性、改变酶的底物特异性等，是一种常用的快速高效地改进酶催化特性的手段。

3.2.2　酶基因的体外随机突变

酶定向进化的第一步是对酶基因进行体外随机突变，以期能够得到丰富多样的突变基因，为后续的定向选择打下基础。

酶定向进化的基因随机突变是在分子水平上通过人工操作进行的基因随机突变，酶基因的获得是第一步，然后在体外进行随机突变。

1. 易错 PCR 技术

易错 PCR 技术是以酶的单一基因为出发点，在改变反应条件的情况下进行聚合酶链反应，使扩增得到的基因出现碱基配对错误，而引起基因突变的技术过程。

(1)易错 PCR 反应的基本过程

易错 PCR 技术与常规 PCR 技术的过程基本相同，不外乎双链 DNA 的变性、引物与单链 DNA 退火结合、引物延伸三个步骤。

①双链 DNA 的变性(解链)：将待扩增的模板 DNA 升温至 85～95℃，在高温的情况下，DNA 双链之间的氢键就会断开，解离获得单链 DNA。

②引物与单链 DNA 退火结合：单链 DNA 在温度逐步降低至 50～70℃时，会与其碱基互补的引物结合形成双链，经过设计后人工合成的与模板 DNA 某一片段互补的寡核苷酸链可以作为引物，长度为 15～30bp。

③引物延伸：引物结合后，将温度升高至 70～75℃，在 DNA 聚合酶的作用下，以引物为起点，以四种脱氧核苷三磷酸为底物，以目标 DNA 链为模板，在遵从碱基配对原则下，由 5′端向 3′端的方向延伸，实现了 DNA 的复制。

以上三个步骤反复进行，一般经过 30 次循环，目的基因即可顺利扩增几百万倍。

在 PCR 技术的基础上，将反应条件改变一下，碱基配对错误的出现频率有所增加的话，就成为易错 PCR 技术。

(2)易错 PCR 技术的反应条件

和常规 PCR 技术的反应条件比起来，易错 PCR 技术的反应条件具有以下特点：

①在易错 PCR 中镁离子浓度较高：常规 PCR 扩增时，镁离子浓度范围保持在 0.5～2.5mmol/L 即可，进行易错 PCR 时，在原有基础上需要提高镁离子的浓度，这样的话，非互补的碱基对才能够得以稳定。

②在易错 PCR 中可添加一定浓度的锰离子，聚合酶对模板的特异性才能够有所降低，而锰离子在常规 PCR 技术中无需使用。

③将易错 PCR 中 4 种底物(dATP，dTTP，dCTP，dGTP)的浓度比改

变,即采用浓度不平衡的各种底物,使 DNA 聚合酶在催化基因扩增时,碱基配对错误的出现频率增加,基因突变才能够更加容易引起。

要根据进化目的、DNA 聚合酶种类和模板情况等通过多次试验来确定易错 PCR 具体的反应条件。

易错 PCR 技术所引起的基因突变和遗传进化仅在单一分子内发生,非常明显,该技术属于无性进化(asexual evolution)的范畴。

在采用易错 PCR 技术进行基因的体外突变时,基因突变率需要好好控制,如果突变率过低,所获得的突变基因数量太少,从中筛选得到正向突变的突变体就比较有难度;如果突变率过高,则突变基因数量太多,突变基因文库过于庞大,而其中大多数突变是属于负突变或者中性突变,这就会使得筛选正向突变体的工作量大增,使得进化效果达不到人们的预期。通常每一个目的基因通过易错 PCR 技术引起的错配碱基数目应当控制在 2~5 个。

采用易错 PCR 技术进行基因体外随机突变,所获得的正突变基因数量很少,负突变或者中性突变占据了很大一部分,可以看出仅仅是一次易错 PCR 往往无法达到预期目的。为此可以采用反复多次易错 PCR 的方法,即把经过一次易错 PCR 扩增得到的正突变基因,作为下一轮易错 PCR 的模板,再进行易错 PCR,如此反复进行,直到达到预期效果为止。例如,1993 年,基于易错 PCR 技术的基础上 Chen KQ 等实现了对枯草杆菌蛋白酶 E 进行的定向进化,获得的突变体 PC3 在 60%DMF 中进行非水相催化的催化效率比天然酶提高 157 倍,再以 PC3 基因为模板进行两轮定向进化,获得的突变体 13M 在 60%DMF 中的催化效率又比突变体 PC3 高 3 倍,最终获得比天然酶催化效率高达 471 倍的催化能力。

易错 PCR 技术具有易操作、随机突变丰富的特点,已经在酶分子定向进化方面广泛应用,且成效显著,但是其正突变的概率低,突变基因文库较大,文库筛选的工作量大,对于较小基因(<800bp)的定向进化比较适用。

2. DNA 改组技术

DNA 改组(DNA shuffling)又称有性 PCR(sexual PCR),是一种基于 PCR 方法之上的对酶基因在分子水平上进行有性重组(sexual combination)的方法。其策略是通过 PCR 方法创造两种或两种以上亲本基因群中的突变尽可能组合的机会,尽可能地产生更大的变异,以期获得最佳突变组合的酶。

1994 年,由美国的 Stemmer 首先提出了 DNA 改组,经过人们不断创新和改进,现已发展成为比较完善的技术体系,其他突变技术难以完成的基因片段插入、缺失、倒转和整合等可以尝试下 DNA 改组技术,而且可以反复改组，使得突变的优势积累效应得以发挥出来，因此，无论是理论方面还是实践方面它都优于重复寡核苷酸引导的诱变和连续易错 PCR。DNA 改组的基本原理是将一群密切相关的亲本序列，如多种同源而有差异的基因（或一组突变的基因文库），在 DNA 酶 I(DNase I)的作用下随机切成 20～50bp 小片段；由于基因同源性高，在这些小片段中碱基序列重叠的现象是无法避免的，可通过自身引物 PCR(self-priming PCR)延伸并重新组装成全长的基因，重组产物经克隆后的集合构成突变文库（嵌合文库），这一过程称为再组装 PCR(reassembly PCR)。由于不同来源的片段之间可借助互补序列而自由匹配，一个亲本的突变可与另一亲本的突变连接，从而产生新的突变组合。选择获得的改良突变体还可作为下一轮 DNA 重组的模板，重复上述步骤进行多次改组和筛选，最终获得性能满意的突变体，如图 3-4 所示。若采用一系列天然存在的同源性较高的基因家族(gene family)成员作为起始基因进行 DNA 改组操作，则该技术就是所谓的家族 DNA 改组(family DNA shuffling)。

目前，酶的改良、蛋白质药物的优化等领域是 DNA 改组技术适用的主要方面。在短短几年中，用 DNA 改组技术成功改造工业用酶的例子已有几十个，包括提高酶的活性、耐热稳定性、非天然底物特异性、对映体的选择性、可溶性表达及表达水平等方面。经过 3 轮改组和两轮同野生型 DNA 的回交，Stemmer 等去除了负突变，对 β-内酰胺酶的改组得以成功完成，其活性同野生型相比提高了 32000 倍。利用该技术对天冬氨酸氨基转移酶的改造研究表明，天冬氨酸氨基转移酶有 6 个氨基酸对酶活性的提高是非常有必要的，但仅其中 1 个氨基酸位于酶的活性中心。从另外一个角度反映了酶活性中心附近的氨基酸在结构和功能上的协同作用对酶活性的影响，如果仅依靠理性化设计，则这种协同作用的结果的发现和获得有一定的难度。随着基因工程技术、蛋白质工程技术、高通量筛选技术和生物信息学的迅速发展，DNA 改组必将在酶工程中有着更为广阔的应用。

在实际应用中，DNA 改组很少单独使用，它是与易错 PCR 技术相结合，从而达到一次性产生多个突变的结果。而且伴随重组过程的不断重复，少数的点突变可以同时发生，从而增加突变概率。

DNA 改组时，大量同一来源的 DNA 易于形成同源双链(homoduplex)而使得异源双链(heteroduplex)形成的效率降低（重组率低），针对这个问题，进行了两项改进：双链 DNA(dsDNA)由单链 DNA(ssDNA)来代替；或用限制性内切酶取代 DNase I 的随机剪切，由此形成的 DNA 片段不存在交错重复，从而使得同源双链的形成得以减少，重组频率得以有效提高。DNA 改组技术也有其局限性：仅适用于同源性较高的序列；大量的重组对筛选要求高;有益突变在整体突变中所占比例很少,大多数突变为无义突变,甚至是有害突变,这些非目标突变常常掩盖有益突变而增加了有益突变筛选的难度。

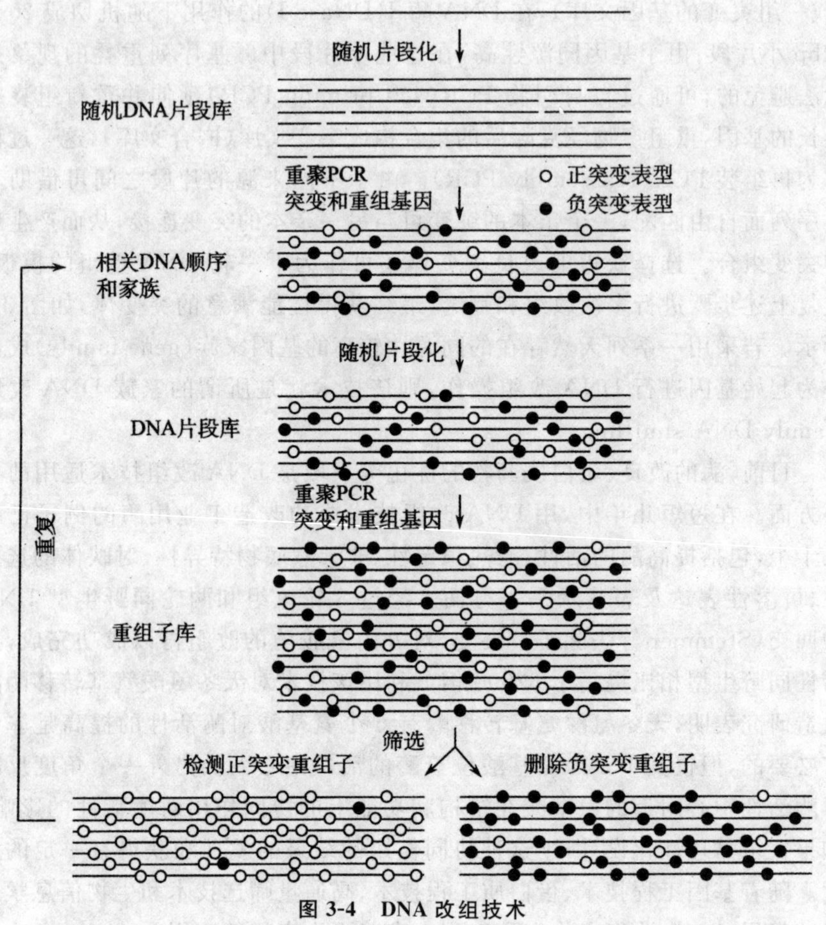

图 3-4 DNA 改组技术

3. 基因家族重排技术

基因家族重排又称为基因家族改组技术,是从基因家族的若干同源基因出发,用酶(DNase I)切割成随机片段,经过不加引物的多次 PCR 循环,使 DNA 的碱基序列重新排布而引起基因突变的技术过程。

1998 年克拉墨里(Crameri)等人首次提出了基因家族重排技术,他们从来自不同菌株的编码头孢菌素 C 酶的 4 个同源基因出发,经过随机切割、无引物 PCR 等相关操作之后,获得头孢菌素 C 酶的突变基因,使头孢菌素 C 酶的催化效率得到了明显的提高,几个循环,获得对头孢菌素 C 具有高抗性的突变菌株。

基因家族重排技术的主要过程如图3-5所示。

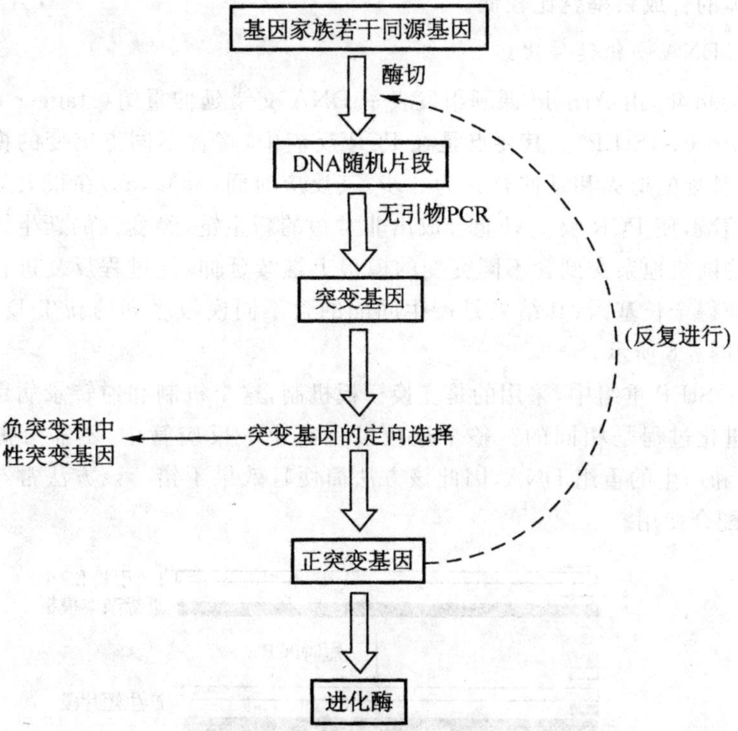

基因家族若干同源基因
↓ 酶切
DNA随机片段
↓ 无引物PCR
突变基因
↓
突变基因的定向选择 → 负突变和中性突变基因
↓
正突变基因 ⇢（反复进行）⇢ 酶切
↓
进化酶

图3-5　基因家族重排技术的基本过程

基因家族重排技术与DNA重排技术的基本过程基本相同，为了获得突变基因都要经过基因的随机切割、无引物PCR等操作，然后经过构建突变基因文库，采用高通量筛选技术筛选获得正突变基因。

基因家族重排技术与DNA重排技术的区别主要体现在，前者从基因家族的若干同源基因出发进行DNA序列的重新排布，而后者采用易错PCR等技术获得的两个以上突变基因出发进行DNA序列的重新排布。

人们对于经过一次基因家族重排获得的突变基因，往往不够满意，为此需要经过构建突变基因文库和筛选，获得的正突变基因再反复经过上述步骤，直到获得所需的突变基因。由于自然界中每一种天然酶的基因在自然进化过程都需要很长一段时间来完成，形成了既具有同源性又有所差别的基因家族，通过基因家族重排技术获得的突变基因既体现了基因的多样性，又最大限度地排除了那些不必要的突变，基因体外进化的速度也在很大程度上有所提高。例如，2004年，阿哈若尼（Aharoni）等人用基因家族重排技术进行定向进化，使大肠杆菌磷酸酶对有机磷酸酯的特异性提高2000倍，同时使该酶对有机磷酸酯的催化活性提高40倍。

采用基因家族重排技术进行定向进化，由于基因之间的同源性较高，故杂合体的合成频率就比较低。

4. DNA 交错延伸重组

1998 年，由 Arnold 课题组发表了 DNA 交错延伸重组(stagger extension process，StEP)。其要点是在 PCR 反应中，将含不同点突变的模板混合，将常规的退火和延伸合并为一步，其反应时间(55℃，5s)在很大程度上得以缩减，使 PCR 反应只能合成出非常短的新生链，经变性的新生链再作为引物随机地杂交到含不同突变的模板上继续延伸，此过程反复进行直到能够获得全长基因，其结果是产生间隔的含不同模板序列的新生 DNA 分子，如图 3-6 所示。

在 StEP 重组中，采用的是变换模板机制，这个机制和逆转录病毒所采用的进化过程是相同的。整个反应发生在单一反应管中，不需分离亲本 DNA 和产生的重组 DNA，因此该方法简便且效果不错。该方法常与易错 PCR 配合使用。

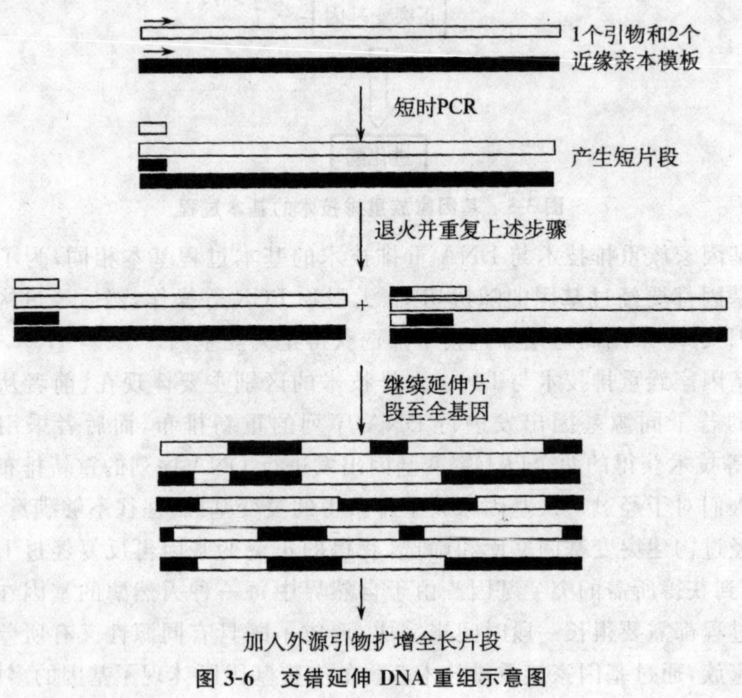

图 3-6 交错延伸 DNA 重组示意图

5. SCRATCH 技术

截止到目前，尽管 DNA 改组介导的重组已成为定向进化创建高质量 DNA 序列多样性的重要工具，但由于不同片段的连接是建立在 PCR 扩增的碱基配对原理之上的，对于同源性低于70%～80%的序列的重组则不适用，而自然界大多数生物同源序列的同源性的比例都比这个比例要低一些。针对这个问题，Benkovicy研究组建立了渐进切割以产生杂合酶方法（Incremental Truncation for the Creation of Hybrid enzymes，ITCHY）。该方法的原理是将两个有较低同源性的基因（基因A和基因B）分别用核酸外切酶Ⅲ进行酶切，在其过程中保证核酸外切酶的切割速度不大于10碱基/min，在此期间，间隔很短时间连续取样并终止所取样品中的酶切反应，以获得一组依次有一个碱基缺失的片段库；然后将基因A的一组随机长度的5′端片段与基因B的一组随机长度的3′端片段随机融合产生杂合基因文库，从中筛选有益突变。将ITCHY技术和DNA改组技术结合起来，首先利用ITCHY技术用两个低同源性基因建立杂合文库，然后该文库被用于DNA改组，该技术就是所谓的SCRATCHY技术，如图3-7所示。单一DNA改组要求目标序列有较高同源性的限制被SCRATCHY技术有效突破，可以在低同源性基因之间多次交叉重组，将此方法应用于高同源性基因上也可以构建比单一DNA改组平均多1.5个重组交叉点的突变文库，因而比单一DNA改组的应用前景更加广阔。

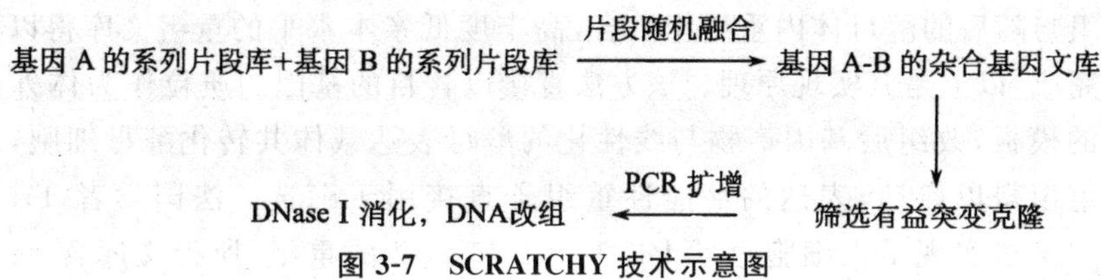

图3-7　SCRATCHY技术示意图

6. 临时模板随机嵌合技术

临时模板随机嵌合（random chimeragenesis on transient templates，RACHITT）技术是以一条以一定间隔插入尿嘧啶的亲本单链DNA分子作为临时模板，将随机切割的基因片段杂交到临时DNA模板上，实现排序、修剪、空隙填补和连接得到随机突变的过程，如图3-8所示。在该方法中，想要提高重组的频率和密度的话，可以通过悬垂切割步骤从而使得非常短的DNA片段得以重组。如果在片段重组前后采用易错PCR还可引入额外点突变。Coco等利用RACHITT技术对二苯并噻吩单加氧酶进行体外改造，产生的嵌合文库平均每个基因含14个重组交叉，重组水平比DNA改组方法（1～4个交叉）高出几倍；且能够在短至5bp的序列区内产生交叉。这种高频率、高密度的交叉水平是常规DNA改组根本是无法实现的。经筛选得到的突变酶不仅活力得到了一定的提高，酶的作用底物范围也有显著的扩宽。

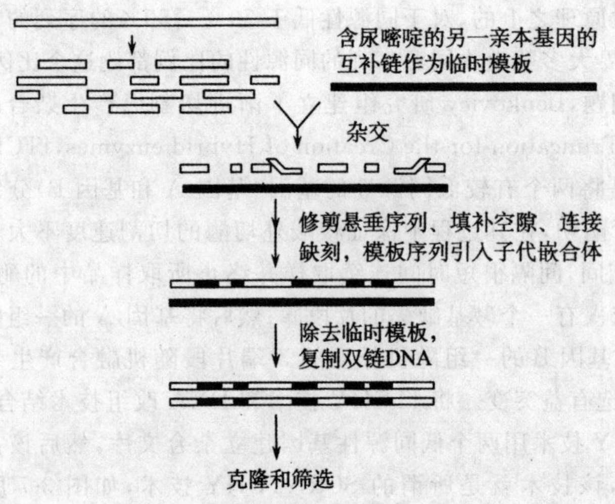

图 3-8 临时模板随机嵌合技术示意图

7. 酵母增强组合文库

酵母重组增强组合文库(Combinatorial Libraries Enhanced by Recombination in Yeast,CLERY)是一个真核基因家族改组策略。将体外 DNA 重组与随后的酵母体内重组相结合,高丰度低亲本水平的重组文库得以构建完成,以上是其实现原理。该方法直接以含目的基因的质粒作为体外改组的模板,改组后基因产物与线性化的酵母表达载体共转化酵母细胞,体内重组得以启动,表达的功能性重组子直接用于筛选。法国学者 Truan 等用该法实现了人细胞色素 P450 1A1 和 1A2 的重组,所得文库含 86% 的嵌合基因,文库丰度在很大范围上得到了提高。该方法用单链 DNA 做 shuffling 的模板,文库中重组基因的比率能够得到进一步的提高。该法为蛋白质结构和功能研究、多组分真核复合酶活力的调控提供了一个新的有力工具。

以上介绍了定向进化创建序列多样性文库的几种方法,但任何一种方法都有一定的局限性,在实际应用中,应根据具体问题,选择合适的方法或方法组合,以达到事半功倍的效果。几种常用定向进化方式优缺点对比具体如表 3-2 所示。

表 3-2　几种常用定向进化方式优缺点对比

突变技术	优点	缺点
易错 PCR	操作简单,由单个基因创建低水平高丰度突变基因文库	仅限于 1kb 以下的片段
DNA 改组	多个亲本参与进化,迅速积累有益突变,消除有害突变	亲本要求较高同源性
RPR	对模板 DNA 需求量少,突变的引入比较方便	需随机引物,扩增片段有局限性
StEP	操作简单,在同一反应管中进行,无需 DNA 片段纯化过程	最适 PCR 反应条件难以把握
ITCHY	可用于低同源性的两个基因间产生重组	容易产生移码突变而降低酶活性
RACHITT	重组率高,小于 5bp 的重组片段能够有效获得,降低 PCR 反应引入的有害突变	核酸外切酶不完全切割会影响文库质量,事前需获得单链 DNA 模板和重组片段
CLERY	重组文库中重组基因比例高,适用于真核基因家族改组	需要构建酵母表达载体

3.2.3　酶突变基因的定向选择

酶突变基因的定向选择是在人工控制条件的特殊环境下,按照人们所设定的进化方向对突变基因进行选择,以期能够获得具有优良催化特性的酶的突变体的技术过程。

通过上述易错 PCR、DNA 重排或基因家族重排等技术对酶基因进行体外随机突变,丰富多样的突变基因即可顺利获得。然而由于采用随机突变,所获得的大多数是无效突变(负突变或中性突变),有效突变(正突变)仅仅是很少一部分。为此定向选择需要在特定的环境条件下进行,以便将众多的无效突变排除在外,把正突变基因筛选出来。

要从众多的突变基因中将人们所需的正突变基因筛选出来,首先要通过 DNA 重组技术将随机突变获得的各种突变基因与适宜的载体进行重组,获得重组 DNA;再通过细胞转化等方法将重组载体转入适宜的细胞或进行体外包装成为有感染活性的重组 λ 噬菌体,突变基因文库得以组装形成；然后采用各种高通量的筛选技术，在人工控制条件的特定环境中对突变基因进行筛选，从突变基因文库中筛选得到目的基因，所需的进化酶即可有效获得。

酶突变基因定向选择的基本过程如图 3-9 所示。

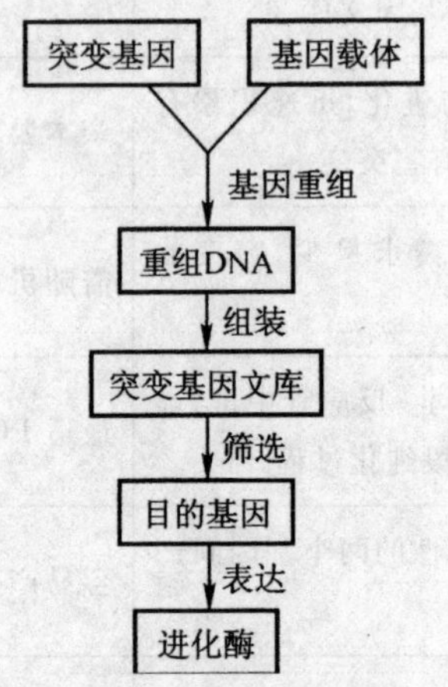

图 3-9　突变基因定向选择的基本过程

1. 突变基因文库的构建

将众多不同的突变基因与载体重组，再转入适宜的细胞或包装成重组λ噬菌体的技术过程就是突变基因文库的构建过程。

构建突变基因文库是选择获得所需突变基因的重要步骤，基因文库的包容性和完整性是首先需要注意的，构建丰富多样的高质量的突变基因文库。

(1)构建基因文库的质量要求

构建的突变基因文库必须尽可能地把各种突变基因包含在其中，且基因完整的结构和功能信息需要能够完整地反映出来，所以突变基因文库必须具有包容性，突变基因序列的完整性也是需要具备的。

①文库的包容性。突变基因文库的包容性是指所构建的文库必须尽可能地包含基因的任何一种可能的突变信息，正突变、负突变和中性突变也包括在内，以便全面筛选的开展。为此要求构建的文库的容量需要尽可能地大，通常一个包容性好的文库应具有 10^6 甚至更大的库容量。

②文库的完整性。突变基因文库的完整性是指文库中包含的 DNA 片段需要将基因的结构和功能信息能够尽可能详尽地反应出来，以便筛选得到的突变基因能够通过表达获得完整的具有催化功能的进化酶。

(2)构建突变基因文库的主要过程

载体的选择、基因重组、形成基因文库等共同组成了突变基因文库的构建过程。

①载体的选择。

突变基因文库的构建，要通过DNA连接酶的作用，在突变基因与适当的载体(vector)之间实现重组，所以首先需要进行适宜载体的选择，这个工作要根据目的基因的特性、载体的特点和重组DNA的筛选方法等进行。

构建突变基因文库时通常采用的载体有质粒载体、噬菌体DNA载体、黏粒载体、嗜菌粒载体等。

质粒载体：质粒(plasmid)是存在于微生物细胞内染色体外的遗传单位，是一种闭合环状双链DNA分子。

由天然质粒经过人工改造而成的一种常用的基因克隆载体就是所谓的质粒载体，如pBR322质粒、pUC质粒等。质粒载体具有自主的复制起点，具有两种以上易于检测的选择性标记，具有多种限制性内切酶的单一位点等特点。对于较小片段DNA的重组比较适合，重组质粒通常采用转化方法转入受体细胞而形成突变基因文库，然后通过遗传标记进行筛选而获得所需的突变基因。

噬菌体DNA载体：噬菌体DNA载体即为由噬菌体DNA改造而成的、具有自我复制能力的载体。

天然存在的噬菌体DNA由于其毒性和侵染力强，想要作为基因载体的话，必须经过改造才可以。有ADNA噬菌体载体、M13噬菌体载体等是比较常用的噬菌体DNA载体。

重组噬菌体DNA载体，用噬菌体外壳蛋白进行包装后成为有感染活性的重组噬菌体，使得基因文库得以有效形成。

嗜菌粒载体：一类人工构建的由M13噬菌体单链DNA的基因间隔区与质粒载体结合而成的基因载体就是嗜菌粒(phagemid)载体。

嗜菌粒具有M13噬菌体DNA的复制起点，同时具有质粒载体的特性。比载体长度长几倍的外源DNA片段的组装也可以由嗜菌粒载体来实现组装。pUC118嗜菌粒载体、pUC119嗜菌粒载体等是比较常用的嗜菌粒载体。

黏粒载体：黏粒(cosmid)是一类人工构建的含有λDNA黏端(cos序列)和质粒复制子的质粒载体，又称为柯斯质粒。

质粒载体的特性在黏粒载体中得以有效体现，黏粒载体能够在受体细胞内可以进行自主复制，并带有抗药性标记；同时黏粒载体具有λ菌体的某些特性，可以由λ噬菌体的外壳包装高效地转导进入大肠杆菌细胞。很大的外源DNA片段也能够由黏粒载体实现组装，插入的DNA片段长度可以高达 35～45kb。pHC79 黏粒载体、pJB8 黏粒载体、c2RB 黏粒载体、pcosEMBL 黏粒载体等是比较常用的黏粒载体。

②基因重组。

在体外通过 DNA 连接酶的作用，将基因与载体 DNA 连接在一起形成重组 DNA 的技术过程就是所谓的基因重组(gene recombination)。

根据目的基因片段的末端性质和载体 DNA、外源 DNA 分子上限制性内切核酸酶位点的性质，黏端连接、平端连接、修饰末端连接等是外源 DNA 与载体 DNA 主要的重组方法。

黏端连接：外源 DNA 与质粒载体 DNA 连接的常用方法就是黏端连接。黏端连接的主要过程为：将载体 DNA 和目的基因用形成黏端的同一种限制性内切核酸酶(例如 EcoR Ⅰ，Hind Ⅲ等)进行切割，黏端得以形成；按照 1∶1 的比例混合，经过退火处理，使载体 DNA 与外源 DNA 的黏端能够有效结合，双链接合体得以形成；双链接合体在 T4 DNA 连接酶的作用下连接形成稳定重组 DNA 分子。

平端连接：DNA 分子在有些限制性内切核酸酶(例如 Hpa Ⅰ，Sma Ⅰ等)作用下，形成的末端是平端；具有平端的质粒载体 DNA 和外源 DNA 分子，重组 DNA 分子可以在 T4 DNA 连接酶的作用下有效形成。

一般说来，和黏端连接比起来，平端连接的重组效率要低很多。提高外源 DNA 和质粒载体 DNA 的浓度，提高 T4 DNA 连接酶的浓度，降低 ATP 的浓度，避免亚精胺等多胺物质的存在等措施对于重组效果的提高都非常有帮助。

修饰末端连接：当载体 DNA 和外源 DNA 的末端不相匹配时，T4 DNA 连接酶无法进行连接，所以在实现连接之前，必须对两个末端或其中一个末端进行修饰处理，使两种 DNA 的末端互相匹配，方便连接，形成重组 DNA，附加末端的引进是主要的修饰方法。附加末端不仅仅局限于单链 DNA，也可以是双链 DNA，可以在一个末端附加，也可以在两个末端都附加。

③组装突变基因文库。

将重组 DNA 转入受体细胞或包装成有感染活性的重组噬菌体的过程就是突变基因文库的组装。

不同的重组载体组装基因文库的方法也会有所差别。

对于重组质粒载体可以通过细胞转化等方法将重组 DNA 转入受体细胞，形成突变基因文库。

转化(transformation)是将带有外源基因的重组质粒 DNA 引入受体细胞的技术过程。在转化过程中，首先用钙离子处理，感受态细胞得以有效制备出来，然后将重组质粒DNA与感受态细胞混合，在一定温度条件下保温一段时间，将重组质粒DNA引入受体细胞。例如，转化大肠杆菌细胞时，首先用0.1mol/L $CaCl_2$ 溶液处理细胞，感受态细胞得以制成，然后与重组质粒DNA混合，在42℃保温90s，立即冰浴降温，使重组质粒DNA进入受体细胞，然后加入适宜的培养基，在一定条件下培养12～24h，重组细胞得以有效获得。简单、快速、重复性好是该方法的主要特点，正是有了以上优点该方法得到了广泛的应用。

对于重组噬菌体DNA载体，需要用噬菌体外壳蛋白将重组DNA进行包装，成为具有感染活性的重组噬菌体，形成基因文库。

将含有外源DNA的重组噬菌体DNA与含有包装所需的各种蛋白质成分的包装液混合即为包装的过程，在一定的温度下保温一段时间，包装成具有感染能力的病毒。

2. 突变基因的筛选

突变基因文库构建好以后，就可以根据定向进化的目的要求，在一定的环境条件下进行筛选，从突变基因文库中选取得到所需的突变基因。

在突变基因的筛选过程中，如果基因文库是以质粒载体构建而成的，在筛选时可以直接利用重组细胞在一定的环境条件下进行培养，从中筛选得到所需的突变基因。如果基因文库是以噬菌体DNA载体构建而成的，则首先要将重组噬菌体通过转导(transducfion)方法转入细胞，即让重组噬菌体感染受体细胞而获得重组细胞，然后再在一定的环境条件下进行培养，从中将所需的突变基因筛选出来。

(1)定向选择环境条件的设定

在突变基因的定向选择过程中，根据定向进化的目的要求而人工设定重组细胞培养的环境条件的，需要在每一次突变—筛选的循环中对所设定的环境条件进行调整，逐步向着进化的方向靠近，最终达到目的，获得人们所需的具有新催化特性的进化酶。

酶定向进化的目的比较多，主要是围绕提高酶的催化效率、增强酶稳定性和改变酶的专一性等目标进行。

根据酶本身的特性和进化目标的不同，在突变基因的定向选择过程中环境条件的设定方式也会存在一定的差异。现举例如下：

①如果定向进化的目的是为了提高酶的热稳定性，重组细胞的培养可以在较高的温度条件下进行，并在每一次突变—筛选的循环中逐步提高重组细胞的培养温度，经过几次循环以后，热稳定性更好的酶突变体即可有效获得。

②如果定向进化的目的是提高β-内酰胺酶的催化效率，从而提高对β-

内酰胺类抗生素的耐受性，可以通过在含有一定浓度的β-内酰胺类抗生素的培养基中培养重组细胞，并在每一次突变—筛选循环中逐步提高抗生素的浓度，β-内酰胺酶的活性在经过几次循环之后可以显著提高。

(2)高通量筛选技术

由于丰富多样的突变基因可通过体外随机突变得以形成，构建的突变基因文库容量很大，而且这些突变基因大多数为负突变或中性突变基因，只有极少数的正突变基因。要从突变基因文库中筛选得到人们所需的突变基因，筛选工作量很大，这时候就需要借助于各种高通量的筛选技术才能达到目的。

通量大、效率高是所采用的高通量筛选技术需要具有的特点，能够在较短的时间内简便地判断出哪些是正突变基因，并对于那些无效的突变基因非常容易即可排除。

从突变基因文库中筛选目的基因的高通量筛选技术有多种，平板筛选法、荧光筛选法、噬菌体表面展示法、细胞表面展示法、核糖体表面展示法等是比较常用的方法，如表 3-3 所示。

表 3-3　常用的高通量筛选技术

筛选方法	筛选依据	特点
平板筛选法	筛选可以依据细胞在平板培养基上的生长情况、颜色变化、透明圈情况等进行	通量大，效率高，简便，快速，直观，容易控制和调整环境条件
荧光筛选法	筛选可以依据是否产生荧光、荧光的强度情况等进行	通量大，效率高，直观，明确，容易判断，需要克隆报告基因
噬菌体表面展示法	筛选可以依据噬菌体外膜结构蛋白与外源蛋白形成的融合蛋白在噬菌体表面的展示情况进行	通量大，效率高，有效基因表达蛋白质通过噬菌体表面展示进行富集，需要构建外源基因与噬菌体外膜蛋白基因的融合基因
细胞表面展示法	筛选可以依据凝集素蛋白、絮凝素蛋白或者外膜蛋白与外源蛋白形成的融合蛋白在细菌或者酵母细胞表面的展示情况进行	通量大，效率高，有效基因表达蛋白质通过细胞表面展示进行富集，需要构建外源基因与凝集素蛋白、絮凝素蛋白或者外膜蛋白基因的融合基因

续表

筛选方法	筛选依据	特点
核糖体表面展示法	在体外进行目的蛋白基因的转录和翻译,形成目的蛋白质—核糖体—mRNA三聚体,筛选可依据外源蛋白在核糖体表面展示情况进行	通量大,效率高,在体外进行目的蛋白基因的转录和翻译,有效基因表达蛋白质通过核糖体表面展示进行富集,需要对目的基因进行加工与修饰使其体外翻译时能够形成蛋白质—核糖体—mRNA三聚体

①平板筛选法。

平板筛选是将含有随机突变基因的重组细胞,涂布在平板培养基上,在一定条件下培养,依据重组菌细胞的表型鉴定出有效突变基因的筛选方法。

平板筛选具有简便、快速、直观、容易控制和调整环境条件等特点,是一种常用的高通量筛选方法,在酶定向进化中广泛应用。

细胞生长情况、颜色变化情况、透明圈情况等是平板筛选法所依据的重组细胞的表型。

依据细胞生长情况筛选突变基因:在平板筛选方法中,突变基因的筛选是依据细胞生长情况来完成的,是一种常用的快速高效的筛选方法。在提高酶的热稳定性、抗生素耐受性、pH稳定性和对其他极端环境条件的耐受能力等方面得到了广泛的应用。

在以提高酶的热稳定性为目标的定向进化中,将接种有重组细胞的平板置于某一较高温度的环境条件下培养,结果在此温度条件下只有一部分具备较好稳定性的重组细胞可以生长,热稳定性较好的突变基因可以从这些生长的重组细胞中得到,同时一举排除包含在那些不能生长的重组细胞中的负突变或中性突变基因,然后在逐步增高的温度条件下经过突变—筛选的循环操作,经过几次循环,热稳定性更好的酶突变体即可有效获得。

在以提高抗生素耐受性为目标的定向进化中,将重组细胞接种在含有较高浓度抗生素的平板上培养,只有那些耐药性好的细胞才能生长,可从中获得耐药性好的突变基因。然后再在含有更高浓度的抗生素平板培养基上经过突变—筛选的循环操作,经过几次循环,可筛选出抗生素耐受性更好的酶突变体即可被筛选出来。

在以提高酶的pH稳定性为目标的定向进化中,将重组细胞接种在极端pH(较高酸度或较强碱性)的平板培养基上进行培养,只有那些耐受较高酸度或较强碱性的细胞能够生长,pH稳定性较好的突变基因可从这些生长的细胞中获得，然后在更极端的 pH（更高酸度或更强碱性）条件下经过突变—筛选的循环操作，经过几次循环，pH 稳定性更好的酶突变体即可有效获得。

在以提高酶对极端环境的耐受性为目标的定向进化中，将重组细胞接种在平板培养基上，在某种极端环境条件下（如高盐浓度、低温、高浓度有毒物质等）进行培养，大多数细胞死亡，能够正常生长的仅有极少数细胞，对极端环境耐受性较好的突变基因可以从这些生长的重组细胞中得到，然后在更极端的环境条件下经过突变-筛选的循环操作，可筛选出对极端环境的耐受性更高的酶突变体。

依据颜色变化筛选突变基因：突变基因的筛选是依据颜色变化来决定的，也是一种常用的筛选方法。无效重组细胞的简单排除可通过颜色变化来完成，进而选择出高活力的酶突变体。举例如下：

在采用噬菌体 DNA 载体构建突变基因文库时，可以用大肠杆菌 β-半乳糖苷酶的基因片段（lac *Z′*）插入到噬菌体 DNA 的间隔区段中，当相应的大肠杆菌宿主细胞被它感染之后，有活性的 β-半乳糖苷酶得以产生出来，蓝色嗜菌斑可以在含有诱导物 IPTG 和底物 X-gal（5-溴-4-氯-3′-吲哚-β-D-半乳糖苷）的平板培养基上得以形成；而当外源 DNA 片段插入到 lac *Z′*区段时，不会产生 β-半乳糖苷酶，形成的嗜菌斑为白色，从而可以通过选择白色的嗜菌斑而将没有插入突变基因的无效的重组细胞排除在外。

在对磷酸酯酶进行定向进化过程中，对硝基酚磷酸（NPP）可以加入到平板培养基中，接种重组细胞培养一段时间后，有些重组细胞周围出现黄色，这是由于重组细胞产生了磷酸酯酶，该酶催化 NPP 水解，生成黄色的对硝基酚所致，颜色越深，磷酸酯酶的活力也就越高；有些重组细胞周围无黄色出现，表明该重组细胞产生的磷酸酯酶活低或者不产生磷酸酯酶。选取颜色深的重组细胞，磷酸酯酶活力较高的突变基因即可有效获得，经过几次突变—筛选循环，活力更高的酶突变体即可从中选择得到。

依据透明圈情况筛选突变基因：依据透明圈情况筛选突变基因是在平板培养基中加入目的酶的作用底物，然后接种重组细胞，在一定条件下进行培养，培养一段时间后，较大的透明圈即可出现在一些重组细胞的菌落周围，说明这些重组细胞表达出的目的酶活性较高，另一些重组细胞周围透明圈较小或没有透明圈，则表明这些重组细胞表达出的目的酶活性较低或目的酶根本产生不了。从产生大透明圈的重组细胞中可以获得高活性酶的突变基因，经过多次突变—筛选循环，高活性的酶突变体即可被筛选出来。例如，在平板培养基中加入淀粉制成淀粉平板培养基，高活性的淀粉酶即可被筛选出来；在平板培养基中加入果胶制成果胶平板培养基，用以筛选出高活性的果胶酶突变体等。

相关专家在对豆豉纤溶酶(Douchi Fiberolytic Enzyme,DFE)的定向进化研究中,采用血纤维蛋白平板通过透明圈的变化情况进行筛选,如图 3-10 所示,催化效率显著提高的豆豉纤溶酶即可有效获得。

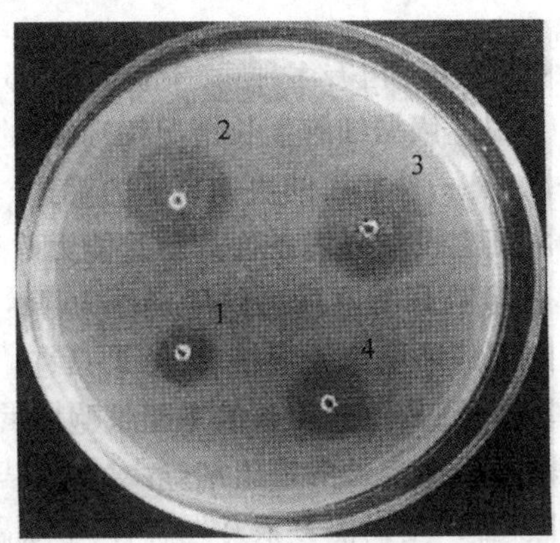

图 3-10 通过血纤维蛋白平板的透明圈变化筛选高活性豆豉纤溶酶

②荧光筛选法。

荧光筛选法是通过荧光产生与否以及荧光的强度情况进行突变基因筛选的方法。

荧光筛选法通常是将具有荧光激发特性物质的基因作为报告基因,与突变基因一起克隆到载体中,重组细胞即可形成,在突变基因表达的同时报告基因也可以得到良好的表达,荧光可以由报告基因的表达产物来激发,所以通过检测荧光的产生情况,就可以获得能够在重组细胞中表达的突变基因,而将不能表达的无效突变基因排除在外。

例如,可以将绿色荧光蛋白的基因作为报告基因,具有荧光激发特性的绿色荧光蛋白可通过该基因表达,因此,可以根据绿色荧光的激发情况及其强度进行筛选。

再如,可以将辣根过氧化物酶(HRP)的基因与单加氧酶的基因融合一起作为报告基因,当此报告基因表达时,荧光可以在有萘存在的条件下被激发出来。这是由于表达出的单加氧酶能催化萘氧化生成萘酚,萘酚在过氧化物酶的催化作用下,具有荧光激发特性的醌类物质得以生成,能够表达的突变基因的筛选可以根据荧光的激发情况来完成。

直观、明确、容易判断等特点是荧光筛选法所具备的,但是需要利用具有荧光激发特性物质的基因作为报告基因。

③噬菌体表面展示法。

噬菌体表面展示法是利用丝状噬菌体的外膜结构蛋白与某些特定的外源蛋白或多肽分子形成稳定的复合物，使目标外源蛋白质或多肽富集在噬菌体表面的一种分子展示技术，是一种近二十年来发展非常快速的基因文库筛选方法。

丝状噬菌体的外膜结构蛋白有多种，如 P3 蛋白、P6 蛋白、P8 蛋白等是比较常用的。在利用 P3 蛋白或 P8 蛋白时，外源蛋白的 C 端与 P3 蛋白或 P8 蛋白的 N 端结合，当外源蛋白的基因带有终止信号时会对融合蛋白的产生造成一定的影响，无法在噬菌体表面展示；P6 蛋白通过其 C 端与外源蛋白质的 N 端结合，形成融合蛋白，展示在噬菌体表面，所以在突变基因文库筛选时，若外源基因带有终止信号，就会采用 P6 蛋白了。

外源蛋白可通过两种办法实现与噬菌体外膜结构蛋白的结合。一种是突变基因文库被构建时，利用基因重组技术，构建外源基因在基因重组技术的基础上与噬菌体外膜蛋白基因能够很好地融合，形成融合基因，外源蛋白与噬菌体外膜蛋白的融合蛋白即由融合基因表达生成的，在噬菌体表面的展示是在通过噬菌体外膜蛋白的锚定作用来实现的。另一种方法是外源基因与可以相互作用的介导蛋白基因形成融合基因，同时，噬菌体外膜蛋白基因也可以与相互作用的介导蛋白基因形成融合基因，在介导蛋白的相互作用下，两种融合基因表达出来的两种融合蛋白得以结合在一起，在噬菌体表面的展示是通过噬菌体外膜蛋白的锚定作用来实现的。

通过噬菌体表面展示法可以从突变基因文库中将能够表达出与噬菌体外膜蛋白相结合的蛋白基因进行富集，有效基因得以筛选获得，将大量的无效基因排除在外。

④细胞表面展示法。

某些外源蛋白质或者是多肽与可以锚定在细胞表面的特定蛋白质形成稳定的复合物，在细胞表面使这些外源蛋白质或多肽富集的一种分子展示技术就是细胞表面展示法。

细胞表面展示法主要包括酵母细胞表面展示法和细菌细胞表面展示法等。

酵母细胞表面展示法：某些外源蛋白质或多肽与可以锚定在酵母细胞表面的特定蛋白质（凝集素蛋白、絮凝素蛋白等）形成稳定的复合物，在酵母表面使这些外源蛋白质或多肽富集的一种分子展示技术就是酵母细胞表面展示法，是 20 世纪 90 年代发展起来的一种基因文库筛选方法。

凝集素（或者絮凝素）蛋白与外源蛋白的结合，凝集素基因与外源蛋白基因在基因重组技术的基础上实现融合基因的构建，凝集素（或者絮凝素）

蛋白与外源蛋白的融合蛋白即可由融合基因表达生成，在酵母细胞表面的展示可通过凝集素（或者絮凝素）蛋白的锚定作用得以实现。

在突变基因文库中能够与凝集素（或者絮凝素）蛋白形成融合蛋白的目标蛋白基因的筛选可通过酵母细胞表面展示法来实现，大量的无效基因也可有效排除。

酵母细胞表面展示系统主要有以下三种：

目的蛋白-α凝集素表面展示系统：目的蛋白-α凝集素表面展示系统是将目的蛋白作为N端与α凝集素蛋白的C端部分融合形成融合蛋白，目的蛋白经过α凝集素展示于酵母细胞表面的一种酵母细胞表面展示系统。

由320个氨基酸残基组成了α凝集素（a-agglutinnin）的C端，含有糖基磷脂酰肌醇（GPI）锚定附着信号系列，可以共价连接到酵母细胞壁的葡聚糖上。

α-半乳糖苷酶是第一个通过α凝集素表面展示系统展示的酶。

目的蛋白-a凝集素表面展示系统：将目的蛋白与a凝集素融合形成的融合蛋白与酵母细胞壁的葡聚糖共价连接的一种表面展示系统就是所谓的目的蛋白-a凝集素表面展示系统。

Aga1p（725个氨基酸）和Aga2p（69个氨基酸）两个亚基组成了a凝集素（a-agglutinin），目的蛋白与小亚基Aga2p的C端融合，Aga2p通过两个二硫键与核心亚基Aga1p连接，形成的融合蛋白再与酵母细胞壁的葡聚糖共价连接。

目的蛋白-絮凝素表面展示系统：将目的蛋白作为N端与絮凝素蛋白的C端部分融合形成融合蛋白，目的蛋白经过絮凝素展示于酵母细胞表面的一种酵母细胞表面展示系统就是所谓的目的蛋白-絮凝素表面展示系统。

絮凝素（flocculin）是絮凝胶母表面的一种细胞壁蛋白，其C端含有糖基磷脂酰肌醇（GPI）锚定附着信号系列，它能够与细胞壁中的葡聚糖有效结合。目的蛋白与絮凝素融合形成的融合蛋白，在酵母表面能够有效展示出来。

细菌细胞表面展示法：细菌细胞表面展示分为革兰氏阴性菌表面展示和革兰氏阳性菌表面展示两大类。

革兰氏阴性菌表面展示：革兰氏阴性菌的外膜蛋白可以与细胞外膜结合，将外源基因与革兰氏阴性菌（大肠杆菌等）外膜蛋白Lam B、Omp A和Pho E的基因融合，细菌外膜能够与由融合基因表达的融合蛋白结合，在细胞表面上展示出来。

革兰氏阳性菌表面展示：某些抗原蛋白或表面受体蛋白具有锚定到革兰氏阳性菌表面的特性，将外源基因与某些抗原蛋白或表面受体蛋白的基因融合后,其表达的融合蛋白在细胞表面可以展示出来。

⑤核糖体表面展示法。

核糖体表面展示法是一种在体外筛选和展示功能蛋白的方法。

核糖体表面展示法将编码目的蛋白的 DNA 在体外进行转录和翻译,由于对 DNA 有了一定的加工与修饰,使转录得到的 mRNA 的 3′-末端缺失终止密码子,当多肽链翻译到 mRNA 末端时,由于终止密码子的缺乏,阻止 mRNA 和多肽从核糖体中的释放被组织了,因而目的蛋白-核糖体-mRNA三聚体得以有效形成,展示在核糖体表面。

通量大、筛选效率高是核糖体表面展示法的特点,核糖体表面展示法的目的蛋白基因在体外进行转录和翻译,有效基因通过核糖体表面展示进行富集等特点,但需要对目的基因进行加工与修饰,使其体外翻译时能够形成目的蛋白-核糖体-mRNA 三聚体。

3.2.4 酶分子定向进化的应用

1. 定向进化改造提高酶的催化活性

一个生物催化和转化过程反应速度跟酶活力的高低成正比例关系。故酶催化活性的提高可以说是科学家和生产企业工作的重点。D-泛解酸内酯水解酶的活力和稳定性,通过一个融合易错 PCR 技术、DNA 改组技术、高通量筛选的方法得到了有效改造,经过三轮筛选,最佳突变株 H-1287 是在经过三轮筛选后得到的,该突变株的酶活力是野生型酶的 10.5 倍,且即使是在较低的 pH 环境中,该酶的活力仍然能够保持 85%,良好的 pH 稳定性和工业应用潜力得以充分体现。

2. 定向进化改造酶的底物特异性

不同的酶其底物特异性也存在一定的差异,而底物特异性的高低体现了底物与酶的结合效率,整个催化过程的反应速率也会间接地受到它的影响。利用定向进化,可能使酶提高甚至也有可能增加对一些新的特殊底物的结合能力,从而提高或获得新的催化功能。2007 年,Ang 等报道了野生型氨基苯双加氧酶对 2-异丙苯胺不具有活力,而其突变体 V205A 却对 2-异丙苯胺有底物特异性;此后,他们在突变体 V205A 的基础上进行了两种诱变:饱和诱变和随机诱变,最终得到了突变体 3-R21,该突变体对苯胺、2,4-S. 甲基苯胺、2-异丙苯胺的活力比未进行两种诱变的突变体 V205A 分别提高了 8.9 倍、98 倍和 2 倍(Ang et al.,2009)。1997 年,Zhang 等基于定向进化基础上把一个半乳糖苷酶改造成以果糖为底物的酶,突变体的 K_{cat} 和 K_m 分别下降至原来的 1/2、1/20,利用 7 轮进化筛选出的 6 个突变体中位于底物结合位点附近只有3个。从以上研究结果中可以得出，与底物特异性相关的氨基酸不仅局限于底物的结合位点。

3. 定向进化提高酶的稳定性

对在以酶为催化剂的有机合成过程中，酶的稳定性至关重要。酶在自然催化环境中和在有机合成过程中常常用到的高温、极端 pH 和非水相体系的环境条件差别异常明显，因此对天然酶的稳定性和活力提出了更高的要求。

(1)热稳定性的提高

酶的最重要的特性之一就是热稳定性，也是许多天然酶性质上的缺陷。在酶催化的生化反应中，在一定的温度下，反应的温度跟底物的可溶性成正比例关系，温度的提高能够使反应速率加快，且介质的黏度得以有效降低。然而较高的反应温度考验着酶的热稳定性。许多研究者在分子定向进化的方法的基础上，对酶的热稳定性的提高方面做了大量研究工作，截止到目前，也获得了一些研究成果。北京市生物加工过程重点实验室通过易错 PCR 技术和基因重组技术的方法使无根根霉菌产生突变，这么做的目的是为了提高其脂肪酶的热稳定性，最终得到了一个具有3个氨基酸置换的突变株，和野生型菌株比起来，这一突变株最适温度提高了10℃，热稳定性得到提高的同时，该突变株在50℃时的半衰期和野生型比起来延长了12倍。利用易错 PCR 结合基因重组技术使得植酸酶 AppA2 的热稳定性是另一个利用易错 PCR 技术提高催化剂热稳定性的典型例子，最终获得突变株的耐热性是未突变的1.2倍，与此同时，其 T_m 值也提高了6～7℃。Zhao 等利用连续的易错 PCR 获得枯草杆菌蛋白酶随机点突变，借助于交错延伸方法顺利完成 DNA 的重组，对突变体进行的筛选是通过连续提高培养温度的方法得以实现的，最后得到了一株突变体，突变体的最适温度相比之前提高了17℃，与此同时，酶在65℃的半衰期延长了200倍。

(2)pH 稳定性的改善

每种酶有其最适 pH，当反应体系的 pH 达到其最适 pH 时，酶的催化效率最好；反之，酶的催化效率就会比其最佳的催化效率要低一些；在极端的 pH 条件下，活性会有所降低甚至是彻底失去活性。一个最为成功的例子是日本研究者利用易错 PCR 和筛选方法，对木霉属菌 β-1,4-葡聚糖的内切酶进行改造。其获得的最佳突变株 2R4 的酶活力是野生型的130倍，耐碱能力由野生型的稳定 pH 4.4～5.2 提高到 pH 4.4～8.8；在 pH 稳定性得到提高的同时，该菌株的耐热性也有所提高。突变株 2R4 对羟甲基纤维素的催化常数 K_c 跟野生型相比提高了40%，而其米氏常数 K_m 跟野生型相比提高了100%。另一个同样以易错 PCR 来提高真菌木聚糖酶的碱耐受性的研究中,其最佳突变株 NC38 在 pH 10、温度 60℃的极端条件下存在 90min 后,其活性仍然能够维持在 84%,而野生型菌株在 60min 时只能保持 22%的活性。

4. 非水相催化中酶的稳定性改造

酶的分子定向进化技术除了在酶的催化活性、酶的底物特异性、酶的稳定性方面得到了良好的应用,在提高非水相反应体系中酶的稳定性方面也取得了可喜成绩。Chen 和 Arnold 通过易错 PCR 对枯草芽孢杆菌蛋白酶 E 进行改造,从而使该酶在有机溶剂中降解短肽 suc-Ala-Ala-Pro-Pro-p-硝基苯胺的能力得以有效提高。实验获得的最优突变体 PC3 在含有 60%二甲基甲酰胺(DMF)时降解短肽 suc-Ala-Ala-Pro-Pro-p-硝基苯胺的能力是野生型的 256 倍,而在 80%DMF 中为野生型的 131 倍。在含有 70%的 DMF 溶液中,对野生型和突变型菌株催化 L—甲硫氨酸甲基酯合成聚 L-甲硫氨酸的能力做了一个对比,实验发现野生型酶不能合成聚 L-甲硫氨酸,而 PC3 可以催化合成大量产物。

磷脂酶 A1 在有机溶剂中的稳定性和活力较低,在易错 PCR、DNA 改组技术与筛选方法相结合来提高其稳定性的实验中,将二次突变体库以 50%的 DMSO 处理 36h 后,获得了 3 个突变株 SA8,SA17 和 SA20,3 个突变株的半衰期提高了 4 倍,与野生菌相比其在有机溶剂中的稳定性也有了显著的提高。

5. 定向进化创造新的酶功能

Fersht 等在理性设计和定向进化结合方法的基础上进行了酶新功能进化的出色工作。他们以定向进化与理性设计相结合,将酶的 $\alpha P\beta$-桶状蛋白支架进行氨基酸替换,使吲哚 3-甘油磷酸合成酶(indole-3-glycerol-phosphate synthase,IGPS)活性转变成磷酸核糖邻氨基苯甲酸异构酶(phosphoribosyl anthranilate isomerase,PRAI)的活性。活性转变的具体策略包括以下几点:删除 IGPS 氨基端 48 个残基;在 a1β1 活性位点环的位置删除 15 个残基,并在该处插入随机的 4~7 个残基序列,使 a1β1 活性位点环得以缩小;将与 a1β1 相交的 a6β6 活性位点环进行修饰,引入 PRAI 的一段保守序列,并在序列的 184 位处引入 1 个天冬氨酸残基,作为活性位点的基础。最后通过 2 轮基因重组技术和 StEP 重组,选择克隆,一个不具有 IGPS 活性、PRAI 活性比野生型提高 6 倍的突变体即可有效获得,具有全新功能的新酶即可被创造出来。

6. 改善酶分子的对映体选择性和变换催化反应专一性

立体选择性酶的专一性即酶的柔性,想要使酶的柔性发生改变的话可通过定向进化法来实现。Reetz 等的研究表明:来源于铜绿假单胞菌的脂肪酶对于底物 p-硝基苯-2-甲基癸酸盐的 S 型的选择性,在经过 4 轮易错 PCR 突变和筛选后,它对底物的 S 型与 R 型的选择性在很大程度上得到了提高,其选择性由 2%提高到了 81%。

对映体选择性是转化酶的重要性质,常规的 S 型选择性的转氨酶转化 β-丁酮,其手性专一性仅为 65%,通过对 10000 个随机突变的菌株的筛选,获得了 10 个手性专一性为 80%~94%的酶。

截止到目前,综合利用以上不同进化方法,在许多酶的改造中得到良好效果,表 3-4 给出了应用几种酶定向进化方法获得酶特性改造的例子。

表 3-4 酶定向进化的应用实例

目标酶	所需功能	进化方法	结果	实施菌种
卡那霉素核骨基转移酶	热稳定性	定位诱变+选择	在 50~60℃ 酶半衰期增加 200 倍	耐热脂肪芽孢杆菌
枯草杆菌蛋白酶	非水催化	易错 PCR+选择	在 60% 二甲亚砜中活力增加 170 倍	枯草杆菌
β—内酰胺酶	作用于新底物	DNA 改组+选择	对头孢他啶的抗性增加 32000 倍	大肠杆菌
对硝基苯酯酶	有机溶剂中的底物特异性和活性	易错 PCR+DNA 改组+选择	活力增加 60~150 倍	大肠杆菌
β—半乳糖苷酶	底物特异性	DNA 改组+选择	活力增加 66 倍,底物特异性增加 1000 倍	大肠杆菌

3.3 酶的化学修饰

3.3.1 概述

酶作为生物催化剂,其底物专一性强、催化效率高和反应条件温和等显著特点,是其他催化剂不具备的。但是酶作为蛋白质,其异源蛋白的抗原性、受蛋白水解酶水解、半衰期短、热稳定性差、不能在靶部位有效聚集以及对酸碱敏感等缺点使得酶在应用范围和应用效果上大打折扣,有时甚至无法正常使用。如何使酶的稳定性得到有效的提高,如何使酶的抗原性得到有效的解除，且使酶学性质按照具体需要得以改变，使酶的应用范围得以有效扩大，人们对这些都比较关注。上述应用中的缺点可通过酶的化学修饰来克服，使酶发挥更大的催化效能，以适应各种不同需求。

通过各种方法可使酶分子结构发生某些变化，从而改变酶的某些特性和功能的技术过程，就是所谓的酶分子的修饰。由于酶是由氨基酸聚合而成的蛋白质，具有完整的化学结构和复杂的空间构象，酶的结构跟它的功能和性质有直接关系。通过修饰，酶的使用范围和应用价值能够得到显著提高。酶分子的修饰已成为酶工程中具有重要意义和应用前景的研究领域。

1. 酶化学修饰的定义

对酶蛋白进行的分子改造可通过主链的“切割”、“剪接”和侧链基团的“化学修饰”来实现，从而使酶蛋白的理化性质及生物活性发生改变，这种应用化学方法使酶分子的结构发生改变的行为就是酶分子的化学修饰。通常把改变酶蛋白一级结构的过程称为改造，而把侧链基团的共价变化称为化学修饰。如酶源激活、可逆共价调节等相关酶分子改造修饰过程存在于自然界本身。

2. 酶化学修饰的目的

人为地改变天然酶的一些性质，创造天然酶所不具备的某些优良特性甚至创造出新的特性，扩大酶的应用领域，以上就是酶化学修饰的目的。通常，酶经过化学修饰后，各种各样的变化都是无法避免的，概括起来有：

①活性部位的构象得以改变。经过蛋白酶的水解之后，酶蛋白的主链的部分肽段会被去掉或者取代蛋白质一级结构上某些氨基酸残基，进而改变了活性部位的构象，以达到人们所需要的各种目的。

②提高生物活性。化学转变发生在酶分子侧链基团，进而改变了基团的电化学性质、分子内基团的相互作用力，某些情况下酶的生物活性也会得到提高。

③增强酶的稳定性。一般酶反应条件基本接近中性，但在工业应用上，由于生产条件、底物等带来的影响，作用的 pH 不是过高就是过低；生产温度的提高，酶往往易变性失活。这些都会影响到酶作用的发挥。酶分子基团之间、内部侧链基团之间的交联可通过使用双功能试剂而实现，从而使酶稳定性的提高的目的得以满足。

④改变酶学性质。对酶的活性部位或活性部位之外的侧链基团进行化学修饰可通过利用相关有机物质来做到。

⑤降低酶类药物的抗原性。酶是蛋白质，作为药物使用时，这些异源蛋向进入人体后可能成为抗原，就会产生相应的抗体，抗原抗体就会想方设法

清除这些酶类药物，从而不能发挥药效，有的甚至还会产生过敏反应。通过对酶的化学修饰，酶类药物的抗原性就会有所降低。

可以说，酶化学修饰在理论上为生物大分子结构与功能关系的研究提供了实验依据和证明，是改善酶学性质和提高其应用价值的一种行之有效的措施。

3.3.2　酶的化学修饰原理

多年的研究结果表明，由于酶分子表面外形的不规则、各原子间极性和电荷的差异、各氨基酸残基间相互作用等结果，一种微环境（酶活性部位就是处于微环境中）在酶分子结构的局部得以形成。这种微环境不仅仅局限于极性的，也可以是非极性的，但酶活性部位氨基酸残基的电离状态都会受到微环境的影响，为它们发挥作用提供了合适的条件。这种存在于天然酶分子中的微环境，不是说无法改变的，可以通过人为的方法进行适当的改造，化学修饰或改造可以发生在酶分子的侧链基团、酶分子的功能基团，结构更合理、功能更完善的修饰酶就可以有效获得。酶经过化学修饰后，除了由于内部平衡力被破坏而引起的酶分子伸展得以减少外，一层“缓冲外壳”在酶分子表面也可能形成，进而在一定程度上抵御外界环境的电荷、极性等变化对酶分子的影响，维护酶活性部位微环境的相对稳定，使酶分子在更广泛的条件下能够正常发挥作用。

化学修饰已经成为研究酶分子的结构与功能的一种重要的技术手段。随着科学技术的不断发展供酶的化学修饰使用的电子设备和技术手段越来越多，然而，其基本原理是没有发生任何变化的，化学修饰剂所具有的各种基团的特性都是进行化学修饰的切入点，经过一定的活化过程与酶分子的某种氨基酸残基（通常选择非必需基团）发生化学反应，这个过程不仅局限于直接也可以是间接的，从而使酶分子结构的改造得以完成。

在酶的化学修饰过程中，以下因素是不得不注意的：

①被修饰酶。开始设计酶化学修饰反应时，对被修饰酶的活性部位、稳定条件、侧链基团性质及酶反应的最适条件等相关方面的了解应当是越全面越好。

②修饰剂的选择。较大的相对分子质量的修饰剂是比较理想的，对蛋白质的吸附的生物相容性和水溶性都比较让人满意，在修饰剂分子表面存在着较多的活性基团，还要考虑修饰剂上的反应基团的活化方式和活化条件，以及修饰后酶活性的半衰期。

不难预见，如何选择修饰剂是由修饰目的决定的。

若修饰的目的在很大程度上决定了修饰剂的选择。例如，对氨基的修饰可有几种情况:修饰所有氨基,而其他基团无需修饰;仅仅修饰 α-氨基;修饰酶分子表面的或反应活性高的氨基;修饰具有催化活性的氨基。

如果修饰的目的是希望改变酶分子的带电状态或溶解性,则具有较大电荷量的修饰剂是理想的选择。

修饰剂的大小也是选择过程中需要考虑的一个方面。修饰剂体积太大的话,与作用的基团会因为空间受阻而不能接近。总之,理想情况下,要是修饰剂的体积尽可能小一些,这样的话,修饰反应在能够顺利进行的同时,空间障碍对酶活性的影响也会有所减少。

③修饰反应条件的选择。一般在酶稳定的情况下才可以进行修饰反应,对酶的必需基团的破坏才能得以减少,酶与修饰剂的结合率和酶活性回收率可以说是最佳的反应条件。对反应体系中酶与修饰剂的分子比例、反应温度、pH、溶剂性质和离子强度等在确定反应条件时也是无法忽视的问题。

3.3.3 影响酶的化学修饰的主要因素

酶蛋白功能基团的反应性和修饰剂的反应性是影响化学修饰的主要因素。

(1)影响酶蛋白功能基团反应性的因素

蛋白质功能基团所处的环境对于它的物理和化学性质造成强烈的影响。蛋白质分子的表面特点也影响化学试剂的接近。因此,局部微区对功能基和修饰剂的影响是需要关注的一个方面。由于通过它的亲核性能够测量功能基的反应性,应当强调 pK_a 和影响 pK_a 的因素。

①微区的极性。如前所述,在酶分子结构的局部会形成一种微环境,这种微环境不仅仅局限于极性的,也可以是非极性的,但酶活性部位氨基酸残基的电离状态都会受到微环境的影响,为它们发挥作用提供了合适的条件。决定基团解离状态的关键因素之一就是微区的极性。

从整体看来,局部极性的改变对色氨酸、甲硫氨酸和胱氨酸反应性受到局部性改变的影响较小;对氨基和组氨酸反应性的影响较大;对酪氨酸、半胱氨酸和羧基的反应性影响最大。极性对整个反应速度的影响还与反应类型密切相关。

酶经过化学修饰后,除了能减少由于内部平衡力被破坏而引起的酶分子伸展打开外,还由于大分子修饰剂本身就是多聚电荷体,所以有可能在酶分子表面形成一层“缓冲外壳”,外界环境的电荷、极性变化也能够在一定程度上得以抵御,维持酶活性部位微环境的相对稳定,使酶能在更广泛的条件下发挥作用。

②静电效应。用高分辨率的核磁共振组氨酸残基的电离行为进行研究表明，不同蛋白质中的组氨酸残基的 pK_a 是存在一定差异的，这些变化可能是由于带电基团相互影响所致。

③在蛋白质的酚基—羧基相互作用中，羧基的 pK_a 应比正常值低，而酚基的 pK_a 和正常值比起来要高一些。

上述三点是影响蛋白质中可电离氨基酸侧链的 pK_a 的重要因素，当然也是影响侧链基团反应性的重要因素。蛋白质中个别功能基所处的微区不同，反应性也会有一定的差异。个别功能基的反应性只能通过实验来测定。

④位阻效应。位于蛋白质表面的功能基，一般来说和修饰剂发生反应比较容易。但是，如果烷基在空间上紧靠功能基，会使修饰剂不能与功能基接触，这时位阻效应也就会发生。

对枯草杆菌蛋白酶 BPN 的 X 射线衍射研究指出，它的所有的 10 个酪氨酸残基均在蛋白质分子表面，而且在所有情况下苯酚的羟基几乎都没有形成氢键。但是，如果对它进行彻底硝化和碘化后，10 个酪氨酸中只有 8 个被修饰。若没有 X 射线衍射研究结果，很可能解释为至少有 2 个酪氨酸残基被包埋在分子内部，然而实际情况并非如此。这种情况很可能是空间障碍引起的。

电荷转移、共价键形成、金属螯合旋转自由度等也会改变蛋白质功能基的反应性。

总结起来，上述影响功能基反应性的因素可归纳为两个方面：一是微区的极性、基团之间的氢键及静电相互作用等因素对功能基 pK_a 的影响；二是基团之间的空间障碍。通常情况下，可通过其亲核性来衡量功能基的反应性，但并不是用亲核性就可以解释一切，功能基的反应性异常复杂，超反应性就是这种复杂性的表现之一。

蛋白质的某个侧链基团与个别试剂能发生非常迅速的反应就是所谓的超反应性。和简单氨基酸中的同样基团比较起来，多数蛋白质的功能基的反应性都要差一些。但是，每个蛋白质分子中至少有一个基团对一定的试剂显示出超反应性。酶的催化活性基团通常对修饰剂是有反应性的，但酶的超反应基团不一定是酶活性部位上的基团，可能与酶的功能或构象的关系不是那么明显。

蛋白质的空间结构和试剂的空间结构之间的相互影响对于修饰反应速度和反应的专一性也有一定的加强功能。如对核糖核酸酶 A 第 119 号组氨酸和第 12 号组氨酸的烷化，使用不同的试剂，这两个残基的反应速度也会有一定的差异。适当地选择试剂可以选择性地修饰第 119 号组氨酸。

加快修饰反应速度的一个重要原因是限制了构象的总数（即限制了旋

转自由度)，这种限制可能是由于上述提及的几类相互作用引起的。比较酚酸的酯化速度，这个问题就可以得到充分的说明。在苯环上引入几个甲基，特别是在同一碳原子上引入2个甲基，则基团的自由旋转就会受到限制，因而使酚酸的酯化速度常数提高了10^8倍以上。

(2)影响修饰剂反应性的因素

蛋白质的构象和表面特性对氨基酸侧链的反应性有影响，同样，它们也可能对接近功能基的修饰剂产生有利或不利的影响。弄清楚这种影响对设计类似的底物和亲核标记物意义重大。

①选择吸附。化学修饰前，修饰剂是根据各自的特点，选择性地吸附在低极性区或高极性区，有时可以根据对速度的饱和效应，蛋白质—修饰剂复合物的形成就会得以检测出来。类似于酶—底物复合物，蛋白质—修饰剂复合物形成后，修饰过程的速度就加强了。这种速度的加强，部分是由于选择性吸附的结果。

②位阻因素。蛋白质表面的位阻因素或者底物、辅因子、抑制剂所产生的位阻因素都可能阻止修饰剂与功能基的正常反应。但有关蛋白质表面的有用信息的提供会得益于修饰的结果。例如，用α-溴代丁酸可烷化核糖核酸酶第12号组氨酸，而且反应进行很快；若用α-溴代戊酸作修饰剂，则反应的进行就非常有难度；用α-溴代己酸作修饰剂，则不能发生烷化反应。由四碳酸到六碳酸，亲水键含量减少得很小，所以，这个结果说明蛋白质结合α-溴代酸的部位是有一定大小的。如果修饰剂的大小超过这个部位的大小，则修饰反应就无法顺利发生。

③催化因素。修饰部位的其他功能基，如果是产生一般的酸碱催化作用，则也能影响修饰反应。不同的修饰剂，其反应速度和反应部位的差别特别明显。例如，对硝基苯乙酸盐和苯乙酸盐对胰凝乳蛋白酶的活性丝氨酸的乙酰化属于同一机理，但苯乙酸盐的反应性差，这在较大程度上与酶的酸碱催化有关。和氯磷酸盐比较起来，氟磷酸盐对丝氨酸酶有非常高的反应性，这可能与一般酸碱催化除去氟原子有关。

④静电相互作用。带电的修饰剂能被选择性地吸引到蛋白质表面带相反电荷的部位，修饰剂可通过静电相互作用向多功能部位中的一个残基定位或向双功能基的一侧定位。静电影响造成了碘乙酸和碘乙酰胺烷基化的速度和烷基化部位的差异。修饰剂的静电取向也是影响其反应性的一个因素。此外，静电排斥力能抑制修饰作用。

3.3.4 修饰的专一性控制

专一性指修饰剂在化学修饰酶反应中与指定基团反应的特异性，是探索蛋白质氨基酸残基空间结构或研究酶活性部位最重要的指标之一，也是获得特定修饰效果的保障。修饰剂对酶化学修饰的专一性除与反应本身的特性相关外，酶敏感基团超反应性及修饰条件也会对它造成一定的影响，可利用敏感基团的超反应性及控制反应条件来实现具体调控。

(1)超反应性

酶分子中的某些侧链基团，由于所处微环境特殊，其反应活性也比较特殊，即超反应性。一般认为，这些具有超反应能力的基团，与酶结合底物、催化反应有很大关系。例如，丝氨酸蛋白酶活性部位中的丝氨酸就具有这种超反应性，用二异丙基氟磷酸酯(DFP)修饰丝氨酸蛋白酶(如胰凝乳蛋白酶，38个丝氨酸残基)，结果发生反应的只是丝氨酸。此外，蛋白质在不同状态下基团反应性的差异也是存在的，如羧甲基化核糖核酸酶晶体，反应集中在His119，修饰比达69∶1；而在水溶液中进行，修饰比仅15∶1，前者的羧甲基化专一性是后者的3倍。

(2)稳定性差异

许多修饰反应及其产物的稳定性会对酶的改造造成一定的影响，如在弱碱性条件下，苯异硫氰酸可与氨基反应，相应的苯氨基硫甲酰氨基酸(PTC-氨基酸)得以生成。在酸性条件下，PTC-氨基酸环化形成酸稳定的苯乙内酰硫脲氨基酸。类似的反应，苯异硫氰酸也可与巯基发生，但是，在高pH下，形成的产物不稳定，会在短时间得以分解，因此，利用修饰反应产物的稳定性，可获得高度专一的化学修饰。

(3)pH

pH控制酶和修饰剂功能基的解离，会对修饰反应速度及专一性造成一定的影响。不同修饰反应要求的pH也会有一定的差异。例如，卤代烃(碘乙酸、溴乙酸等)在不同pH下可与酶的多种侧链基团发生烷基化取代；但pH为6.0，只能与组氨酸的咪唑基反应；pH为3.0，则专一地与甲硫氨酸反应。

$$ICH_2COOH + E—S—CH_3 \xrightarrow{pH3} E—S(—CH_3)—CH_2COO^- + I^-$$

$$ICH_2COOH + E—His \xrightarrow{pH6} E—His—N—CH_2COO^- + H^+ + I^-$$

碘乙酸与酶蛋白侧链基团的反应

3.3.5 修饰结果分析

对酶进行化学改造获得的数据进行处理分析，以获得修饰专一性、修饰部位等方面的结果，从而实现对这些结果进行的合理解释或阐述。

1. 关联指标分析

酶的理化性质和催化特性可通过酶的化学修饰来改变，通过酶的催化活性可以将这些性质的变化展示出来，因此，酶的化学修饰中，获得的数据几乎都与酶的活性相关联，即通过酶活性来直接体现。

2. 时间进程曲线

化学修饰的基本数据之一就是时间进程曲线，修饰残基的性质和数量、修饰残基与酶活力间的关系等均可通过该曲线体现出来。可用酶活性或其反应速度来表示出时间进程曲线，前者反映的是修饰时间与活力，后者则是反映修饰剂与反应速度常数间的关系。本质上来说，对时间进程曲线的测定就是对蛋白质的失活速度常数的测定，该常数以时间为横坐标，残余活力的对数为纵坐标作半对数图获得。若酶中两个以上侧链基团与活力相关，且修饰反应速度体现出的差异就比较明显，则半对数图为多相。在修饰反应中，如果说使用的修饰剂与酶不以形成特殊复合物的方式进行，一级反应失活速度常数 K_{obs} 对修饰剂浓度所作的图应为直线，且通过原点。区别于不是特殊复合物的方式，若形成特殊复合物，K_{obs} 对修饰剂浓度所作的图应为双曲线。

以色氨酸合成酶 β-亚基精氨酸-148（apo-β-2-Arg-148）的化学修饰为例，修饰数据的分析得以有效说明。首先以不同浓度苯甲酰甲醛修饰色氨酸合成酶 β-亚基（apo-β-2），测定使其丧失丝氨酸脱氢酶的活力的时间进程曲线，即可获得速度常数，再用获得的假一级速度常数倒数对苯甲酰甲醛浓度的倒数作图，即可最终获得失活速度常数。通过对该失活速度常数的分析不难得出，apo-β-2-Arg-148 先与苯甲酰甲醛形成复合物，其解离常数为 3.7mmol。

3. 修饰残基确定

酶的催化功能由少量在空间构象上相互接近，形成有特殊作用的氨基酸侧链基团构成，称为必需基团或功能基团，底物结合基团和催化基团也包括在内。1961 年，Rey 等提出通过比较一级反应动力学常数确定酶必需基团及数量的方法，但此法适用性比较低，这是因为它具有一定的局限性。1962 年，邹承鲁教授以统计学的思路建立邹氏作图法，酶必需基团的性质和数量通过该方法可以客观地反映出来，因而得到广泛应用。以邹承鲁法确定酶必需基团的性质和数量，可根据修饰剂对酶的专一性，以及对必需或非必需基团的修饰速度差异等进行设置，现介绍的是以下两种。

当修饰剂仅作用于酶的某种基团，且对必需基团和非必需基团的修饰速度相同时，酶活力变化与修饰残基数之间的关系式如下

$$\alpha^{\frac{1}{i}}=X\left(X=\frac{n-m}{n}\right)$$

式中，α 为平均剩余活力分数；n 为酶中可被修饰基团总数；X 为保留基团分数；m 为已被修饰的基团数；$(n-m)$为保留的基团数。

当已知 n 时，可由实验测得的 m 值计算计算出 X。将上式两边取对数，并以 $\log\alpha$ 对 $\log X$ 作图，得一直线，其斜率为必需基团数 i。若 n 为未知数，则 x 无法求出。但可根据上式假定 i 为整数($i=1,2,3,\cdots$)，再作图，直至 $\alpha^{\frac{1}{i}}$ 对 m 作图为一直线时止。当为直线时的主值即为必需基团数。例如，在对胰蛋白酶二硫键还原与活力的关系的研究过程中，根据上述公式，分别以 $i=1,2,3,\cdots$对 m 作图，结果如图 3-11 所示。从该图可知，当 i 为 3 时，出现一直线，说明该酶有 3 对必需二硫键，这和胰蛋白酶一级结构分析所得结果是保持一致的。

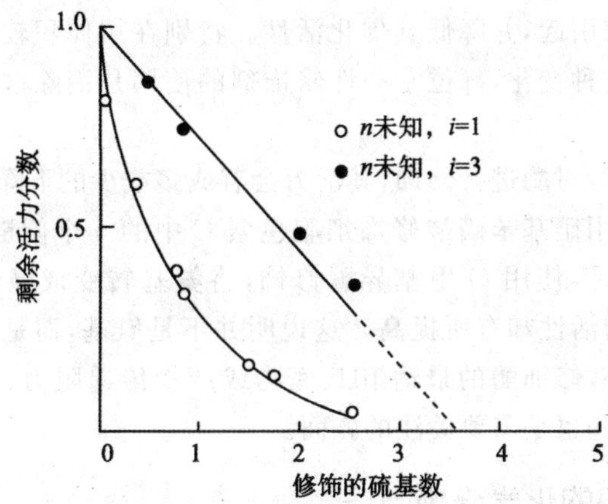

图 3-11 胰蛋白酶二硫键还原与活力的关系

假定修饰剂仅与酶分子中某种基团反应，但修饰必需基团和非必需基团的速度之间的差别比较明显时，可将参与修饰的同种基团(n)分为三类，分别是反应速度最快的非必需基团(s)；反应速度较慢的基团 p，其中有 i 个必需基团；反应最慢的基团，其数量为(n-p-s)，此时，酶活力变化与修饰程度的关系可通过下式来体现

$$\alpha^{\frac{1}{i}}=\frac{p+s-m}{p}\text{或}\alpha^{\frac{1}{i}}=\frac{n}{p}X-\frac{n-p-s}{p}$$

式中，m 为被修饰基团数；$X=\frac{(n-m)}{n}$为保留基团分数。

根据上式，以 $\alpha^{\frac{1}{i}}$ 对 m 作图，必需基团数 i 不仅可以决定下来，p 和 s 也可以根据斜率和截距来求得。当 n 未知时，根据上式作图，假定 i 为整数

($i=1,2,3,\cdots$)对 m 作图,当直线出现时,对应的 i 即为必需基团数。图 3-11 是修饰胃蛋白酶羧基获得的资料,从该图可知,当 i 分别为 1 或 3 时,酶剩余活力变化均为曲线,只有 i 为 2 时,为直线,这说明两个羧基是胃蛋白酶的必需基团。

4. 其他修饰结果的解释

化学修饰对酶的构象或催化活性的影响,可通过观察酶构象或测定酶的活性变化来进行鉴定。但是,还需要使用其他理化方法来辅助确定修饰剂是否作用于酶的活性部位。修饰发生在活性部位或必需基团上,那么酶的催化活性与修饰程度间存在一定化学计量关系;而且,结合底物前或结合底物后修饰,酶的失活程度区别也比较明显。一般情况下,先用可逆试剂保护侧链基团,修饰失活酶的活力可随保护剂的去除重新恢复,活力恢复程度与修饰剂的去除程度关系比较大。若修饰反应发生在非活性部位,酶构象变化也可能会被引起,并降低其催化活性。特别在用体积较大的修饰剂修饰就可能造成这种变化,部位专一性修饰剂的使用是消除这种变化的最佳办法。

一般情况下,对酶进行修饰,其活力会有或多或少的下降,但是,有时也有例外。例如,用硝基苯磺酸修饰细胞色素 C 中的 5 个侧链氨基,该酶完全丧失活力;但是,使用 O-甲基异脲修饰,将氨基转变成碱性更强的胍基时,相反,该酶的活性却有所提高。这说明并不是氨基,而是正电荷导致其活力增加。此外,修饰酶的最适 pH、底物或产物传递阻力、专一性等都可能发生变化,这些也是需要关注的方面。

3.3.6 酶的化学修饰方法

1. 酶蛋白侧链的修饰

酶分子的侧链基团修饰是指采用一定的方法(一般是化学方法)改变酶分子的侧链基团,从而导致酶分子的特性和功能发生改变。

通过前面的介绍可以知道,酶有蛋白类酶和核酸类酶两大类。它们的侧链基团不同,相应的,其修饰方法也会有些差异。

组成蛋白质的氨基酸残基上的功能团就是所谓的酶蛋白的侧链基团,主要包括氨基、羧基、硫基、胍基、酚基、咪唑基和吲哚基等;核酸类酶主要由核糖核酸(RNA)组成,组成 RNA 的核苷酸残基上的功能团就是酶 RNA 的侧链基团。RNA 分子上的侧链基团主要包括磷酸基,核糖上的羟基,嘌呤、嘧啶碱基上的氨基和羟基(酮基)等。酶分子的侧链基团一旦发生变化,酶蛋白空间构象也会有所改变,从而改变酶的特性和功能。

某些侧链基团的改变对蛋白质所特有的生物活性也会有所影响，这类基团一般称之为必需基团，如图 3-12 所示。必需基团的化学修饰将对能够造成无法逆转的酶的失活。

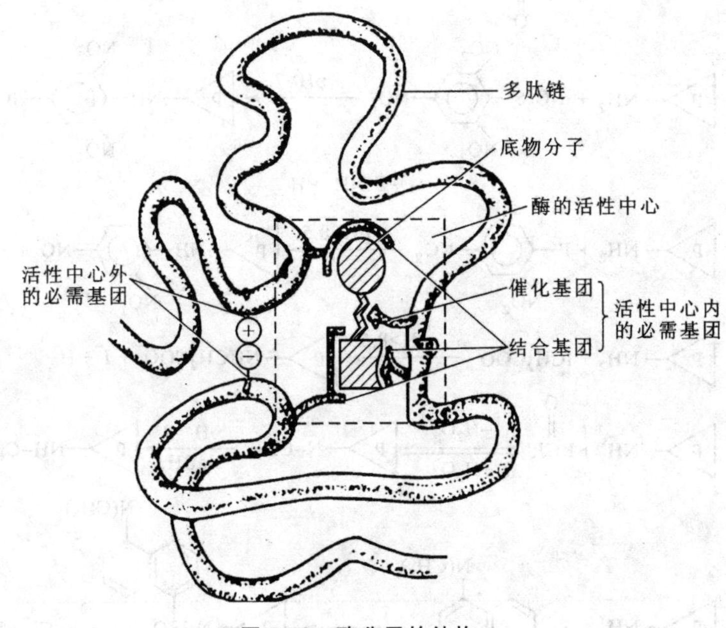

图 3-12　酶分子的结构

酶的侧链基团修饰方法主要有：氨基修饰、羧基修饰、巯基修饰、吲哚基修饰和分子内交联修饰等。

(1)氨基修饰

酶分子侧链上的氨基通过某些化合物的采用会发生改变，从而改变酶蛋白的空间构象的方法称为氨基修饰。凡能够使酶分子侧链上的氨基发生改变的化合物，均属于氨基修饰剂的范畴。主要有：亚硝酸、2，4-二硝基氟苯(DNFB)、丹磺酰氯(DNS)、2，4，6-三硝基苯磺酸(TNBS)、醋酸酐、琥珀酸酐、二硫化碳、乙亚胺甲酯、O-甲基异脲和顺丁烯二酸酐等。

常见氨基基团的化学修饰如用亚硝酸修饰天冬酰胺酶，使其末端的亮氨酸和肽链中的赖氨酸残基上的氨基产生脱氨基作用，变成羟基，如图 3-13 所示。氨基修饰在使得酶的稳定性得到提高的同时，也延长了酶在体内的半衰期。

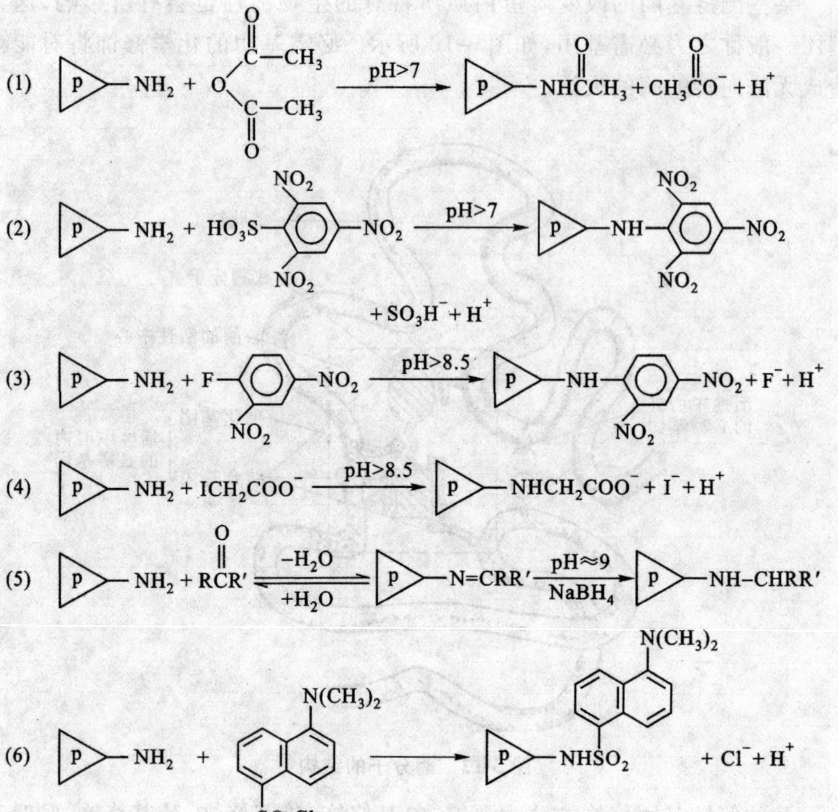

$$(1)\ \text{P}-NH_2 + (CH_3CO)_2O \xrightarrow{pH>7} \text{P}-NHCOCH_3 + CH_3COO^- + H^+$$

$$(2)\ \text{P}-NH_2 + HO_3S-C_6H_2(NO_2)_3 \xrightarrow{pH>7} \text{P}-NH-C_6H_2(NO_2)_3 + SO_3H^- + H^+$$

$$(3)\ \text{P}-NH_2 + F-C_6H_3(NO_2)_2 \xrightarrow{pH>8.5} \text{P}-NH-C_6H_3(NO_2)_2 + F^- + H^+$$

$$(4)\ \text{P}-NH_2 + ICH_2COO^- \xrightarrow{pH>8.5} \text{P}-NHCH_2COO^- + I^- + H^+$$

$$(5)\ \text{P}-NH_2 + RCOR' \underset{+H_2O}{\overset{-H_2O}{\rightleftharpoons}} \text{P}-N=CRR' \xrightarrow[NaBH_4]{pH\approx 9} \text{P}-NH-CHRR'$$

$$(6)\ \text{P}-NH_2 + (CH_3)_2N-C_{10}H_6-SO_2Cl \longrightarrow \text{P}-NHSO_2-C_{10}H_6-N(CH_3)_2 + Cl^- + H^+$$

图 3-13 常见氨基基团的化学修饰反应

(2)羧基修饰

羧基修饰是采用各种羧基修饰剂与酶蛋白侧链的羧基发生酯化、酰基化等反应，是蛋白质的空间构象发生改变的修饰方法。

所谓的羧基修饰剂就是与蛋白质侧链上的羧基发生反应的化合物，例如，碳二亚胺、重氮基乙酸、乙醇-盐酸试剂、异噁唑盐等。如图 3-14 所示的常见羧基基团的化学修饰反应。

$$(1)\ \text{P}-COO^- + R-N=C=N^+(H)R' + H^+ \xrightarrow{pH\approx 5} \text{P}-CO-O-C(=N^+HR)NHR'$$

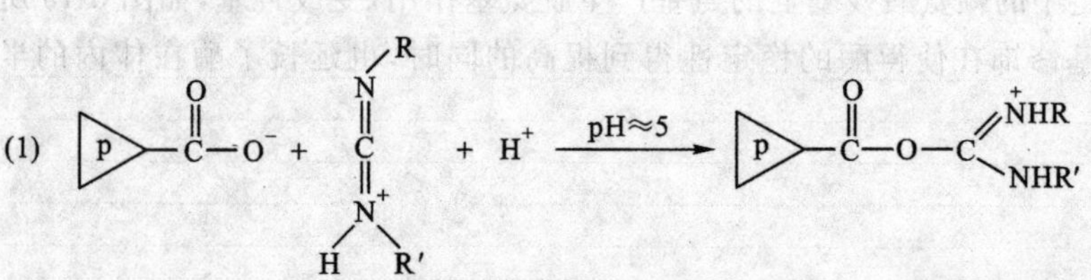

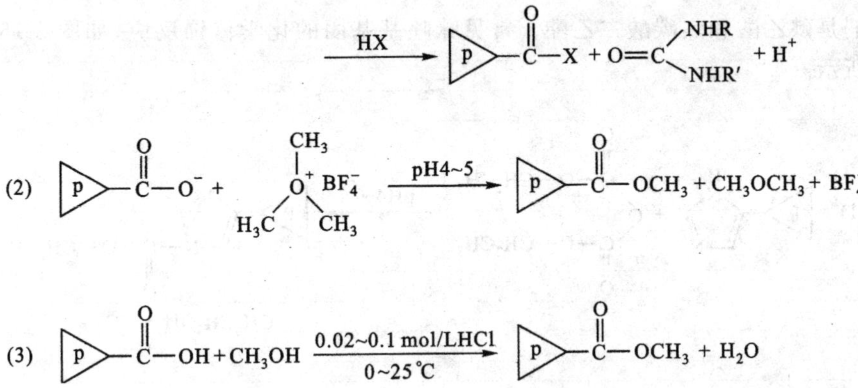

$$\xrightarrow{HX} \text{P}-\overset{O}{\overset{\|}{C}}-X + O=C\begin{smallmatrix}NHR\\NHR'\end{smallmatrix} + H^+$$

(2) $$\text{P}-\overset{O}{\overset{\|}{C}}-O^- + (CH_3)_3O^+BF_4^- \xrightarrow{pH4\sim5} \text{P}-\overset{O}{\overset{\|}{C}}-OCH_3 + CH_3OCH_3 + BF_4^-$$

(3) $$\text{P}-\overset{O}{\overset{\|}{C}}-OH + CH_3OH \xrightarrow[0\sim25^\circ C]{0.02\sim0.1\ mol/L\ HCl} \text{P}-\overset{O}{\overset{\|}{C}}-OCH_3 + H_2O$$

图 3-14 常见羧基基团的化学修饰反应

(3)巯基修饰

酶蛋白侧链上的巯基可通过巯基修饰剂来改变,进而改变酶的空间构象,影响酶的特性和功能的修饰方法称为巯基修饰。通过巯基修饰,酶的稳定性可以得到很大程度的提高。酰化剂、烷基化剂、巯基乙醇、硫代硫酸盐、硼氢化钠以及二硫苏糖醇等是比较常用的巯基修饰剂。常见巯基基团的化学修饰反应,如图 3-15 所示。

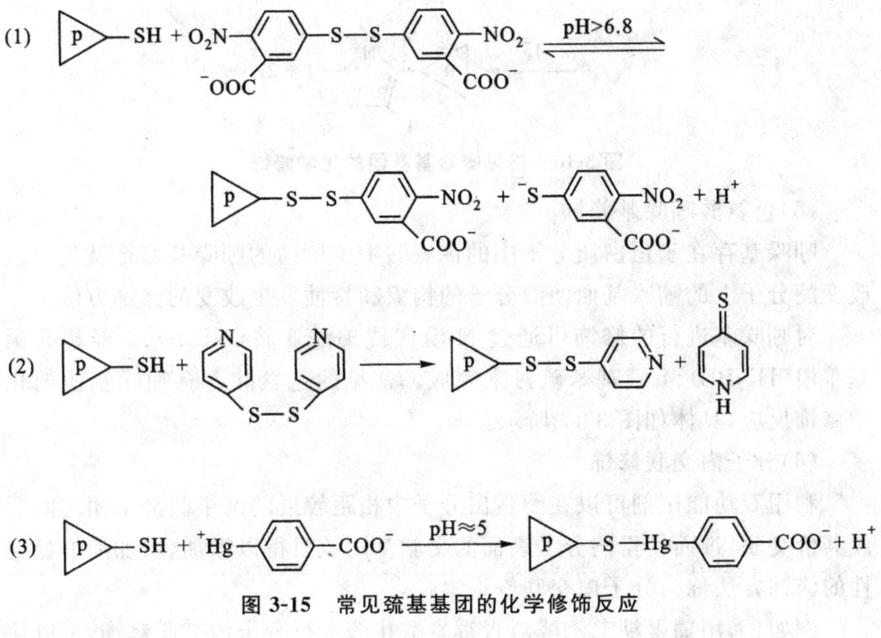

(1) $$\text{P}-SH + O_2N-C_6H_3(COO^-)-S-S-C_6H_3(COO^-)-NO_2 \xrightleftharpoons{pH>6.8} \text{P}-S-S-C_6H_3(COO^-)-NO_2 + {}^-S-C_6H_3(COO^-)-NO_2 + H^+$$

(2) $$\text{P}-SH + C_5H_4N-S-S-C_5H_4N \longrightarrow \text{P}-S-S-C_5H_4N + S=C_5H_4NH$$

(3) $$\text{P}-SH + {}^+Hg-C_6H_4-COO^- \xrightarrow{pH\approx5} \text{P}-S-Hg-C_6H_4-COO^- + H^+$$

图 3-15 常见巯基基团的化学修饰反应

(4)咪唑基修饰

通过修饰剂与咪唑基反应,酶分子中的组氨酸残基就会发生变化,进而改变酶分子的构象和特性的修饰方法称为咪唑基修饰。常用的咪唑基修饰剂是碘乙酸和焦碳酸二乙酯。常见咪唑基基团的化学修饰反应，如图 3-16 所示。

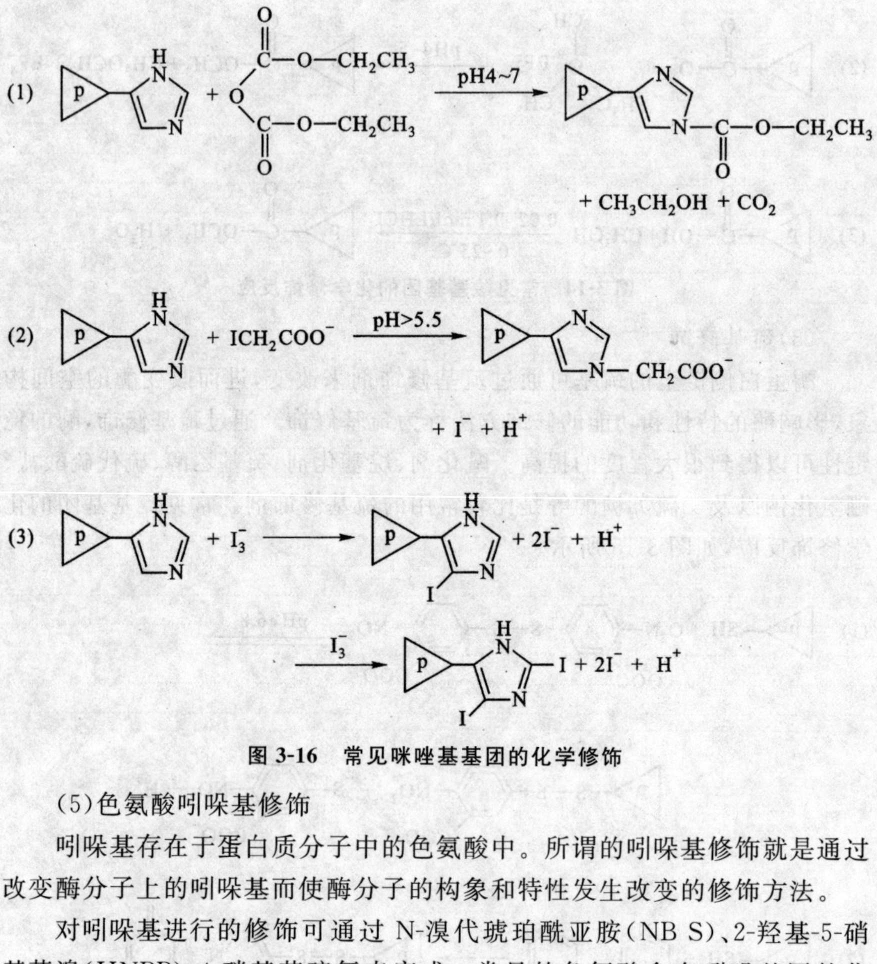

(1) P—(咪唑基) + $O[C(=O)-O-CH_2CH_3]_2$ $\xrightarrow{pH4\sim7}$ P—(咪唑基)—N—C(=O)—O—CH_2CH_3 + CH_3CH_2OH + CO_2

(2) P—(咪唑基) + ICH_2COO^- $\xrightarrow{pH>5.5}$ P—(咪唑基)—N—CH_2COO^- + I^- + H^+

(3) P—(咪唑基) + I_3^- $\longrightarrow$ P—(4-碘咪唑基) + $2I^-$ + H^+ $\xrightarrow{I_3^-}$ P—(2,4-二碘咪唑基) + $2I^-$ + H^+

图 3-16　常见咪唑基基团的化学修饰

(5)色氨酸吲哚基修饰

吲哚基存在于蛋白质分子中的色氨酸中。所谓的吲哚基修饰就是通过改变酶分子上的吲哚基而使酶分子的构象和特性发生改变的修饰方法。

对吲哚基进行的修饰可通过 N-溴代琥珀酰亚胺(NB S)、2-羟基-5-硝基苄溴(HNBB)、4-硝基苯硫氯来完成。常见的色氨酸含有吲哚基团的化学修饰反应，具体如图 3-17 所示。

(6)分子内交联修饰

利用双功能试剂可以在酶蛋白分子中相距较近的两个侧链基团之间形成共价交联，进而使得酶分子表面的交联基团数目得以增加，增加酶的稳定性的修饰方法称为分子内交联修饰。

例如，采用葡聚糖二乙醛对青霉素酰化酶进行分子内交联修饰，可以使该酶在 55℃条件下的半衰期延长 9 倍，同时最大反应速率 V_m 仍然维持不变;用戊二醛将白蛋白和棕色固氮菌的超氧化物歧化酶交联,使该酶在80℃条件下的半衰期加长50%,抗蛋白酶水解和酸水解,以及抗抑制剂的性能都会得到明显的提高。

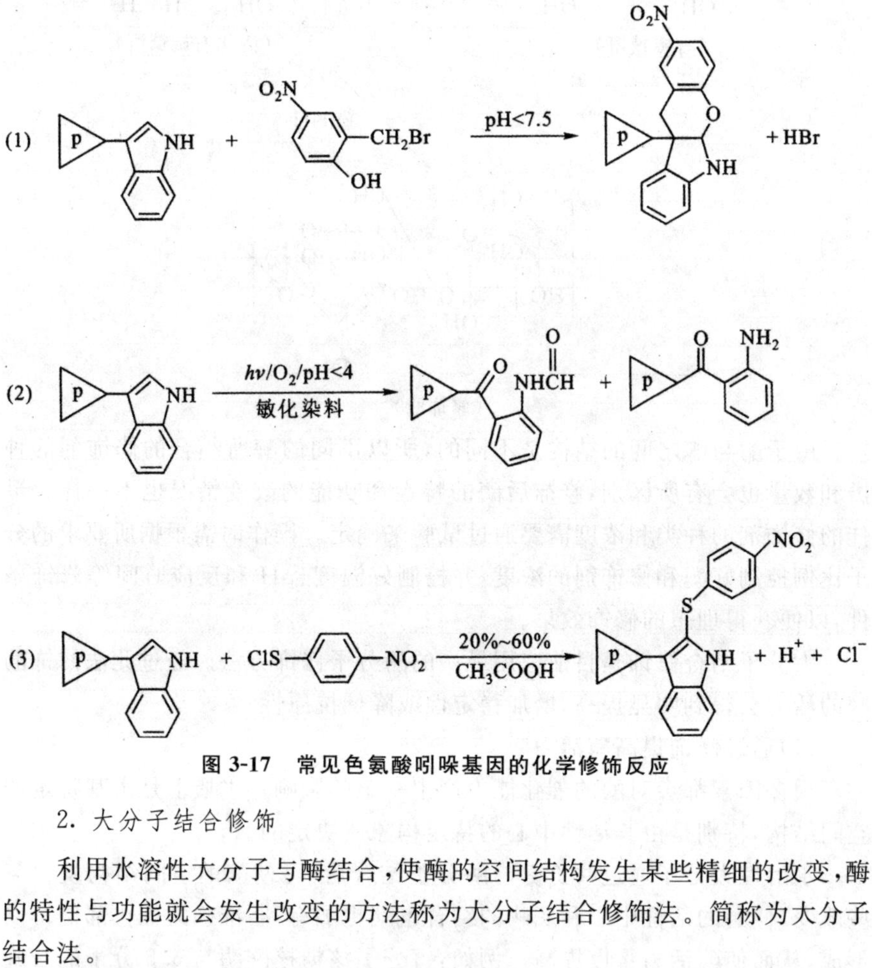

图3-17　常见色氨酸吲哚基团的化学修饰反应

2. 大分子结合修饰

利用水溶性大分子与酶结合,使酶的空间结构发生某些精细的改变,酶的特性与功能就会发生改变的方法称为大分子结合修饰法。简称为大分子结合法。

旋糖酐、肝素、聚乙二醇、蔗糖聚合物(ficoll)、聚氨基酸等是比较常用的水溶性大分子修饰剂。在使用前这些大分子一般需经过活化,然后在一定条件下与酶分子以共价键结合。对酶分子进行修饰。例如:右旋糖酐先经高碘酸(HIO_4)活化,然后与酶分子的氨基共价结合。

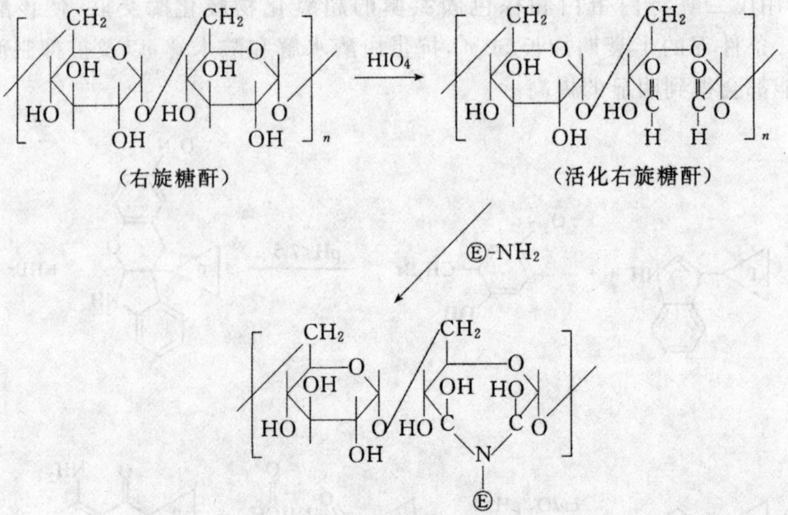

$\xrightarrow{HIO_4}$

（右旋糖酐）　　　　（活化右旋糖酐）

Ⓔ-NH_2

（修饰酶）

由于酶与酶之间的结构是不同的，所以不同的酶所结合的修饰剂的种类和数量也会有所区别，修饰后酶的特性和功能的改变情况也不一样。最佳的修饰剂的种类和浓度需要通过试验来确定。操作时需根据所要求的分子比例控制好酶和修饰剂的浓度，并控制好温度、pH 和反应时间等修饰条件，以便获得理想的修饰效果。

大分子结合修饰是目前应用最广的酶分子修饰方法。经过此法修饰的酶的活力会得到明显提高，增加稳定性或降低抗原性。

(1)通过修饰提高酶活力

很多因素都会对酶的催化能力产生一定的影响。本质上是由其特定的空间结构，特别是由其活性中心的特定构象所决定的。

水溶性大分子通过共价键与酶分子结合后，可使酶的空间结构发生某些改变，使酶的活性中心和底物的结合也就更加有利，准确的催化部位得以形成，从而使酶活力得以提高。例如：每分子核糖核酸酶与 6.5 分子的右旋糖酐结合，可使该酶的活力提高到原有的活力的 2.25 倍；用右旋糖酐修饰胰凝乳蛋白酶，当每分子酶与 11 分子右旋糖酐结合时，修饰酶的活力达到原有活力的 5.1 倍。

(2)通过修饰增加酶的稳定性

各种酶在保存或使用一段时间以后，由于受到各种因素的影响，原来完整的结构就会被破坏，致使酶活力逐步降低，最后完全丧失其催化功能。可见酶的稳定性较低是普遍存在、亟需解决的问题。

可用酶的半衰期来表示其稳定性。酶的半衰期是指酶的活力降低到原来活力一半时所经过的时间。不同的酶的半衰期也会不同。有的酶半衰期长,说明其稳定性好,而稳定性差的酶其半衰期则短。有些作为药物使用的酶,进入体内后由于受机体各种因素的影响,往往稳定性差,半衰期也会缩短。例如,对治疗血栓有显著疗效的尿激酶,在人体内半衰期只有2～20min;有多种疗效的超氧物歧化酶,在人体内半衰期仅为6min左右等。为此,如何增加酶的稳定性,延长酶的有效作用时间,是酶工程的一个重要研究方面。

为了使酶的稳定性增加,使酶的空间结构尽可能地保持稳定是关键,特别要使酶活性中心的构象得到保护。采用其他大分子与酶结合,形成复合物,就可起到保护酶的天然构象的作用,酶的稳定性也就得到增强。

可以与酶结合的大分子很多。归纳起来,大致可以分为不溶于水和溶于水两大类。用不溶于水的大分子与酶结合制成固定化酶后,酶的稳定性增加的比较明显。而用可溶于水的大分子与酶结合进行酶分子修饰,可在酶的外围形成保护层,其他因素就不会对酶的空间构象造成影响,从而酶的稳定性得以增强,延长其半衰期。现以超氧物歧化酶(SOD)为例说明如下。

超氧物歧化酶SOD,属氧化还原酶类的范畴。SOD广泛存在于生物体内。超氧负离子(O_2^-)可通过它的催化进行氧化还原反应。反应时,一个超氧负离子被还原为双氧水,同时另一个超氧负离子氧化为氧气。其反应方程式如下:

$$O_2^- + O_2^- + 2H^+ = H_2O_2 + O_2$$

由于SOD能消除体内的超重负离子,所以医药界对它比较重视。实验证明,外源SOD具有保护DNA、蛋白质和细胞膜的作用,使它们免遭超氧负离子的破坏。在类风湿性关节炎、白内障、膀胱炎、皮肤炎、红斑狼疮等疾病的治疗过程中都会收到较好的效果,对辐射有防护作用。同时,不管用何种给药方式,均没有发现任何副作用。由此可见,SOD是一种很有前途的药用酶。然而,超氧物歧化酶在体内稳定性差,当采用静脉注射方式给药时,SOD在体内的半衰期只有6～30min,这大大影响其使用效果。

用水溶性大分子结合法修饰超氧物歧化酶,可使其在体内的稳定性显著提高,半衰期可延长70～300多倍。并可明显抑制注射时出现的局部刺激反应。

此外,修饰酶的热稳定性可显著提高,并具有较强的抗蛋白酶水解、抗酸碱以及抗氧化的能力。例如:L-天门冬酰胺酶用聚丙氨酸结合修饰后,其对热的稳定性大大提高;木瓜蛋白酶与右旋糖酐结合,其抗酸碱和抗氧化能力得以明显提高。

(3)通过修饰降低或消除抗原性

当外源蛋白非经口进入人或动物体内后，与此外源蛋白特异结合的物质就会出现在体内血清中。这些物质称为抗体。

能引起体内产生抗体的物质称为抗原。

酶大多数是从动物、植物或微生物中获得的蛋白质。对于人体来说是一种外源蛋白。当酶非经口(如注射)进入人体后，成为一种抗原是比较常见的情况，刺激体内产生抗体。当这种酶再次注射进体内时，抗体就会与作为抗原的酶特异地结合，而使酶失去其催化功能。所以药用酶的抗原性问题是影响酶在体内发挥其功能的不可忽略的问题之一。

抗体和抗原之间特定的分子结构引起了它们之间的特异结合。若抗体或抗原的特定结构改变，它们之间就不再特异地结合。故此采用酶分子修饰方法使酶的结构产生某些改变，其抗原性就可能有所降低甚至是彻底消除。

利用水溶性大分子对酶进行修饰，是降低甚至消除酶的抗原性的有效方法之一。例如，精氨酸酶经聚乙二醇(PEG)结合修饰后，其抗原性降低比较明显；用聚乙二醇对色氨酸酶进行修饰，该酶的抗原性就会被彻底消除；聚乙二醇结合修饰后的L-天门冬酰胺酶，其抗原性可完全消除。

3. 金属离子置换修饰

通过改变酶分子中所含的金属离子，使酶的特性和功能发生改变的一种修饰方法就是所谓的金属离子置换修饰。

有些酶分子中含有金属离子，这些金属离子是酶活性中心组成的一部分。例如，超氧化物歧化酶分子中的 Cu^{2+}、Zn^{2+}，α-淀粉酶分子中的 Ca^{2+} 等。若从酶分子中除去所含金属离子，酶的催化活性就会丧失；若重新加入原有的金属离子，酶的催化活性就会有所恢复或者是部分恢复；若用另一种金属离子进行置换，有的可以使酶的活性降低甚至消失，有的却在提高酶的活力的同时能够增加酶的稳定性。

(1)金属离子置换修饰的过程

①酶的分离纯化。

首先将欲进行修饰的酶经过分离纯化，除去杂质，即可得到具有一定纯度的酶液。

②除去原有的金属离子。

在经过纯化的酶液中加入一定量的金属螯合剂，如EDTA等，就会使得酶分子中的金属离子与EDTA等形成螯合物。将EDTA-金属螯合物通过透析、超滤和分子筛选分析等方法从酶液中除去。此时的酶呈无活性状态。

③加入置换离子。

加入一定量的另一种金属离子到去离子的酶液中，酶蛋白与新加入的金属离子结合，除去多余的置换离子，金属离子的置换修饰过程即可完成。

(2)金属离子置换修饰酶的作用

通过金属离子置换修饰可以达到以下目的。

①提高酶活性。

金属离子置换修饰之后，有些酶的活力得到了非常明显的提高。例如，α-淀粉酶属于杂离子型，大多数 α-淀粉酶分子中含有钙离子，有些 α-淀粉酶分子中则含有镁离子或锌离子等其他离子。若将镁离子或锌离子等其他杂离子都置换成钙离子，酶的活力就会得到明显提高，酶的稳定性也显著增强。

②改变酶的动力学特性。

有些经过金属离子置换修饰的酶，其动力学性质跟未置换前相比也有所改变。例如，酰基化氨基酸水解酶的活性中心含有锌离子，酶催化 N-氯-乙酰丙氨酸水解的最适 pH 为 8.5；用钴离子将锌离子置换之后，酶催化 N-氯-乙酰丙氨酸水解的最适 pH 降为 7.0，同时，该酶对 N-氯-乙酰蛋氨酸的米氏常数 K_m 增大，亲和力也会有所降低。

③增强酶的稳定性。

经过金属离子置换修饰作用之后，有些酶分子的稳定性的增强非常明显。例如，用锰离子置换铁型超氧化物歧化酶(Fe-SOD)分子中的铁离子，成为锰型超氧化物歧化酶(Mn-SOD)，该酶对过氧化氢的稳定性显著增强，对叠氮钠的敏感性降低的也比较明显。

3.3.7　修饰酶的性质

经过化学修饰的酶和天然酶比起来，其性质发生了明显变化。

1. 修饰酶的稳定性得到提高

酶的稳定性主要是指酶的热稳定性和耐蛋白水解稳定性，酶的稳定性提高也就是酶的热稳定性和耐蛋白水解酶稳定性的提高。许多修饰分子存在多个活性反应基团，因此常与酶形成多点交联，酶的构象可在空间的角度上得以固定，使得酶的耐温、耐酶解稳定性得以增强。各种天然蛋白酶在经过修饰后的稳定性变化数据比较如表 3-5 所示。

表 3-5 天然酶和修饰酶的热稳定性比较

酶	修饰剂	天然酶		修饰酶	
		温度/时间	保持酶活/%	温度/时间	保持酶活/%
腺苷脱氢酶	右旋糖酐	37℃/100min	80	37℃/100min	100
α-淀粉酶	右旋糖酐	65℃/2.5h	50	65℃/63min	50
β-淀粉酶	右旋糖酐	60℃/5min	50	60℃/175min	50
胰蛋白酶	右旋糖酐	100℃/30min	46	100℃/30min	64
过氧化氢酶	右旋糖酐	50℃/10min	40	50℃/10min	90
溶菌酶	右旋糖酐	100℃/30min	20	100℃/30min	99
α-糜蛋白酶	右旋糖酐	37℃/6h	0	37℃/6h	70
β-葡萄糖苷酶	右旋糖酐	60℃/40min	41	60℃/40min	82
尿酸酶	人血清白蛋白	37℃/48h	50	37℃/48h	95
α-葡萄糖苷酶	人血清白蛋白	55℃/3min	50	55℃/60min	50
L-天冬酰胺酶	人血清白蛋白	37℃/4h	50	37℃/40h	50
尿激酶	人血清白蛋白	65℃/5h	25	65℃/5h	85
尿激酶	聚丙烯酰胺-丙烯酸	37℃/2d	50	37℃/2d	100
糜蛋白酶	肝素	37℃/6h	0	37℃/24h	80
L-天冬酰胺酶	聚乳糖	60℃/10min	19	60℃/10min	63
葡萄糖氧化酶	聚乙烯酸	50℃/4h	52	50℃/4h	77
糜蛋白酶	聚 N-乙烯吡咯烷酮	75℃/117min	61	75℃/117min	100
L-天冬酰胺酶	聚丙氨酸	50℃/7min	50	50℃/22min	50

2. 修饰酶的抗原性得到降低

免疫抗原性反应可通过许多外源蛋白酶来引起，会对外源蛋白酶的正常发挥酶催化活力造成一定的影响。当酶被修饰以后，酶分子表面上许多抗原决定簇在反应过程中被修饰剂结合，在空间结构上使这些抗原决定簇被屏蔽，使得酶分子的抗原性或抗原抗体的结合能力得以有效降低。聚乙二醇(包括其衍生物)和人血清白蛋白在消除酶的抗原性上效果明显得到了大量的研究证明，如表 3-6 所示。

表 3-6　修饰酶的抗原性变化

酶	修饰剂	抗原性	酶	修饰剂	抗原性
胰蛋白酶	PEG	消除	α-葡萄糖苷酶	白蛋白	消除
过氧化氢酶	PEG	消除	尿激酶	白蛋白	消除
精氨酸酶	PEG	消除	核糖核酸酶	聚 DL-丙氨酸	减弱
尿激酶	PEG	消除	L-天冬酰胺酶	聚 DL-丙氨酸	消除
腺苷脱氨酶	PEG	消除	胰蛋白酶	聚 DL-丙氨酸	消除
超氧化物歧化酶	白蛋白	消除			

3. 修饰酶的半衰期得到延长

许多酶在经过化学修饰后，由于抗蛋白水解酶、抗抑制剂和抗失活因子的能力得到了增强以及对热稳定性的提高，所以其半衰期和天然酶比起来都比较长，这对于保持药用酶的体内疗效意义重大。经过修饰，一些酶的半衰期改变的情况如表 3-7 所示。

表 3-7　天然酶和修饰酶的半衰期的对比

酶	修饰剂	半衰期	
		天然酶	修饰酶
精氨酸酶	PEG	1h	12h
腺苷脱氨酶	PEG	30min	28h
L-天冬酰胺酶	PEG	2h	24h
过氧化氢酶	PEG	6h	8h
尿酸酶	PEG	3h	3h
氨基己糖苷酶 A	PVP	5min	35min
尿酸酶	白蛋白	4h	20h
超氧化物歧化酶	白蛋白	6min	4h
α-葡萄糖苷酶	白蛋白	10min	3h
尿激酶	白蛋白	20min	90min
L-天冬酰胺酶	聚丙氨酸	3h	21h
羧肽酶 C	右旋糖酐	3.5h	17h
精氨酸酶	右旋糖酐	1.4h	12h
α-淀粉酶	右旋糖酐	2h	2h

4. 修饰酶的最适 pH

有些酶经过化学修饰后,最适 pH 发生不会再维持原状,这在生理和临床应用上意义重大。例如,猪肝尿激酶的最适 pH 10.5,而在 pH 7.4 的生理环境时仅剩 5%～10%的酶活,用白蛋白修饰后,最适 pH 范围得以有效扩大,当在 pH 7.4 时保留 60%的酶活,这一点对于酶在体内发挥作用非常有帮助。修饰酶的微环境更为稳定就是针对这一现象的假设的解释。当酶在 pH 7.4 时,酶活性部位仍能在相对偏碱的环境内行使催化功能,或者是修饰酶被“固定”于一个更活泼的状态,且即使是基质 pH 下降的话,酶仍能保持这种活泼状态使催化功能不会发生任何变化。

吲哚-3-链烷羟化酶修饰后,最适 pH 从 3.5 变为 5.5,这样在 pH 7 左右时,修饰酶活性比天然酶提高了有 3 倍之多,在生理环境下修饰酶抗肿瘤效果要比天然酶大得多。

一些修饰酶的 pH 改变情况,如表 3-8 所示。

表 3-8 天然酶和修饰酶的最适 pH 对比

酶	修饰剂	半衰期	
		天然酶	修饰酶
猪肝尿激酶	白蛋白	10.5	7.4～8.5
糜蛋白酶	肝素	8.0	9.0
吲哚-3-链烷羟化酶	聚丙烯酸	3.5	5.0～5.5
尿激酶	PEG	8.2	9.0
产朊假丝酵母尿酸酶	PEG	8.2	8.8

5. 酶的动力学性质

绝大多数酶经过修饰后,最大反应速度 V_{max} 跟修饰前比起来是没有发生改变的。但有些酶在修饰后米氏常数 K_m 会增大。这主要是交联于酶上的大分子修饰剂造成空间障碍,对底物对酶的接近和结合造成了一定的影响。尽管如此,人们认为修饰酶抵抗各种失活因子的能力增强和体内半衰期的延长对于 K_m 增加带来的缺陷能够有效弥补,而不会对修饰酶的应用价值造成任何影响。某些酶经修饰后,其 K_m 值改变,结果如表 3-9 所示。

表 3-9　天然酶和修饰酶的 K_m 对比

酶	修饰剂	半衰期	
		天然酶	修饰酶
苯丙氨酸解氨酶	PEG	6.0×10^{-5}	1.2×10^{-4}
猪肝尿酸酶	PEG	2.0×10^{-5}	7×10^{-5}
产朊假丝酵母尿酸酶	PEG	5.0×10^{-5}	5.6×10^{-5}
L-天冬酰胺酶	白蛋白	4×10^{-5}	6.5×10^{-5}
	聚丙氨酸		不变
	PEG		1.2×10^{-2}
精氨酸酶	右旋糖酐	6.0×10^{-3}	不变
胰蛋白酶	白蛋白	3.5×10^{-5}	8×10^{-5}
尿酸酶	右旋糖酐	3.0×10^{-5}	7×10^{-5}
腺苷脱氨酶	聚顺丁烯二酸	2.4×10^{-6}	3.4×10^{-6}
吲哚-3-链烷羟化酶	聚丙烯酸	2.4×10^{-6}	7.0×10^{-6}

3.3.8　酶化学修饰的应用

酶化学修饰是通过各种方法使酶分子的结构发生某些改变，酶的结构与功能的关系既可以得到有效研究，也可通过改变酶的特性和催化功能得到稳定而高效的酶方便在生产过程中使用。因此，通过酶分子修饰，人为地改变天然酶的某些性质，创造天然酶所不具备的某些优良特性甚至创造出新的活性，概括起来包括以下几点：

· 提高生物活性(包括某些在修饰后对效应物的反应性能改变)；

· 针对特异性反应降低生物识别能力，将免疫原性解除掉；

· 增强在不良环境中的稳定性；

· 产生新的催化能力等，使酶的应用范围得以扩大，提高酶的应用范围。

1. 在酶学研究方面的应用

从 20 世纪 50 年代以来，酶分子的侧链基团修饰已经是生物化学和酶学研究的热点。主要用于研究酶的结构与功能的关系，即使是理论方面也为酶的结构与功能关系的研究提供了重要参考依据。

(1)酶的活性中心的研究

酶分子修饰在研究酶的活性中心的必需基团时使用的频率比较高。如果某基团经过修饰后对于酶活力不会造成任何影响的话,则可以认为此基团不处在酶的活性中心位置;如果对某基团进行修饰以后,酶的活力降低比较明显或者是彻底失去活性的话,则此基团很可能是酶催化中心的必需基团。

(2)酶的作用机制的研究

通过酶分子修饰作用,能够了解到各种残基及其侧链基团在酶催化过程中的作用。亲和标记法、氨基酸置换法、差异标记法等是比较常用的修饰方法。

①亲和标记法。通过亲和标记试剂对酶分子进行修饰的方法称为亲和标记法。特异的亲和力存在于与酶分子的某一特定部位(通常是酶的活性部位)上,可以与这个特殊部位结合而进行酶分子修饰的试剂称为亲和标记试剂。通常采用酶的底物类似物作为亲和标记试剂,某些常用的亲和标记试剂如表 3-10 所示。

表 3-10 某些常用的亲和标记试剂

酶	亲和标记试剂	修饰的残基
天冬氨酸转氨酶	β-溴丙酮酸 β-溴苯氨酸	Cys Lys
羧肽酶 B	α-N-溴乙酸-D 精氨酸 溴乙酸氨基苄琥珀酸	Glu Met
α-胰凝乳蛋白酶	L-苯甲磺酰苯丙氨酰氯甲酮苯甲烷磺酰氯	His_{57} Ser_{195}
胰蛋白酶	L-苯甲磺酰赖氨酰氯甲酮	His
木瓜蛋白酶	L-苯甲氨酰苯丙氯酰氯甲酮	Cys
反丁烯二酸酶	溴代甲基反丁烯二酸	Met,His
半乳糖苷酶	溴代乙酰-β-D-半乳糖胺	Met
乳酸脱氢酶	3-溴乙酸吡啶	Cys,His
溶菌酶	2′,3′-环氧丙基-β-D-(N-乙酰葡萄糖胺)	Asp_{52}
蛋氨酰-tRNA 合成酶	对硝基苯-氨甲酰-蛋氨酰 tRNA	Lys
RNA 聚合酶	5-甲酯尿苷-5′-三磷酸	Lys

②氨基酸置换法。将酶蛋白分子中的某个氨基酸残基通过定点突变技术或化学方法置换为另一种氨基酸残基,观察其对酶催化反应的影响和变化,分析、了解、掌握该氨基酸残基在酶催化过程中的作用。

③差别标记法。在酶的作用底物或竞争性抑制剂存在的条件下,实现酶分子的修饰,由于底物或竞争性抑制剂对酶分子活性中心上的结合基团有保护作用,修饰无法顺利完成。然后将底物或竞争性抑制剂除去,再用带有放射性同位素标记或荧光标记的修饰剂进行修饰,则原来受到底物或竞争性抑制剂保护的基团带上放射性标记或荧光标记,经过相关技术检测之后,能够获知活性中心上的结合基团。

(3)酶的空间结构研究

采用具有荧光特性的修饰试剂对酶分子的侧链基团进行修饰,借助荧光光谱研究,各基团在酶分子中的空间分布情况能够能到有效分析,这样一来,溶液中酶分子的空间构象即可获得;研究酶分子的解离-缔合现象。

通常情况下,酶分子表面基团能与修饰剂反应,而不能与修饰剂反应的基团一般是埋藏在分子内或形成次级键。采用巯基修饰剂进行修饰,能够获知酶分子中半胱氨酸的数目及其分布情况,确定肽链的数目和二硫键的数目。

2. 在医药领域中的应用

酶作为生物催化剂,它本身的高效性和专一性是其他催化剂望尘莫及的。因此,酶在疾病的诊断治疗和预防方面得到了良好的应用。但由于酶作为蛋白质在体内稳定度不高,具有抗原性,在体内半衰期短,不能在靶部位聚集、不合适的最适 pH 等缺点对其使用效果都会造成一定的影响。如何提高酶的稳定性、解除抗原性、改变酶学性质(最适 pH、最适温度、K_m 值、催化活性和专一性),扩大酶的应用范围的研究吸引了人们的注意力。通过酶分子修饰,酶的稳定性得以显著提高,减少或消除其抗原性,延长其半衰期,拓宽酶的应用范围,尽可能地提高其应用价值。

(1)降低或者消除酶抗原性

化学修饰是分子酶工程的重要手段之一。事实证明,只要选择合适的修饰剂和修饰条件,在保持酶活性的基础上,酶的性质即可在很大程度上得到优化,如在医药方面,酶的抗原性通过酶分子化学修饰可以显著降低甚至消除。

酶的化学修饰的最主要方法就是酶的大分子修饰。前文已述,其原理是利用可溶性大分子,如聚乙二醇(PEG)、聚乙烯吡咯烷酮(PVP)、聚丙烯酸(PAA)、聚氨基酸、葡聚糖、环糊精、乙烯/顺丁烯二酰肼共聚物、羧甲基纤维素、多聚唾液酸、肝素等可通过共价键连于酶分子表面,对酶的表面进行化学修饰,形成覆盖层。其中,相对分子质量在500～20000范围内的PEG类修饰剂的应用价值较高且应用范围比较广,它是既能溶于水,又可以溶于绝大多数有机溶剂的两亲分子,一般免疫原性和毒性是它所不具备的,其生物相容性已经通过美国FDA认证。PEG分子末端有两个能被活化的经基,但单甲氮基聚乙二醇(MPEG)是化学修饰时采用比较多的。

聚乙二醇、右旋糖酐、肝素等可溶性大分子制备的修饰酶具有许多有利于应用的新性质。如聚乙二醇修饰的天冬酰胺酶不仅可降低或消除酶的抗原性,而且可以提高酶的抗蛋白质水解的能力,延长酶在体内的半衰期,提高药效。该方面成功的例子有下述几个。

①具有较强抗肿瘤作用的L-天冬酰胺酶(L-asparaginase),能将肿瘤细胞生长所需的L-天冬酰胺水解为天冬氨酸和氨,对于肿瘤细胞的恶性生长能够有效地抑制。但由于它来源于微生物,对人而言是一种外源性蛋白质,有较强的免疫原性,其临床应用也受到了一定的阻力。近年来,许多研究结果表明,这些缺陷可通过聚合物修饰能较好地克服。目前主要采用PEG和右旋糖酐这两种修饰因子进行修饰。免疫原性的降低可通过PEG修饰来实现。

②具有抗癌作用的精氨酸酶,用PEG修饰后,修饰率为53%时,酶活力保持65%,其抗原性被消除,与抗体结合能力和诱导产生新抗体的能力均消失,在血液中停留时间延长,肝移植后的小鼠生命得以有效延长。类似的结果在抗癌剂苯丙氨酸氨裂解酶和色氨酸酶经PEG修饰后也可以得到。

③作为酶缺损症治疗剂的葡萄糖醛酸苷酶、葡萄糖苷酶、半乳糖苷酶、腺苷脱氨酶经PEG修饰后,它们在血液中的停留时间得以延长,抗蛋白酶水解的能力得以有效提高,抗原性和免疫原性都有不同程度的减少或消失。

④有望用于治疗痛风和高尿酸血症的尿酸酶,由于尿酸酶作为异体蛋白质用于治疗时有可能产生抗原性。因此,尿酸酶可通过PEG修饰,使尿酸酶活力保持45%,抗原性被彻底消除,酶活力在血液中的保持时间得以有效延长。

(2)增强医药用酶的稳定性

通过酶分子修饰的医药用酶,其稳定性能够在很大程度上得到提高。

①具有抗氧化、抗辐射、抗衰老功能的超氧化物歧化酶(SOD)是一类广泛存在于生物体内的金属酶,超氧阴离子歧化反应可通过它来催化,是氧自由基的天然清除剂,可清除细胞外液中存在的超氧阴离子(O_2^-),它可以抵抗大脑或心脏由于缺血后再灌注造成的损伤,是一种具有重要药用价值的很有前途的药用酶。但是由于它有半衰期短和异体蛋白质抗原性的缺点,其临床应用也非常有限。该酶经过大分子结合修饰,进而生成聚乙二醇-超

氧化物歧化酶(PEG-SOD),其稳定性提高非常明显,在血浆中的半衰期可延长350倍。

②酶的化学修饰也是寻找新型的生物催化剂的一个有效的工具。如辣根过氧化物酶用MPEG共价修饰后,在极端pH条件下抗变性能力显著提高,耐热性也有了一定的增强。

③α-胰凝乳蛋白酶表面的氨基修饰成亲水性更强的-$NHCH_2COOH$后,该酶抗不可逆热失活的稳定性在60℃可提高1000倍。在更高温度下稳定化效应更强。这种稳定的酶能经受灭菌的极端条件而仍然具有活性。

④使用双功能基团试剂(如戊二醛、PEG等)将酶蛋白分子之间、亚基之间或分子内不同肽链部分进行共价交联,从而使得酶分子活性结构得以加固,其稳定性也得到了一定的提高,增加酶在非水溶液中的使用价值。例如,在半合成青霉素和半合成头孢菌素的研究和生产中有重要用途的青霉素酰化酶,采用葡聚糖二乙醛进行分子内交联修饰后,可以使该酶在55℃下的$t_{1/2}$提高9倍,而V_{max}不会发生任何变化。丝氨酸蛋白酶、胰蛋白酶可以通过修饰由常温酶变为嗜热酶,其最适温度从45℃提高到76℃。

(3)提高医药用酶活力

化学修饰酶对于酶对热、酸、碱和有机溶剂的耐性的提高非常有利,改变酶的底物专一性和最适pH等酶学性质。成功的例子如下。

①具有抗肿瘤活性的色氨酸分解酶和3-烷基吲哚-α-羟化酶,由于它的最适pH是3.5,在生理pH条件下酶活力特别低,从而限制了它的临床应用。以多聚物聚丙烯酸或聚顺丁烯二酸修饰这种酶,使其最适pH向中性提高,结果使其在pH 7.0的酶活力增加了3倍。因此,化学修饰酶对于在生理pH条件下酶活力很低的某些医用酶的医疗价值的提高还是有可能实现的。

②甲氧基聚乙二醇(MPEG)共价修饰的过氧化氢酶在有机溶剂中的溶解性和酶活性也有一定程度的提高,在三氯乙烷中酶活力是天然酶的200倍,在水溶液中酶活力是天然酶的15～20倍。念珠菌同脂肪酶(CRL)修饰后,在异辛烷中的稳定性和活力在很大程度上得到了提高。脂肪酶和蛋白酶被MPEG修饰后,可溶于有机溶剂,并具有催化酯合成、酯交换和肽合成的能力。

③氧化还原酶中的谷胱甘肽过氧化物酶稳定度不高,但人们对它很感兴趣。通过使用化学修饰的方法,用不稳定的氧化型硒原子取代胰蛋白酶(trypsin)中Ser_{195} γ位的氧原子,将胰蛋白酶(trypsin-Ser_{195}-CH_2OH)转变为硒代胰蛋白酶(trypsin-Ser_{195}-CH_2Se),硒化胰蛋白酶失去了还原酶的活力,而较强的谷胱甘肽过氧化物酶的活力得以表现出来,它催化谷胱甘肽的

氧化还原反应。

(4)制成酶传感器

生物传感器的制作过程是:以甲苯胺蓝修饰碳糊微电极为基体,将葡萄糖脱氢酶(GDH)用丝素蛋白质膜固定于修饰微电极表面即可。这种葡萄糖脱氢酶微电极具有抗干扰能力强、灵敏度高、响应快等优点。该传感器面积小,稳定性、重现性好,是一种发展前景非常可观的生物传感器。通过化学交联法将醇脱氢酶(ADH)固定在铂碳电极表面,使用N-甲基吩嗪甲基硫酸盐(PMS)和铁氰化钾为介体,酶促反应中生成的NADH可以被间接测定,如果电极每天测定30次,可以使用两周。这种方法的优点是简单、快速、选择性高,并且线性范围宽,在临床、饮料行业能够得到良好的应用。

3. 在工业方面的应用

酶作为蛋白质性质的催化剂,参与生物体内各种化学反应,具有高效性和高度专一性、反应条件温和、可以调节控制酶的活性等特点,已在食品、轻工、化工等工业生产中得到了广泛的应用。然而由于酶本身就是蛋白质,其高级结构对环境条件要求比较高,如对热、酸、碱、有机溶剂等均不够稳定,在水溶液中容易失活,局限了其应用。通过酶分子的修饰,酶的活力得以显著提高,增强酶的稳定性,还可以改变某些酶的动力学特性,能够达到使酶更能满足工业生产的需求的目的。

(1)提高工业酶的活力

采用适当的修饰方法对酶分子进行修饰,酶的活力能够得到显著的提高。

①在蛋白质水解物、蛋白胨、多肽和氨基酸等的生产中都会用到胰蛋白酶。用右旋糖酐修饰胰蛋白酶,不但热稳定性得到了提高,而且使自动水解作用降低。该酶经右旋糖酐修饰后在pH 8.1,37℃保温2h,酶仍然具有活力,而未修饰酶则丧失85%的酶活力。

②α-淀粉酶、β-淀粉酶可以用于淀粉水解物,如糊精、葡萄糖等的生产。用右旋糖酐修饰α-淀粉酶、β-淀粉酶,酶的热稳定性得以显著提高。β-淀粉酶在65℃的半衰期大约是2.5min,修饰酶在65℃的半衰期增加到63min;α-淀粉酶在60℃的半衰期是3.5min,用右旋糖酐修饰后增加到175min。α-淀粉酶分子中有Ca^{2+}等金属离子,通过金属离子置换修饰,钙型α-淀粉酶能够有效置换出杂离子型α-淀粉酶,其酶活力可以提高3倍以上,而且稳定性得以很大程度的提高。因此,在α-淀粉酶的发酵生产、保存和应用过程中,添加一定量的钙离子,对于α-淀粉酶的活力和稳定性的提高非常有利。

③将锌型蛋白酶的锌离子除去,然后加进Ca^{2+},置换成钙型蛋白酶,其酶活力可以提高20%~30%。

(2)增强工业用酶的稳定性

酶分子经过修饰,可以在很大程度上增强其稳定性。

①木瓜蛋白酶、菠萝蛋白酶、胰蛋白酶、α-淀粉酶、β-淀粉酶等是食品工业中广泛应用的酶,经过大分子结合修饰,其稳定性均显著提高。

②胰蛋白酶通过物理修饰,将酶的原有空间构象破坏后,再在不同的温度条件下,酶就会构建出新的空间构象。结果表明,在50℃的条件下重新构建的酶的稳定性比天然酶提高5倍。

③枯草芽孢杆菌蛋白酶的交联酶晶体在有机溶剂和水溶液中的稳定性大大增加,枯草芽孢杆菌蛋白酶经预处理,冻干形成交联晶体,其酶活力仍然能够提高13倍之多。

(3)改变酶的动力学特性

有些酶经过分子修饰以后,其动力学特性会发生某些变化,更有利于工业生产。

①葡萄糖异构酶能催化葡萄糖转化为果糖,在果糖、果葡糖浆的生产中有重要应用价值。经过琥珀酰化修饰后,葡萄糖异构酶的最适pH下降0.5,并增强酶的稳定性,对于果葡糖浆和果糖的生产非常有帮助。而糖化酶固定在阴离子载体上后,其最适pH由4.6提高到了6.8,与葡萄糖异构酶的最适pH 7.5非常接近,因而制备高果糖浆的工艺过程得以简化。

②将胰凝乳蛋白酶Met_{192}氧化成亚砜,则该酶对含芳香族或大体积脂肪族取代基的专一性底物的K_m能够提高2～3倍,但对非专一性底物的K_m不会发生任何变化。

③用胰蛋白酶对天冬氨酸酶进行有限水解切去10个氨基酸后,酶活力提高5.5倍。活化酶仍是四聚体,亚单位分子质量的变化很小。

④利用定点突变法在Bacillus lentus枯草芽孢杆菌蛋白酶(SBL)的特定位点中引入Cys,然后用甲基磺酰硫醇(methanethiosulfonate)试剂进行硫代烷基化,即可获得一系列新型的化学修饰突变枯草芽孢杆菌蛋白酶。酶的K_{cat}/K_m值随疏水基团R的增大而增大,而且绝大部分CMM的K_{cat}/K_m值和天然酶比较起来都要大一些,有些甚至增加了2.2倍。

4. 在抗体酶研究开发方面的应用

前文已述,抗体酶(abzyme)又称为催化性抗体(catalytic antibody),是一类具有催化功能的抗体。

可以通过诱导法或修饰法获得抗体酶。诱导法是在免疫系统中采用半抗原或酶抗原进行诱导而产生。修饰法是将抗体进行分子修饰,即采用氨基酸置换修饰或者侧链基团修饰,在抗体与抗原的结合部位引进催化基团,具有催化活性的抗体酶得以形成。

可以通过定点突变技术的采用来实现氨基酸置换修饰，将抗体与抗原结合部位的某个氨基酸残基置换成另一个氨基酸残基，从而使抗体分子具有催化活性。例如，舒尔兹（Schultz）等人采用定点突变技术，将抗体MOPC315（对二硝基苯专一结合的抗体）的结合部位上的Tyr34置换成His，即可得到具有显著酶解活性的抗体酶。

侧链基团修饰是将抗体与抗原结合部位上的某个基团进行修饰，从而使抗体具有催化功能。采用此法可以将巯基或咪唑基等引进抗体的结合部位，具有水解活性的抗体酶即可有效获得。

5. 在有机介质酶催化反应中的应用

在有机介质的酶催化中，通常采用冻干的酶粉悬浮在有机溶剂中进行催化。由于酶粉一般不溶于有机溶剂，难以均匀地分布，这样的话，酶的催化效率也就无法得到保证。

如果对酶分子进行侧链基团修饰，使酶分子表面的基团增强疏水性，就可能使酶溶解于有机溶剂，均匀地分布于溶剂中，酶的催化效率和稳定性就会得到显著提高。

例如，采用单甲氧基聚乙二醇对脂肪酶、过氧化氢酶、过氧化物酶等酶分子表面上的氨基进行共价结合修饰，得到的修饰酶能够均一地溶解于苯、氯仿等有机溶剂中，且其催化活性和稳定性都比较高。

第 4 章　酶的非水相催化

20 世纪 80 年代，Klibanov 等报道了在有机溶剂中，脂肪酶的热稳定性和催化活性都比较高，在仅有微量水的有机介质中，他们成功地酶促合成了许多有机化合物，如酯、肽、手性醇等，酶可以在水与有机溶剂的互溶体系中进行催化反应被明确地指出，即使酶是在 100℃高温的情况下，仍然被证实在有机溶剂中能够保持稳定且仍具有较高的酶催化转酯活性。这一发现成为了酶学研究和应用一个全新的切入口，同时也成为了生物化学和有机合成研究中的一个飞速发展新领域。

4.1　概述

4.1.1　非水相催化的介质

反应体系中的一部分水用某些非水相介质来代替，在这种情况下，许多酶仍然能够保持其催化活性，一些区别于水相反应的重要特性仍然能够显示出来。在非水反应体系中，不是说完全没有水，那样的话，酶极有可能丧失全部的活性，这就需要有一定量的水存在。非水介质催化体系主要包括以下几种。

1. 有机介质反应体系

有机介质反应体系是指酶在含有一定量水的有机溶剂中进行催化反应的体系。对于底物、产物两者或其中之一为疏水性物质的酶催化反应可以考虑使用有机介质反应体系。之所以酶在有机介质中其催化功能仍然能够顺利发挥，是因为在有机介质中酶的完整结构和活性中心的空间构象不会发生任何变化。酶在有机介质反应体系中的催化作用是研究最多的非水催化体系。接下来会以有机介质反应体系为重点来介绍酶的非水相催化反应体系。

2. 超临界流体反应体系

温度和压力超过某物质临界点的流体就是所谓的超临界流体。超临界流体不但具有传统有机溶剂的全部优点，气体的高扩散系数、低黏度和低表面张力等相关优点同时具备。利用其作为催化反应的介质，底物向酶的传质速度加快，从而使得反应速度得以有效提高。有机介质酶促反应中产物残留有机溶剂的缺陷在超临界流体中得以有效克服。

超临界流体对酶促反应意义重大，改变了酶的底物专一性、区域选择性以及对映体选择性，同时也增强了酶的稳定性。

3. 气相介质反应体系

酶在气相介质中进行的催化反应适用于易挥发的底物或者能够转化为气体的物质的酶催化反应。由于气体介质的密度低，易扩散，因此酶在气相中的催化作用与在水溶液中的催化作用区别比较明显。

4. 离子液介质反应体系

离子液是由有机阳离子与有机（无机）阴离子构成的，在室温条件下其呈现的是液态的低熔点盐类。离子液对热稳定、不可燃、不挥发、不氧化、低毒性，是合成反应清洁友好的反应介质。对很多的无机物、有机物和多聚物中，离子液都有很好的溶解性，想要获得不同的溶剂特性（如疏水性和亲水性等）可通过调节阳离子或阴离子来实现。酶在离子液中的催化作用具有良好的稳定性和区域选择性、立体选择性、键选择性等显著优点。

4.1.2 非水相介质酶催化反应的新特性和优势

和常规条件的酶催化反应比起来，在非水相介质中酶催化反应能够获得以下几个方面的新特性和优势：

①水不溶性化合物催化转化得以顺利进行，扩大了酶作用底物的范围；

②反应的平衡点得以发生改变，在水溶液中无法顺利发生的反应能够向所期望的方向进行，催化水解反应的酶可催化如转酯、酯化、氨解、酰基交换等合成反应的进行；

③由于酶在有机溶剂中增加了结构上的“刚性”，提高了对底物的专一性（区域专一性和对映体专一性），这样看来，对酶催化选择性有目的的调控已不再是遥不可及；

④提高了酶的热稳定性；

⑤可避免长期反应中微生物的污染；

⑥反应后使得回收和重复利用变得简单易行；

⑦由水引起的副反应得以减少或彻底消失；

⑧利用对水分敏感的底物的反应能够很方便地进行；

⑨反应 pH 值的适应性得以有效扩大；

⑩当使用挥发性溶剂作为介质时，反应结束后的分离过程能耗会有所降低等。

在非水介质酶催化反应中，有机溶剂的加入使得大量非水溶性底物在有了有机溶剂的加入后酶促转化即可顺利进行。截止到目前，常见的酶的非水相催化的反应体系包括微水有机溶剂体系、反向胶束体系、水与有机溶剂（与水互不相溶）形成的两相体系、水与有机溶剂（与水相溶）形成的均一体系、超临界流体、气相反应体系等。

4.2　有机介质中水和有机溶剂对酶催化反应的影响

4.2.1　有机介质反应体系

酶在有机介质中进行催化的反应体系区别于常规的水相催化反应体系。常见的有机介质反应体系包括以下几种，具体如图 4-1 所示。

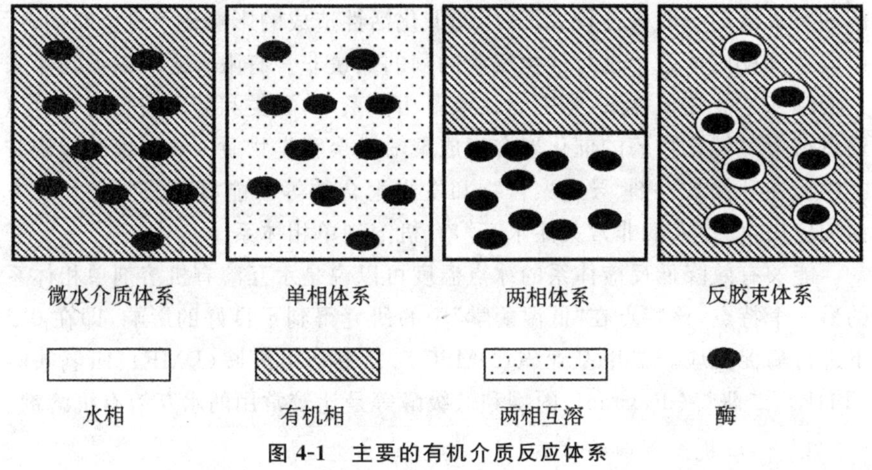

图 4-1　主要的有机介质反应体系

1. 微水介质体系

由有机溶剂和微量的水（小于 1%）组成的反应体系就是微水介质体系（microaqueous media）。微量的水主要是酶分子的结合水，这一部分水对维持酶分子的空间构象和催化活性有非常重要的作用，除此之外，还有一部分水存在于有机溶剂中。由于酶分子不能溶解于疏水有机溶剂，所以酶的存在状态是以冻干粉或固定化酶的形式悬浮于有机介质中，催化反应也是在悬浮状态下进行的。

通常情况下，所谓的有机介质反应体系主要是指微水介质体系。首次报道此系统进行生物转化是在 1900 年，通过大量研究充分证明得出，此体系是非常可靠、通用和可行的，是在有机介质酶催化中应用范围最为广泛的一种反应体系。微水介质反应体系中的有机溶剂通常是疏水性较强的溶剂，比较常用的溶剂包括烷烃类、芳香族化合物、卤代烃、醚等。

2. 水互溶有机溶剂单相体系

由水和与水互溶的有机溶剂组成的单相反应体系就是所谓的水互溶有机溶剂单相体系(monophasic aqueous-organic solvent)。在这个体系中，水和有机溶剂的含量均较大，鉴于水和有机溶剂能够互相混溶，均一的反应体系也就可以顺利组成。酶和底物在该单相体系中，都是以溶解状态存在的。这种反应体系不是说所有的生物转化都能够适用，而是主要适用于在单一水溶液中溶解度很低、反应速度很慢的亲脂性底物的生物转化。

此体系中水互溶的有机溶剂体积量可达总体积的10%，甚至可高达50%～70%，当然这部分数量是非常有限的，体系中有机溶剂的比例在一定范围内酶的活性才能达到理想状态，如果体系中有机溶剂的比例超过某一限值，酶将会因为溶剂夺去酶分子表面的必需结合水而失去活性；而且水互溶的有机溶剂一般极性较大，对酶的催化活性造成的影响是不可忽略的，所以能在该反应体系中进行催化反应的酶的数量非常有限。之所以近几年来人们越来越关注该体系，是因为在该单相体系中，酚类和芳香胺类底物可以通过辣根过氧化物酶的催化聚合生成聚酚或聚胺类物质。这些聚酚或聚胺类物质在环保黏合剂、导电聚合物和发光聚合物等功能材料的研究开发方面的应用，使得人们非常关注水互溶有机溶剂单相体系。

能够有效降低反应体系的冰点温度可以说是水互溶有机溶剂单相体系的另一个特点，该特点在“低温酶学”中的研究得到了良好的影响，即在0℃下进行酶促反应。二甲基亚砜(DMSO)、二甲基甲酰胺(DMF)、四氢呋喃(THF)、二恶烷(dioxane)、丙酮和低级醇等是比较常用的水互溶有机溶剂。

3. 水-有机溶剂两相体系

由水和疏水性较强的有机溶剂组成的宏观上分相的反应体系就是水一有机溶剂两相体系，一般情况下，底物和产物两者或两者之一属于疏水性化合物的催化反应对于该反应体系比较适用。游离酶、亲水性底物或产物溶解于水相，疏水性底物或产物溶解于有机溶剂相，如果采用固定化酶，则该酶是以悬浮形式存在于两相的界面中的。

此体系在空间上使酶与有机溶剂分离，可保证酶无需与有机溶剂接触而处于适宜的水相环境，从而降低了有机溶剂对酶的抑制作用，与此同时，能够及时转移反应中疏水性产物，这样的话，反应就会向有利于产物生成的方向进行。

两相体系酶催化反应通常在两相的界面进行，因此必须保证反应底物和产物在酶与两相之间有良好的传质条件，振荡和搅拌将是该反应体系中非常关键的参数。

4. 反胶束体系

反胶束就是在非极性溶剂中表面活性剂分子自发形成的纳米级的油包水胶体分散系。表面活性剂分子在反胶束体系中能够在界面上定向排列，碳氢链伸向有机相，极性头则向内排列，形成极性核，具体组成结构如图 4-2 所示。在反胶束体系内部，会有一个纳米级的“水池”，这是由水溶解到极性核中形成的，水和酶等极性物质可通过“水池”增加溶解度。由于有“水池”的存在，反胶束的内环境和细胞内环境非常接近。这样一来，在反胶束中的酶就无需跟周围有机溶剂直接接触，保证了其活性。与此同时，高度分散的反胶束有了非常大的相界面，减小了通过反胶束内外间的传质阻力。

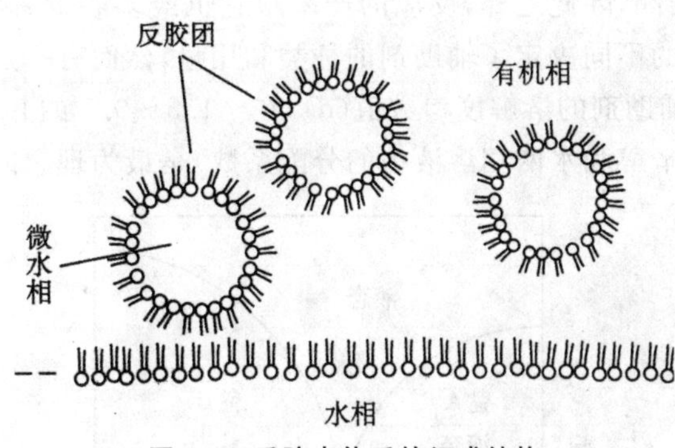

图 4-2　反胶束体系的组成结构

在反胶束体系中，常用的表面活性剂可以是阳离子型、阴离子型，也可以是两性型或非离子型，如二-(2-乙基已基)琥珀酸酯磺酸钠(AOT)、十二烷基聚氧乙烯醚($C_{12}E_4$)等；正辛烷或异辛烷是理想的有机溶剂。由于酶的催化构象和作用的维持跟水有很大关系，故反胶束体系中的含水量在很大程度上决定了酶的活性，水与表面活性剂摩尔比 W_0 表示了含水量的多少，相关报道指出，每种酶尤其最适的 W_0 值。表面活性剂和酶的性质来共同决定了 W_0 值，也就是说反胶束的内核体积与酶分子体积相适应。

之所以人们对反胶束体系的关注度比较高是因为，其能为反应物和产物提供有机相的同时，又能够提供一个稳定的微环境为酶分子维持活性，其中，人们研究的重点是肽的合成和脂肪酶的催化反应。

5. 低共熔多相混合物中的酶促反应

在有机溶剂中进行酶催化反应时，对反应底物的溶解性好而又不使酶失活的溶剂是理想的选择，这样合适的溶剂不是说在所有的酶促反应中都能够找得到的。因此，直接利用固相反应物形成低共熔多相混合物作为反应体系进行酶促反应，现在人们对其的关注度也比较高。

按一定的比例将两种纯净物混合在一起，在一定组成下一个最低熔化温度点出现在了相图上，即低共熔点(图 4-3 中点 P)，此时形成的混合物就是所谓的低共熔混合物。低共熔点的熔点和任何一种纯净物的熔点比起来都要低一些，当体系温度高于低共熔温度时，在反应体系中包含各种反应物的液相就会出现。实验证明低共熔混合物中的液相是发生酶促反应的场所。除此之外，想要使低共熔体系中液相的形成速度加快的话，可将一定量的辅助剂添加到该体系中，也会提高反应速度。这里所谓的辅助剂，就是如醇酮酯等一些亲水性的含氧有机溶剂。辅助剂具有能够改善低共熔体系性质的特点，并非是反应的溶剂。辅助剂在反应机理中能够影响到的层面很多，体系中液相的组成和理化性质受到它的影响最多，其次也会影响到酶的活性、产物的结晶，除此之外，反应的产率跟它也或多或少有些关系。虽然是由反应和酶的不同决定了辅助剂的种类和用量，然而有一点不变的是，但 8.5～10.0 为辅助剂的溶解度参数值(d)，在－1.5～0.5 的 lgP(P 表示一种有机溶剂在正辛醇和水两相溶液中的分配系数)是最为理想的。

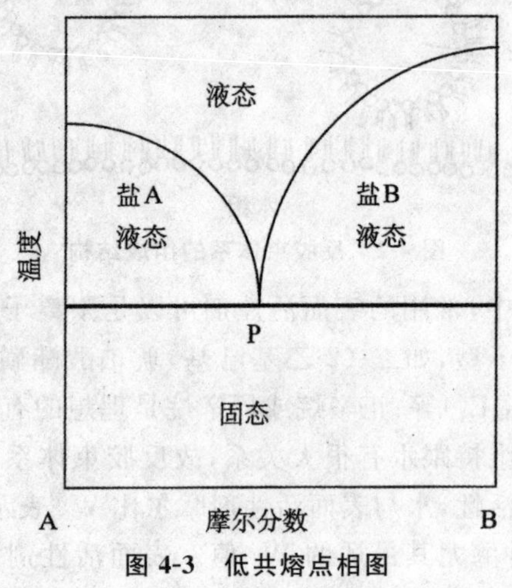

图 4-3　低共熔点相图

从以上内容可以看出，低共熔多相混合物体系中的酶促反应，无需溶剂、成本低、污染少、纯化过程简单，且有机溶剂对酶活性的影响得以有效避免，因此人们对其的关注度越来越高，对产品纯度要求比较高的如食品、制药等行业来说意义重大。截止到目前，对低共熔多相混合物体系中的酶促反应研究局限于肽类和酯类的合成，继续对该反应的动力学模型进行研究，尽早掌握酶促反应中各因素的调控规律，以便能够进行大规模生产，这些都可以说是今后研究的热点。

4.2.2 水对微水介质中酶催化的影响

1. 水的作用

在有机介质中的酶催化反应中，并不是说绝对没有水，而是说含水量比较少而已。事实上，在酶催化反应中，水具有两个方面的作用。一是：酶的催化活性所必须的构象的维持可由水分子直接或间接地借助于氢键、疏水键以及范德华力等非共价键来得以维持。Gupta 认为，在有机介质中的催化反应中缺水的情况下，一种非活性的“封闭”结构在酶分子的带电基团和极性基团之间相互作用下得以形成，这种相互作用由于水的加入有了一定程度的减弱，从而使非活性的“封闭”结构变得不那么封闭，增加了酶分子的柔韧性，酶的催化活性构象通过非共价作用力得到了有效维持，能够与酶分子紧密结合的一层左右的水分子，决定了酶催化的活性，这就是所谓的必须水。酶与酶与必需水结合的紧密程度以及所结合的必需水的数量有一定的差异。对于此点不再一一举例。二是：导致酶的热失活很大一部分是由水造成的，随着温度的不断升高，酶分子会因为水的存在发生以下变化使活性变差或者是彻底失去活性：①会形成不规则结构；②破坏了二硫键；③天冬氨酸和谷氨酸会由相应的天冬酰胺和谷氨酰胺水解转化而成；④天冬氨酸肽键发生水解。因此，在有机介质的酶催化体系中，最佳含水量是一定存在着的，具体是由酶的种类、所选用的有机溶剂共同决定了最佳含水量。

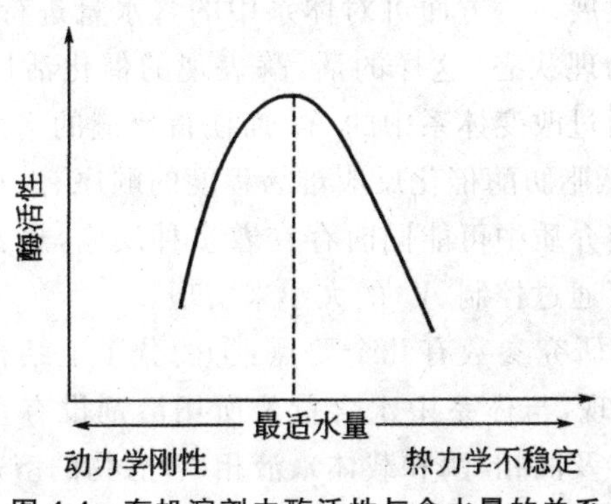

图 4-4 有机溶剂中酶活性与含水量的关系

相关实验研究结果表明，酶的催化活性与加水量的关系基本上是呈曲线形，且大多数为钟罩形，如图 4-4 所示，在水含量较低的条件下，酶的催化反应速度随水含量的增加而得以升高。在催化反应速度达到最大时的水含量称为最适水含量。由于加进有机介质反应体系中的水可以分布在酶分子、有机溶剂等相关物质中，因此，就算是采用相同的酶，反应体系的最适水含量也会因有机溶剂的种类、固定化载体的特性以及修饰剂的种类等的变化而存在一定的差异。通常在疏水性较强的有机溶剂中，酶的需水量比较少。在实际应用时应当根据实际情况通过试验确定出最适水含量。

2. 水活度

在有机介质中含有的水不外乎以下两类：一类是结合水（与酶分子紧密结合），另一类是游离水（溶解在有机溶剂中）。

研究表明，在有机介质体系中，酶的催化活性随着结合水量的增加而不断提高。在结合水量不变的条件下，体系中水含量的变化对酶的催化活性影响非常小。因此可以认为，在有机介质体系中，影响酶催化活性的关键因素就是结合水，而水含量却受到酶分子以外的各种因素影响。

为了更加直观地反映出水与酶催化活性的关系，Halling 提出用水活度（A_w）来描述水对酶催化特性的影响。A_w 定义为：在一定外界条件（如温度和压力）下，反应体系的水蒸气压和纯水的蒸气压之比，直接反应了酶分子上水的多少，与其他因素没有任何关系。即：

$$A_w = \frac{p}{p_0}$$

式中，p 表示在一定外界条件（如温度和压力）下反应体系中水的蒸气压；p_0 表示在相同条件下纯水的蒸气压。

当体系处于平衡态时，体系中各部分的 A_w 值是相同的。由于有机介质酶促反应体系中水的重要作用，可以通过调节体系中含水量，使得反应向着所期望的方向发展。一方面可对体系中的含水量进行调节，就会影响到酶的水化程度及物理状态，这样的话，酶表现的催化活性就会有一定的差异；另外，还可以通过改变体系中的 A_w 而使得反应的平衡点得以改变。例如，随着 A_w 的降低脂肪酶催化反应难易程度的顺序有：水解＞醇解＞酯交换＞酯化。在反应介质中可能同时存在着多种反应，想要使期望的反应占据主导地位的话可通过控制 A_w 的大小来实现。

采用 A_w 作为研究参数有几个要点：①酶分子上结合水分的多少可通过 A_w 的大小来体现，与体系中水含量及所用溶剂没有直接关系。②低水溶剂体系是一个涉及固相（酶和载体）、液相（含底物的溶剂）和气相（液面上部的空间）的多相体系；当体系处于平衡状态时，各相的 A_w 是相同的，如图 4-5 所示，可在反应达到平衡时测定体系上部气体的湿度来获得 A_w。在研究反应体系中各组分或条件对酶活力的影响过程中，应控制体系处于恒定的 A_w，以消除由于水的分配而引起的酶活力改变。

想要有效控制体系中水含量的，可通过以下几种方法来实现。

（1）添加水到反应体系中

该方法在早期使用的比较多，在反应初期阶段，将一定量的水添加到反应体系中，反应过程中没有水产生的体系可以使用这种方法，然而对于能够随着反应的进行有水生成的反应，体系中的水含量会发生持续变化，该方法就不太适宜。

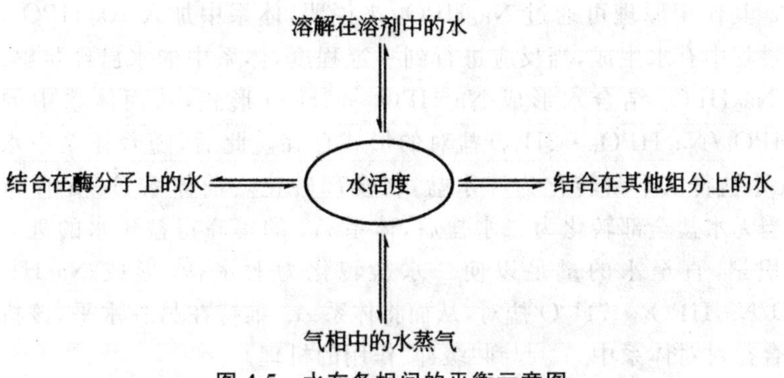

图4-5 水在各相间的平衡示意图

(2)使反应体系处于预平衡

可通过将酶、底物和溶剂分别在饱和盐溶液形成的气相环境中进行预平衡，饱和盐溶液和蒸气压保持对应关系，将酶与盐的饱和溶液处于平衡状态，同时将含有底物的溶剂平衡至相同的A_w，然后混合进行反应。采用这种操作方式，在反应过程中A_w是否维持恒定是一个无法忽略的问题。通常可能引起A_w的改变的情况无外乎以下两种：①在反应过程中产生或消耗水；②溶剂化作用和相行为。其中由相平衡导致的A_w的改变非常的复杂，只有当水在两相之间及两者混合物中的活度系数有严格的相关性时，A_w在混合前后才会保持一致，否则，将分别进行预平衡的底物和溶剂相混合时，A_w发生改变是必然的也是一定的。

(3)减少反应体系中的水分

反应体系中水分的减少可通过通惰性气体或干燥空气实现，该方法未被广泛接受，这是因为该方法一方面浪费能源，成本高，另一方面无法实现对体系的水含量的有效控制，对体系中水的控制不是说使水分彻底清除而是将体系中水含量控制在一个较小的范围内，这就使得难度加大，且在控制反应体系中水分的同时也可能会使反应介质和底物被带走。

(4)敞口使水分自由挥发

由于反应体系中有机溶剂的稳定性差，易挥发，故敞口自由挥发法已经很少被采纳。

(5)水合盐对法

通过直接向反应体系中加入水合盐对来实现体系水含量的控制，一个特定的水蒸汽压可通过一种水合盐得到，不同的水合盐对产生的水含量也存在一定的差异。例如:向干燥的反应器中直接加入一种高水合盐,体系中水的增加得益于这种水合盐释放的部分水,其本身转化为低水合盐或无水盐。由水合盐与其无水形式构成的盐对能够对体系中的 A_w 起一定的缓冲作用。其作用原理可通过 Na_2HPO_4 来说明,体系中加入 Na_2HPO_4,假定反应过程中有水生成,当反应进行到一定程度,体系中的水已经足够多时,部分 Na_2HPO_4 结合水形成 $Na_2HPO_4 \cdot 2H_2O$ 形式,从而体系中的盐以 $Na_2HPO_4/Na_2HPO_4 \cdot 2H_2O$ 盐对的形式存在。此后,随着体系中水的积累,无水盐得以不断转化为二水盐,在全部转化之前体系 A_w 是保持不变的。当无水盐全部转化为二水盐后,体系 A_w 的提高得益于水的进一步产生和积累,直至水的量足以使二水盐转化为七水盐,形成 $Na_2HPO_4 \cdot 2H_2O/Na_2HPO_4 \cdot 7H_2O$ 盐对,从而将体系 A_w 维持在另一水平,该机理就是水合盐对对体系中 A_w 起到"缓冲"作用的机理。

(6)渗透蒸发法

在该方法中,体系中水的转移是通过均一的非多孔膜来实现的,在反应过程中,反应平衡向合成方向的移动可通过生成的水被连续除去来实现。大规模生产的话可以考虑该方法。

3. 水活度与酶的活性

了解水活度与酶的活性对了解和预测有机溶剂中酶的催化活性和水的作用非常有帮助。水活度与酶的催化活性之间的关系可通过改变溶剂和底物来证明这一点。当水活度没有被控制的情况下,最佳水含量和溶剂极性往往呈现的是正比例关系。Martins 等也观察到溶剂极性由己烷变成戊醇时,最佳水活度与溶剂的极性可以说是没有直接关系,几乎都集中在 0.55 左右。当用一种水合盐($Na_2CO_3 \cdot 10H_2O$)对悬浮于有机溶剂中的 α-胰凝乳蛋白酶水活度进行控制时,虽然反应所涉及的所有成分(酶、底物、产物和水合盐)都不溶解于溶剂中,但此酶对于肽的合成仍然能够有效催化,最佳的解释就是酶分子周围的水层是发生反应的场所。底物对水的吸附作用也很强,但脂肪酶在己烷中作为催化剂催化丁酸和丁醇的酯化反应时,随着反应的不断进行,反应物的浓度会增加到 0.37mol/L,最佳水活度 0.78 即可有效获得,同时它也是恒定的。水活度与酶活性之间而且在某些情况下,反应体系中的其他成分很难对这种依赖性造成任何影响。然而在许多体系中,即使当水活度保持恒定时,酶的催化反应速率也不是一成不变的,也就是说,跟水活度一样,酶活性受到溶剂和底物性质的直接或间接影响。

因为不同的酶结构有一定的差异,维持酶所具有的活性构象所必需的水量也存在一定的差异。只有具有较高的水活度大多数酶的活性才能够得到保障。例如,只有超过 0.7 的水活度,β-葡萄糖苷酶和酪氨酸酶的催化活性才能够被测出来。同一种酶所需的水量因来源不同而存在一定的差异，如 Rhizopus arrhizus 脂肪酶的最佳活力是在低水活度表现出来的，Pseudomonas sp. 脂肪酶的活性跟水活度呈正比例关系，如 Candida rugosa 脂肪酶等其他来源的脂肪酶的最佳水活度范围也是比较宽的。如 α-胰凝乳蛋白酶想要活化的话，每个分子需要数十个水分子，而酪氨酸酶、醇脱氢酶的活化，其每个分子就需要几百个水分子，差别非常明显。除此之外，酶所需要的最适水量也因反应的不同而存在差异，例如在酯化反应中，水作为酰基酶的一个亲核试剂和醇底物之间是竞争关系，随着水活度的增加，酶底物的 K_m 值的会随着水活度的增加而提高，有时候会提高许多倍（10～20 倍）。因此，在确定酶的最适水活度时，酶底物的浓度也是不得不考虑的因素。

非水介质中酶要表现最大活性需要做到以下两点：一是保证水活度处于一个适当的水平，二是保证水在正确的位置。对枯草杆菌蛋白酶进行超声波处理后，其活性有了显著提高，之所以会出现这种情况，极有可能是由于结合在酶蛋白中的水分子重新排布造成的。

在有机溶剂中酶活性位点的运动性随着水的加入增加的非常明显，这一点通过乙醇脱氢酶和枯草杆菌蛋白酶活性位点的自旋标记 EPR 光谱显示得以有效证明。四氢呋喃中细胞色素 C 的结构和动力学可通过利用-NH-互换 NMR 光谱学来进行研究，最终得出，天然蛋白质所有区域的柔性可通过向溶剂中添加水得到有效的提高。枯草杆菌蛋白酶活性位点的极性的提高和通过枯草杆菌蛋白酶活性位点柔性的增加得以实现。可通过对胶原蛋白、细胞色素 C、弹性蛋白以及溶菌酶粉介电性质的研究来对上述观点进行证明。提高运动性的最理想的解释不外乎水作为一个增塑剂，增加了蛋白质结构的柔性，相应地，其极性也得到了增加。

蛋白质分子的极性和带电基团的水合作用对于酶的催化是不可缺少的。之所以会出现这种情况可能性最大的是，在缺水的情况下，失活的锁住的构象因酶分子的带电基团和极性基团互相作用得以产生，水能够与这些功能基团形成氢键，离子化基团之间的静电作用得以被屏蔽掉，且能够有效中和折叠多肽链中的肽单元和极性侧链基团之间的偶极相互作用。静电相互作用在控制有机介质中酶的催化行为方面静电相互作用的意义是不可忽视的。想要验证这个假设的话，可以通过向溶剂中加入各种“氢键形成物”（例如甘油、乙二醇和甲酰胺）来实现，其中，在辛醇（含 1%水）中的多酚氧化酶的活性在加入 3%甲酰胺后提高 35 倍。

有机溶剂中加到固态酶制剂上的水会提高酶的活力，这是通过增加酶活性位点的极性和柔性实现的。水具有这个作用通过对四氢呋喃中的枯草杆菌蛋白酶的研究证明得出。

之所以在有机介质中酶能够表现出一些新的性质，很大一部分原因是在非水环境中酶具有的构象刚性所决定的，且水增加的柔性会使得这些性质发生变化。如有机介质中，枯草杆菌蛋白酶的表观 pKa 值是由所用的溶剂以及所加水的量决定的，由于酶的水合其表观 pKa 值就会降低 1。这个作用极有可能与酶活性位点的极性的增加密切相关。例如，干酶在庚醇/三丁酸甘油酯中的热稳定性非常好（100℃时半衰期 12h），然而，即使加入很少（0.8%）的水，它的活性在短时间内就会消失。

4.2.3 有机溶剂对酶催化反应的影响

毋庸置疑，有机溶剂是有机介质反应体系中的主要成分之一。辛烷、正己烷、苯、吡啶、季丁醇、丙醇、乙腈、已酯、二氯甲烷等是常用的有机溶剂。

在有机介质酶催化反应中，有机溶剂对酶的活性、酶的稳定性、酶的催化特性和酶催化速度等的影响都特别明显。

1. 有机溶剂对酶结构与功能的影响

酶想要发挥其催化功能的话，需要具有完整的空间结构和活性中心才可以。在水溶液中，酶分子（除了固定化酶外）均一地溶解于水溶液中，其完整的空间结构能够得到较好地保持。在有机溶剂中，其空间结构的完整性不会遭到任何破坏。酶分子（经过修饰后可溶于有机溶剂者除外）无法直接溶解于有机溶剂中，催化反应是悬浮在溶剂中进行的。酶分子的空间结构完整性的保持会根据酶分子的特性和有机溶剂的特性的不同而存在一定的差异。

有些酶的空间结构会在有机溶剂的作用下遭到破坏，从而使得酶的催化活性受到一定的影响，严重的话，酶会因变性而失去活性。例如，碱性磷酸酶冻干粉悬浮于乙腈中 20h，不可逆地变性失活的酶多达 60%以上；悬浮在丙酮中 36h，呈现不可逆的失活的酶多达 75%以上等。除此之外，将酶进行冷冻干燥才能使酶悬浮于有机介质中进行催化反应，这也是比较常用的办法，然而这种方法也有不足之处，再将酶分子冷冻干燥的过程中，会破坏到酶的活性中心的构象，故在冷冻干燥酶的过程中应当添加如蔗糖、甘露醇等冷冻干燥保护剂，尽可能地保证酶的活性。

在有机溶剂中如脂肪酶、蛋白酶、多酚氧化酶等相关酶的整体结构和活性中心基本可以保持完整，在适当的有机介质中催化反应也能够顺利进行，然而也可能对酶的表面结构和活性中心造成一定的影响。

(1)有机溶剂对酶分子表面结构的影响

酶在有机介质中与有机溶剂接触，会对酶分子的表面结构造成一定的影响。例如，枯草杆菌蛋白酶晶体，在未与乙腈接触之前，酶分子结合的水分子是119个，悬浮于乙腈中后，与酶分子结合的水分子只有99个，而有12个乙腈分子结合到酶分子中，其中有4个是原来水分子结合的位点。

(2)有机溶剂对酶活性中心结合位点的影响

当酶悬浮于有机溶剂中，有一部分溶剂能渗入到酶分子的活性中心的位置，与底物竞争活性中心的结合位点，从而降低底物的结合能力，进一步使酶的催化活性受到一定的影响。例如，辣根过氧化物酶在甲醇中催化时，甲醇分子可以进入酶的活性中心，与卟啉铁配位结合；枯草杆菌蛋白酶悬浮在乙睛中，进入酶的活性中心的乙腈分子有4个之多。除此之外，酶分子的活性中心的极性会因有机溶剂的进入而有所降低，酶与底物的结合能力会有一定的降低。

2. 有机溶剂对酶活性的影响

有些有机溶剂，尤其是极性较强的有机溶剂，如甲醇、乙醇等，会使得酶分子的结合水被夺走，影响酶分子微环境的水化层，使得酶的催化活性有所降低，甚至引起酶的变性失活。

有机溶剂极性的强弱可由极性系数 lgP 来表示。如前所述，P 代表的是溶剂在正辛烷与水两相中的分配系数。极性系数跟极性成反比关系。

相关研究结果表明，有机溶剂的极性越强，其夺取酶分子的结合水的能力也就越强，对酶活性的影响就越大。例如，正己烷能够夺取酶分子结合水的0.5%，甲醇可以夺取酶分子结合水的60%。有机介质酶催化的溶剂最好不选择极性系数 $\lg P<2$ 的溶剂。非常明显，在有机介质酶的催化过程中，溶剂的选择非常关键，使介质中的含水量保持在一定的范围内，使介质中的含水量得以有效控制，此外，酶分子亲水性的提高可通过酶分子修饰来做到，尽可能地避免酶在有机介质中因缺水而对其催化活性造成一定的影响。

3. 有机溶剂对底物和产物分配的影响

有机溶剂的极性区别于与水的极性，在反应过程中，底物和产物的分配会受到有机溶剂的影响，进而影响到酶的催化反应。

酶在有机介质中进行催化反应的过程中，酶的作用底物必须进入必需水层才能够进入酶的活性中心进行催化反应。必需水层也是反应后生成的产物首先分布的地方，然后才会转移到有机溶剂中，只有产物转移到必需水层之后，酶催化反应才能继续下去。

具体可通过有机溶剂来改变酶分子必需水层中底物和产物的浓度。如果有机溶剂的极性非常小，与此同时，疏水性又太强的话，则疏水性底物虽然在有机溶剂中溶解度大、浓度高，但从有机溶剂中进入必需水层的难度依然很大,与酶分子活性中心结合的底物浓度处于比较低的水平,而酶的催化速度也会在一定程度上有所降低;如果有机溶剂的极性偏大,亲水性太强的话,则疏水性底物在有机溶剂中的溶解度低,相应地底物浓度也会有所降低,最终导致催化速度变慢。综上所述,极性适中的有机溶剂是理想的介质。良好的有机介质的溶剂溶剂的 lgP 集中在[2,5]之间。

有机溶剂对不同的酶和不同的反应的起到的作用也存在不同之处。故必须通过多次试验来选择和确定作为催化介质使用的有机溶剂。

4.2.4 有机介质中酶的结构

Fitzpatrick 等用 0.23nm 分辨率的 X 射线晶体衍射对 Carlsberg 枯草杆菌蛋白酶在水和乙腈中的晶体结构进行了一番比较,最终得知脱水乙腈中酶分子的三维结构与水中是一样的,活性中心的氢键结构未发生任何改变且其完整性未遭到破坏。到目前为止,酶在有机溶剂中能够保持蛋白质三维结构和活性中心的完整,这点由大多数晶体结构试验证明得出。但并非所有的酶悬浮于任何有机介质中其天然的构象都能够准确维持,保持酶的催化活性。Klibanov、Schmitke 等用傅里叶变换红外光谱(FTIR)对冻干的枯酶在各种脱水有机溶剂进行测定,如环己烷中的三维结构,发现冻干过程对于蛋白质二级结构的可逆改变起到一定的诱导作用。Burke 等用固态核磁共振方法研究发现酶在冷冻干燥、向酶粉中添加有机溶剂等相关过程中,酶活性中心的 0～50%会遭到破坏,其变化与溶剂的介电常数有直接关系,但程度远小于冻干的过程。随后他们试图通过测定活性中心的变化,解释溶剂极性对酶活性的影响,但最终得出,不同介质中酶活性中心的完整性的差别非常小,而酶活性居然相差的是 4 个数量级。由此可见,酶分子活性中心的变化与催化活性之间的相关性不是特别大,因此,真正关键的影响因素是酶分子的动态结构,经过论证这种可能性最大,因为对酶分子来说,即使是动态结构的微小变化极有可能导致酶与底物、过渡态中间物之间的作用发生巨大的改变,这样的话,酶反应就会在极短时间内下降的特别明显。

酶本身也是蛋白质的一种,它是以具有一定构象的三级结构状态存在于水溶液中的,这种结构和构象可以说是酶发挥催化功能所必需的紧密又有“柔性”的状态。紧密状态是由蛋白质分子内的氢键决定的,蛋白质分子内的氢键会因为溶液中水分子与蛋白质分子之间所形成的氢键而遭到一定程度的破坏,使蛋白质的分子结构变得不那么紧密,进而呈现出一种开启状态,实际上,酶分子的紧密和开启两种状态是处于一种动态平衡的,表现出一定的“柔性”。酶悬浮于含微量水的有机溶剂中时,从而减少了与蛋白质分子形成分子间氢键的水分子,蛋白质分子内氢键起主导作用,这样的话,蛋白质结构就会变得紧密，“柔性”变小，这种动力学“刚性”对于疏水环境中蛋白质构象变化有一定的限制作用，能够有效维持和水溶液中相同的结构和构象。

4.2.5 有机介质中酶的催化特性

酶在有机介质反应体系中，之所以能够充分发挥其催化功能，是因为其完整的结构及活性中心的空间构象能够很好地保持。然而，酶和底物疏水性相互作用的精细平衡会因为有机溶剂的存在而有一定的改变，使得酶的结合位点受到一定的影响，对酶的一系列催化特性包括酶的催化活性、热稳定性、底物专一性（substrate selectivity）、对映体选择性（enantioselectivity）、前手性选择性（prochiral selectivity）、化学键选择性、区域选择性（regioselectivity）和 pH 特性等都有直接关系，这些充分体现了有机介质中酶的催化特性区别于与水相介质的催化特性。

1. 酶的催化活性

许多酶在有机溶剂中的催化活性比在水中的催化活性要低一些甚至低很多，如 α-胰凝乳蛋白酶和枯草杆菌蛋白酶的催化活性在脱水正辛烷中为在水中的催化活性的 $1/10^5 \sim 1/10^6$，在水中的催化活性比在其他任意有机溶剂中都要高。据相关专家的研究结果得出，是以下几个方面导致了酶催化活性的降低。

①扩散限制（diffusional limitation）和立体障碍（steric blockage）。酶溶于水但不溶于几乎所有的有机溶剂，即使在有机溶剂中酶呈现的也是悬浮状态，因此，酶与底物的接触会因扩散限制而受到一定的影响。从理论的层面上来看，酶的催化活性的减少是因这种质量传递限制而导致的。想要降低扩散限制对有机溶剂中酶活性的影响的话，可以通过强化搅拌和使酶颗粒的直径尽可能小来实现。除了扩散限制能够对酶与底物接触造成一定的影响外，立体障碍也能够影响酶和底物的接触，由于相邻的酶分子会遮住冻干酶颗粒的一些活性中心，无法与底物直接接触，就会妨碍到酶分子参加催化的过程，这样一来，酶的催化活性就会有所下降。通过对悬浮在有机溶剂中枯草杆菌蛋白酶和 α-胰凝乳蛋白酶进行测定，最终得出，在正辛烷中，有效活性中心的数量仅为水中的 1/3～2/3。想要避免立体障碍的话可通过采用晶体酶来做到。

②与酶分子构象的刚性和柔性有直接关系，酶在含微量水的有机溶剂中悬浮时，就会减少了与酶分子形成分子间氢键的水分子，酶分子内氢键起的作用非常关键，导致酶空间构象变得紧密，使得“柔性”变小，这种动力学“刚性”使得疏水环境中酶构象变化受到限制，酶分子构象变得和与底物的

结合有一定的难度，从而使得酶活力降低。

③底物解析能以及过渡态中间物的稳定性。酶和底物之间的结合能可以说是酶催化反应的主要推动力。底物想要与之结合的话，必须从反应介质中解析出来才可以。很多酶都具有疏水活性中心，它们与疏水底物反应最有优势，因为疏水底物具有更大的能量，这样的话就在很大程度上方便了从水中解析到达活性中心；当有机溶剂代替了水之后，就会将底物“挤出”，和水中比起来，到达活性中心的难度更大，换而言之，也就是说疏水底物在有机溶剂中比在水中的稳定性更好，因而不知不觉中使活性障碍得以增加，最终导致酶催化反应的速度减慢。仅由这种不利的底物解析引起的酶催化活性下降通过使用枯草杆菌蛋白酶已经证明，疏水性底物在脱水乙腈中使 k_{cat}/K_m 的损失达 100 倍以上。酶-底物过渡态的稳定性是另一个能够影响酶催化活性的因素。对枯草杆菌蛋白酶以及很多其他水解酶来说，这种反应过渡态可以说是高极性的(像一个带电的四面体)，溶剂会影响到部分暴露在溶剂中的这一部分。例如，枯草菌蛋白酶和底物的过渡态中间物暴露在溶剂中至少是三分之一还要多，由于和极性小的溶剂比起来，水更能够使得四面体的中间体稳定，不难预见，酶在有机溶剂中的催化活性会有所降低。表 4-1 列举了有机溶剂介质中酶活力降低的原因及解决办法。

表 4-1　有机溶剂介质中酶活力降低的原因及解决办法

原因	说明	解决办法
扩散限制	大部分体系都存在	增加搅拌速度，降低酶颗粒大小
立体障碍	可降低 0～50%的酶活力	用结晶酶代替
构象改变	主要是冷冻干燥过程及其他脱水过程造成的	使用冷冻干燥保护剂；制备有机溶剂中可溶解的并可与两亲性物质络合的酶
构象柔性降低	亲水溶剂会夺取酶分子上结合的必需水，从而降低酶活力	使水活度最适化；使用疏水溶剂；使用添加剂
底物脱离溶剂束缚能力差	疏水性强的底物尤为显著	选择适合的有机溶剂以获得有利的底物-溶剂相互作用

续表

原因	说明	解决办法
过渡态不稳定	当过渡态至少部分暴露于溶剂中才发生	选择适合的有机溶剂以获得与过渡态有利的相互作用
亚最适 pH	可大大降低酶活力	利用 pH“记忆”；使用有机相缓冲体系

2. 酶的热力学稳定性

相比于在水溶液中，酶在有机介质中的热稳定性和储存稳定性都要高一些。例如，猪胰脂肪酶在水溶液中，温度达到100℃时在短时间内就会失活，而在醇和酯中进行催化反应，在100℃的半衰期则长达12h；胰凝乳蛋白酶在20℃时，在水中半衰期只有几天，而在辛烷中放6个月，其活性仍然不会发生任何变化。表4-2列举了一些酶在有机介质与水溶液中热力学稳定性的一个对比。

表4-2　酶在有机介质与水溶液中热力学稳定性的比较

酶	介质条件	热稳定性
猪胰脂肪酶	三丁酸甘油酯 水，pH 7.0	$T_{1/2}<26h$ $T_{1/2}<2min$
酵母脂肪酶	三丁酸甘油酯/庚醇 水，pH 7.0	$T_{1/2}=1.5h$ $T_{1/2}<2min$
脂蛋白脂肪酶	甲苯，90℃，400h	活力剩余40%
胰凝乳蛋白酶	正辛烷，100℃ 水，pH 8.0，55℃	$T_{1/2}=80min$ $T_{1/2}=15min$
枯草杆菌蛋白酶	正辛烷，110℃	$T_{1/2}=80min$
核糖核酸酶	壬烷，110℃，6h 水，pH 8.0，90℃	活力剩余95% $T_{1/2}<10min$
酸性磷酸酶	正十六烷，80℃ 水，70℃	$T_{1/2}=8min$ $T_{1/2}=1min$
腺苷三磷酸酶	甲苯，70℃	$T_{1/2}>24h$

续表

酶	介质条件	热稳定性
(F_1-ATPase)	水,60℃	$T_{1/2}<10\text{min}$
限制性内切核酸酶(Hind Ⅲ)	正庚烷,55℃,30d	活力不降低
β-葡萄糖苷酶	2-丙醇,50℃,30h	活力剩余80%
溶菌酶	环已烷,110℃ 水	$T_{1/2}=140\text{min}$ $T_{1/2}=10\text{min}$
酪氨酸酶	氯仿,50℃ 水,50℃	$T_{1/2}=90\text{min}$ $T_{1/2}=10\text{min}$
醇脱氢酶	正庚烷,55℃	$T_{1/2}>50\text{d}$
细胞色素氧化酶	甲苯,0.3%水 甲苯,1.3%水	$T_{1/2}=4.0\text{h}$ $T_{1/2}=1.7\text{min}$

在有机介质中,能够引起酶分子变性失活的水分子比较少,从而使得酶的热稳定性得以增强。由于水分子比较少使得酶分子中由水而引起的不规则结构的形成、二硫键的破坏、天冬酰胺和谷氨酰胺的脱氨基作用、天冬氨酸肽键的水解、氨基酸异构化等使蛋白质热失活的全过程无法顺利进行。另一个原因是在有机介质中,酶分子构象的刚性增强,稳定性提高。

酶在有机介质中的热稳定性还与介质中的水含量有直接关系。通常情况下,随着介质中水含量的不断增加,其热稳定性也随即降低。例如,核糖核酸酶在有机介质中的水含量从0.06g水/g蛋白质增加到0.2g水/g蛋白质时,酶的半衰期也相应地从120min减少到45min。

3. 底物专一性

除了以上两点是有机介质中酶的催化特性外,底物专一性(substrate selectivity)是酶催化特性的又一显著特点。酶能够利用自身与底物结合能和酶与水分子之间的结合能的差值体现了底物转移性的本质。故不难设想,如果水由其他介质替代的话,酶的底物专一性及其催化效率(k_{cat}/K_m)等会有一定的改变。

在水溶液中,疏水作用使得底物与酶分子活性中心的结合,如果底物的疏水性比较强的话,与活性中心部位结合的难度就非常小,最终使反应速度比较快;而在疏水性强的有机溶剂中,和底物比起来有机溶剂的疏水作用更强,因此有机溶剂更容易对疏水性较强的底物起作用,会影响到其与活性中心的结合，使得反应速度也会有所减慢。

对于同一酶反应而言，其底物专一性的差异不仅存在水和有机溶剂之间，还存在于不同的有机溶剂之间。猪胰脂肪酶催化月桂酸与月桂醇的酯合成反应的过程中，在非极性强的十二烷中的催化活性仅为极性较强的苯中的一半，这是因为底物更倾向于分配在十二烷中。之所以出现这种情况，可从热力学的角度来考虑该问题，底物专一性的改变得益于溶剂的改变使得底物在机溶剂与酶的活性中心之间的分配系数发生了变化。

综上所述，一般在极性较强的有机溶剂中，发生反应比较容易的是疏水性较强的底物；而在极性较弱的有机溶剂中，发生反应比较容易的是疏水性较弱（亲水）的底物。

4. 对映体选择性（立体选择性或立体异构专一性）

酶的对映体选择性是酶在对称的外消旋化合物中识别一种异构体的能力大小的指标。酶立体选择性的强弱可通过立体选择系数（K_{LD}）的大小来衡量。酶催化的对映体选择性跟立体选择系数成正比关系。

立体选择系数（K_{LD}）与酶对L型和D型两种异构体的酶转换数（K_{cat}）和米氏常数（K_m）有直接关系，即

$$K_{LD}=\frac{\left(\dfrac{K_{cat}}{K_m}\right)}{\left(\dfrac{K_{cat}}{K_m}\right)_D}$$

在上式中，酶的转换数由 K_{cat} 来表示，代表的是每个酶分子每分钟催化底物转化的分子数，同时也是酶催化效率的一个指标。

通常来讲，酶在水溶液中催化的立体选择性都比较强，而在有机溶剂中立体选择性跟在水溶液中相比要弱一些。Sakurai 等在对 Carlsberg 枯草杆菌蛋白酶催化 N-乙酰丙氨酸氯乙酯的水解反应及在正丙醇中的酯交换反应的研究过程中发现，L、D 异构体的立体选择系数在水中为 $10^3\sim10^4$，而该值在无水有机溶剂中小于 10，且与溶剂的疏水性有很好的相关性，即溶剂疏水性增加的话酶的立体选择性会有所降低。很多专家认为酶的对映选择性在有机溶剂中的降低极有可能是因为在水和有机溶剂中，是底物的两种对映体将水从酶分子的疏水性结合位点上置换出来的能力存在一定的差异导致的。当反应介质的疏水性增加时，L 型底物置换水的过程在热力学的层面上变得不再那么顺利，最终使得其反应活性有了很大程度的降低；而 D 型异构体与酶活性中心的结合是以不同方式进行的，此种结合方式使置换出来的水分子非常少的可能性比较大，故当介质的疏水性增加时，其反应活性降低的非常有限。

Fitzpatrick 和 Klibanov 对 Carlsberg 枯草杆菌蛋白酶催化手性苯乙基仲醇与乙烯基丁酸酯之间的转酯反应进行深入全面的研究，最终发现，因 R 异构体在与酶结合时存在立体障碍导致了酶对 S 异构体有较高的反应活性，同时也发现，随着溶剂的不同酶的对映选择性的差别也非常明显。对其进行进一步研究后得出，酶的立体选择性和溶剂的介电常数、偶极矩的关系比较密切，但与 logP 的直接关系并为得到证实。之所以会有这种情况发生，由有机溶剂中酶的结构刚性导致的可能性非常大，随着溶剂介电常数的增加，酶分子的柔性随着溶剂介电常数的增加而有所增加，使 R 异构体结合时的立体障碍有所降低，增加了 R 异构体的反应活性，最终结果为酶的对映选择性下降。

底物本身结构对于酶促反应的立体专一性也能够造成非常严重的直接影响，对一这点不再一一探讨。

5. 前手性选择性

前手性选择性是酶促反应的又一特点，酶可催化非手性底物选择性地形成具有一定立体构型的产物就是所谓的前手性选择性。大量研究结果表明，想要使酶的前手性选择性得到有效控制的话可通过改变溶剂来实现。Terradas 等用 Pseudomonas sp. 脂肪酶在水饱和有机溶剂中催化水解 N-萘甲酰基-2-氨基-1,3-丙二醇二丁酸酯时发现，不同溶剂中酶的前手性选择性因溶剂的不同而存在一定的差异，有时候这个差异非常明显，溶剂非极性增大的同时，选择性会逐渐有所降低。许多专家都认为一个疏水结合位点存在于酶的活性中心附近，在疏水性差的溶剂中，在热力学的层面上疏水性的萘甲酰基与酶的结合更加有利，而不利于暴露在溶剂中，因此位置合适的底物的羰基非常容易被酶上的丝氨酸羟基(-Ser-OH)进攻，这样的话，就会顺利得到 S 构型的产物；在疏水性强的溶剂中，萘甲酰基暴露在溶剂中，而不易于酶的疏水活性中心的结合，以致于酶失去了对底物的前手性选择性。

6. 化学键选择性

有机介质酶催化又一显著特点为化学键选择性。化学键选择性是指在同一个底物分子中有两种以上的化学键都可与酶反应时，酶不是说对任何一种化学键的反应程度一致，而是对其中一种化学键优先反应。化键选择性与酶的来源和有机介质的种类有直接关系。例如，脂肪酶催化 6-氨基 1-己醇的酰华反应，当采用羟基酰化的优势在使用黑曲霉脂肪酶催化时较为明显，而黑曲霉脂肪酶催化被毛霉脂肪酶替换之后，氨基酰化就会被优先催化；又如，在叔丁醇中和在 1,2-二氯乙烷中丁酸三氯化乙酯的酰化反应的酰化程度存在一定的差异。有关酶在非水介质中的化学键选择性可能与氢键参数直接相关。为了实现对酶-底物复合物中间体的进攻，亲核基团形成氢键的难度应该比较大。例如，在毛霉中，羟基基团形成氢键比较容易，使得亲核进攻非常不利；而氨基形成氢键的难度比较大，就方便了亲核攻击，进行催化反应。

7. 区域选择性

酶在有机介质中进行催化时，区域选择性是不能忽略的，因为它比较明显，即酶能够选择底物分子中某一区域的基团优先进行反应。酶区域选择性的强弱可通过区域选择系数 K_{rs} 的大小来有效衡量。区域选择系数跟立体选择系数比较接近，异构体的构型 L、D 是由底物分子的区域位置 1、2 来替代了，即

$$K_{1,2}=\frac{\left(\dfrac{K_{cat}}{K_m}\right)_1}{\left(\dfrac{K_{cat}}{K_m}\right)_2}$$

Rubion 等在对脂肪酶催化的酯交换反应（图 4-6）的研究过程中发现，在甲苯中 V_1/V_2 为 2.4，而在乙腈中为 0.8。通过这点可以说明，随着溶剂的改变酶的区域选择性也发生了改变。很多专家认为，在酶的活性中心附近存在一个疏水结合位点的可能性非常大，底物可以以下面两种方式来结合：一是，该疏水结合区不被辛基占据，1 的形成是因为远端的丁酰基位于催化位点所导致的；二是，疏水结合区被辛基所占据，2 的形成是因为邻近的丁酰基位于催化位点所导致的。溶剂可通过对辛基在溶剂与酶疏水结合位点之间的分配来对酶的区域选择性造成影响。随着溶剂疏水性的不断增加，酶青睐的结合方式是第二种方式，因此也提高了对邻近辛基的丁酰基选择性。

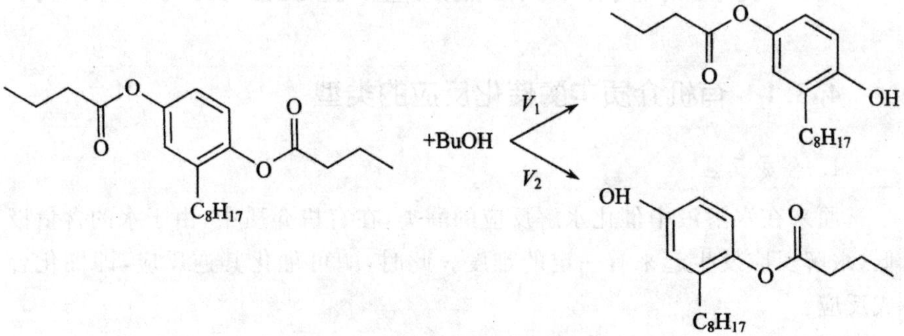

+BuOH　V_1　V_2　OH　C_8H_{17}

图 4-6　脂肪酶催化的酯交换反应

8. pH 特性

相关研究结果发现，冻干的酶蛋白具有 pH“记忆”能力，即悬浮于有机

溶剂中的冻干酶的最适 pH 与冷冻干燥前相应的水溶液的 pH 比起来并未发生任何变化。之所以会有这种现象，很多专家认为由于在水溶液中不可能发生生质子化和去质子化的过程，当酶分子从水溶液转移到有机溶剂中之后，离子化状态并没有发生改变就被保存了下来，换句话说就是水溶液中的 pH 被保存在有机溶剂中，这种现象就是所谓的 pH“记忆”，因此，那些从最适 pH 水溶液中沉淀脱水的酶在有机溶剂中的催化效率也是最大的。

酶不单单对 pH 有“记忆”也对其历史有“记忆”。Ke 的研究表明，无论是在哪种有机溶剂中，枯草杆菌蛋白酶、α-胰凝乳蛋白酶的活性与其酶制剂的制备过程都密切相关。一种方法是直接将酶的缓冲溶液冻干；另一种方法是用脱水溶剂将酶稀释 100 倍从而使其沉淀下来。将两种方法制备的酶悬分别浮于 1%的有机溶剂中进行酶催化反应，最终得出，酶制剂的形式决定了酶的催化反应速率，影响的程度密切相关于催化反应所用的溶剂及酶的性质。这说明酶在有机溶剂中能够将它们的历史“记忆”下来，因为酶制剂的制备过程有不同之处，产生的活性构象也就存在一定的差异，在有机溶剂中它们的构象能够保持下来，而酶所处的反应介质（有机溶剂）也会对酶的催化活性构象的变化造成一定的影响。

也有研究表明，在含微量水的有机介质中，某些疏水性的酸与其相对应的盐组成的混合物，或是某些疏水性的碱与其对应的盐组成的混合物，可以作为有机相缓冲液使用，它们存在的方式是中性或离子，两种存在形式的比例能够有效控制有机介质中酶的解离状态。采用有机相缓冲液时。酶分子的 pH 记忆特性不再起作用。

4.3 有机介质中酶催化反应的类型、条件及控制

4.3.1 有机介质中酶催化反应的类型

1. 合成反应

原来在水溶液中催化水解反应的酶类，在有机介质中，由于水的含量极低，水解反应发生起来有一定的难度。此时，酶可催化其逆反应，即催化合成反应。

①脂肪酶和酯酶在有机介质中可以催化有机酸和醇进行脂类的合成反应，其具体反应式为

$$\text{R-COOH} + \text{R}'\text{-OH} \xrightarrow{\text{脂肪酶/脂酶}} \text{R-COOR}' + H_2O$$

②蛋白酶在有机介质中可以催化氨基酸进行合成反应，各种多肽得以

有效合成,反应式为

$$R_1-\underset{NH_2}{\overset{H}{C}}-COOH+R_2-\underset{NH_2}{\overset{H}{C}}-COOH\xrightarrow{\text{蛋白酶}}R_1-\underset{NH_2}{\overset{H}{C}}-\overset{O}{\overset{\|}{C}}-\underset{H}{N}-\underset{R_2}{\overset{H}{C}}-COOH+H_2O$$

2. 转移反应

在有机介质中,一些转移反应可以通过酶的催化来完成。例如,脂肪酶可以催化转酯反应,即催化一种酯与一种有机酸反应,生成另一种酯与有机酸。

$$R-COOR_1+R_2-COOH\xrightarrow{\text{脂肪酶}}R-COOR_2+R_1-COOH$$

3. 醇解反应

某些酶在有机介质中可以催化一些醇解反应。例如,假单胞脂肪酶可以在二异丙醚介质中催化酸酐醇解生成二酸单酯化合物。

$$\text{(R}-CH(CH_2CO)_2O\text{)}+R'OH\xrightarrow{\text{假单胞脂肪酶}}R-CH(CH_2COOH)(CH_2COOR')$$

4. 氨解反应

某些酶在有机介质中可以催化某些酯类进行氨解反应,生成酰胺和醇。例如,脂肪酶可以在叔丁醇介质中催化外消旋苯甘氨酸甲酯进行不对称氨解反应,从而将L-苯丙氨酸甲酯顺利氨解生成L-苯丙氨酸酰胺和甲醇。

$$C_6H_5-\underset{H}{\overset{NH_2}{C}}-\overset{O}{\overset{\|}{C}}-OCH_3\xrightarrow[NH_3\ \rightarrow\ CH_3OH]{\text{脂肪酶}}C_6H_5-\underset{H}{\overset{NH_2}{C}}-\overset{O}{\overset{\|}{C}}-NH_2$$

5. 异构反应

一种异构酶在有机介质中可以催化异构反应,从而实现一种异构体向另一种异构体的转化。例如,消旋酶催化一种异构体转化为另一种异构体,生成外消旋的化合物。

$$\text{D-异构体}\xrightarrow{\text{异构酶}}\text{L-异构体}$$

6. 氧化还原反应

不少氧化还原酶类在一定的有机介质不仅可以催化氧化反应,还可以催化还原反应。

①单加氧酶催化二甲基苯酚与氧分子发生氧化反应，生成二甲基二羟基苯。

$$\text{(CH}_3\text{)}_2\text{C}_6\text{H}_3\text{—OH} + O_2 \xrightarrow{\text{单加氧酶}} \text{(CH}_3\text{)}_2\text{C}_6\text{H}_2\text{(OH)}_2$$

②双加氧酶催化二羟基苯与氧反应，生成己二烯二酸。

$$\text{C}_6\text{H}_4\text{(OH)}_2 + O_2 \xrightarrow{\text{双加氧酶}} \text{HOOC—CH=CH—CH=CH—COOH}$$

③马肝醇脱氢酶或酵母醇脱氢酶等脱氢酶可以在有机介质中催化醛类化合物或者酮类化合物还原，从而顺利生成伯醇、仲醇等醇类化合物。

$$\text{R—CHO}+\text{NADH}\xrightarrow{\text{醇脱氢酶}}\text{R—CHOH}+\text{NAD}$$

$$\text{R—C(=O)—R}' + \text{NADH}\xrightarrow{\text{醇脱氢酶}}\text{R—CH(OH)—R}' + \text{NAD}$$

7. 裂合反应

酶在有机介质中可以催化裂合反应，例如，醇腈酶催化醛与氢氰酸反应生成醇腈衍生物。

$$\text{R—CHO}+\text{HCN}\xrightarrow{\text{醇腈酶}}\text{R—CH(OH)—CN}$$

4.3.2 有机介质中酶催化反应的条件及控制

1. 酶的选择

酶在有机介质中的催化反应的进行，酶的选择非常关键。每种酶都有其独特的结构和特性，即使是同一种酶，由于来源和处理方法（如纯度、冻干条件、固定化载体和固定化方法、修饰方法和修饰剂等）的不同，其特性也会有一定的差别，所以要根据需要通过实验进行选择。

在酶催化反应时，和酶浓度比较起来，通常酶所作用的底物浓度要高一些，所以酶催化反应速度跟酶浓度呈正比例关系，酶浓度升高的话酶催化反应的速度也会有所提高。

在有机介质中进行催化反应，对酶的选择不但跟催化反应速度有关系，也需要注意有机介质中酶的催化特性。

2. 底物的选择和浓度的控制

要根据酶在所使用的有机介质中的专一性选择适宜的底物，之所以要这么做，是因为在有机介质中酶的底物专一性区别于在水溶液中的底物专一性。

酶催化反应速度受到底物浓度的影响非常明显，一般来说，在底物浓度处于较低水平时，随底物浓度的升高酶催化反应速度有了明显提高，这种情况持续到底物达到一定浓度以后，再增加底物浓度，反应速度的增大幅度就会逐渐减弱，最后趋于平衡，逐步接近最大反应速度。

底物在有机溶剂和必需水层中的分配情况也会影响到酶在有机介质中的催化反应。虽然，疏水性强的底物在有机溶剂中溶解度大、浓度高，但其从有机溶剂中不易进入必需水层，与酶分子活性中心结合的底物浓度就会处于一个较低的水平，而酶的催化速度的降低也是无法避免的；若底物亲水性强，在有机溶剂中的溶解度低，也使催化速度减慢。所以应该根据底物的极性，结合有机溶剂的选择，才能够很好地控制底物的浓度。

不难理解，不是说底物浓度越高越好，有些底物在高浓度时，会对反应造成恶劣的影响，也就是说，酶的反应会被高浓度底物所抑制。针对这个问题，就需要采取相应的措施使底物浓度持续维持在一定的浓度范围内才可以。例如，脂肪酶在叔丁醇介质中催化苯甘氨酸甲酯的氨解反应，氨是底物之一，如果采用直接通入氨气的方法，不仅操作起来不方便，也无法实现良好的控制，而且过高浓度的氨对酶分子的影响也非常不利。如果采用氨基甲酸胺作为氨的供体，可以使反应体系中的氨浓度持续维持较低水平，方便了催化反应的进行。

3. 有机溶剂的选择

酶分子的结构以及底物和产物的分配会受到有机溶剂的影响，最终催化反应速度也会受到影响。同时，酶的底物专一性、对映体选择性、区域选择性和键选择性等也会被影响到。

酶在有机介质中催化极有可能受到有机溶剂的影响，所以说最佳有机溶剂的选择非常重要。

在有机溶剂时，其极性也是需要考虑的，如前所述，良好的有机介质的溶剂溶剂的 lgP 集中在[2,5]之间。

在与水混溶的有机介质中，有机溶剂与水混合起来，即可得到均一的单相反应体系。在此反应体系中，酶的催化作用会受到有机溶剂含量的影响，该影响非常明显。例如，在与水混溶的二氧六环介质中，辣根过氧化物酶(HRP)催化对苯基苯酚的聚合反应，聚合得到的聚合物的分子质量会随着二氧六环含量的增加会慢慢变大，聚合物的相对分子质量在二氧六环的含量为85%能够达到25000，另外，聚合物的相对分子质量在二氧六环的含量为60%仅为3000左右，不难看出二者之间的差距非常明显，如图4-7所示。通过进一步优化反应条件并进行控制，经过酶的催化作用聚合得到的聚合物分子质量还有一定的提高空间。

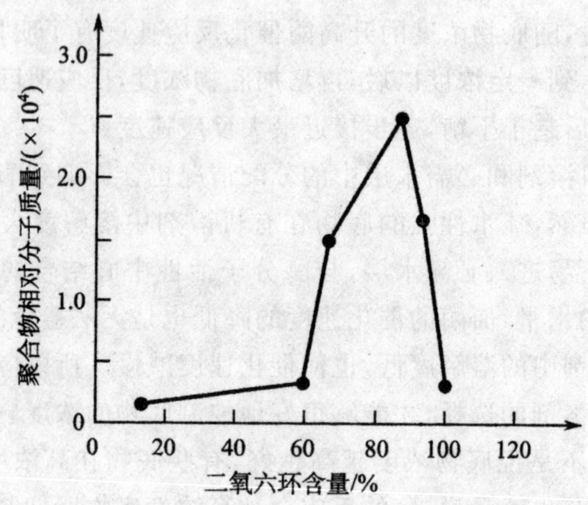

图4-7　二氧六环含量对聚合物相对分子质量的影响

4. 温度控制

温度是影响酶催化作用的主要因素之一。一方面，随着温度的升高，会加快化学反应的速度；另一方面，酶是生物大分子，过高的温度会导致酶的变性失活。将这两种因素综合一下，酶催化的反应速度会在某一个特定的温度条件达到最大，这一特定温度就是酶反应的最适温度。

在微水有机介质中，酶的热稳定性会因为水含量比较低而有所增强，所以其最适温度要比在水溶液中催化的最适温度要高一些。但是温度过高，同样会使酶的催化活性降低，甚至引起酶的变性失活。因此，需要通过试验，确定有机介质中酶催化的最适温度，进而达到提高酶催化反应速度的目的。

要注意的是酶与其他非酶催化剂一样，温度升高时，其立体选择性降低。这一点在有机介质的酶催化过程中是不可忽视的，因为手性化合物的拆分是有机介质酶催化的主要应用领域。必须通过试验，控制适宜的反应温度，使酶催化反应在较高的反应速度以及较强的立体选择性条件下进行。

5. 水含量的控制

在有机介质中，水的含量除了对酶分子的空间构象造成影响，对酶催化反应速度的也会造成不可忽视的影响。图4-8是水含量和水活度对假单胞

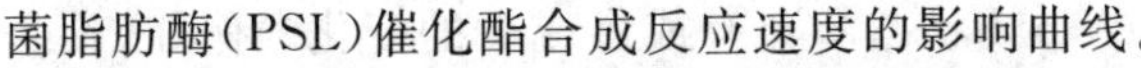

菌脂肪酶(PSL)催化酯合成反应速度的影响曲线。

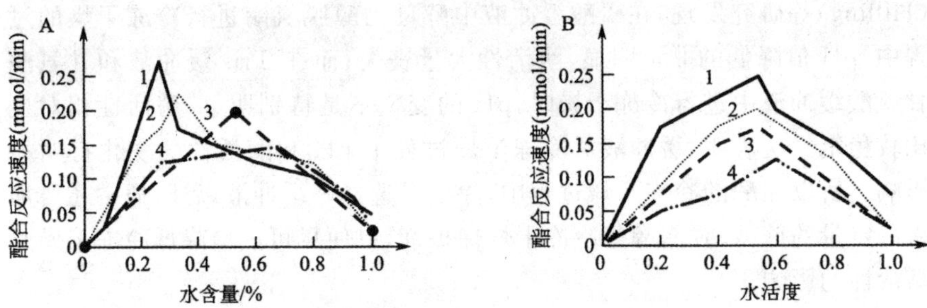

图 4-8　水含量和水活度对假单胞菌脂肪酶催化酶合成速度的影响

1. 己烷;2. 四氯甲烷;3. 甲苯;4. 苯

从图 4-8A 曲线可以看到,在保持其他外界条件不变的情况下,水含量低时,随水含量的升高酯和反应速度也有所提高;酶催化反应速度当体系中的水含量达到最适水含量时即可达到最大;如果水含量超过最适水含量的话,反应速度就会又慢下来。所以反应体系的最适水含量需要通过试验来确定。

从图 4-8B 中也可以看到,最适水含量与溶剂的极性关系较为明显,通常情况下,最适水含量会随溶剂极性的增大而增大;而达到最大反应速度的水活度仅在很小的区间内发生变化,都在 0.5～0.6 之间。所以水活度能够更加确切地反映水对催化反应速度的影响,在实际应用时反应体系的水活度应当控制在 0.5～0.6 的范围内。

6. pH 的控制

在酶的催化过程中,酶活性中心基团和底物的解离状态会受到 pH 的影响,间接地影响到酶的催化活性,对酶的催化反应速度造成的影响也是无法忽视的。在某一特定的 pH 时,酶的催化反应速度达到最大。这个 pH 称为酶催化反应的最适 pH。

研究结果表明,酶在有机介质中催化的最适 pH 值通常接近于甚至等于在水溶液中催化的最适 pH 值,这就是在前面讨论过“pH”记忆的问题。

在有机介质中,酶的催化活性与酶在缓冲溶液中的 pH 和离子强度的关系非常密切。研究表明,酶分子从缓冲溶液转移到有机介质后,原有的 pH 印记在酶分子中得以有效保留。也就是说,酶分子在有机介质中保持了原有 pH 状态下的解离状态。因此,想要实现对有机介质中酶催化的 pH 和离子强度进行调节控制的话,可以通过调节缓冲溶液的 pH 和离子强度的方法来完成。

虽然酶分子从缓冲液转到有机介质时,其 pH 状态不会发生变化。但是在酶进行冷冻干燥过程中，pH 状态却会有或多或少的变化。例如，希令(Hilling)等研究发现，在磷酸缓冲液中酵母乙醇脱氢酶进行冷冻干燥的过程中，pH 值降低的非常明显，酶活性大量丧失；而在 Tris 缓冲液和甘氨酰甘氨酸缓冲液中进行冷冻干燥时，pH 的变化不是特别明显，酶活性相对也比较稳定。这表明，缓冲液对冷冻干燥过程中 pH 和酶活性的变化有明显影响。所以在酶的冷冻干燥过程中，除了要选择好缓冲液以外，通常还要加入一定量的蔗糖、甘露醇等冷冻干燥保护剂，以便尽可能地降低冷冻干燥对酶活性的影响。

为了使酶分子在有机介质中保持最佳的解离状态，应当在酶液冻干之前或者在催化过程中采取某些保护措施，尽可能地使得酶的催化活性不会受到不良影响。例如，在 α-胰蛋白酶冻干之前，于缓冲液中加入冠醚，冻干后酶在乙腈介质中催化二肽合成反应的速度比不加冠醚的提高竟然有 426 倍。脂肪酶在有机介质中催化苯甘氨酸甲酯的氨解反应时，于有机介质中添加一定量的冠醚，酶的催化速度得以有效提高，并对酶的对映体选择性有明显的影响等。

此外，有研究表明，在有机介质中加入某些有机相缓冲液(organic phase buffer)，即某些疏水性酸与其相应的盐组成的混合物，或者某些疏水性碱与其相应的盐组成的混合物，能够实现对反应的 pH 进行有效控制。

4.4 酶非水相催化的应用

4.4.1 手性药物的拆分

1. 手性药物两种对映体的药效差异

所谓的手性化合物是指化学组成相同，而其立体结构之间互为对映体的两种异构体化合物。自然界中组成生物体的基本物质，例如蛋白质、氨基酸、糖类等都属于手性化合物的范畴。目前世界上化学合成药物中的 40% 左右属于手性药物，在这些手性药物中只有大约十分之一是以单一对映体药物出售，大多数的销售形势仍然是外消旋体。

有不少手性药物，其两种对映体的化学组成相同，但其药理作用存在一定的差异，药效的差别也非常明显，如表 4-3 所示。根据两种对映体之间的药理、药效差异，手性药物可以分为以下 5 种类型。

表 4-3 手性药物两种对映体的不同药理作用

药物名称	有效对映体的构型与作用	另一种对映体的作用
普萘洛尔(Propranolol)	S构型,治疗心脏病,β受体阻断剂	R构型,钠通道阻滞剂
萘普生(Neproxen)	S构型,消炎、解热、镇痛	R构型,疗效很弱
青霉素胺(Penicillamine)	S构型,抗关节炎	R构型,突变剂
羟基苯哌嗪(Dropropizine)	S构型,镇咳	R构型,有神经毒性
反应停(Thalidomide)	S构型,镇静剂	R构型,致畸胎
酮基布洛芬(Ketoprofen)	S构型,消炎	R构型,防治牙周病
喘速宁(Trtoquinol)	S构型,扩张支气管	R构型,抑制血小板凝集
乙胺丁醇(Ethambutol)	S构型,抗结核病	R构型,致失明
萘必洛尔(Kebivolol)	右旋体,治疗高血压,β受体阻断利	左旋体,舒张血管

①一种对映体有显著疗效,另一种对映体疗效非常弱甚至于没有。如常用的消炎解热镇痛药萘普生的两种对映体中,S-(+)-萘普生的疗效是R-(—)-萘普生疗效的28倍。如果进行对映体拆分,单独使用S构型,则其疗效将会得到明显提高。

②一种对映体有疗效,另一种却有不良反应。如镇咳药羟基苯哌嗪的S-(—)对映体有镇咳作用,而R-(+)对映体却对神经系统有不良反应。镇静剂反应停的S构型有镇静作用,而R构型在不具备镇静作用的同时,有致畸胎的不良反应。想要彻底消除其不良反应,必须进行拆分,使用单一的S构型。

③两种对映体的药效相反。如5-(二甲丁基)-5-乙基巴比妥是一种常用的镇静、抗惊厥药物,其左旋体对神经系统有镇静作用,与左旋体相反,右旋体却有兴奋作用,由于左旋体的镇静作用比右旋体的兴奋作用强得多,所以消旋体整体表现的作用仍然是镇静作用。如果使用单一的左旋体,其药效的增强就非常明显。

④两种对映体具有各自不同的药效。如喘速宁的S构型具有扩张支气管的功效,而R构型具有抑制血小板凝集的作用。在此情况下,将两种异构体分开分别用于不同的目的,是非常有必要的。

⑤两种消旋体的作用具有互补性。如治疗心率失常的心安得,其S构型具有阻断β受体的作用,而R构型具有抑制钠离子通道的作用,故相对

于单一对映体来说,外消旋心安德的抗心率失常作用效果更好。

对于上述①～④类的手性药物,两种对映体的药理、药效的区别非常明显,所以对映体的拆分非常有必要。只用第⑤类,才是使用消旋体为好。可见手性药物的拆分具有的意义和应用价值不可忽视。因此,1992 年,美国 FDA 明确要求对于具有手性特性的化学药物,其两个对映体在体内的不同生理活性、药理作用以及药物代谢动力学情况都需要有详细的说明。许多国家和地区也都制定了有关手性药物的政策和法规。这大大推动了手性药物拆分的研究和生产使用,手性药物世界销售额从 1994 年以来每年以 20%以上的速度增长。目前提出注册申请和正在开发的手性药物中,单一对映体药物是主流药物。

2. 酶在手性化合物拆分方面的应用

有机介质中酶催化反应在手性药物拆分的研究、开发方面,其应用前景非常可观,其在手性化合物拆分方面的研究、开发和应用越来越广泛。

①环氧丙醇衍生物的拆分。2,3-环氧丙醇单一对映体的衍生物是一种多功能手性中间体。在 β 受体阻断剂、艾滋病毒(HIV)蛋白酶抑制剂、抗病毒药物等多种手性药物的合成过程中都会用到它。其消旋体可以在有机介质中用酶法进行拆分,从而获得单一对映体。例如,用猪胰脂肪酶(PPL)等在有机介质体系中对 2,3-环氧丙醇丁酸酯进行拆分,即可顺利得到单一的对映体。

②苯甘氨酸甲酯的拆分。苯甘氨酸的单一对映体及其衍生物是半合成 β-内酰胺类抗生素(如氨苄青霉素、头孢氨苄、头孢拉定等)的重要侧链。脂肪酶在有机介质中通过不对称氨解反应,通过拆分可以得到单一对映体。

③芳香丙酸衍生物的拆分。2-芳基丙酸($CH_3CHArCOOH$)是手性化合物,其单一对映体衍生物是多种治疗关节炎、风湿病的消炎镇痛药物(如布洛芬、酮基布洛芬、萘普生等)的活性成分。用脂肪酶在有机介质体系中进行消旋体的拆分,即可获得 S 构型的活性成分。

4.4.2 手性高分子聚合物的制备

蛋白质、核酸、多糖等生物大分子都是属于手性高分子聚合物的范畴,手性对于生物体的新陈代谢意义重大。研究表明,手性对于人工合成的高分子有机化合物的物理特性和加工特性的影响明显,所以人们对于手性有机材料的研究的关注度越来越高。

利用脂肪酶等水解酶在有机介质中的催化作用,多种具有手性的聚合物得以合成,用作可生物降解的高分子材料、手性物质吸附剂等。现举例如下。

(1)可生物降解的聚酯的合成

利用脂肪酶在甲苯、四氢呋喃、乙腈等有机介质中的催化作用，将选定的有机酸和醇的单体聚合，可生物降解的聚酯即可顺利得到。例如，猪胰脂肪酶在甲苯介质中，催化己二酸氯乙酯与 2,4-戊二醇反应，聚合生成可生物降解的聚酯。

$$\mathrm{ClCH_2CH_2OOC(CH_2)_4COOCH_2CH_2Cl} +$$

$$\mathrm{CH_3{-}CH(OH){-}CH_2{-}CH(OH){-}CH_3} \xrightarrow{\text{猪胰脂肪酶}} \text{聚酯}$$

(2)糖酯的合成

由糖和酯类聚合而成的糖酯，是一类有重要应用价值的可生物降解的聚合物。例如，高级脂肪酸的糖酯是一种高效无毒的表面活性剂，在医药、食品等领域应用范围非常广；一些糖酯，如二丙酮缩葡萄糖丁酸酯等具有抑制肿瘤细胞生长的功效。

1986 年，克利巴诺夫(Klibanov)首次展开了对有机介质中酶催化合成糖酯的研究，他们利用枯草杆菌蛋白酶在吡啶介质中将糖和酯类聚合，得到 6-O-酰基葡萄糖酯。此后，采用不同的糖作为羟基供体，以各种有机酸酯作为酰基供体，以蛋白酶、脂肪酶等为催化剂，在有机介质中反应，有效得到了各种糖酯。例如，蛋白酶在吡啶介质中催化蔗糖与三氯乙醇丁二酸酯聚合生成聚糖酯等。

4.4.3　食品添加剂的生产

为了改善食品品质、防腐和加工工艺的需要而加入食品中的物质就是食品添加剂。

可以通过提取分离技术从天然动植物或微生物中获得食品添加剂，也可以通过微生物发酵、酶法转化或化学合成法生产。

利用酶在有机介质中的催化作用，人们所需的食品添加剂即可有效获得。现举例如下。

1. 利用脂肪酶或酯酶的催化作用生成所需的酯类

其中利用脂肪酶的作用，将甘油三酯水解生成的甘油单酯，简称为单甘酯，是一种应用范围非常广的食品乳化剂。

$$\begin{array}{l}\mathrm{CH_2OOC{-}R_1}\\ |\\ \mathrm{CHOOC{-}R_2}\\ |\\ \mathrm{CH_2OOC{-}R_3}\end{array} + \mathrm{H_2O} \xrightarrow{\text{脂肪酶/酯酶}} \begin{array}{l}\mathrm{CH_2OH}\\ |\\ \mathrm{HCOOC{-}R_2}\\ |\\ \mathrm{CH_2OOC{-}R_3}\end{array} + \mathrm{R_1COOH}$$

(甘油三酯)　　　　　　　　　　(甘油二酯)

$$\begin{array}{l} CH_2OH \\ | \\ HCOOC{-}R_2 \\ | \\ CH_2OOC{-}R_3 \end{array} + H_2O \xrightarrow{\text{脂肪酶/酯酶}} \begin{array}{l} CH_2OH \\ | \\ HCOOC{-}R_2 \\ | \\ CH_2OH \end{array} + R_3COOH$$

（甘油二酯）　　　　（甘油单酯）

此外，还可以利用脂肪酶在有机介质中的转酯反应，顺利将甘油三酯转化为具有特殊风味的可可酯等；利用酯酶催化小分子醇和有机酸合成具有各种香型的酯类等。

2. 利用嗜热菌蛋白酶生产天苯肽

天苯肽是由天冬氨酸和苯丙氨酸甲酯缩合而成的二肽甲酯，是一种用途广泛的食品甜味剂。其甜味纯正，甜度为蔗糖的 150～200 倍，在 pH2～5 的酸性范围内不易发生变化。

可以通过嗜热菌蛋白酶在有机介质中催化合成天苯肽。

嗜热菌蛋白酶(Thermolysin，Thermophilic-bacterial proteinase)是由一株嗜热细菌生产得到的一种蛋白酶。它在有机介质中催化 L-天冬氨酸(L-Asp)与 L-苯丙氨酸甲酯(L-Phe-Ome)反应生成天苯肽(L-Asp-L-Phe-Ome)。

$$HOOC-CH_2-\underset{}{\overset{NH_2}{\overset{|}{CH}}}-COOH + C_6H_5-CH_2-\underset{\underset{NH_2}{|}}{CH}-CO-O-CH_3$$

(L-天冬氨酸)　　　　(L-苯丙氨酸甲酯)

$$\xrightarrow{\text{嗜热菌蛋白酶}} C_6H_5-CH_2-CH-CO-O-CH_3 \text{（CH 经 N—H 与下式相连）}$$

$$HOOC-CH_2-\overset{NH_2}{\overset{|}{CH}}-CO-N-H$$

(天苯肽，L-天冬氨酰-苯丙氨酸甲酯)

由于氨基酸都含有氨基和羧基，在合成二肽的过程中，不同的二肽得以生成。为了确保天冬氨酸的 α-羧基与苯丙氨酸的氨基缩合，生成天苯肽。在反应之前，除了苯丙氨酸的 α-羧基必须进行甲酯化以外，天冬氨酸的 β-羧基也有必要进行苯酯化，所以酶催化反应生成的产物是苯酯化天冬氨酰-苯丙氨酸甲酯(Z-L-Asp-L-Phe-OMe)，在反应结束后，再经过氢化反应，顺利生成天苯肽。其反应式为

Z—L—Asp　+　L-Phe—OMe ⟶ Z—L—Asp—L—Phe—OMe

(L-天冬氨酸苯酯)(L-苯丙氨酸甲酯)　　(L-苯酯化天冬氨酰-苯丙氨酸甲酯)

Z—L—Asp—L—Phe—OMe ⟶ L-Asp—L—Phe—OMe

(天苯肽)

在生产中通常采用外消旋化的DL-苯丙氨酸甲酯进行反应，反应后剩下未反应的D-苯丙氨酸甲酯可以分离出来，经过外消旋化后能够有效形成DL-苯丙氨酸甲酯重新使用。

3. 利用芳香醛脱氢酶生产香兰素

香兰素是一种广泛应用的食品香料，可以从天然植物中提取分离得到，但是产量比较低，无法满足市场需求；也可以由苯酚、甲基邻苯二酚等为原料进行化学合成，但是这些化学原料有毒性，无法添加到食品中。另一种途径是先通过微生物发酵得到香兰酸（3-甲氧基-4-羟基苯甲酸）。然后，再通过脱氢酶的催化作用，将香兰酸还原为香兰素（3-甲氧基-4-羟基苯甲醛）。

COOH　　　　　　　　CHO

芳香醛脱氢酶 →

CH_3—O　　　　　　CH_3—O

OH　　　　　　　　OH

（香兰酸）　　　　（香兰素）

4.4.4 酚树脂的合成

酚树脂是一种广泛应用的酚类聚合物，在制作黏合剂、化学定影剂等中都可以用得到。由于在生产酚树脂过程中使用的甲醛会引起环境污染，急需寻求一种无污染的生产方法。

辣根过氧化物酶可以在水互溶有机溶剂单相体系（如二氧六环等）中，催化苯酚等酚类物质先与过氧化氢反应生成酚氧自由基，再进一步聚合生成二聚体、三聚体、四聚体等，最终生成高分子酚类聚合物——无甲醛污染的酚树脂。在此反应体系中，由于含有较大量的水及与水混溶的有机溶剂，酶和酚类底物能够得到很好的溶解，过氧化氢则可通过蠕动泵滴加到体系中，而反应产物会随分子质量的增加而沉淀出来。这样一来，反应速度得以有效提高，而且能使生成的聚合物分子质量比在纯水介质中增大几十倍，因此在环保黏合剂等的研究开发方面前景非常可观。

4.4.5 导电有机聚合物的生成

有机聚合物通常是绝缘体。1977年，Macdiarmid制备得到碘掺杂的聚乙炔，其导电率基本和金属的水平持平，有机聚合物都是绝缘体的传统观念被打破。此后人们又相继研究出聚吡咯、聚噻吩、聚苯胺等导电聚合物，其应用前景都非常可观。

辣根过氧化酶可以在与水混溶的有机介质（如丙酮、乙醇、二氧六环等）

中，催化苯胺聚合生成聚苯胺。聚苯胺具有良好的导电性能，可以用于飞行器的防雷装置，以其避免受到雷电的袭击；用于衣物的表面，起到抗静电的作用；用做雷达、屏幕等的微波吸收剂等。

4.4.6 发光有机聚合物的合成

新型光学材料在激光技术、全色显示系统、光电计算机等方面都有着非常重要的应用，可以说是当今材料科学与工程领域的研究热点之一。非线性光学材料是激光技术的物质基础之一，研究表明，和无机材料比较起来，有机非线性光学材料的倍频效应要高几百倍，激光响应时间要快上千倍。

在有机介质中，通过酶的催化作用聚合而成的聚酚类物质具有较高的三阶非线性光学系数，是一类应用前景非常可观的非线性光学材料。非线性光学材料在发光二极管的制造方面具有重要应用价值。全色显示是众人期待的一种显示系统，该系统能够发出红、黄、绿 3 种颜色光的发光二极管。目前国际上只有发出红光的二极管，而发黄光的二极管的亮度无法满足实际需求，发蓝光的二极管的研制尚处于初级阶段。辣根过氧化酶在有机介质中可以催化对苯基苯酚合成聚对苯基苯酚，将这种聚合物制成二极管，可以发出蓝光。虽然发出的蓝光的强度不是特别理想，但是其潜力已经显露出来，是一种具有良好前景的蓝光发射材料。

4.4.7 多肽的合成

在有机溶剂中利用蛋白酶催化的多肽水解逆反应、转移反应或氨解(氨基酸酯的氨解)反应可进行多肽合成。例如：在含少量水的乙醇或乙醇-乙腈混合溶剂体系中一个含 8 个氨基酸残基的寡肽衍生物可以借助于酶法来实现；丝氨酸和巯基蛋白酶(如枯草杆菌蛋白酶、蛋白酶 K、木瓜凝乳蛋白酶)等可以以酯为底物合成肽的衍生物。另外，还可根据不同的酶对底物的选择性也是不同的，来选择恰当的酶，通过逐步地加入氨基酸酯，根据肽的序列从 N 端到 C 端完成寡肽的合成。

另有报道，在含少量水的乙酸乙酯体系中可以利用固定载体化的木瓜蛋白酶来合成小肽。在甲醇与水混合体系或者二氯甲烷体系中以卡马西平(Cbz)或叔丁氧羰基(Boc)保护的 D-、L-氨基酸(或酯)为羧基组分，用木瓜蛋白酶或 α-胰凝乳蛋白酶为催化剂与 GlyNHNHPh 反应预期的光学活性的目标肽衍生物即可顺利得到。以 P-Asp-Xaa-OR[P＝Z(Z-苄氧羰基)；XaaOR＝Phe-OMe(苯丙氨酸甲酯)或 Ala-OcHex(丙氨酸-4-环己酯)]这些甜肽衍生物为模型肽，用嗜热杆菌蛋白酶在三级戊醇中进行反应合成肽。另外，以 α-胰凝乳蛋白酶和嗜热杆菌蛋白酶为催化剂，在二氯甲烷和叔戊醇中可以分别得到 Z-Tyr-Gly-Gly-OEt 和 Boc-Phe-Leu-NHNHPh，而后又用嗜热杆菌蛋白酶为催化剂在叔戊醇中将这两个片段进行缩合反应即可顺利得到亮脑啡肽前体衍生物 Z-Tyr-Gly-Gly-Leu-NHNHPh。

4.4.8 生物柴油的生产

柴油是石油化工产品，由于石油属于不可再生的能源，石油资源的短缺是世界各国都无法逃避的问题，新的可再生能源的寻求已经成为世界性的重大课题。

由动物、植物或微生物油脂与小分子醇类经过酯交换反应而得到的脂肪酸酯类物质就是生物柴油，可以代替柴油作为柴油发动机的燃料使用。生物柴油的优点主要体现在以下几个方面。

①具有优良的环保特性。主要表现在：硫含量低；不含对环境会造成污染的芳香族烷烃；含氧量高，燃烧过程中排放烟少；易降解。

②润滑性能比较好。使喷油泵、发动机缸体和连杆的磨损率低，使用寿命长。

③具有较好的低温发动机启动性能。无添加剂冷滤点达-20℃。

④具有良好的燃料性能。十六烷值高，使其燃烧性相对于柴油来说要好一些，燃烧残留物呈微酸性，使催化剂和发动机机油的使用寿命加长。

⑤具有较好的安全性能。由于闪点高，生物柴油不属于危险品的范畴，因此在运输、储存、使用方面相对于柴油来说都比较方便、安全。

⑥具有可再生性能。作为可再生能源，区别于石油储备的不可再生性，其通过农业和生物科学家的努力，生物柴油实现了可再生性。

截止到目前，一些商品化生物柴油生产基地已经相继在美国、欧洲、亚洲建立完成，生物柴油已经成功替代用燃料广泛使用。欧洲是生物柴油使用最多的地区，份额已占到成品油市场的5%，这个数字还在不断攀升。

目前，生物柴油的制作方法主要是用化学法生产的，即在酸性或碱性催化剂和高温（230～250℃）下，用动物和植物油脂、甲醇、乙醇等低碳醇进行转酯化反应，可以生成相应的脂肪酸甲酯或乙酯，再经进一步的洗涤干燥即可得出生物柴油。在生产过程中甲醇或乙醇可循环使用，其生产设备也没有特殊要求，与一般制油设备相同即可，生产过程中可产生10%左右的副产品甘油。

制作生物柴油的化学法还不够完善，其存在以下缺点：工艺复杂、醇必须过量，后续工艺中需要有相应的醇回收装置才可以，能耗高；色泽深，生物柴油不够稳定，在高温下容易变质；酯化产物不易回收，成本较高；生产过程有废碱液排放。

为了解决化学法合成生物柴油中存在的问题，人们开始研究用生物酶法合成生物柴油，即用动物油脂和低碳醇在有机溶剂介质中利用脂肪酶进行转酯化反应，相应的小分子脂肪酸甲酯及乙酯等酯类混合物得以制备出。条件温和、醇用量小、无污染排放是酶法合成生物柴油过程中的优点。

但生物酶在有机相中生产生物柴油的技术，截止到目前，该技术还有需要完善的方面，如对甲醇及乙醇的转化率仅为40%～60%；只对长链脂肪醇的酯化或转酯化有效，而对短链脂肪醇如甲醇或乙醇等转化率达不到人们的基本要求；短链醇对酶有一定毒性，酶的使用寿命非常有限；副产物甘油和水不易回收，不但对产物形成抑制，而且甘油对固定化酶有毒性，使固定化酶使用寿命短等。

综上所述，广大生物学家和化学家之所以比较关注非水介质中的酶催化反应，是因为该技术独特的优越性。许多研究工作者正致力于这一领域的探索，我们相信随着酶工程学及其相关学科的不断发展，人们会更加熟悉和掌握非水相介质的酶催化的机制，为更好地应用于各个领域打下基础。

第5章 酶反应器分析

反应器的作用是以尽可能低的成本，按一定的速度由规定的反应物制备特定产物。以酶作为催化剂进行反应所需的装置称为酶反应器。酶反应器不同于化学反应器，它是在低温、低压下发挥作用，反应时的耗能和产能也比较少。酶反应器也不同于发酵反应器，因为它不表现自催化方式，即细胞的连续再生。但是，酶反应器和其他反应器一样，都是根据它的产率和专一性来进行评价的。

5.1 酶反应器的类型与特点

根据酶催化剂类型的不同，酶反应器可分为游离酶反应器和固定化酶反应器。

根据几何形状或结构来划分，酶反应器大致可分为罐型、管型和膜型三类。每一类又有多种类型，并且有些反应器可互相组合成具有不同性能的酶反应器系统。罐型反应器内一般装配有搅拌装置，也称"搅拌罐"或发酵罐。管型反应器和膜型反应器一般用于连续操作。相对直径较大、纵向较短的管型反应器也称为塔式反应器。目前，发酵工业上广泛使用的糖化罐、液化罐等都是典型的酶反应器。

按进料和出料的方式，酶反应器可分为分批式、半分批式与连续式反应器。

按其功能结构，酶反应器可分为膜反应器、液固反应器及气液固三相反应器三大类。

常用酶反应器的类型及特点如表5-1所示。

表5-1 常用的酶反应器类型

反应器类型	适用的操作方式	适用的酶	特点
搅拌罐式反应器	分批式 流加分批式 连续式	游离酶 固定化酶	由反应罐、搅拌器和保温装置组成。设备简单，操作容易，酶与底物混合较均匀，传质阻力较小，反应比较完全，反应条件容易调节控制

续表

反应器类型	适用的操作方式	适用的酶	特点
填充床式反应器	连续式	固定化酶	设备简单,操作方便,单位体积反应床的固定化酶密度大,可以提高酶催化反应的速度。在工业生产中普遍使用
流化床反应器	分批式 流加分批式 连续式	固定化酶	流化床反应器混合均匀,传质和传热效果好,温度和 pH 的调节控制比较容易,不易堵塞,对黏度较大反应液也可进行催化反应
鼓泡式反应器	分批式 流加分批式 连续式	游离酶 固定化酶	鼓泡式反应器的结构简单,操作容易,剪切力小,混合效果好,传质、传热效率高,适合于有气体参与的反应
膜反应器	连续式	游离酶 固定化酶	膜反应器结构紧凑,集反应与分离于一体,利于连续化生产,但是容易发生浓差极化而引起膜孔阻塞,清洗比较困难
喷射式反应器	连续式	游离酶	通入高压喷射蒸汽,实现酶与底物的混合,进行高温短时催化反应,适用于某些耐高温酶的反应

5.1.1 游离酶反应器

工业上应用的大多数酶,都是价廉且不纯的催化大分子化合物水解的酶类。虽然在经济上和技术上酶能被固定化,但目前还照样应用游离酶。这是因为这些水解酶类的底物多数是带有黏性(如淀粉)或不溶于水的颗粒,难以用固定化酶反应器进行处理。所以游离酶反应器目前在工业生产上还占有极其重要的位置。

1. 搅拌罐式反应器

搅拌罐式反应器(Stirred Tank Reactor,STR)是传统形式的反应器,是目前较常使用的反应器。搅拌罐式反应器的结构如图 5-1 所示。反应器外形为圆柱形,为承受消毒时的蒸汽压力,盖和底封头为椭圆形,中心轴向位置上装有搅拌器。

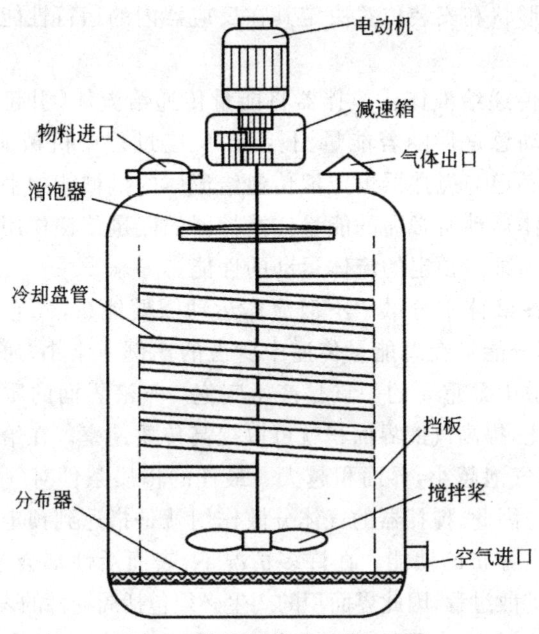

图 5-1 搅拌罐式反应器示意图

搅拌罐式反应器的基本结构包括:筒体,搅拌装置,换热装置,挡板(通常为4块),消泡装置,电动机与变速装置,空气分散装置,在壳体的适当部位设置溶氧电极、pH电极、CO_2电极、热电偶、压力表等检测装置,备有排气、取样、放料和接种口以及酸、碱管道接口和入孔、视镜等部件。

(1)反应器中的传热装置

小型搅拌罐式反应器采用夹套冷却或加热来达到控温的目的。大型搅拌罐式反应器则需要在反应器内部另加盘管。

(2)反应器中的气体分布器

搅拌罐式反应器的气体分布器置于反应器底部最底层搅拌桨叶的下面。气体分布器有带孔的平板、带孔的盘管或只是一根单管。为防止堵塞,一般孔口朝下。气体通过气体分布器从反应器底部导入,自由上升,直至碰到搅拌器底盘,与液体混合,在离心力的作用下,从中心向反应器壁发生径向运动,并在此过程中分散。

(3)反应器中的混合装置

物料的混合和气体在反应器内的分散靠搅拌和挡板来实现。搅拌器使流体产生圆周运动,称为原生流。挡板用以防止由搅拌引起的中心大漩涡。原生流受挡板的作用产生轴向运动,称为次生流。原生流速与搅拌转速成正比,次生流速近似地与搅拌转速的平方成正比,因此,当转速提高时,主要靠次生流加速流体的轴向混合,使传热传质速率提高。

搅拌器的形状和安装位置决定其在反应器内的运行性能。搅拌器具有四项作用。

①将能量传递给液体。搅拌器将能量传递给流体,引起罐内流体的运动。流体的运动总是伴随着能量消耗,在反应过程中机械能转化为热能。机械能的损失必定与搅拌器恒定地传递给流体的机械能相平衡。损失的能量就是维持流体运动所必需的能量。搅拌器的能量传递作用就是指用最少的能量来达到和维持预定的流体运动的性能。

②使气体在液体中分散。不但流体运动需要能量,气泡分散也需要能量,只不过这部分能量在总能量传递中所占的比例非常小,通常可忽略。搅拌器在气体分散中最重要的一点是产生气泡。气液界面的质量传递速度与界面面积成正比,提高气液界面积就可以提高传质速率。在给定气体流速的情况下,产生的气泡越小,界面积越大。最佳的传质条件对气泡的直径分布有一定的要求。因此,搅拌器的气体分散作用就是指达到预定的气液界面积和界面积在罐内分布的性能。在许多情况下,表面活性剂会聚集在界面上,阻碍界面上的扩散过程,因此界面积的产生必须包括周期性的表面更新要求。

③使气液分离。分离过程比分散过程更为复杂,大气泡从液体中分离出来较容易,而要分离很小的气泡却非常困难。另一方面分离过程还与流体在罐内的流动性质和反应器的形状有关。搅拌器的分离作用系指达到气液易于分离的气泡直径和气泡运动的性能。搅拌器的这项作用是与前两项作用紧密相关的。

④使底物溶液中所有组分混合。搅拌器的这项作用通常被认为是最重要的作用。底物溶液的所有组分包括悬浮的酶和气泡应尽可能地达到完全的混合。底物溶液达到理想混合时,反应器内任意一处的酶反应都是相同的,各处的温度和浓度也是均匀的。但实际上这是不可能的,因为混合的程度与流体在罐内的流动有关,流动使完全混合不可能实现。混合程度受流体旋转运动的限制。因此,搅拌器的混合作用是指在不伤害底物溶液和酶的条件下,用最小的能量达到适合酶反应进行的混合状态。

搅拌器同时决定能量传递、气体分布、气液分离和混合的状况,情况较复杂,一般其速度、形状和安装位置由实验决定。

搅拌罐式反应器又有分批式和半分批式之分。分批式是先将酶和底物一次性装入反应器,在适当温度下开始反应,反应达一定时间后,将全部反应物取出。而半分批式是将底物缓慢地加入反应器中进行反应,到一定时间后,将全部反应物取出。当反应出现底物抑制时,需采用半分批式操作。此类反应器不能进行酶的回收使用,一般在反应结束后通过加热或其他方法使酶变性除去。反应器结构简单，不需特殊设备，适于小规模生产，发酵工业通常应用这种形式的反应器。

2. 超滤膜酶反应器

超滤膜(UF)的孔径尺寸为1～100nm，可截留的相对分子质量范围为500～10000，它对游离酶和固定化酶(相对分子质量10000～100000)都有较高的截流能力。因此，超滤酶膜反应器(UFEMR)是当今人们研究的焦点，在工业中得到了大规模的应用。绝大多数商品超滤膜是不对称的，孔径沿一个方向连续变化。膜表面是一超薄层，位于一较多孔的次层上，这种结构使膜不易堵塞，有较高的流动透过率，容易清洗。膜材通常是合成聚合物和一些陶瓷材料。与聚合膜相比，陶瓷膜更耐热，更耐化学腐蚀，机械抗压性强。对具体的酶反应，选用膜材时要考虑其对酶稳定性的影响，以膜的形态、多孔结构、孔径分布、截留相对分子质量、抗化学腐蚀、耐热、耐pH、耐压和价格等参数为依据，进行多次试验。对多相酶膜反应器，Vaidya等人认为必须以在两相间形成稳定的界面为基础来选择膜材，膜的形状通常为平板状、管状、螺旋状和中空纤维状。

常用的超滤膜酶反应器的结构如图5-2所示。采用这种形式的反应器时，酶反应器中的膜只起分离作用，分离区与反应区是分开的，通常酶或细胞呈游离状态，与膜直接接触。反应器中底物溶液靠压力差垂直透过膜面，产物在底物溶液流过膜表面时透过膜并排出系统，流经膜的底物溶液通过泵返回反应区域。因为酶处于水溶液状态，是非透过性的，而膜只允许小分子产物透过，所以酶被截留回收重新使用，从而可节省用酶，特别适用于价格较高的酶。这种反应器可用于分批操作，也可运用于连续操作。所谓连续操作即一边连续地将底物加到反应器中，一边连续地排出反应产物。

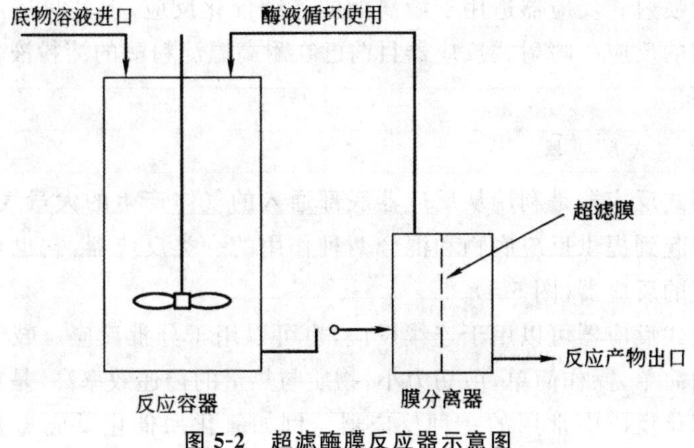

图5-2　超滤酶膜反应器示意图

采用超滤膜反应器进行游离酶的催化反应，可以集反应与分离于一体，一方面酶可以回收循环使用，提高酶的使用效率，特别适用于价格较高的酶；另一方面反应产物可以连续地排出，对于产物对催化活性有抑制作用的酶来说，就可以降低甚至消除产物引起的抑制作用，从而可以显著提高酶催化反应的速度。在实验研究中，超滤膜酶反应器是研究反应动力学、产物抑制、底物抑制、酶失活的一种强有力手段。然而分离膜在使用一段时间后，酶和杂质容易吸附在膜上，不但造成酶的损失，而且会由于浓差极化而影响分离速度和分离效果。

3. 喷射式反应器

喷射式反应器是利用高压蒸汽的喷射作用，实现酶与底物的混合，是进行高温短时催化反应的一种反应器（图 5-3）。

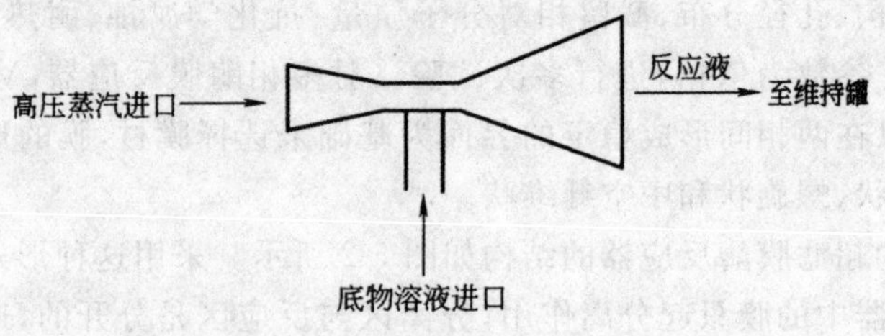

图 5-3　喷射式反应器示意图

喷射式反应器由喷射器和维持罐组成，酶与底物在喷射器中混合，进行高温短时催化，当混合液从喷射器中喷出以后，温度迅速降低到 90℃左右，在维持罐中继续进行催化作用。

喷射式反应器结构简单，体积小，混合均匀，由于温度高，催化反应速度快，催化效率高，故可在短时间内完成催化反应。

尽管喷射式反应器适用于游离酶的连续催化反应，但其只适用于某些耐高温酶的反应。喷射式反应器目前已在耐高温淀粉酶的淀粉液化反应中广泛应用。

4. 鼓泡式反应器

鼓泡式反应器是利用从反应器底部通入的气体产生的大量气泡，在上升过程中起到提供反应底物和混合两种作用的一类反应器，它也是一种无搅拌装置的反应器（图 5-4）。

鼓泡式反应器可以用于连续反应，也可以用于分批反应。鼓泡式反应器的结构简单，操作简单，剪切力小，物质与热量的传递效率高，是有气体参与的酶催化反应中常用的一种反应器。例如氧化酶催化反应需要供给氧气，羧化酶的催化反应需要供给二氧化碳等，均需要采用鼓泡式反应器。

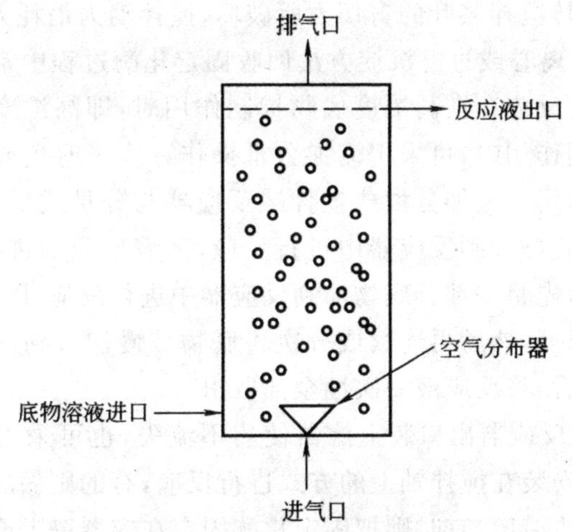

图 5-4 鼓泡式反应器示意图

鼓泡式反应器在操作时，气体和底物从反应器底部进入，通常气体需要通过分布器进行分布，以使气体产生小气泡分散而均匀。有时气体可以采用切线方向进入，以改变流体流动方向和流动状态，以利于物质和热量的传递和酶的催化反应。

5.1.2 固定化酶反应器

1. 搅拌罐型反应器

搅拌罐型反应器可分为分批搅拌罐式反应器（Batch Stirred Tank Reactor，BSTR）和连续搅拌罐式反应器（Continuous Stirred Tank Reactor，CSTR）（图 5-5）。

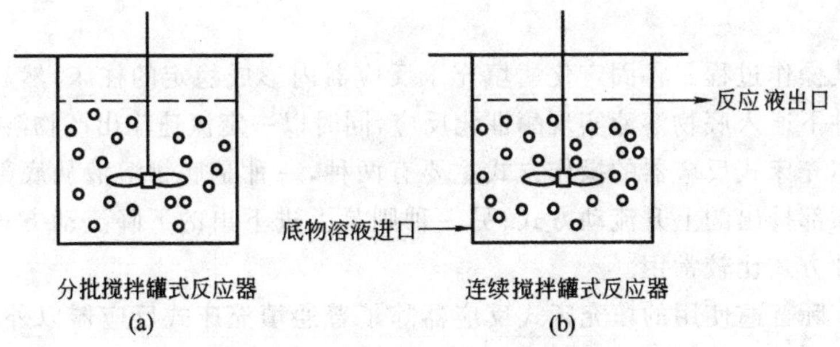

图 5-5 搅拌罐型反应器示意图

这类反应器的特点是内容物的混合是充分均匀的。无论哪一种都具有结构简单，温度和 pH 容易控制，适用于受底物抑制的反应，传质阻力较低，能处理胶体状底物及不溶性底物和固定化酶易更换等优点。但反应效率较低，载体易被旋转搅拌桨叶的剪切力所破坏，搅拌动力消耗大。

BSTR在用离心或过滤沉淀方法回收固定化酶过程中常易造成酶的失效损失。当酶促反应存在高浓度底物抑制作用时，即高浓度底物对酶的催化活力产生抑制作用时，可采用流加分批操作方式来避免或尽量减少高浓度底物的抑制作用。流加分批式搅拌罐反应器与分批式反应器相同，操作时，先将一部分底物加到反应器中进行反应，随着反应的进行，底物浓度逐步降低，操作时，先将一部分底物加到反应器中进行反应，随着反应的进行，底物浓度逐步降低，然后再连续或分次将底物缓慢加入到反应器中进行反应，待反应结束后，将反应液一次性全部取出。

CSTR常在反应器出口装上滤器使酶不流失，也可采用尼龙网罩住固定化酶，再将袋安装在搅拌轴上的方式进行反应，有的则做成磁性固定化酶粒，借助磁吸方法滞留，有时则把固定化酶固定在容器壁上或搅拌轴上。为了达到有效的混合，也可把多个搅拌罐串联起来组成串联反应器组。

2. 填充床式反应器

填充床式反应器(Packed Column Reactor，PCR)是把颗粒状或片状固定化酶填充于填充床(也称固定床，床可直立或平放)内，底物按一定方向以恒定速度通过反应床[图5-6(a)]。

它是一种单位体积催化剂负荷量多、效率高的反应器。目前填充床式反应器是工业生产及研究中应用最为普遍的反应器。与连续流搅拌罐式反应器(CSTR)相反，有另一类理想的、没有返混的反应器，称为活塞流反应器(Plug Flow Reactor，PFR)。在其横截面上液体流动速度完全相同，沿流动方向底物及产物的浓度是逐渐变化的，但同一横切面上浓度是一致的，因此，称为活塞流反应器。高(长)径比较大的管式反应器，接近于活塞流反应器。

其操作过程是将固定化酶填充于反应器内形成稳定的柱床，然后在一定条件下通入底物溶液实现酶催化反应，同时以一定流速输出产物溶液。

填充床式反应器的操作方式主要有两种，一种是底物溶液从底部进入而由顶部排出的上升流动方式；另一种则是上进下出的下降流动方式。以第一种方式比较常用。

实际普遍使用的填充床式反应器除了普通填充床式反应器以外，还有带循环的填充床式反应器和列管式填充床式反应器，如图5-6(b)和(c)所示。①

① 邢淑婕．酶工程．北京：高等教育出版社，2008：108

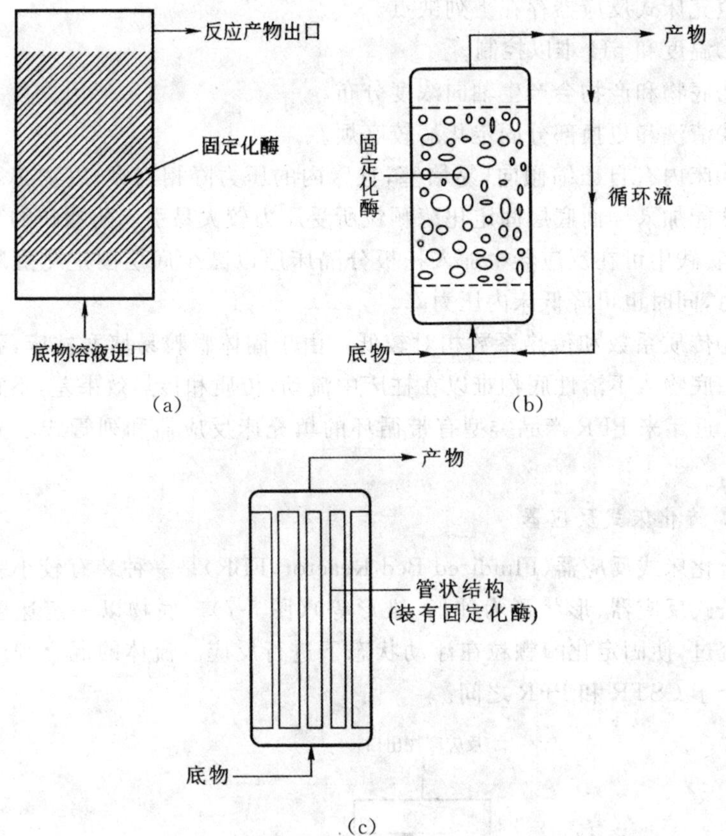

图 5-6　填充床式反应器示意图

(a)普通填充床式反应器;(b)带循环的填充床式反应器;(c)列管式填充床式反应器

填充床式反应器可使用高浓度的催化剂,反应产生的产物和抑制剂可从反应器中不断地流出。由于产物浓度沿反应器长度是逐渐增高的,因此与 CSTR 相比,可减少产物的抑制作用。

填充床式反应器具有以下优点。

①单位体积反应器容积的固定化酶颗粒装填密度高,最高可达 74%(应用时一般为 50%~60%)。

②剪切力小,适用于容易磨损的各种形状的固定化酶和不含固体颗粒、黏度较小的底物溶液。

③构造简单,操作方便。

④反应器内流体状态接近于平推流,酶催化反应能力较强。

⑤由于产物浓度沿反应器长度的方向是逐渐增高的,因此可减少产物的抑制作用。

填充床式反应器存在下列缺点。

①温度和 pH 难以控制。

②底物和产物会产生轴向浓度分布。

③清洗和更换部分固定化酶较麻烦。

④床内有自压缩倾向，易堵塞，且床内的压力降相当大，底物必须在加压下才能加入。而底层固定化酶颗粒所受压力较大易引起酶颗粒的变形或破碎，实践中可在反应器中加入托板分隔床层以减少底层固定化酶颗粒所受压力，同时也可降低床内压力降。

⑤传质系数和传热系数相对较低。由于固体颗粒易堵塞柱床，黏度大的胶态底物或不溶性底物难以在柱床中流动，传质和传热效果差，不宜采用 PFR。近年来 PFR 产品类型有带循环的填充床反应器和列管式填充床反应器。

3. 流化床式反应器

流化床式反应器（Fluidized Bed Reactor，FBR）是一种装有较小颗粒的垂直塔式反应器（形状可为柱形、锥形等）（图 5-7）。底物以一定速度由下向上流过，使固定化酶颗粒在浮动状态下进行反应。流体的混合程度可认为是介于 CSTR 和 PFR 之间。

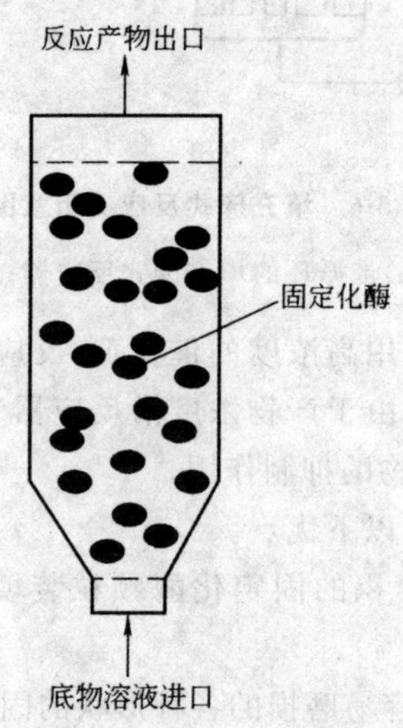

图 5-7　流化床式反应器

流化床式反应器在操作时，先将小颗粒状固定化酶置于反应器中，底物溶液以足够大的流速从反应器底部连续通入，并向上通过固定化酶柱床，固定化酶颗粒开始依靠流体的作用在保持悬浮翻动状态下进行催化反应，反应液同时从反应器的顶（上）部连续排出。

在应用时,要注意控制好底物溶液和反应液的流动速度。流速过低,难于保持固定化酶的悬浮翻动状态;流速过高,催化反应不完全,甚至会使固定化酶的结构遭到破坏。为了保证一定的流速,并使催化反应更为完全,必要时流出的反应液可部分循环进入反应器。

它具有下列优点。

①混合均匀,具有良好的传质及传热的性能,pH 、温度控制及气体的供给比较容易。

②不易堵塞,可适用于处理黏度高的液体。

③能处理粉末状底物。

④即使应用细粒子的催化剂,压力降也不会很高。

但其也有如下缺点。

①需保持一定的流速,运转成本高,难于放大。

②由于颗粒酶处于流动状态,因此易导致粒子的机械破损。

③因为流化床的空隙体积大,所以酶的浓度不高。

④由于底物的高速流动使酶冲出,从而降低了转化率。使底物进行循环是避免催化剂冲出、使底物完全转化成产物的常用方法。也可以使用几个流化床组成的反应器组或使用锥形流化床反应器。

4. 膜型反应器

由膜状或板状固定化酶或固定化微生物组装的反应器均称为膜型反应器。固定化酶膜型反应器是以膜作为固定化酶的载体,酶通过吸附、交联、包埋、化学键合等方式被“束缚”在膜上,在进行酶促反应的同时,利用膜的选择性透过作用,在有外推力(压差、电位差等)的情况下,实现产品的分离、浓缩和酶的回收再利用。可以说酶膜反应器集催化反应、产物分级、分离与浓缩以及催化剂回收于一体。

(1)酶膜反应器的分类

根据酶的存在状态,可以把酶膜反应器分为游离态和固定化酶膜反应器。游离态酶膜反应器中的酶均匀地分布于反应物相中,酶促反应在等于或接近本征动力学的状态下进行,但酶容易发生剪切失活或泡沫变性,装置性能受浓差极化和膜污染的影响显著,如前面讲的超滤膜酶反应器。在固定化酶膜反应器中,酶被装填在膜上,密度较高,反应器的稳定性和生产能力大幅度增加,产品纯度和质量提高,废物生成量减少。但酶往往分布不均匀,传质阻力也较大。

根据液相数目的不同,可以把酶膜反应器分为单液相和双液相酶膜反应器。单液相酶膜反应器多用于底物相对分子质量比产物大,产物和底物能够溶于同一种溶剂的场合。双液相酶膜反应器多用于酶促反应涉及两种或两种以上的底物，而底物之间或底物与产物之间的溶解行为相差很大的场合。

根据反应与分离的耦合方式的不同，可以把酶膜反应器分为一体式酶膜反应器和循环式酶膜反应器。在一体式酶膜反应器中，系统通常包含一个搅拌罐式反应器加上一个膜分离单元。在循环式酶膜反应器中，膜既作为酶的载体，同时又构成分离单元。

根据膜的亲水疏水性以及膜的结构形态不同，可以把酶膜反应器分为对称膜、非对称膜和复合膜等多种。

根据膜组件型式的不同，可将酶膜反应器分为平板式、螺旋卷式、转盘式、空心管式和中空纤维式酶膜反应器五种（图 5-8）。

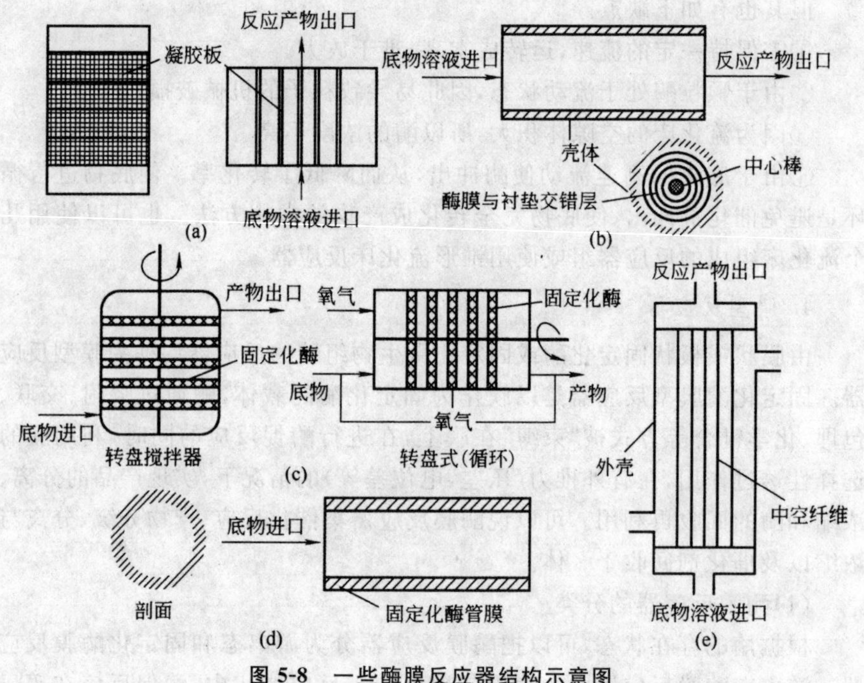

图 5-8　一些酶膜反应器结构示意图

(a)平板式；(b)螺旋卷式；(c)转盘式；(d)空心管式；(e)中空纤维式

平板式膜和螺旋卷绕膜与膜分离中的装置没有什么不同，平板式膜安装较麻烦，但通常不易阻塞，可用于含少量固体的反应液。平板式由多层带膜的平板重叠组成，各层自有出口。当个别膜损坏时便于检查并更换损坏的膜，其他层的膜仍可保留使用。市售平板膜大多数为不对称膜，孔径在一个方向上连续变化。膜的表面是一超薄层，下面是多孔性物质，膜的使用具有方向性。基于这种独特构造，这种膜抗阻塞能力较强，允许的透过速率高，且易于清洗。

螺旋卷绕膜通道较窄，易阻塞，不宜用于含固体的反应液，当膜损坏时需整体换掉，费用较大。但螺旋卷绕式膜反应器占地体积较小，易于安装，操作方便。

转盘式固定化酶反应器以包埋法为主，先制备成固定化酶凝胶薄板（成型为圆盘状或叶片状），然后把许多圆盘状（或叶片状）凝胶板装配在旋转轴上，并把整个装置浸在底物溶液中，此类反应器更换催化剂较方便。转盘式固定化酶反应器有立式和卧式两种，卧式反应器则是1/3浸泡在底物溶液中，剩余2/3被通入的气体所占领。对于需氧反应，或者当反应会产生挥发性生成物或副产物（此类物质对酶有害）时，可采用此反应器。因为这些有害产物可被气体带走。此反应器目前已广泛用于废水处理装置中。

空心管式酶膜反应器的酶是固定在细管的内壁上的，底物溶液流经细管时，只有与管壁接触的部分进行酶反应。管内径一般在1mm左右。管内流动属于层流，管式膜件清洗方便，但是作用面积较小。这种反应器除了工业上应用外，更多的则是与自动分析仪等组接在一起，用于定量分析。

中空纤维膜反应器是目前应用较广的。在这类膜中，酶结合于半透性的中空纤维上。半透膜可透过小相对分子质量的产物和底物，截留相对分子质量较大的酶。中空纤维膜的管径很小，因此比表面积较大，并能承受较大的压力。如果反应器的长度较长，反应物在反应器内的停留时间就长，轴向浓度差大，对细胞来说入口处营养丰富，出口处营养不足，这对生物反应是不利的，因此通常采用周期性更换流向的操作方法来弥补。物料通过管式中空纤维膜反应器的方式有两种：一种为反冲式，另一种为反循环式。反冲式是反应液自纤维外室压入，反循环则是根据压力差在纤维的上部底物由内向外流动，而下半部则由外反流入内。通常每个中空纤维膜组件中含1000～12000根纤维膜，其外形和结构与列管式换热器或蜂窝形催化剂相同（内径200～500μm，外径300～900μm）。

随着多膜反应器的应用的增多，现在以酶和底物的接触机制来对各种酶膜反应器进行分类，可分为直接接触式酶膜反应器、扩散型酶膜反应器、多相酶膜反应器（如油脂水解反应器）。

①直接接触式酶膜反应器。直接接触式酶膜反应器是指酶与底物直接接触，即底物直接引入包含有酶的膜一侧。在这种反应器中，一旦将底物引入反应器中，可溶性酶就能直接与之作用。酶可以是游离的，也可以是固定化的，这类反应器又可以分为三类（图5-9）：图中（a）为循环式膜反应器；（b）为死端式膜反应器；（c）为渗析膜反应器。

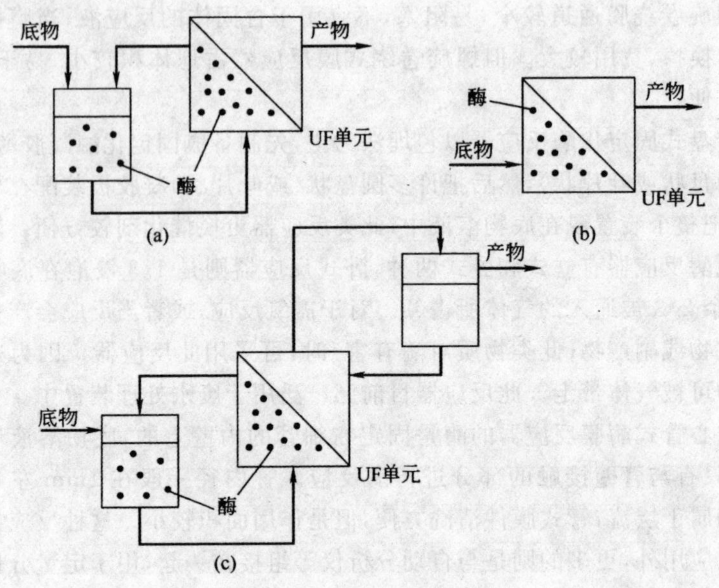

图 5-9　直接接触式酶膜反应器类型

(a)循环式膜反应器;(b)死端式膜反应器;(c)渗析膜反应器

②扩散型膜反应器。扩散型膜反应器是指底物经一个简单的正相扩散步骤通过膜的微孔,达到邻近的酶所处的单元的反应器。因此,这种反应器仅仅允许低相对分子质量的底物通过膜。反应后,产物扩散通过膜之后与底物混合并循环。中空纤维膜反应器组件一般采用这种形式。在浓度梯度的推动下,溶质渗透通过膜,因此这类膜反应器主要用作渗析器,并且酶处于壳层外。同前述的反应器相比,这类反应器由于受扩散机理的限制,具有一些明显的缺点。在扩散型膜反应器中,底物渗透通过膜的步骤是速度控制步骤。根据过程流体向邻近膜流动的轨迹,这类膜反应器又可以分为三类(图 5-10):图中(a)为单程式,(b)为单程/循环式,(c)为双循环式。

在图 5-10(a)中,酶没有参加循环,而在图 5-10(b)和(c)中,含酶物料也参与了循环。底物的输送既可以如图 5-10(a)、(b)那样单通道输入,也可以如图 5-10(c)那样循环输入。

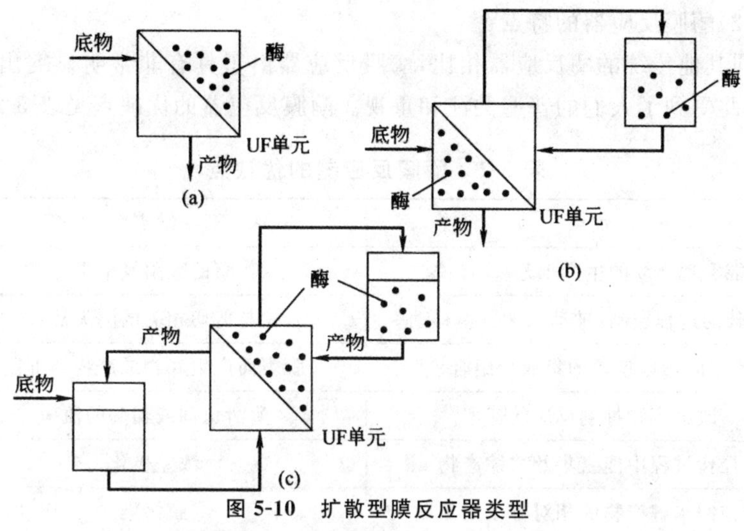

图 5-10 扩散型膜反应器类型

(a)为单程式;(b)为单程/循环式;(c)为双循环式

③多相酶膜反应器。多相酶膜反应器是指那些能够促进酶与底物在膜界面相接触的反应器。在这类反应器中,底物与产物处于不同的相中。同界面传递一样,扩散步骤为其速度控制步骤。膜常常充当用于分隔存储产物或底物的容器的两相(极性或非极性)界面支撑体。膜起到分隔两相、提供接触界面、同酶一起充当界面催化剂的作用。在实际操作中经常用到多相酶膜反应器,特别是酶需要界面活化时,其作用尤为重要。

多相膜反应器可分为三类(图 5-11):(a)为双单程式;(b)为单程/循环式;(c)为双循环式。

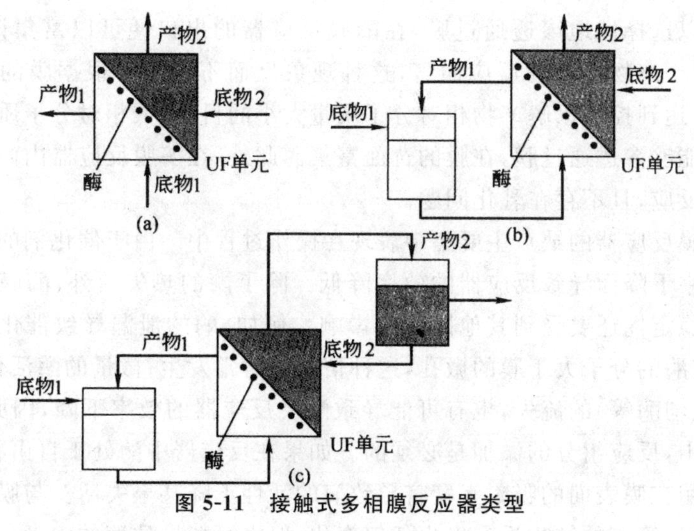

图 5-11 接触式多相膜反应器类型

(a)为双单程式;(b)为单程/循环式;(c)为双循环式

(2)酶膜反应器的特点

同其他传统的酶反应器相比,酶膜反应器由于具有非常明显突出的优点,因此受到了人们的普遍关注和重视。酶膜反应器的优缺点见表 5-2。

表 5-2 酶膜反应器的优缺点

优点	缺点
能实现连续的生产工艺/高产率	酶的吸附及中毒
更佳的过程控制/推动化学平衡移动	与剪切相关的酶失活
不同操作单元的集成与组合	膜表面产生底物或产物的抑制
改善产物抑制反应的速率	酶活化剂或辅酶的流失
操作过程中能富集及浓缩产物	浓差极化
控制水解产物的相对分子质量	膜污染
实现多相反应	酶的泄漏
研究酶机理的理想手段	

由表 5-2 可见:①酶膜反应器的最大优点是可以连续操作,并且能够极大限度地利用酶,因此可以提高产量并且节约成本。②酶膜反应器能够在线将产物从反应媒介中分离,这一点对于产物抑制酶催化的反应尤其重要。例如,对于受化学平衡限制的反应,能够使化学平衡发生移动。③通过膜的微孔,产品被在线分离,因此,酶膜反应器中的反应速率快,反应物的转化率高。④在连续或歧化反应中,如果膜对某种产物具有选择性,那么,这种产物就可以选择性地渗透通过膜,在酶膜反应器的出口便可以富集该产物。当然,对于产物抑制的反应而言,这种现象反而不利。⑤根据膜的截留性能,可以达到控制水解产物相对分子质量大小的目的,低相对分子质量的水解产物能够渗透通过膜,在膜的背面富集。此外,在酶膜反应器内尚可以进行两相反应,且不存在乳化问题。

酶膜反应器的缺点主要集中表现在操作过程中。由于催化剂的失活及传质效率下降而导致反应器的效率降低。除了酶的热失活外,酶膜反应器中酶的稳定性还要受到其他因素的影响。例如,酶的泄漏导致催化活性下降,即使酶的分子大于膜的微孔,这种情况也时常发生;微量的酶活化剂(金属离子、辅酶等)的流失,也有可能导致酶膜反应器的效率下降,因此,在反应过程中,反应组分的添加是必须的。如果在反应器中酶处于自由状态(游离态),酶在膜表面的吸附无疑将导致酶的活性下降甚至失活。与膜相接触时,有时尽管酶的结构没有发生任何变化,但也可能导致酶的中毒。也就是说，膜的形态可能影响到酶的稳定性。在超滤膜组件或反应器中，酶分子会受到剪切力的作用或者与膜反应器的内表面发生摩擦。有研究表明，酶的活性随搅拌的速率或循环速率的增加而下降。此外，伴随强剪切现象的其他一些现象，如界面失活、吸附、局部热效应、空气、卷吸等，也可能导致酶的失活。将酶固定于膜表面，随着产物或者底物在邻近膜表面以凝胶层的形式积聚，可能会导致酶的抑制现象加剧。不管由于上述哪种因素导致酶的稳定性下降，添加新鲜的酶是维持反应连续稳定进行的必要条件。。

在操作过程中传质效率的下降也限制了酶膜反应器的应用。在操作过程中，控制浓差极化现象的发生及膜的污染是维持稳定的渗透通量及产物量的重要条件。

(3)酶膜反应器的应用

酶膜反应器常用在大分子的水解、辅基再生系统的共轭反应、有机相酶催化和手性拆分与手性合成等方面。

①大分子的水解。用于酶膜反应器的生物大分子包括蛋白质、多糖等，主要工作集中在淀粉、纤维素、蛋白质等的水解方面。设计这类反应器的主要目标是截留大分子的底物，分离出低相对分子质量的产品。这就要求采用酶膜反应器，使酶和底物直接接触，利用膜的筛分作用，将相对分子质量较大的生物大分子与相对分子质量较小的水解产物实现原位分离，以部分甚至全部消除产物抑制。此外，酶膜反应器还可以用来控制反应的深度。

这方面的应用实例多集中在农业及食品领域，包括通过果胶酶水解来降低果汁黏度；通过将乳糖转化为可以消化的糖类来降低牛乳和乳清中乳糖的含量；通过多酚化合物和花色素的转化来进行白酒的处理；从牛乳制品中去除过氧化物等。

②辅基再生系统的共轭反应。酶膜反应器越来越多地用于不同纯度的化合物包括光学活性物质的合成。有些酶在进行反应时需要辅基、辅酶或ATP来协助完成共价键的生成、能量传递、基团转移和氧化还原反应。但是这些辅基通常价格昂贵，所以在实际生产中应用酶膜反应器来实现辅基的再生，近年来有大量的研究报道。

酶膜反应器使辅基再生，一般是采用共轭酶系统或共轭底物法。辅酶的需要量只要满足反应所需量即可。采用共轭酶系统，要求有辅基再生酶和较便宜的辅助底物。此酶利用这种辅助底物生成主反应消耗掉的辅基。选择辅基再生酶时，关键要考虑副产物去除的难易程度和反应平衡。醇、乳酸或葡萄糖脱氢酶都常被选用为辅基再生酶。采用共轭底物法，即一种酶催化两种不同的底物，一个反应产生的辅基补充另一个反应辅基的消耗。例如在醇脱氢酶合成外激素的主反应中，可以由另一辅助底物异丙醇在同种酶的催化下生成主反应所需的 $NADP^+$。

根据反应器的构造和膜的多孔性，辅基可以通过共价键结合到聚合物（如 PEG）上，使其截留在膜的一侧，通过分子筛或静电斥力固定或处于游离状态。这种辅基再生反应器可用来合成如 NADPH、氨基酸、醇、酸、6-磷酸葡萄糖、乙醛、乳酸酯和内酯等。以丙酮酸为底物在 *L*-丙氨酸脱氢酶的作用下生成 *L*-丙氨酸，目前已进行大规模的生产应用。也可以通过副反应甲酸脱氢酶氧化甲酸实现 NAD^+ 到 $NADP^+$ 的再生。将 NADH 固定在 PEG 上，每一辅基分子循环利用可达 500000 次。由于酶膜反应器能较容易地实现多种酶的同时固定，因此对多酶催化的顺序反应也很有意义。

③有机相酶催化、手性拆分与手性合成。由于有机溶剂中含水量较少，水解副反应大大受到抑制；在有机溶剂中能够发生一些水相中不能发生的酶促反应；在有机溶剂中酶的底物选择性、立体选择性、化学选择性等发生显著变化，所以有机相酶催化在最近得到了迅速发展。有机相酶催化研究最多的是脂肪酶，涉及的反应类型有酯的水解、酯的合成和酯交换等。脂肪酶属于界面活性酶，它在相界面激活时起作用，有利于酶和底物的界面接触，所以在酶膜反应器尤其是在多相酶膜反应器中脂肪酶的活性显著提高。在这类酶反应器中，膜的一侧是油相（有机相），另一侧缓冲液不停流动。疏水性的膜材被油相浸湿，亲水性的膜材被水相浸湿，反应在界面上发生。脂肪酶可固定在膜的一侧。还可以用两块分别是亲水的和疏水的膜隔离出一酶反应室。水通过亲水膜进入反应室，大豆油通过疏水膜渗透入反应室，生成的甘油和脂肪酸重新通过膜扩散回水相、油相再循环。

根据有机溶剂的不同，酶膜反应器在有机相酶催化中的应用有三种形式：单相体系、双相体系和反胶团体系。

在单相体系中，多孔膜上含有底物的有机溶剂在膜的一侧通入，反应后的产物通过筛分作用通过膜孔达到另一侧。Tsai 等用一种疏水性的高分子膜 HVHP、PTHK 和 PTGC 通过物理吸附法固定脂肪酶，在带有搅拌的扩散反应器中进行了橄榄油水解实验。他们考察了酶和底物浓度对水解速率的影响，发现酶活性在 6d 左右的时间内急剧下降，判断其原因是由于酶的失活、产物抑制以及产物在膜与有机相界面处的吸附所致。

在双相体系中，有机相和水相分别在膜的一侧流动。酶游离于其中一相或固定在膜上。该类酶膜反应器又可以称为双液相酶膜反应器、萃取酶膜反应器或多相酶膜反应器。Matson 在多相酶膜反应器领域开展了不少开拓性工作，如氨基酸拆分、手性药物中间体的合成等。李树本等在碱催化连续原位消旋条件下，利用脂肪酶催化的萘普生甲酯立体选择性反应，动态拆分制备 S-萘普生。使用疏水硅橡胶膜隔离酶催化拆分和碱催化消旋反应，解决了常规动态拆分中酶催化剂容易变性失活的问题。忠义等以溶解于正辛醇中的 *N*-乙酰-D，L-苯丙氨酸乙酯消旋混合物为底物，以磷酸盐缓冲溶液为萃取剂，将从 *Aspergillus melleus* 中提取的氨基酰化酶固定于聚丙烯腈中空纤维膜上作为催化剂，通过膜反应萃取过程，实现了 L-苯丙氨酸的高效手性合成。Drioli 利用固定有脂肪酶的多相酶膜反应器进行了萘普生消旋混合物的拆分。其所用膜材料为聚酰胺，萘普生的酯类底物溶解在有机相中，生成的产物被萃取进入水相。

由于反胶团内存在微水池，可以为酶创造良好的水性微环境，因此反胶团酶催化逐渐成为研究热点。但由于反胶团难以与底物和产物分离而污染反应系统，一度成为制约反胶团应用的瓶颈。引入膜来截留反胶团则可以较好地解决这一问题。据报道，将胰蛋白酶包囊化于溴化十四烷基三甲胺(TTAB)/庚烷/正辛醇反胶团中，以易溶于水中的亮氨酰胺和易溶于有机相的乙酰苯丙氨酸乙酯为底物，在陶瓷膜反应器中进行二肽 AC—Phe—Leu—NH_2 的合成。由于二肽能够选择性地从反应体系中沉淀析出，从而实现了酶促反应与产物分离的有效集成，二肽收率达到 70%～80%，纯度>92%，单位酶、单位时间二肽的产量为 20g/(g・d)，酶的催化活性在 7d 内基本不衰减。但多数情况下，由于反胶团系统的不稳定性以及体系中存在构成反胶团的表面活性剂单体，往往给膜的有效截留带来了相当大的困难。为此，Khmelnitsky 等采用了将反胶团首先聚合的办法，有效地避免了表面活性剂的污染，但这要以过程的复杂性增加为代价。

随着材料科学的发展，酶的催化性能和膜的性能逐步提高，再加上高效固定化技术的开发以及过程设计的不断优化，酶膜反应器将发挥出越来越高的应用效率，其应用领域也将会不断拓展。

5. 鼓泡式反应器

鼓泡式反应器是以气体为分散相、液体为连续相，涉及气-液界面的酶反应器。液相中常包含悬浮固体颗粒，如固体营养基质、微生物等。鼓泡式反应器结构简单，易于操作，操作成本低，混合和传质传热性能较好，而且鼓泡式反应器内无传动部件，容易密封，对保持无菌条件有利。

鼓泡式反应器的高径比一般较大，高径比大的反应器习惯上称为塔，也称鼓泡塔反应器，其示意见图 5-12。鼓泡塔的高径比通常大于 6。通常气体从塔底的气体分布器进入，连续或循环操作时液体与气体以并流的方式进入反应器，气泡的上升速度大于周围的液体上升速度，形成流体循环，促使气液表面更新，起到混合的作用。通气量较大或泡沫较多时，应当放大塔体上部的体积，以利于气液分离。

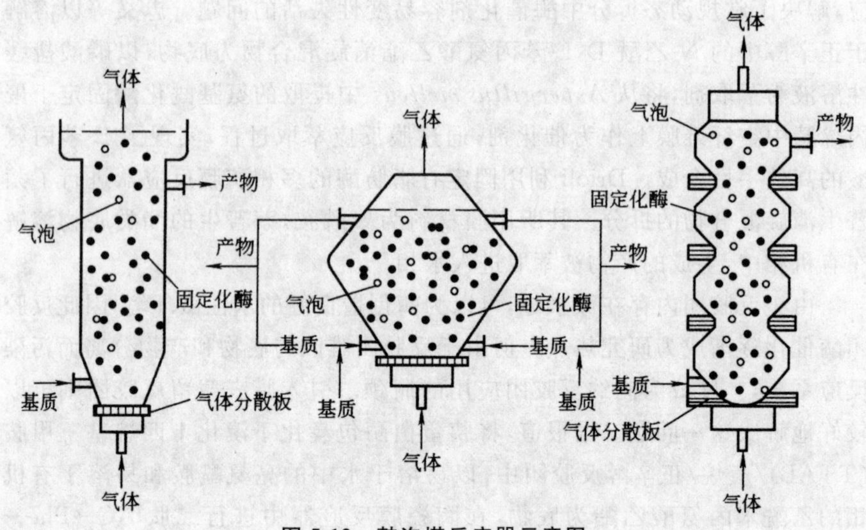

图 5-12　鼓泡塔反应器示意图

鼓泡式反应器的性能可以通过添加或改变一些装置得到调整，以适应不同的要求，例如添加多级塔板或填充物可改善传质效果，增加管道促使循环，以及改变空气分布器的类型等。空气分布器分为两大类，分别为静态式(仅有气相从喷嘴喷出)和动态式(气液两相均从喷嘴喷出)。

一些无载体固定化增殖细胞反应器也采用塔形反应器。把固定化酶放入反应器内，底物与气体从底部进入。通常，气体进入反应器前后经过气体分散板得到充分分散，有时，甚至和循环液从底部以切线方向进入，以促使反应器的流动状态符合要求。①

5.2　酶反应器的选择与设计

5.2.1　酶反应器的选择

酶反应器多种多样，不同的反应器特点各不相同。在实际应用时，应当根据酶、底物和产物的理化性质以及操作条件和操作要求的不同来进行选择。同时，选择使用的反应器应具有结构简单、操作简便、便于维护和清洗、可以适用于多种酶的催化反应、制造成本和运行成本较低等特点。

1. 根据酶的应用形式选择酶反应器

随着酶的分离纯化和固定化技术的进步，酶的应用形式也在不断地得

① 陈宁．酶工程．北京：中国轻工业出版社，2014：174～185

到改善。对酶反应器而言，由于底物和目标产物不同，酶反应器的选择必须考虑酶的应用形式。应用各种酶进行催化反应时，酶的应用形式主要有游离酶和固定化酶两种形式。酶的应用形式不同，可以使用的酶反应器的类型亦各不相同。

游离酶在进行酶催化反应时，与底物一起溶解在反应溶液中，通过相互作用进行催化反应。可以用于游离酶催化反应的酶反应器主要有搅拌罐式反应器、鼓泡式反应器、膜型反应器和喷射式反应器等。

游离酶催化反应使用最多的是搅拌罐式反应器。对于那些产量有限、价格昂贵的酶，酶的回收利用显得特别重要，可采用超滤酶膜式反应器；对于那些有气体参与的酶催化反应，则可以选择鼓泡式反应器；对于一些耐高温酶（如耐高温 α-淀粉酶），则可选用喷射式反应器。

可用于固定化酶的反应器主要有搅拌罐型反应器、填充床式反应器、流化床式反应器、膜型反应器和鼓泡式反应器等。固定化酶反应器的选择，应根据固定化酶的形状、颗粒大小和稳定性的不同等进行选择。固定化酶的形状有颗粒状、平板状、直管状、螺旋状等。颗粒状固定化酶在选择酶反应器时则应考虑固定化酶颗粒的大小和其稳定性。搅拌罐型反应器由于搅拌桨叶剪切力较大，混合剧烈，故只能用于那些结合比较牢固、载体机械强度高的固定化酶。流化床式反应器和鼓泡式反应器为使固定化酶颗粒保持悬浮混匀状态，固定化酶颗粒不宜太大，密度以接近液体密度为好。固定床式反应器底部固定化酶所受压力较大，固定化酶应具有一定的机械强度，此外颗粒不能太小，以免流体阻力过大和堵塞反应器。平板状、直管状、螺旋状的固定化酶则主要采用膜型反应器等。

2. 根据酶反应动力学性质选择酶反应器

酶反应动力学是酶反应器选择的重要依据。从酶反应动力学的角度选择酶反应器，主要考虑酶与底物的混合程度、底物浓度对酶催化反应速度的影响、反应产物对酶催化反应的抑制作用以及酶作用的温度条件等因素。

从酶与底物的混合程度考虑，搅拌罐式反应器、流化床式反应器和鼓泡式反应器具有较好的混合效果，固定床式反应器和膜型反应器的混合效果较差。在使用膜型反应器时，可通过采用辅助搅拌或其他方法来提高混合效果，以防止浓度差极化。

底物浓度对酶反应速度具有显著影响。通常情况下，酶催化反应速度随底物浓度的增加而升高，所以在酶催化反应过程中底物浓度通常都保持在较高的水平。但是有些酶的底物浓度过高时，会对酶催化反应产生抑制作用。对于具有高浓度底物抑制作用的游离酶，可以选用分批搅拌罐式反应器，采取流加操作方式进行反应；也可以选用游离酶膜式反应器，控制底物浓度进行连续催化反应。对于具有高浓度底物抑制作用的固定化酶,可以选用连续搅拌罐式反应器、填充床式反应器、流化床式反应器和膜型反应器,控制一定的底物浓度进行连续催化反应。

有些酶催化反应,其反应产物对酶具有反馈抑制作用。对于具有产物抑制作用的游离酶,可以选用超滤酶膜式反应器。对于具有产物抑制作用的固定化酶,可以选用固定床式反应器,因为填充床式反应器中产物的浓度是逐渐升高的,只在出口处产物浓度较高,而在进口处产物浓度较低,反馈抑制作用较弱。

大多数酶都在常温(30～70℃)下进行反应,温度一般不会成为影响酶反应速度的限制因素。但有些酶需在高温下进行反应,则最好选用喷射式反应器。①

3. 根据底物或产物的理化性质选择酶反应器

在酶催化反应过程中,底物和产物的理化性质会直接影响酶催化反应的速率。因此,底物或产物的理化性质,如分子质量大小、溶解性、黏度、挥发性等,也是选择酶反应器的重要依据。

根据溶解性,可将底物分为三种类型,即可溶性底物(包括乳浊液)、不溶性底物(颗粒状底物)和胶体底物。颗粒状底物和黏度较高的胶体底物,应当选择搅拌罐式反应器和流化床式反应器,而不宜采用填充床式反应器和膜型反应器,以免造成堵塞。

当产物分子质量较小时,可选用膜型反应器,因为小分子产物可通过多孔膜,而酶或大分子底物可被截留,从而可实现产物的在线分离。

当底物为气体时,则可选用鼓泡式反应器,以减少或消除产物对酶促反应的抑制作用。

有些需要小分子物质作为辅酶(可以看成是一种底物)的酶催化反应,通过不采用膜型反应器,避免由于辅酶的流失而影响酶催化反应的进行。

酶催化反应的底物或者产物的溶解度较低、黏度较高时,应当选择搅拌罐式反应器或者流化床式反应器和膜型反应器,以免造成阻塞现象。

4. 根据反应器应用的可塑性、制造成本、运行成本等选择反应器

选择酶反应器时,应考虑其应用的可塑性。所选择的反应器应当能够适用于多种酶的催化反应,并能满足酶催化反应所需的各种条件,进行适当的调节控制。这样所选得的反应器可有多种用途,可生产多种产品,从而降低成本,节约投资。连续搅拌罐式反应器一般来说应用的可塑性较大,可以

① 陈守文. 酶工程. 北京:科学出版社,2008:202～203

在不中断运转过程的情况下进行pH的调节、调整供氧、补充反应物或进行酶的更新；且由于结构简单，制造的成本也较低。

所选择的反应器应当尽可能结构简单，操作简便，易于维护和清洗。反应器也应具有再生、添加或更换酶的结构，而且越容易越好。另外，必须具备容易清洗的结构。

所选择的反应器应具有较低的制造成本和运行成本。在考虑成本时，除反应器造价外，还需将酶本身的价值及其在各种反应器中的稳定性考虑在内。

综上所述，在选择酶反应器时没有单一的选择依据或标准，且酶反应器在实际应用过程中各种性能指标是相互牵制的，因此，没有一个绝对理想化的酶反应器类型，只能综合考虑各方面的因素，结合实际生产要求来进行权衡和决定，选择最为适合的酶反应器。

5.2.2 酶反应器的设计

酶反应器作为一种酶催化反应设备，同其他生物工程设备一样，设计的目的是使酶发挥最大的催化效率，以最低的生产成本生产出质量最高、数量最多的产品。因此，酶反应器的设计要考虑既能充分发挥生物反应器的优点，又可以克服一些限制因素。评价酶反应器的主要标准就是反应器生产能力的大小和产品质量的高低。

理想酶反应器的要求达到以下几点。

①所用生物催化剂应具有较高的比活和酶浓度（或细胞浓度）才能得到较大的产品转化率。

②能用电脑自动检测和调控，从而获得最佳的反应条件。

③应具有良好的传质和混合性能。传质是指底物和产物在反应介质中的传递。传质阻力是反应器速度限制的主要因素。

④应具有最佳的无菌条件，否则杂菌污染使反应器的生产能力下降。

反应器在设计时基本要求是通用和简单，设计出来的酶反应器在时间上、空间上、经济上最佳。酶反应器的设计应考虑如下因素。

①底物的酶促反应动力学、温度、压力及pH等操作参数对此特性的影响。

②反应器的类型和反应器内流体的流动状态及传热特性。

③需要的生产量和生产工艺流程。

上述三项组合所建立的方程被称为设计方程式或操作方程式。通常情况下，要建立数学模型，把所要设计和控制的各个量，即设计变量和操作变量等以数量表示，制订出计划进行最优化的定量函数（目标函数或评价函数)。表示物料平衡、热量平衡、反应动力学和流动特性等的关系式是反应器设计所必需的。因此,根据酶反应器的设计原理,酶反应器的设计主要包括酶反应器类型的确定、反应器制造材料的确定、热量衡算、物料衡算和反应器结构设计等。

1. 酶反应器类型的确定

确定酶反应类型是酶反应器设计的第一步。酶反应器种类较多,不同类型的酶反应器特点不同,用途也不同。在确定反应器类型时,应根据酶反应器的选择原则,考虑酶的应用形式、酶的反应动力学性质、底物和产物的理化性质等,再结合生产的实际要求来权衡和确定酶反应器类型。

2. 生产工艺参数及技术指标的确定

生产工艺参数及相关技术指标时设计计算的依据和基础。当酶的应用形式和酶反应器类型确定之后,工艺参数可根据酶反应动力学特性进行确定,如底物浓度、酶浓度、最适温度、最适 pH、反应时间和激活剂浓度等参数。技术指标可参考同行业相同反应设备生产实践过程中的相关数据,也可以结合小试研究、中试生产的数据结果,自行确定技术指标,包括生产技术指标,如酶反应器的生产强度、底物停留时间、产物浓度、产品转化率和产物收得率等,以及最终产品的质量指标,如含水量和有效成分含量。

3. 反应器制造材料的确定

由于酶催化反应具有条件温和的特点,通过都是在常温、常压、pH 近乎中性的条件下进行反应,因此酶反应器的设计对制造材料的要求较低,一般选用不锈钢或玻璃材料即可,可根据投资的大小来选择上述材料。

4. 热量衡算

酶一般在 30～70℃的常温条件下进行催化反应,所以热量平衡的计算并不复杂。

进行热量衡算时,主要是根据热水的温度和使用量来进行计算。第一步是根据催化反应的温度和加热(或冷却)用水的温度计算所需要的热水(或冷水)的使用量;对于一些耐高温的酶,如耐高温 α-淀粉酶,可选用喷射式反应器,热量衡算可根据所使用的水蒸气热焓计算蒸汽的用量,然后再根据所需传递的热量和反应器换热装置制造材料的传热系数,计算所需的传热面积,并根据使用要求确定换热器的传热方式,再确定换热装置的形状和尺寸。

5. 物料衡算

进行物料平衡计算是酶反应器的重要任务,目的是确定整个产品生产过程中原料、中间产物、最终产物及副产物的质量和体积。

物料衡算的基础是质量守恒定律，根据这一定律可对任一封闭系统进行物料衡算。物料衡算的方法通常是以单位量(1t 或 1kg)的最终产品为基准进行计算，再根据产量、年实际生产天数推算出每天生产的物料量；对于分批反应器，根据生产周期和台数可推算出每批生产的物料量；对于连续式反应器，则应推算出每小时生产的物料量。

(1)酶反应动力学参数的确定

酶反应动力学参数是反应器设计的主要依据。在反应器设计之前，就应根据酶反应动力学特性，确定反应所需的底物浓度、酶浓度、最适温度、最适 pH、激活剂浓度等参数。

底物浓度对酶的催化反应速率有着重要影响。在一定范围内，当底物浓度较低时，酶催化反应速度随底物浓度的升高而升高，当底物浓度达到一定水平后，反应速度达到最大值，即使再增加底物浓度，反应速度也不会增大。有些酶催化反应还存在高底物浓度抑制作用。因此，底物浓度不是越高越好，而是要确定一个适宜的酶浓度。

酶的浓度对催化反应速度影响也很大，通常情况下，酶浓度升高催化反应速度加快，但不是酶浓度越高就越好。随着酶浓度的增加，酶的用量也随之增加，过高的酶浓度则会造成浪费，从而提高生产成本，所以也要确定一个适宜的酶浓度。

与酶反应动力学参数相关的技术指标也是反应器设计的依据和基础。技术指标可参考同行业相同反应设备在生产实践过程中的相关数据，也可结合小试、中试研究的数据结果，自行确定技术指标，包括生产技术指标，如酶反应器的生产强度、底物停留时间、产物浓度、产品转化率、产物收得率等，以及最终产品的指标，如含水量、有效成分含量等。

(2)底物用量的计算

酶的催化作用是在酶的作用下，将底物转化为产物的过程。因此设计酶反应器时，底物用量可根据产物产量、产物转化率和产物收得率来进行计算。

产物的产量是物料衡算的基础，通常用年产量(P)表示。在物料衡算时，分批反应器一般根据每年实际生产天数(一般按每年生产 300 天计算)转换为日产量(P_d)进行计算。对于连续式反应器，一般采用每小时获得的产物量(P_h)进行衡算。

$$P(\text{kg/年}) = P_d(\text{kg/d}) \times 300 = P_h(\text{kg/h}) \times 300 \times 24$$

产物转化率($Y_{P/S}$)是指底物转化为产物的比率。

$$Y_{P/S}=\frac{P}{S}$$

式中，P 为生成的产物量(kg)；S 为所需的底物量(kg)。

当催化反应的副产物可以忽略不计时，产物转化率可以用反应前后底物浓度的变化与反应前底物初始浓度的比率表示。

$$Y_{P/S}=\frac{\Delta[S]}{[S_0]}=\frac{[S_0]-[S_t]}{[S_0]}$$

式中，$\Delta[S]$为反应前后底物浓度的变化；$[S_0]$为反应前底物的初始浓度(g/L)；$[S_t]$为反应后的底物浓度(g/L)。

产物转化率的高低直接关系到生产成本的高低，与反应条件、反应器的性能和操作工艺等密切相关。在反应器设计时，要尽可能提高产物转化率。

产物收得率(R,%)是指分离得到的产物量与反应生成的产物量的比值。

$$R=\frac{\text{分离得到的产物量}}{\text{反应生成的产物量}}\times 100\%$$

收得率的高低与生产成本密切相关，主要取决于分离纯化技术及其工艺条件，在反应器设计进行底物用量的计算时是一个重要的参数。

根据产物产量、产物转化率和产物收得率，所需的底物用量可以按照下式进行计算：

$$S=\frac{P}{Y_{P/S}\cdot R}$$

式中，S 为所需的底物量(kg)；P 为生成的产物量(kg)；$Y_{P/S}$ 为产物转化率(%)；R 为产物收得率(%)。

(3)反应液总体积的计算

根据所需的底物用量和底物浓度，反应液的总体积计算公式为

$$V_t=\frac{S}{[S]}$$

式中，V_t 为反应液总体积(L)；S 为底物量(kg)；[S]为反应前的底物浓度(kg/L)。

(4)酶用量的计算

根据催化反应所需的酶浓度和反应液体积，可计算所需要的酶量。见下式：

$$E=[E]\cdot V_t$$

式中，E 为所需要的酶量(U)；$[E]$为酶浓度(U/L)；V_t 为反应液体积(L)。例如，所需要的酶浓度为 8U/L，每天的反应液总体积是 100000L，由此可以计算出每天需要的用酶量为 8×10^5 U。如果酶制剂的含量为 8000U/g，则

每天需要用酶制剂100g。在所用的酶制剂单位数不变的情况下，酶用量也可根据酶制剂与底物用量的百分比进行计算。例如，酶制剂与底物用量比为0.01%，每天使用底物用量10t，则每天所需用的酶制剂为1kg。

(5)反应器数目的计算

通过计算得到反应液总体积后，一般不采用一个足够大的反应器，而是采用两个以上的反应器。为了便于设计和操作，通常要选用若干个相同的反应器。这就要求确定反应器的有效体积和反应器的数目。

无论是自行设计的酶反应器，还是选择特定型号的酶反应器，当反应器的总体积确定之后，即可确定反应器的有效体积。反应器的有效体积是指单个酶反应器在实际操作中可以容纳的反应液的最大体积，一般根据生产规模和生产条件等来确定。对于搅拌罐式反应器，一般取总体积的70%～80%。

对于分批操作酶反应器，可根据每天获得的反应液的总体积、单个反应器的有效体积和底物在反应器内的停留时间，计算所需反应器的数目。计算公式如下：

$$N=\frac{V_d}{V_0}\times\frac{t}{24}$$

式中，N为反应器数目(个)；V_d为每天获得的反应液总体积(L/d)；V_0为单个反应器的有效体积(L)；t为底物在反应器中的停留时间(h)；24为一天有24h。

对于连续操作酶反应器，可根据每天获得的反应液体积、单个反应器的反应液体积流率，计算反应器的数目。计算公式如下：

$$N=\frac{V_d}{F\times 24}$$

式中，N为反应器的数目(个)；V_d为每天获得的反应液总体积(L/d)；F为反应液体积流率，即单个反应器每小时获得的反应液体积(L/h)。

连续操作酶反应器还可以根据生产强度来计算所需要的反应器数目。反应器的生产强度是指反应器每小时每升反应液所生产的产物的克数。该指标可以用每小时获得的产物产量与反应器的有效体积的比值表示；也可以通过用每小时获得的反应液体积、产物浓度和反应器的有效体积计算得到。计算公式如下：

$$Q_P=\frac{P_h}{V_0}=\frac{V_h\cdot[P]}{V_0}$$

式中，Q_P为反应器的生产强度(g/L·h)；P_h为每小时获得的产物量(g/L)；V_0为单个反应器的有效体积(L)；V_h为每小时获得的反应液体积(L/h)；$[P]$为产物浓度(g/L)。

连续操作酶反应器的数目与反应液的生产强度的关系可用下式表示：

$$N=\frac{Q_P \cdot t}{[P]}$$

式中,N 为反应器的数目(个);$[P]$为产物浓度(g/L);t 为底物在反应器中的停留时间(h)。[①]

6. 反应器结构设计

酶反应器结构设计主要是根据酶反应液的体积和质量来设计计算酶反应器的总体积、几何尺寸、壁厚及搅拌器等附属装置的相应尺寸。

从设备投资和操作的角度来看,选择数量少、体积大的设备方案是有利的。但设备总体积的确定,不仅仅要考虑产量要求,还必须考虑总体积的增大对传质传热效率的影响而导致反应器生产性能下降的问题。因此反应器的总体积不是越大就越好,也不可能无限增大。此时应考虑反应器结构的特点,在保持反应器最佳生产性能的前提下,确定适宜的反应器总体积。

7. 设备材料的确定

因为酶反应条件比较温和,通常都是在常温、常压和 pH 近乎中性的环境中进行反应,所以酶反应器的设计对材料没有什么特别要求,一般采用不锈钢材料制造酶反应器即可,可根据投资的大小来选择合适的材料。

5.3　酶反应器的操作分析

5.3.1　酶反应器操作条件的确定及其控制

酶工程主要解决如何降低酶催化过程的成本,即能以最小量的酶、最短的时间完成最大量的反应。为了使酶催化反应速率达到最大,不但要选择恰当的酶应用形式,选择和设计合适的酶反应器,还要对酶反应过程中影响酶反应速率的一些操作条件进行调节控制,使酶在酶反应器中充分发挥催化反应功能,提高酶的反应速率。影响酶反应速率的操作条件一般有:反应温度、pH、底物浓度、酶浓度、混合程度、流体速率以及微生物的污染等。

1. 反应温度的调节控制

温度对酶的催化作用有着显著影响。每种酶进行催化反应时都有其最适反应温度,温度过低,反应速度减慢;较高的温度可增加初期产量和减少微生物污染,但温度过高,会引起酶的变性失活,缩短酶反应器的使用时间。因此,在酶反应器的操作过程中,根据酶的动力学特性,确定酶催化反应的

① 聂国兴. 酶工程. 北京:科学出版社,2013:260～264

最适温度,并将反应温度控制在最适的温度范围内。当温度发生变化时,要及时进行调节。酶反应器一般通过热交换作用来控制反应温度,在酶反应器设计时,通过设计、安装夹套或列管等换热装置,并通入一定温度的水来实现热交换作用,保持酶反应器中反应液的温度恒定在一定的范围内。对于喷射式反应器,可通过控制蒸汽的压力来进行温度的调节控制,以达到控温的目的。搅拌罐式反应器、流化床式反应器和鼓泡式反应器的传质传热效果较好,可直接在反应器中进行温度的调节控制。填充床式反应器和膜型反应器一般先在调料罐中将温度调节至适宜的温度,再将料液通入反应器中,利用夹套保温维持温度。

2. pH 的调节控制

反应液的 pH 对酶反应速率具有明显的影响。酶催化反应一般都有其最适 pH,pH 过高或过低都会使反应速率下降,甚至使酶变性失活。因此,在酶催化反应过程中,首先根据酶动力学特性确定酶催化反应的最适 pH,并将反应液的 pH 维持在适宜的范围内。

当采用分批搅拌罐式反应器进行酶催化反应时,通常先利用稀酸或稀碱直接在反应器中将底物溶液调节到酶的最适 pH,然后再将酶液加入进行催化反应;当采用连续搅拌罐式反应器进行酶催化反应时,必须先在调料罐中将底物溶液的 pH 调节好(必要时采用缓冲溶液配制),再连续加入到反应器中进行酶催化反应。

有些酶反应,在反应过程中反应液的 pH 变化不大,如 α-淀粉酶催化淀粉水解生成糊精的反应过程中,pH 基本恒定,反应过程中不需要进行 pH 的调节。有些酶的作用底物或产物是酸性物质或碱性物质,如葡萄糖氧化酶催化葡萄糖与氧气反应生成葡萄糖酸、乙醇氧化酶催化乙醇氧化生成乙酸等,反应前后 pH 的变化较大,必须在反应过程中进行必要的调节。pH 调节一般采用稀酸或稀碱,特殊情况下可采用缓冲液。

3. 底物浓度的调节控制

酶的催化作用是底物在酶的作用下转化为产物的过程,底物浓度是决定酶催化反应速度的主要因素。从酶反应动力学特性可以看出,底物浓度通过直接作用对酶催化反应速度产生影响。底物浓度过低时,反应速度变慢,设备利用率降低;底物浓度过高时,反应速度增幅有限,反应液黏度增加,给反应器带来不必要的负担,有些酶还会受到高底物浓度的抑制作用。

在底物浓度较低时,酶催化反应速度与底物浓度成正比,反应速度随着底物浓度的增加而升高。当底物浓度增加到一定水平后,反应速度的上升不再与底物浓度成正比,而是逐步趋向平稳。

对于分批搅拌罐式反应器,先将一定浓度的底物加入反应器,调节好pH和温度,再加入适量的酶液进行催化反应。当存在高底物浓度抑制作用时,可采用逐步流加底物的方式,即先将酶和一部分底物加入到反应器中进行催化反应,随着反应过程的进行,底物逐渐消耗,再连续或分批次地将一定浓度的底物溶液添加到反应器中进行催化反应,反应结束后,将反应液一次全部取出。通过流加分批操作,使反应体系中底物浓度保持在较低水平,可以避免或减少高浓度底物的抑制作用,提高酶催化反应速率。

对于连续搅拌罐式反应器,先在调料罐中将底物溶液的浓度、pH和温度等调节好,再连续加入到反应器中进行酶的催化反应,反应液连续地排出,反应器中的底物浓度保持恒定。

4. 酶浓度的调节控制

从酶反应动力学特性可以看出,在底物浓度足够高的情况下,酶催化反应速率与酶浓度成正比,提高酶浓度可以提高酶催化反应的速率。然而酶浓度的提高,必然会增加酶的用量和使用成本,特别是对于价格比较高的酶。因此,必须考虑酶的反应速度和成本,确定一个适宜的酶浓度。

游离酶大多是一次性使用,所以一般在反应之前一次性加入足够量的酶,反应过程中不再进行酶浓度的调节。使用超滤膜酶反应器时,酶可以回收利用一段时间。由于酶在膜上的吸附及剪切力作用将使得酶活力逐渐损失,因此在酶反应过程中要适当添加酶液,以保持足够的酶浓度。

固定化酶可以反复或连续使用较长时间,使用过程中酶一般不会或很少流失,所以固定化酶通常在反应前加入足够量的酶,一段时间内无需进行酶浓度的调节。但经过长时间的连续使用后,必然会有一部分酶失活,所以需要进行补充或更换,以保持一定的酶浓度。因此,连续式固定化酶反应器通常要求具备添加或更换酶的装置,而且要求这些装置的结构简单,操作容易。

5. 反应液混合程度的调节控制

酶在催化反应过程中,必须先与底物结合才能进行反应。要使酶能够与底物结合,就必须确保酶与底物的混合均匀,使酶分子与底物分子发生有效碰撞,进而互相结合进行催化反应。

搅拌罐式反应器和超滤膜酶反应器中都设计安装有搅拌装置,通过适当的搅拌实现均匀的混合,通过控制搅拌器的转速即可对反应液的混合程度进行调节控制。因此,要在实现的基础上确定适宜的搅拌转速,并根据实际生产情况的变化进行搅拌速度的调节。需要注意的是,要控制好搅拌速度,转速过慢,混合效果不好,影响混合的均匀性;转速过快,产生的剪切力会使酶的结构受到影响,尤其是使固定化酶的结构破坏甚至破碎,使酶失活,从而影响催化反应的进行。有时搅拌的作用使固定化酶积聚在出料口滤器上,因而造成酶分布不均匀。可在出料口和进料口各装一个滤器,使用一段时间后,出口滤器用料液反冲,原来的进料口作为出口,来解决上述问题。

流化床式反应器是靠流体的流动作用来实现反应液的混合,通过控制流体的流速和流动状态来实现对反应液混合程度的调节控制。流速过慢,固定化酶颗粒难以保持悬浮状态,混合效果较差;流速过快,将对固定化酶的稳定性产生影响。流化床式反应器中流体的流速和流动状态可以通过调节进液口的流体流速和流量及进液管的方向和排布等方法进行调节。

鼓泡式反应器是通过气体的鼓泡作用来实现混合,通过控制气体的流量及分布可实现对反应液混合程度的调节控制。

6. 流体速率的调节控制

在连续搅拌罐式酶反应器中,底物溶液连续地进入反应器,同时反应液连续地排出,通过溶液的流动实现酶与底物的混合与催化作用。流体的流速直接影响到底物与酶的接触,从而影响到酶催化反应的效率。为了使催化反应高效进行,在操作过程中必须确定适宜的流动速率和流动状态,并根据变化的情况进行适当的调节控制。

在流化床式反应器中进行的催化反应,要控制好液体的流速和流动状态,以保证混合均匀,且不影响酶的催化作用。如流速过慢,固定化酶颗粒无法保持较好的悬浮状态,甚至沉积在反应器底部,酶与底物的混合不均匀,无法发生有效的碰撞,酶与底物结合效果差,从而影响催化反应的顺利进行,甚至产生阻塞现象,影响底物溶液顺利进入反应器。如流速过高或流动状态混乱,则固定化酶颗粒在反应器中激烈翻滚、碰撞,会使固定化酶的结构遭到破坏,甚至使酶从载体上脱落、流失,从而影响催化反应的进行。流体在流化床式反应器中的流动速率和流动状态可以通过控制进液口的流体流速和流量,以及进液管的方向和排布等方法加以调节。

填充床式反应器中,底物溶液按照一定的方向以恒定的流速流经固定化酶层,其流动速率的快慢决定着酶与底物的接触时间和催化反应进行的程度,在反应器的直径和高度确定的情况下,流速越慢,酶与底物的接触时间越长,催化反应就越完全,但生产效率也就越低,因此需确定好适宜流速;流速过快,底物停留时间太短,催化反应不完全,有一部分底物未转化成产物就被流出,转化效率低。在理想的操作情况下,填充床式反应器任何一个横截面上的流体流动速率是相同的,在同一个横截面上底物和产物浓度也是一致的。

膜型反应器在进行酶催化反应的同时，小分子的产物透过超滤膜进行分离，可降低或消除高浓度产物引起的反馈抑制作用。但膜型反应器在操作过程中，容易出现浓差极化现象从而使膜孔阻塞，使流体的流动速率减慢，影响酶催化反应的进行和产物的分离。为此，对膜型反应器可采用适当的速度进行搅拌，使黏附在膜表面的固形物和大分子物质离开膜表面，还可通过控制流动速率和流动状态，使反应液混合均匀，以减少浓差极化现象的发生，提高酶催化效率。

喷射式反应器反应温度高，反应速度快，时间短，混合均匀，效率高。可通过蒸汽压力和喷射速度的调节控制，以达到最佳的混合和催化效果。

7. 微生物污染的控制

酶反应器与微生物发酵和动植物细胞培养所使用的反应器有所不同，不必在严格无菌的条件下进行。但这并不意味着酶反应器的操作过程不必防止微生物的污染。

有些酶催化反应的底物或产物本身对微生物的生长繁殖具有抑制作用，如乙醇氧化酶和青霉素酰化酶；有些酶催化反应的温度较高，如 α-淀粉酶、*Taq* DNA 聚合酶等；有些酶催化反应的 pH 较高或较低，如胃蛋白酶、碱性蛋白酶和酸性蛋白酶等；有些酶催化反应在有机介质中进行。这些酶催化反应过程受微生物污染的可能性较小。

有些酶催化反应的底物或产物是微生物生长繁殖的营养物质，如淀粉、蛋白质、氨基酸和葡萄糖等，如果酶催化反应条件又比较适合微生物生长繁殖，必须十分注意微生物的污染。

微生物的污染不仅会影响酶的活性和产品质量，还会消耗一部分底物或产物，产生无用甚至有害的副产物，增加分离纯化的困难。特别是在生产药用或食用产品时，酶反应器必须在较高的卫生条件下进行操作，应尽量避免微生物的污染。

5.3.2 酶反应器的操作注意事项

在酶反应器的操作过程中，除了对各种影响因素的调节控制之外，还必须注意下列问题。

1. 保持酶反应器的操作稳定性

在酶反应器的操作过程中，尽量保持操作的稳定性，以避免反应条件的剧烈波动。在酶的催化反应过程中，酶是反应的主体，应保证所使用的酶的质量稳定性；在游离酶反应过程中，要尽量保持酶的浓度稳定在一定的范围，固定化酶反应中，要定期检测酶的活力，并及时更换或补充酶以保持稳定的酶活力。

在搅拌罐式酶反应器操作中，应保持搅拌速度的稳定性，不要断断续续、时快时慢，以免剪切力的反复变化加快酶（特别是固定化酶）的结构破坏；在连续式酶反应器的操作中，应尽量保持流速的稳定，保持流体的流动方式和流动状态，并保持流进的底物浓度和流出的产物浓度变化不大，以保证反应液中底物浓度的稳定；在填充床式反应器操作中，要防止由于固定化酶的破碎、挤压而产生的阻塞现象；在膜型反应器操作中，要防止由于浓差极化而产生的膜孔阻塞现象。反应液温度和 pH 也应尽量保持稳定，以保证反应器恒定的生产能力。

2. 保持反应器中流体的流动方式和状态

在酶反应器的应用过程中，应尽量保持液体和气体的流动方式和状态，因为流动方式和状态的改变，会引起底物、产物与酶的接触状态，从而影响催化反应的速度。

流动方式和状态的改变会影响底物与酶的接触，有时酶与底物频繁接触，可以保持高的催化速度，而有时底物减少与酶的接触，则使反应速度降低。某些底物与酶分子过于频繁的接触，可能引起高浓度底物抑制现象。

流动方式和状态的改变也会影响产物与酶的接触，某些产物对酶催化反应具有反馈抑制作用，这些底物分子与酶分子的接触，就会出现反馈抑制现象，而使催化反应速度降低。

在膜型反应器中，流动方式和状态的改变，还可能会产生浓差极化现象，从而影响膜型反应器的操作生产能力。

3. 防止酶的变性失活

在酶反应器的操作过程中，应当特别注意防止酶的变性失活。引起酶变性失活的因素主要有温度、pH、重金属离子及剪切力等。

酶反应器操作时的温度是影响酶催化作用的重要因素之一，较高的温度可以提高酶的催化反应速度，从而增加产物的产率。然而，酶是一种生物大分子，除了某些耐高温的酶外，通常酶的催化反应一般在 60℃以下进行，温度过高会加速酶的变性失活、缩短酶的半衰期和使用时间。因此，酶反应器的操作温度通常等于或低于酶催化反应的最适温度。

酶反应器操作中反应液的 pH 应控制在酶催化反应的最适 pH 范围内。除了某些耐酸、耐碱的酶外，通常酶的催化反应一般在 pH4～9 范围内进行，pH 过高或过低都会降低酶的催化效率，甚至引起酶的变性失活。在操作过程中调节 pH 时，要一边搅拌一边慢慢加入稀酸或稀碱溶液，防止局部过酸或过碱而引起的酶的变性失活，从而影响催化反应的进行。

重金属离子如铅离子(Pb^{2+})、汞离子(Hg^{2+})等会与酶分子结合,从而引起酶的不可逆变性失活。在酶反应器的操作过程中,要尽量避免重金属离子的添加或进入。为了避免从原料或反应器系统中带进某些重金属离子给酶分子造成的不利影响,必要时可添加适量的金属螯合剂(如EDTA等),以除去重金属离子对酶分子的伤害。

在酶反应的操作过程中,剪切力是引起酶变性失活的一个重要因素。在搅拌罐式反应器操作时,要防止过高的搅拌转速产生的剪切力对酶特别是固定化酶结构的破坏;在流化床式反应器和鼓泡式反应器操作过程中,要注意控制流体的流速,防止由于固定化酶颗粒的过度翻滚和碰撞从而引起固定化酶结构的破坏。

此外,为了防止酶的变性失活,在酶反应器操作过程中可添加某些保护剂,以提高酶的稳定性,如在木聚糖酶的催化过程中添加钙离子等。酶作用时底物的存在往往对酶有保护作用,所以在操作时一般先将底物溶液加入反应器中,再将酶加到底物溶液中进行催化反应。

4. 防止微生物的污染

酶反应器在进行酶的催化反应过程中,酶的作用底物或反应后的产物种类较少,一般无法满足微生物生长、繁殖的基本条件。因此与微生物发酵和动、植物细胞培养所用的发酵反应器不同,酶反应器一般不必在严格无菌的条件下进行操作,然而这并不意味着酶反应器的操作过程不需要防止微生物的污染。不同酶的催化反应,由于底物、产物和催化条件的不同,在催化过程中受到微生物污染的程度也有较大的差别。

当底物或产物对微生物的生长、繁殖有抑制作用时,如抗生素、酒精、有机酸等,催化反应过程中受微生物污染的情况较小。

一些极端酶的催化反应,包括耐高温或低温、高pH或低pH、耐高盐浓度或耐高压的酶,由于催化反应条件不适合微生物的生长,污染减少。例如,*Taq* DNA聚合酶反应温度在90℃以上,微生物无法生长;胃蛋白酶在pH为2.0的条件下进行催化,碱性蛋白酶在pH为9.0以上催化蛋白质水解,其催化的高酸、高碱环境对微生物有的生长有抑制作用。

有些酶可以在非水介质中进行催化反应,如脂肪酶在有机介质中催化转酯反应,微生物在有机介质中难于生长繁殖,微生物污染的可能性较小。

当酶催化反应的底物或产物是微生物生长、繁殖的营养物质时,在反应过程中或反应结束后,很容易产生微生物污染。例如,淀粉酶类催化淀粉水解生成糊精、麦芽糖、葡萄糖等,中性蛋白酶催化蛋白质水解生成蛋白胨、多肽、氨基酸等,这些都是微生物细胞所需要的营养因子,容易引起微生物的生长繁殖。另外,在酶反应器中底物或产物存留时间长或反应器内有易滋生微生物的滞留区或粗糙表面，也容易引起污染。

酶反应器的操作必须符合必要的卫生条件，尤其是在生产药用或食用产品时，卫生条件要求较高，应尽量避免微生物的污染，最好尽量做到在无菌条件下进行操作。微生物的污染会造成柱床或膜的堵塞，其生长繁殖还会消耗底物或产物，产生酶和代谢产物，进而使产物降解，或产生无用甚至有害的副产物，增加产物分离纯化的负担；还会使固定化酶活性载体降解。

在酶反应器的操作过程中，防止微生物污染的主要措施有以下几点。

①保证生产环境的清洁、卫生，要求符合必要的卫生条件。

②酶反应器在使用前后都要进行清洗和适当的消毒处理。反应器在每次使用前后，可用酸性水或含有过氧化氢、季铵盐的水反复冲；在连续运转过程中也可周期性地使用过氧化氢或50%的甘油水溶液处理酶反应器，以防止微生物生长。但必须考虑这些措施是否对固定化酶的稳定性产生影响。

③在反应器的操作过程中要严格管理，经常检测，避免微生物污染。

④如需要时，在反应液中适当添加对酶催化反应和产品质量无副作用、可以杀灭或抑制微生物生长的物质，如杀菌剂、抑菌剂、有机溶剂等，以防止微生物的污染；或通过对底物料液进行过滤的方法也可减少微生物的污染。

⑤在不影响酶催化活性的前提下，选择在较高的温度（45℃以上）或在酸性或碱性缓冲液中进行操作也可以减少微生物污染。高浓度底物可以提高渗透压、降低水分活度，也可以抑制微生物的生长。①

5. 避免杂质污染

酶活力可能由于底物溶液中的重金属离子等毒物而丧失，也可能因为底物溶液中的油脂、多糖等物质将固定化酶包裹而下降。酶反应器在操作过程中有任何对酶活性有影响的杂质成分，都会降低反应器的生产效率。因此在操作过程中要严格控制，避免杂质污染。

6. 采用高浓度的酶

如果底物和产物在反应器中不够稳定，可以采用高浓度的酶提高催化速度，以减少底物和产物在反应器中的停留时间，从而减少损失。

---

①　聂国兴．酶工程．北京：科学出版社，2013：264～268

5.4 酶反应器的发展

5.4.1 含有辅助因子再生的酶反应器

许多酶反应都需要辅酶、辅基、能量供给体等辅助因子的协助。这些辅助因子往往价格较贵,如果采用简单的添加方法,一次使用,经济上很不合算。因此,发展了含有辅助因子再生的酶反应器,使辅助因子能反复使用,可降低生产成本。

膜型酶反应器可在一个反应器内实现酶反应和辅酶的再生,辅助因子的再生需要另外一个酶催化反应来耦合实现。例如,利用固定化的脱氢酶可将固定化的 NADH 再生为固定化 NAD。利用膜型反应器上的半透膜,能将固定化 NAD 保留在反应器中。这样,在反应过程中,固定化 NAD 不断变成固定化 NADH,又不断再生为固定化 NAD,以满足反应的需要。为了使小分子的辅酶和辅助因子能够被膜有效截留,可将它们与聚乙二醇(PEG)共价结合。近年来,德国的 Wichmann 等在膜型反应器中利用 L-亮氨酸脱氢酶转化 α-酮基异己酸进行 L-亮氨酸的生产,在反应中需要辅酶 NADH 的参与。为了能够截留辅酶,用 PG-10000 对 NADH 进行修饰,再利用甲酸脱氢酶催化甲酸氧化为 CO_2,并将 NAD 再还原为 NADH 的反应与主体反应相耦合,实现辅酶 NADH 的再生与反复使用,从而实现亮氨酸的连续生产。通过含有 NADH 再生的膜型反应器,使亮氨酸的生产率可达 42.5g/(L·d),可持续生产 48d,最高转化率可达 99.7%。

美国麻省理工学院有关人员设计了 ATP 再生的酶反应器。反应器由三部分组成,第一部分固定两个酶系组成一个反应器,底物(氨基酸)在此部分经过这两个酶系催化合成短杆菌肽 S。每合成 1 分子的短杆菌肽,需要消耗 10 分子 ATP,同时产生 10 分子 AMP 和 20 分子的磷酸。所产生的 AMP 可经过反应器的第二部分再生成 ATP 后返回第一部分供使用。第二部分主要通过固定化两种酶实现 ATP 再生的目的。

$$\text{AMP}+\text{ATP} \xrightleftharpoons{\text{腺苷酸激酶}} 2\text{ADP}$$

$$\text{乙酰磷酸}+\text{ADP} \xrightleftharpoons{\text{乙酸激酶}} \text{乙酸}+\text{ATP}$$

所需的乙酰磷酸由反应器的第三部分供给,第一部分所产生的磷酸在第三部分与乙烯酮进行化学反应生产乙酰磷酸。

5.4.2 两相或多相反应器

酶催化反应过程中,许多底物不溶或微溶于水,如脂肪、类脂肪或极性较低的物质。此类物质在进行酶催化反应时，如在水相介质中反应存在着底物浓度低、反应体积大、分离困难、能耗大等缺点；如果将酶的催化反应在水—有机物双相介质系统中进行，可大大增加反应时底物的浓度。在两相或多相体系中进行酶催化反应，还可以减少底物，特别是产物浓度对酶的抑制作用，使酶的催化反应完全，酶的操作稳定性延长。

两相反应体系通常是将游离酶或固定化酶置于水相中，底物溶于有机相中，然后在搅拌或乳化条件下两者混合进行催化反应。为了尽可能降低有机相对酶活力的影响，一般使用碳氢化合物或芳香族化合物作为底物溶解的有机相。

液膜反应器是一种多相反应器，该反应器将游离酶或水溶性固定化酶溶于水中，然后与溶有载体的有机相在剧烈搅拌下形成稳定的乳化液，再将此乳化液倾入缓缓搅拌的、溶有底物的水相中，形成了内外是水相、中间隔了一层有机相的多相反应系统。

利用膜型反应器也可进行多相反应，而且不需要进行乳化处理。将酶固定在膜上两个互不相溶的溶液相分别流经膜的两侧，酶的催化反应在膜界面上进行。膜有亲水和疏水两种，如采用亲水膜，酶被固定在脂侧，水相透过膜与酶接触进行催化反应；如采用疏水膜，酶被固定在水侧，脂相透过疏水膜与酶接触进行催化反应。

在有机相酶催化反应的研究中，反胶团体系是研究热点之一。反胶团是表面活性剂在非极性有机溶剂中超过一定浓度后自发形成的一种亲水性基团向内的、内含微小水滴的纳米级(10～100nm)集合性胶体，是一种具有热力学稳定性的有序结构，酶溶于反胶团中。反胶团体系作为酶反应介质，具有组成灵活、热力学稳定、界面积大、可通过相调节来实现产物回收等优点。崔茂金等在AOT/异辛烷反胶团体系中鉴定了纤维素酶降解的最佳条件，最佳W_0(W_0是影响反胶束体系中酶解反应的一个重要因素，其大小决定了反胶束尺寸的大小)为3.18，最佳酸度为5.09，最佳温度为318.90K。夏寒松等研究了长链咪唑类离子液体[C_{14}mim]Cl形成的反胶团中青霉素酰化酶的水解反应，发现青霉素酰化酶的溶解性、催化活性与酶稳定性均优于CTAB反胶团，酶的最大溶解性是CTAB的2.3倍，酶活力高达1.3倍，且随水含量、表面活性剂浓度和pH等变化酶活改善明显。

由于反胶团难以与底物和产物分离，其应用一度受到制约。利用膜型反应器截留含酶反胶团并进行产物分离可以较好地解决这一问题。Chiang等将脂酶吸附于脂质体上，然后溶于AOT/异辛烷/甘油(含少量水)反胶团介质中。在有一层最大孔径25mm的聚耐久膜隔开的搅拌槽式反应器中，以连续操作方式进行了橄榄油与甘油酯的转移反应。实验表明，在24h之后膜对反胶团的截留能力为 95.9%；在 48h 后，膜对反胶团的截留能力为 93.4%。

5.4.3 固定化多酶反应器

随着科学技术的发展，人们正致力于开发固定化多酶反应器，或将不同酶固定于同一载体或不同载体上，来模拟微生物细胞的多酶系统，进行多种酶的顺序反应来合成各种产物。此技术兼备完整细胞与固定化酶所具有的优点，已经呈现出较好的发展前景，不但可组成高效率、巧妙的多酶反应器，还可以形成全新的酶化学合成路线，生产人类所需、自然界不存在的物质。由于固定化技术的发展，使酶可以像无机催化剂一样被反复使用；固定化细胞的使用可能代替某些发酵过程，导致形形色色生物反应器的出现，从而可促使生产力大幅提高。多酶反应器的使用可使产品生产过程中减少不必要的辅助设备，提高生产率、降低生产成本，从而获得最大的经济效益和社会效益。

利用固定化多酶反应器，可进行顺序的连续反应。这种固定化多酶共反应体系比多个独立的固定化单酶串联反应体系具有下列优势：首先，在催化序列反应的固定化多酶体系中，前一种酶的产物是后一种酶的底物；其次，由于第二步酶催化反应移走了前一步酶催化反应的产物，使得逆反应速度大大下降，特别是当前一步酶的产物对酶有抑制作用时，第二步酶的作用将抑制物转化，大大降低了产物浓度对酶的抑制作用。Mosbach 在 1970 年首先人工建立了固定化多酶体系，他将已糖激酶和葡萄糖-6-磷酸脱氢酶共同固定在一起，催化磷酸化和脱氢二步反应，反应式见图 5-13。该反应体系在开始阶段比相同量混合的天然酶效率高，后来达到相同水平。

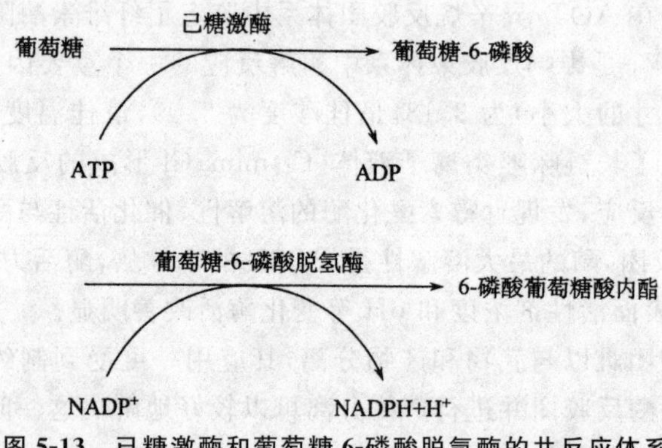

图 5-13 已糖激酶和葡萄糖 6-磷酸脱氢酶的共反应体系

用固定化酶共反应体系催化一个生物串联反应时，其协同效应和动力学优势已被人们所公认，多固定化多酶反应器可代替微生物的发酵来生产发酵产品，用小型柱式反应器可取代今天庞大的微生物发酵罐。此外，化工厂、制药厂高大的反应塔和密如蛛网的管道也将由简单、巧妙的生物反应器所取代。但目前固定化多酶反应器也存在许多问题亟待解决。例如，目前建立的多酶共反应体系主要是模拟一些生命系统中存在的天然多酶体系，共反应的酶一般具有相似的最适 pH，而对于最适 pH 相差较远的两种或多种酶，虽然它们可以催化一系列反应，但在一个环境下进行反应时，很难选择一个各个反应均理想的 pH，难以建立较为理想的固定化多酶共反应体系，从而减弱甚至完全消除了固定化多酶体系的优势。对于这个问题，很多研究者通过实践摸索，对一些固定化多酶反应过程提出了解决方法。

1. 糖化酶和葡萄糖异构酶双酶共反应器

淀粉水解转化为果葡萄糖浆是由三种酶催化完成的。首先，通过 α-淀粉酶把淀粉水解成小分子的寡糖，再由糖化酶进一步催化水解生成葡萄糖，最后由葡萄糖异构酶把葡萄糖转化为果糖，形成葡萄糖与果糖的混合物。以该体系为对象，研究了最适 pH 相距较远、热稳定性差别大的两种酶：糖化酶和葡萄糖异构酶的共固定共反应的反应器问题。

糖化酶的最适 pH 为 4.5，葡萄糖异构酶的最适 pH 为 7.9。对于糖化酶和葡萄糖异构酶共固定共反应而言，最大的困难在于在同一载体上难以使两种酶的最适 pH 相向移动而接近。把糖化酶同定在多孔磺酸基聚苯乙烯载体上，其最适 pH 升高至 6.8；将葡萄糖异构酶固定在三乙醇胺基聚苯乙烯载体上，其 pH 范围变宽。将糖化酶和葡萄糖异构酶分别按上述方法固定化后，按一定比例混合构建反应器，然后以糊精为底物，在 pH7.0 的条件下同时进行糖化和异构化，实现了调整酶最适 pH 后的双酶共反应。研究结果表明，该固定化双酶共反应体系比天然酶共反应体系提高催化效率 2.5 倍，同时减轻了葡萄糖对糖化酶的抑制作用。

将糖化酶和葡萄糖异构酶分别固定化，并按一定比例混合构建反应器体现了共反应的优越性。把上述两种相关酶固定在同一载体上发挥共反应具有更大的优越性。共固定的双酶在分子水平上相互邻近，第一种酶催化反应为第二种酶反应提供了富集底物的微环境。这种效应在应用多孔载体时得到进一步放大，载体的孔限制了产物的扩散，使产物不能立即扩散到主体溶液中。

2. 分子沉积技术——人工组装双酶共固定反应器

酶分子的人工组装和固定化技术是生物超分子工程学研究的重要内容之一，可解决共反应体系中双酶最适 pH 相向移动并最终达到接近，从而完成双酶的共反应，建立高效率的双酶共反应体系。酶分子的人工组装和固定化技术的关键在于,按最终目的把生物分子有序地组装在超薄膜中,或者是利用生物分子的特殊功能制备分子水平的、具有各种功能的器件。根据分子沉积原理,制备了双层固定化葡萄糖异构酶,使固定化双层酶活力比单层酶活力增加了一倍。这种方法的进一步拓展,建立了不同酶分子的人工组装双酶体系。以多孔三甲胺基聚苯乙烯为载体,应用分子沉积技术制备了糖化酶和葡萄糖异构酶的共固定双酶反应器。

分子沉积技术是基于阴离子化合物和阳离子化合物的成盐反应来组装超薄膜的新方法。其原理是:当酶溶液的 pH 高于其等电点时,酶分子带有负电荷,而糖化酶和葡萄糖异构酶的等电点都在 pH5.0 左右,因此在中性条件下,这两种酶分子带负电荷,它们可以代替阴离子型聚电解质与双极性阳离子(己二胺季铵盐)在载体上交替沉积而把双酶组装在载体内。其具体组装过程如图 5-14 所示。

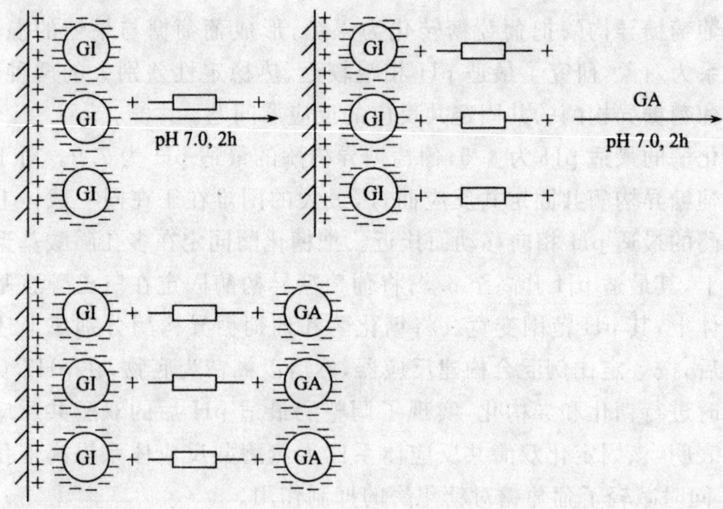

GI 代表葡萄糖异构酶,GA 代表糖化酶

图 5-14　分子沉积技术将糖化酶和葡萄糖异构酶组装在同一载体上的过程

由图 5-14 组装过程可以看出,首先把带负电荷的葡萄糖异构酶吸附到带正电荷的三甲胺基聚苯乙烯载体上,同时载体表面由正电表面转变为负电表面;然后用去离子水洗涤清防未被吸附固定的酶分子;把上述固定化单层葡萄糖异构酶浸入己二胺季铵盐溶液中,使糖化酶沉积到双极性阳离子层表面,去离子水洗涤以除去未吸附的糖化酶分子;为防止已吸附的酶分子从载体上脱落,以 30g/L 戊二醛交联上述组装双酶(室温下交联 2h),水洗除去游离的戊二醛即得到共固定双酶。

分子沉积法共固定双酶虽然不能使两种酶分子的最适 pH 相向移动,

但可使葡萄糖异构酶的最适 pH 范围加宽。比较分子沉积法组装的双酶和游离双酶的催化反应表现，结果显示，组装双酶体系在同一时间内生成的果糖多于游离酶生成的果糖。组装后，两种酶分子组成有序的酶膜，其间的距离只有一个己二胺季铵盐分子的长度，这使中间产物葡萄糖更接近于葡萄糖异构酶分子，使该酶分子周围的底物浓度高于主体溶液浓度，有利于异构化催化反应。在 pH 为 5.0 时，组装双酶的催化效率是游离双酶共反应效率的 5 倍。①

5.4.4　酶反应器发展的展望

酶的应用形式逐渐演变发展，从游离酶、菌体到固定化酶、固定化菌体，近年来人们正致力于开发固定化生长菌体、固定化多酶系统，包括辅酶的固定化与再生及酶—菌体共固定化系统。随着蛋白质工程的兴起，通过对酶进行定向改造，增加了酶的应用形式，此外“人工酶”也将发展和介入。酶的反应器也在发展，除了上述几种基本形式外，新的酶反应器正在开发，酶—膜反应器也在逐渐推广应用。值得注意的是，建立酶反应器是指建立由酶和一定的反应器装置构成的催化应用体系，其中包括催化反应的条件控制。但酶反应器同时还可以有更广泛的含义。在某些情况下，人们往往将它和生物反应器、酶工程或生物工程等概念等同起来考虑。酶工程主要包括三个主要的组成部分：酶的生产、制备和应用，而酶反应器主要在酶的应用过程中发挥作用，同时还在酶工程中占有中心地位。酶反应器不仅联系着底物和产物，也联系着酶和产物，还反映出酶工程的水平，并随着酶工程的发展而发展。酶反应器的中心问题是尽可能降低生产成本，获得高产、高稳定性的酶，提高酶催化反应的效率。酶反应器不仅在工农业生产中进行应用，而且可以在分析医药领域中进行应用。酶反应器在分析上可以发挥两个方面的作用：①将固定化酶反应器用于酶法分析，这主要是在酶电极、酶柱及酶标免疫分析中的应用。②酶自动分析体系的建立。酶反应器在医药领域也有两个方面的应用：①药物酶的固定化与改造，从而克服免疫，延长药物的半衰期并增大疗效；②“人工脏器”的建立。例如，中空纤维膜型反应器在人工肝脏中的应用，具有起到免疫屏障、允许管内外进行物质交换、可与其他技术如微载体技术一起应用获得高密度、高功能分化的肝细胞生物反应器的优点。

---

① 聂国兴．酶工程．北京：科学出版社，2013：268～272

第 6 章　酶的应用探析

酶的应用是酶工程的主要内容之一，通过酶的催化作用，人们可以得到所需要的物质或者将不需要的甚至有害的物质除去，以利于人体的健康、环境的保护、经济的发展和社会的进步。

酶的催化作用具有专一性强、催化效率高、作用条件温和等显著特点，在食品、环境保护、医药、生物技术和饲料生产等领域广泛应用。在酶的应用过程中，必须运用酶反应动力学的知识，控制好酶催化反应的各种条件，使酶的催化作用达到预定的效果。酶分子修饰，酶和细胞固定化等酶工程技术的发展，使酶的应用显示出更加广阔的前景。

酶的应用包括了各种游离酶、固定化酶以及修饰酶在各个领域的应用。随着酶的工业化生产的发展，酶的应用越来越普遍，内容十分广泛。不可能也没有必要对每一种酶的每一项应用详细介绍。这里就酶在几个大的领域的应用作简要的介绍。

6.1　工业用酶的应用

6.1.1　酶在食品行业的应用

食品行业是应用酶制剂最早和最广泛的行业，如 α-淀粉酶、β-淀粉酶、糖化酶、异淀粉酶、蛋白酶、右旋糖酐酶和葡萄糖异构酶等(表 6-1)。[①]

表 6-1　酶在食品方面中的应用

酶	来　源	主要用途
α-淀粉酶	枯草杆菌、米曲霉、黑曲霉	淀粉液化，制造糊精、葡萄糖、饴糖、果葡糖浆
β-淀粉酶	麦芽、巨大芽孢杆菌、多黏芽孢杆菌	制造麦芽，啤酒酿造
糖化酶	根酶、黑曲霉、红曲霉、内孢霉	淀粉糖化，制造葡萄糖、果葡糖

① 韦平和，李冰峰，闵玉涛．酶制剂技术．北京：化学工业出版社，2012：52

续表

酶	来　源	主要用途
异淀粉酶	气杆菌、假单胞杆菌	制造直链淀粉、麦芽糖
蛋白酶	胰、木瓜、枯草杆菌、霉菌	啤酒澄清，水解蛋白、多肽、氨基酸
右旋糖酐酶	霉菌	糖果生产
葡萄糖异构酶	放线菌、细菌	制造果葡糖、果糖
葡萄糖氧化酶	黑曲霉、青霉	蛋白加工、食品保鲜
柑橘苷酶	黑曲霉	水果加工、去除橘汁苦味
天冬氨酸酶	大肠杆菌、假单胞杆菌	由反丁烯二酸制造天冬氨酸
磷酸二酯酶	橘青霉、米曲霉	降解 RNA，生产单核苷酸作食品增味剂
纤维素酶	木霉、青霉	生产葡萄糖
溶菌酶	蛋清、微生物	食品杀菌保鲜

下面分别从食品保鲜、果蔬类食品加工、酿酒工业、食品添加剂生产、乳品工业、焙烤食品和淀粉类食品等方面进行简单介绍。

1. 食品保鲜

由于受到各种外界因素的影响，食品在加工、运输和保藏过程中，色、香、味及营养容易发生变化，甚至导致食品败坏，降低食品的食用价值。因此，食品保鲜已是食品加工、运输、保藏中的重要问题，引起食品行业的广泛关注。

利用酶高效专一的催化作用，酶法保鲜技术能防止、降低或消除氧气、温度、湿度和光线等各种外界因素导致食品产生不良影响，进而达到保持食品的优良品质和风味特色，以及延长食品保藏期的技术。目前，葡萄糖氧化酶、溶菌酶等已应用于罐装果汁、果酒、水果罐头、脱水蔬菜、肉类及虾类食品、低度酒、香肠、糕点、饮料、干酪、水产品、啤酒、清酒、鲜奶、奶粉、奶油、生面条等各种食品的防腐保鲜，并取得了较大进展。

(1)酶法除氧保鲜

由于氧气的存在而引起的氧化现象发生是造成食品色、香、味变坏的重要因素，是影响食品质量的主要因素之一。例如，氧的存在极易引起某些富含油脂的食品发生氧化而引起油脂酸败，进而产生异味，降低营养价值，甚至产生有毒物质；氧化作用还会使果汁、果酱等果蔬制品变色以及使肉类褐变。许多研究表明，除氧是解决食品氧化变质、延长食品保藏期的最有效措施。

在食品的除氧保鲜中，较为常用的酶有葡萄糖氧化酶和过氧化物酶。例如，把葡萄糖氧化酶和葡萄糖混合在一起，装于可透空气、不透水的保鲜薄膜袋中，封闭后置于装有需保鲜食品的密闭容器中，通过葡萄糖氧化酶的作用，可达到食品除氧保鲜的目的；把葡萄糖氧化酶直接加到罐装果汁、果酒、水果罐头、色拉调料等食品中，可以避免食品氧化变质。另外，葡萄糖氧化酶添加到果蔬中密封保藏，可有效去除氧气而延长果蔬贮藏期。

(2)酶法脱糖保鲜

目前较多使用葡萄糖氧化酶进行脱糖保鲜的食品是蛋类制品，如蛋白粉、蛋白片、全蛋粉等，这是由于蛋白中含有0.5%～0.6%葡萄糖，它与蛋白质发生反应后，制品会出现小黑点或发生褐变，并降低其溶解性，进而影响产品质量。

为了较好保持蛋类制品的色泽和溶解性，必须进行脱糖处理，将蛋白质中含有的葡萄糖除去。可将适量的葡萄糖氧化酶加到蛋白液或全蛋液中，并通入适量的氧气，将蛋品中残留的葡萄糖完全氧化，从而有效保持蛋类制品的色泽。另外，脱水蔬菜、肉类和部分海鲜类食品的脱糖保鲜也需要用到葡萄糖氧化酶。

(3)酶法灭菌保鲜

由微生物污染而引起食品的变质腐败，历来是人们关注的问题。溶菌酶是一种专一性催化细菌细胞壁中的肽多糖水解的酶。溶菌酶作为无毒无害的蛋白质，可以杀菌、抗病毒和抗肿瘤细胞，是一种安全高效的食品杀菌剂。用溶菌酶进行食品保鲜，可有效地杀灭食品中的细菌，有效地防腐。

另外，低度酒、香肠、糕点、饮料、干酪、鲜奶、奶粉、奶油、生面条等的防腐保鲜也需要溶菌酶。

2. 果蔬类食品加工

以各种水果或蔬菜为主要原料加工而成的食品为果蔬类食品。在其加工过程中，加入各种酶，可以保证果蔬类食品的“质”和“量”。

(1)果蔬制品的脱色

由于果蔬大多含有花青素，以致在不同的pH值下呈现不同的颜色，对果蔬制品的色泽有影响。例如，在光照或高温下变为褐色，与金属离子反应则呈灰紫色。

能催化花青素水解，生成β-葡萄糖和它的配基的一种β-葡萄糖苷酶即为花青素酶。为了防止果蔬变色和保证产品质量，只需将一定浓度的花青素酶加入果蔬制品，在40℃下保温20～30min，即可达到效果。[①]

(2)果汁生产

由于水果中含有大量果胶，以致在果汁的压榨过程中，不容易压榨、出汁少且果汁浑浊等。在果汁的生产过程中，加入果胶酶、纤维素酶、α-淀粉酶和糖化酶溶菌酶等，就可以使压榨方便、出汁多且果汁澄清。

①果胶酶。果胶酶(pectinase)是能催化果胶质分解的酶的统称，主要包括果胶酯酶(PE)、聚半乳糖醛酸酶(PG)、聚甲基半乳糖醛酸酶(PMG)、聚半乳糖醛酸裂合酶(PGL)和聚甲基半乳糖醛酸裂合酶(PMGL)等，常用的是PE和PG。

一种能催化果胶甲酯分子水解，生成果胶酸和甲醇的果胶水解酶是果胶酯酶。

一种能催化聚半乳糖醛酸水解的果胶酶是聚半乳糖醛酸酶(polygalacturonase,PG)。根据作用方式不同，分为内切聚半乳糖醛酸酶(endo-PG)和外切聚半乳糖醛酸酶(exo-PG)。

内切聚半乳糖醛酸酶(endo-polygalacturonase,endo-PG,EC3.2.1.15)随机水解果胶酸和其他聚半乳糖醛酸分子内部的糖苷键，生成分子质量较小的寡聚半乳糖醛酸。

外切聚半乳糖醛酸酶(exo-polygalacturonase,exo-PG,EC3.2.1.67)从聚半乳糖醛酸链的非还原端开始，逐个水解α-1,4-糖苷键，生成D-半乳糖醛酸，每次少一个聚半乳糖醛酸。

在果汁生产过程中，经果胶酶的作用，方便压榨、出汁率高，在沉降、过滤和离心分离中，沉淀分离明显，达到果汁澄清效果。经果胶酶处理的果汁稳定性好，在存放过程中可以避免产生浑浊，在苹果汁、葡萄汁和柑橘汁等的生产中已广泛使用。

②纤维素酶。天然果品中由于本身含有纤维类和半纤维类物质直接榨汁难度大，出汁率低。在榨汁前，用纤维素酶对原料进行预处理，可较好地解决这类问题。而纤维素酶则是一组包含半纤维素酶、蛋白酶、果胶酶、核糖核酸酶的复合酶，具有很强地降解纤维素和破裂植物及其果实细胞壁的功能，可以将植物纤维素水解为单糖和二糖，从而极大地提高物料的利用率。

③α-淀粉酶和糖化酶。在果汁生产过程中，高淀粉含量原料(莲子、马蹄、板栗)制作澄清饮料过程中常出现淀粉颗粒相互结合形成沉淀问题。可以使用α-淀粉酶和糖化酶，这类原料中的淀粉在淀粉酶和糖化酶作用下，可

---

① 梁传伟，张苏勤．酶工程．北京：化学工业出版社，2005：102

转化为葡萄糖和可溶的小分子糖类,从而解决了此问题。

④柚苷酶和柠碱前体脱氢酶。柚皮苷和柠碱是柑橘类果汁产生苦味的主要物质。通过柚苷酶的作用,可将柚皮苷分解为无苦味的鼠李糖、葡萄糖和油皮素,通过柠碱前体脱氢酶的作用,可以使柠碱前体脱氢,可以大大减少苦味。

在果汁的制造中,在添加酶以前,需先确定所要添加酶的种类,并需事先确定该酶添加的时机、添加浓度、反应温度、反应时间等变数。选用适当种类的酶,于适当时机添加,既能发挥预期作用,而又不至于发生太大不良副作用。添加浓度的确定,与成本有很大关系,较高档的酶可以考虑先施以固定化处理,以减少消耗量。反应温度的高低与处理速度的快慢以及酶存活期的长短、香气的保存情况都有关系;反应时间则影响到处理程度及产量。原料水果本性的变异,例如 pH 的升高或降低等,可能影响到上述变数的决定。因此资料库的建立、原料性质的掌握、果汁制造过程中品质数据的及时取得及操作变数的及时修正,也都是酶在果汁生产中成功应用所不可缺少的。

(3)果酒生产

以各种果汁为原料,通过微生物发酵而成的含酒精饮料即为果酒。主要是指葡萄酒,此外还有桃酒、梨酒、荔枝酒等。

在葡萄酒的生产过程中,果胶酶和蛋白酶等酶制剂已广泛使用。

果胶酶用于葡萄酒生产,在葡萄汁的压榨过程中应用,可以方便压榨和澄清、提高葡萄汁和葡萄酒的产量,还可以提高质量。例如,使用果胶酶处理以后,葡萄中单宁的抽出率降低,使酿制的白葡萄酒风味更佳;在红葡萄酒的酿制过程中,葡萄浆经过果胶酶处理后可以提高色素的抽出率,还有助于葡萄酒的老熟,增加酒香。

在各种果酒的生产过程中,还可以通过添加蛋白酶,使酒中存在的蛋白质水解,以防止出现蛋白质浑浊,使酒体清澈透明。

葡萄酒中,如果芳香化合物萜烯和糖结合,葡萄酒的芳香就会大大减弱;如果萜烯能从糖中游离出来,则芳香能完全挥发出来。用 β-葡萄糖苷酶作用于各种萜烯葡萄糖苷,能使萜烯游离,增强葡萄酒的香气。

(4)柑橘制品去除苦味

柑橘果实制品,如柑橘罐头、橘子汁、橘子酱等,由于柑橘果实中含有柚苷而具有苦味。

柚苷又称为柚配质-7-芸香糖苷。可以在柚苷酶的作用下,水解生成鼠李糖和无苦味的普鲁宁(柚配质 7-葡萄糖苷)。普鲁宁还可以在 β-葡萄糖苷酶的作用下,进一步水解生成葡萄糖和柚配质。

柚苷酶又称为β-鼠李糖苷酶，它催化β-鼠李糖苷分子中非还原端的β-鼠李糖苷键水解，释放出鼠李糖。

柚苷酶可由黑曲霉、米曲霉、青霉等微生物生产，鼠李糖和各种鼠李糖苷对该酶的生物合成有诱导作用。

在柑橘制品的生产过程中，加进一定量的柚苷酶，在30℃～40℃左右处理1～2h，即可脱去苦味。

(5)柑橘罐头防止白色浑浊

柑橘中含有橙皮苷，会使汁液中出现白色浑浊而影响产品质量。

橙皮苷又称为橙皮素-7-芸香糖苷，其溶解度小，所以容易生成白色浑浊。橙皮苷在橙皮苷酶作用下，水解生成鼠李糖和橙皮素-7-葡萄糖苷，从而柑橘类罐头不会出现白色浑浊。橙皮苷酶也是一种鼠李糖苷酶，它催化橙皮苷分子中鼠李糖苷键水解，生成鼠李糖和橙皮素-7-葡萄糖苷。

(6)橘瓣囊衣的酶法脱除

加工橘子砂囊，以往多使用酸碱处理脱去囊衣，排出大量废水，可造成环境的严重污染。目前，从黑曲霉中筛选出来的果胶酶、纤维素酶、半纤维素酶等可代替消耗水量、费工费时的酸碱处理法，已广泛应用于橘瓣去除囊衣。

3. 酿酒工业

酶制剂有对基质作用专一、反应温和和副产物少等优点，用于酿酒，能提高出酒率和生产效率，产品风味和质量也得到改善。

(1)酶在啤酒酿造中的应用

我国生产啤酒的传统工艺，原料大麦芽与辅料大米的配比是7∶3。由于我国适宜种植大麦的面积不大，产量不高，质量欠佳，达不到啤酒生产的标准，需要进口相当一部分大麦。另外，用于啤酒生产的大麦要经过发芽制成麦芽才能用，制麦芽的设备花费大，工艺复杂，酿制啤酒损耗大麦颇多，成本昂贵，因而可以用微生物产酶代替部分大麦芽酿造啤酒。

在啤酒的生产中，酶主要是在制浆和调理两个阶段使用。啤酒是以麦芽为主要原料，经糖化和发酵而成的含酒精饮料，其工艺流程见图6-1。麦芽中含有降解原料生成可发酵性物质所必需的各种酶类，主要为淀粉酶、蛋白酶、伊葡聚糖酶、纤维素酶等。当麦芽质量欠佳或大麦、大米等辅助原料使用量较大时，由于受酶活力的限制，糖化不充分，蛋白质降解不足，从而啤酒的风味与产率受影响。使用微生物淀粉酶和蛋白酶等酶制剂，可增强麦芽的酶活力。特别是在用大麦作辅料或麦芽发芽不良时，其中因含β-葡聚糖（一种黏性分枝多糖），而使麦芽汁的过滤发生困难，特别是由于β-葡聚糖不溶于酒精，啤酒生成沉淀而不易滤清，用β-葡聚糖酶处理可使其分解而改善过滤操作，从而稳定啤酒的质量。

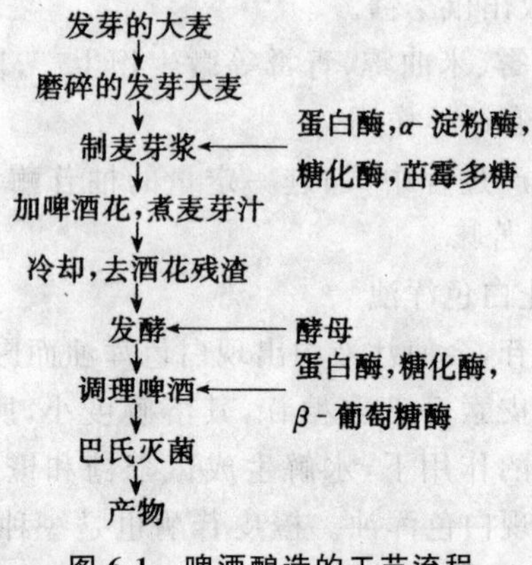

图 6-1　啤酒酿造的工艺流程

在浸泡麦芽浆时，温度约 65℃，浓的麦芽浆可以稳定酶。在制浆过程中温度逐渐升高，有利于使蛋白酶、α-淀粉酶和 β-葡聚糖酶发挥作用，使麦芽中的多糖及蛋白类物质降解为酵母可利用的合适的营养物质。

在加啤酒花前，应煮沸麦芽汁使上述酶失活。在发酵完毕后，啤酒需要加一些酶处理，以使其口味和外观更易于为消费者所接受。木瓜蛋白酶、菠萝蛋白酶或霉菌酸性蛋白酶都可以降解使啤酒浑浊的蛋白质组分，防止啤酒的冷浑浊，延长啤酒的贮存期；应用糖化酶能够降解啤酒中的残留糊精，这一方面保证了啤酒中最高的乙醇含量，另一方面不必添加浓糖液来增加啤酒的糖度。这种低糖度的啤酒，糖尿病患者也可以饮用。

中性蛋白酶在啤酒中的应用：啤酒工业副产物的 80%以上是啤酒糟(BSG)，它又称麦芽糟、麦糟，含蛋白质 23%～27%，是一种好的蛋白质资源。随着啤酒规模的日益增大，发酵废渣的处理已成为啤酒工业的重大课题。少数厂家考虑啤酒糟的营养不高，饲用价值低，直接以废弃物形式排放，这既浪费了蛋白质资源，又污染了环境。而以中性蛋白酶水解啤酒糟中的蛋白质，其水解产物为含有多种氨基酸、肽的营养液，这种营养液可作为食品添加剂，广泛应用于各类食品，还可作为保健食品及化工产品的基料。

(2)酶在黄酒生产中的应用

以糯米为原料生产黄酒过程中，可使用淀粉酶、糖化酶、脱脂酶、蛋白酶等多种酶制剂协同作用，可使酒体协调，风味突出，且含游离氨基酸比传统工艺高，酒液清澈透明。

早在 1895 年，人们就发现从中国小曲中分离出的根霉菌同时具有糖化和发酵酒精的能力，故此命名为淀粉发酵法或译音为阿米诺酶法。而新一代阿米诺酶，是含有多种微生物的复合酶，它既具糖化发酵能力，又具有传统特色，采用现代高新技术，保持东方酿酒的精华，适用于米酒、黄酒、麸曲白酒和大曲白酒等的生产。生产应用结果表明：用于米酒生产，用量为0.5%～0.6%，可提高出酒率5%～6%；用于半固半液态小曲白酒生产，用量为0.4%～0.7%，提高出酒率5%～7%；用于固态小曲生产，用量为0.5%～0.7%，提高出酒率3%～5%；用于麸曲酒生产，用量为0.5%～0.8%，提高出酒率5%～6%；用于大曲酒生产，用量为0.2%左右，替代部分大曲，可提高出酒率5%～8%，酒质稳定；还可用于生料酿酒生产中。

酸性蛋白酶、淀粉酶、果胶酶等也可用于果酒酿造，用以消除浑浊或改善果实压汁操作。

(3)酶在白酒生产中的应用

旧工艺用麸曲和自培酒母生产白酒的效率很低，糖化酶和酒用活性干酵母在白酒生产上的应用，取代了旧工艺，新工艺简单、出酒率高(2%～7%)，节约粮食，生产成本低，简化设备，节省厂房场地。白酒除了要有一定量的乙醇外，还需要有一定量的香味物质，为此人们又研制出专用复合酶用于白酒生产。

白酒生产是多种微生物共酵，酸性蛋白酶加入白酒生产的料醅中，分解料醅中的蛋白质为小肽或氨基酸，促进白酒生产菌群的生长，产酒量多且香味浓郁，因此酸性蛋白酶在白酒生产中起着重要的作用。

如果在酒精饮料的发酵过程中加入一定量的脂肪酶，可以改善稻米和酒精饮料的味道，具有类似奶酪的香味。

目前大部分小曲白酒厂的生产工艺是加酒用复合酶，酒用复合酶是按一定比例由糖化酶、酸性蛋白酶、增香酵母曲和酒用酵母曲等多种生物制品组成的，不同的配比可以生产出不同风味的白酒。这种新工艺方法简单，出酒率高，而且酒的风味好。

(4)酶在酒精生产上的应用

在以玉米、高粱、小麦、燕麦等谷类粮食作物为原料发酵生产酒精的过程中，加入适量的酸性蛋白酶，一能水解原料中的微量蛋白质，破坏原料颗粒质间细胞壁结构，增加醪液中的可利用糖，原料出酒率可提高1%～2%，二由于蛋白质的水解作用，增加了醪液中可被酵母利用的有机氮源氨基酸，酵母生长繁殖加速，减轻酵母细胞氨基酸合成代谢的负荷，能量消耗降低，使醪液中的糖更多地转化为酒精。

添加酸性蛋白酶还有下列优点：发酵醪中酵母细胞数可提高10%～30%，提高发酵速率；发酵周期减少12～20，提高设备利用率；最适宜浓醪发酵工艺，使用方法简单。

酒精生产中添加酸性蛋白酶使用方法：①用量：按每克原料添加8～

14U 计量，1t 原料加 20000U/g 的酸性蛋白酶 400～700g。②间歇发酵生产酒精：根据一罐用料量和所用酸性蛋白酶制剂活力，计算所需蛋白酶用量，称好放入干净的容器中，按 1∶20 的比例溶于 35～40℃的清水中（最好是灭过菌的水），带上胶皮手套搅拌均匀，不要有结块，待发酵罐进料糖化醪达到罐体的 1/4～1/3，将溶好的酸性蛋白酶一次性全部倒入发酵罐中。③连续发酵生产酒精：利用原来流加尿素或硫酸铵的无机盐罐作为酸性蛋白酶流加罐，按照每小时的进料量，计算一个班（8h）所需的原料量，再根据所用糖化酶的酶活力和工艺上确定的每克原料加酸性蛋白酶多少单位，计算所需酸性蛋白酶数量，称好后投入到酸性蛋白酶流加罐中，流加罐中加水量多少根据流加速度确定，所以酸性蛋白酶流加罐需要有搅拌和计量标记。因酸性蛋白酶最适温度不超过 50℃，故不能添加在糖化罐中，应流加在冷却后的糖化醪中（30℃）或流加在糖化醪的第一发酵罐中。例如某酒精厂采用连续发酵法生产玉米酒精，每小时进料量 2t，使用的酸性蛋白酶活力是 20000U/g，工艺确定每克原料加 12U 酸性蛋白酶，那么可知每小时需加酸性蛋白酶 2000×1000×12/20000＝1200g，一个班需 20000U/g 的酸性蛋白酶 9.6kg，将称好的酸性蛋白酶加到装有 96kg 纯净水的酸性蛋白酶流加罐中，开动搅拌器，每小时流加酸性蛋白酶液 12kg。

在 30℃时，把酸性蛋白酶加入到糖化醪中，在发酵醪中边发酵边水解蛋白质，在使用酸性蛋白酶时要注意质量，含杂菌数越少越好，如果蛋白酶含有大量杂菌，使酒精发酵升酸高，影响使用效果，甚至给生产造成损失。另外，酸性蛋白酶耐热性较差，在使用过程中一定要注意环境温度和存放时间，特别是浓缩剂酸性蛋白酶贮存温度不高于 15℃，否则很快失活。

1997 年，赵华等人研究表明在用玉米生产酒精中加酸性蛋白酶可增加醪液中酵母细胞数，提高发酵速率，增加醪液中氨基酸含量，提高淀粉出酒率。

1999 年，王彦荣等用自己研制生产的食品级酸性蛋白酶与华润金玉酒精公司合作，在酒精一车间间歇发酵，240m^3 发酵罐上做生产试验，连续做 27 罐，平均酒精浓度提高 0.22%，残总糖降低 0.07，升酸差降低 0.16，挥发酸降低 0.02，发酵时间缩短 0.47h，从 2000 年 1 月开始，华润金玉酒精公司长年使用酸性蛋白酶制剂，如 2000 年，该公司生产酒精 22.8 万 t，应用酸性蛋白酶全年平均吨酒耗粮降低 0.059%，吨酒成本降低 56.12 元，节粮 13438.6t，增产酒精 4265.3t，增加利润 1279.59 元。2001 年，应用酸性蛋白酶生产酒精 24.13 万 t，吨酒耗粮降低 0.126t，吨酒成本降低 64.86 元，节省粮食16173.619t,增加利润1565.18万元。[①]

(5)用于解决和防止问题出现的酶

①制浆过程中的细菌α-淀粉酶。制浆过程所引入的最大变化是不可溶的淀粉分子转变成可溶的、能够发酵的糖和不可发酵的。在淀粉转化中起主要作用的是α-淀粉酶和β-淀粉酶。α-淀粉酶(E.C.3.2.1.1)可以将可溶和不可溶的淀粉切成许多可被β-淀粉酶(E.C.3.2.1.2)进攻的短链。在全麦芽发酵中,最终即最高的制浆温度是78℃,这样可以获得麦芽汁与没用的谷粒之间的最好分离。通过添加细菌α-淀粉酶,在最终的麦芽汁相中温度可以增加到85℃。外源酶可以将残留的淀粉降解为寡糖,并将这一过程一直延续至过滤环节,由此防止了麦芽汁分离时由于淀粉的凝胶作用而引起的黏度增加。在制浆之前用泵将热稳定性细菌α-淀粉酶加入到过滤器中,以降解残留的淀粉。由于过滤器中的麦芽汁温度比较高,所以比较稀薄,可以更快、更顺利地穿过过滤介质。

在制浆槽中当高比例的附加物稀释了内源酶的浓度时,添加细菌α-淀粉酶变得十分重要。因为这一稀释因素适用于所有的内源酶,所以额外的酶制剂和酶混合物被广泛应用,后者除了淀粉酶,还包括如β-葡聚糖酶和蛋白酶之类的其他酶类。

如果使用了一种热稳定的细菌α-淀粉酶,那么酿造大师们便倾向于再单独添加β-葡聚糖酶和蛋白酶,以增加可变性(酶混合物含有固定的组分)来适应他们特殊的麦芽/添加物的状况。

②发酵过程中的真菌α-淀粉酶。缓慢的发酵过程可能是由于制浆过程中不完全的糖化作用所导致。如果在早期就判断出这一问题,那么向发酵罐中直接添加真菌α-淀粉酶(E.C.3.2.1.1)将解决这一问题。这种酶在相对低的温度下可以降低稀释极限(稀释的程度是指在麦芽汁提取液中可发酵碳水化合物的百分比),增加发酵能力,产生更多的酒精。

③制浆过程中的β-葡聚糖酶。从大麦中得来的β-葡聚糖酶(E.C.3.2.1.4)是热不稳定的,在制浆温度下仅能存活非常短的时间。如果没有足够的葡聚糖被降解掉,残存的葡聚糖将会部分溶解,与水结合,增加黏度(并因此延长了麦芽汁的流出时间)和产生浊雾而导致随后的过程出现问题。

通过对不同温度/时间条件进行优化,可以获得最佳的制浆过程,以改善淀粉酶的表现,并提高FAN值。如果新的条件降低了β-葡聚糖酶的活性,这可能导致几个相关的问题,如不易流出;不易回收提取液;不易将无用

① 陈宁.酶工程.北京:中国轻工业出版社,2014:330—333

谷物排出系统；使酵母沉降变慢，导致离心效率下降；啤酒不易过滤，产生雾状物。

经过筛选获得的在制浆条件下热稳定的、来源于真菌的β-葡聚糖酶，会带来更强劲、更稳定的制浆过程。在未充分修饰或未平衡修饰的谷粒制浆过程中，它们可用通过降低黏度来协助从制浆罐中流出，并改善啤酒的最终性能和滤过性。

④半胱氨酸肽链内切酶(后发酵过程)。如果蛋白质(到处都需要蛋白质，比如作为酵母的养分、FAN、产生泡沫)没有通过热沉淀和冷沉淀进行充分的去除，多肽会与多酚在啤酒生产的最后阶段(调温，储藏)发生交叉反应，产生令人讨厌的所谓冷浊雾。可溶的蛋白水解酶，如木瓜蛋白酶(E.C.3.4.22.2)以及较少被人了解的菠萝蛋白酶(E.C.3.4.22.32)和无花果蛋白酶(E.C.3.4.22.3)，经常在最终的过滤步骤前使用[通常与其他稳定剂如聚乙烯吡咯烷酮(PVP)或硅胶联用]，以改善啤酒的胶体稳定性，并因此控制了冷雾的形成、增加了包装后啤酒的储存期。从水果番木瓜中提取的木瓜蛋白酶在30℃～45℃的温度范围和4.0～5.5的pH范围内起作用。加入调温罐后，这种非特异性内切蛋白酶在其被巴氏消毒破坏之前，能够降解与多酚反应的高分子量蛋白质。

人们对固定化蛋白酶的使用也进行了研究，但还没有被广泛采用。

⑤制浆过程中的葡糖淀粉酶。如果作为不可发酵糖类的糊精在啤酒中残留量过高，那么在制浆罐中加入外源葡糖淀粉酶(E.C.3.2.1.3)会将寡糖末端的α-1,6－葡萄糖苷键断裂，从而增加麦芽汁中的可发酵糖量。由于葡糖淀粉酶只作用于最多含有10～15个葡萄糖单元的寡糖链，因此这种酶不能防止由于高分子量的直链淀粉和支链淀粉造成的淀粉雾状物的形成。

(6)用于改善过程的酶

①添加物发酵。在添加物发酵中，麦芽部分的被其他淀粉源所取代(如玉米、大米)，这样做有时是为了经济原因，有时则是为了生产一种口味更淡的啤酒。用麦芽作为酶的单独来源，会使这些酶的工作变得更加困难，这是因为制浆过程中这些酶的相对浓度比较低。当加入更大百分比的添加物时，人们会使用外源酶来进行一个单独的预制浆步骤，以使整个生产过程更简单、更可预测。由于热稳定性淀粉酶比麦芽淀粉酶更稳定，因此可以更容易实现液化、更短的处理时间和整体生产率的提高。将麦芽从附属蒸煮器中去除，意味着较少的附属麦芽浆，并由此带来在平衡制浆过程的体积和温度方面更大的自由度。

传统上，当使用高质量的麦芽时，大麦的用量被限制在总材料的10%～20%之间。更高含量的大麦(>30%，或者使用低质量的麦芽)会使整个过程变得更加困难。如果酿造师在酿造期间使用了未发芽的大麦，那么必须向麦芽浆中添加额外的酶(除了 α-淀粉酶，一些额外的 β-葡聚糖酶和内切肽酶也是必需的)其他一些含有淀粉的原料作为碳水化合物的来源，也被用于部分替代麦芽。向麦芽浆中添加热稳定的细菌 α-淀粉酶，可以使来自大米或玉米的淀粉液化温度变得更高。使用大米、玉米或高粱作为淀粉来源或材料的酿造系统，都需要一个单独的原料蒸煮阶段，最好是在高达 108℃的温度下进行(喷气蒸煮)。麦芽 α-淀粉酶不适于这一过程，因此需要使用热稳定的细菌 α-淀粉酶，或者属于蛋白质工程改造过的、热稳定性更好的该类淀粉酶。预先胶化的添加物，如向麦芽浆中添加的超微粉碎谷物需要(非热稳定的)细菌 α-淀粉酶，以保证麦芽汁中不残留淀粉。酶会水解麦芽和添加物中的淀粉，释放可溶的糊精。这一作用是对天然麦芽 α-淀粉酶和 β-淀粉酶作用的补充。

当使用非热稳定的 α-淀粉酶时，反应体系中必须存在大约 200ppm 的 Ca^{2+}，尤其是当水解发生在较高温度的时候。当温度上升到大约 100℃，并保持 1～20min 的时候，酶会失活。

作为碳水化合物来源的液体添加物包括甘蔗和甜菜的糖浆，以及由谷物淀粉处理工业生产的基于谷物的 DE 糖浆。“啤酒糖浆”(一种从谷物中获得的麦芽糖糖浆，其糖谱与甜麦芽汁类似)在英国、南非和一些亚洲国家越来越受到欢迎。玉米淀粉的增溶和部分水解，是在啤酒厂之外由淀粉处理商使用现代的工业酶，如热稳定(蛋白质工程改造)细菌 α-淀粉酶、支链淀粉酶和从麦芽或大麦中提取的 β-淀粉酶进行处理的。通过使用不同的糖化反应条件(时间、温度、酶)，通过掺和或引入真菌 α-淀粉酶和葡糖淀粉酶，无论是组成上还是经济性上，淀粉处理商现在可以满足任何种类啤酒糖浆的技术要求。

②改进了的制浆过程。

蛋白酶。内源的内切和外切蛋白酶具有很高的热不稳定性，主要在麦芽坊中起作用。羧肽酶对热的敏感程度稍低一些，因此在麦芽浆中也继续发挥着一定作用。蛋白酶(和 p-葡聚糖酶)在 63～66℃的浸渍麦芽浆中很快被破坏。当使用煎煮制浆技术和较低的初始麦芽浆温度，在制浆的早期阶段会显示出显著的酶活。因此，用于煎煮制浆的麦芽无需像用于浸渍制浆的麦芽那样进行很好的处理。在所谓的蛋白休止期(30min，40℃～50℃)，蛋白酶降低了高分子量蛋白质(引起泡沫不稳定和浊雾)的总体长度，使其在麦芽浆中转化为低分子量蛋白质。内切蛋白酶通过破坏氨基酸之间的肽键将高分子量蛋白质分解为简单的肽链。内切蛋白酶能将不可溶的球蛋白和已经溶解于麦芽汁中的清蛋白降解为中等大小的多肽。清蛋白和球蛋白含量的降低对于减少由蛋白质和多酚(来源于麦芽壳和啤酒花的单宁类物质)引起的浊雾具有重要作用。有这样一个规律,即减少啤酒中大蛋白分子的数量可以减少形成浊雾的倾向。中等大小的蛋白质不是很好的酵母营养来源,但对于泡沫稳定性以及由此导致的头部残留、瓶体和味觉丰满度有重要影响。一些酿造者倾向于通过限制蛋白休止期的时间来改善啤酒泡沫的质量。目前有多种多样的内切肽酶可供使用;历史上,来源于淀粉液化芽孢杆菌的蛋白酶足够用于帮助麦芽中的淀粉酶进行工作。

支链淀粉酶。内源 β-淀粉酶(1,4-α-D-葡聚糖麦芽糖水解酶,E.C.3.2.1.2)是一种外切酶,能切割多余的葡萄糖键而形成麦芽糖分子和 β-极限糊精。后者包含 α-1,4-糖苷键,并且不能被 α-淀粉酶或 β-淀粉酶切割;β-极限糊精作为不可发酵的糖类,在整个发酵过程中一直保留在麦芽汁中。麦芽汁中的一种天然酶极限糊精酶可以切割这种键(糊精-α-1,6-葡聚糖水解酶,E.C.3.2.1.142),是一种热不稳定酶,在制浆温度下就已经失活了。外源支链淀粉酶(支链淀粉-6-葡聚糖酶,E.C.3.2.1.41)能水解支链多糖(例如,支链淀粉)中的 α-1,6-葡萄糖键。这种酶需要在 α-1,6 键的两侧各有两个 α-1,4-葡萄糖单元,因此麦芽糖是主要的最终反应产物。外源支链淀粉酶的活性与稳定性必须与制浆条件相匹配,并不是所有的淀粉工业用酶都符合这一要求。对发酵 pH 的忍耐和有限的热稳定性阻碍了支链淀粉酶的全程作用,并且限制其作用以达到预定的发酵度。

植酸酶。在利用未修饰麦芽进行煎煮制浆生产淡啤酒的过程中,传统的酸休止期通常是用来降低麦芽汁的初始 pH。来源于大麦芽的植酸酶在30℃~53℃具有活性,将不可溶的植酸钙镁分解为植酸(肌醇六磷酸)。植酸酶反应在这一过程中释放氢离子,可以通过添加一种来源于细菌的热稳定性更强的植酸酶来加速或延长该反应。由于高的窖藏温度,高度修饰的麦芽包含非常少的内源植酸酶,因此无论是在酸休止期还是更高温度的初始制浆阶段,必须完全依赖外源植酸酶来实现植酸酶诱导的酸化。然而,高度烘干的麦芽酸度通常可以充分降低麦芽汁的 pH 而无需通过酸休止期。

淀粉酶制剂/β-淀粉酶。增加麦芽酶活的最有效方法是添加额外的麦芽酶。由于麦芽的种类和提取过程不同,不同产品的组成(各种酶的浓度)也有所区别。由于经济上的原因,只有在没有高质量的麦芽或使用细菌和真菌酶类的效果不理想时,才添加麦芽或大麦提取物。

③货架期的改善。在酿造过程中,酵母吸收了全部的溶解氧气,在随后的过程中,容器和设备中的气体都是纯二氧化碳。一般啤酒中氧气的浓度低于 200ppm。包装之后,啤酒中氧气的浓度分布在 500~1000ppm 之间。微量的残存氧气(以及作为助氧化剂的翠雀素等多酚类物质)会导致啤酒中

挥发性醛类物质的生成，使啤酒产生不新鲜的味道。抗氧化剂，例如亚硫酸盐、抗坏血酸和儿茶酸，可以在氧气的存在下防止啤酒变得不新鲜。

各种抗氧化剂被添加到生啤中，以去除氧气或消除氧气的作用。1.5g·h^{-1}·L^{-1}浓度的抗坏血酸（维生素C）可以减少氧化浊雾及其影响，同样可以减少溶解的氧气。含硫试剂的还原可以降低冷浊雾的形成。硫代硫酸钠的含量达到20ppm时，对冷浊雾有一定的影响，而焦亚硫酸钠和抗坏血酸（各10～20ppm）在巴氏灭菌过程及灭菌后的储存中对保护啤酒中的木瓜蛋白起协和作用。还原剂的用量要与溶解氧等物质的量，相比之下，酶促脱氧只需要很低浓度的有效葡萄糖作为电子供体以清除氧气。利用葡糖氧化酶（β-D-葡萄糖：氧气1-氧化还原酶，E.C.1.1.3.4）和过氧化氢酶（H_2O_2氧化还原酶，E.C.1.11.1.6）进行氧气脱除是两个反应的总和：葡糖氧化酶将葡萄糖和氧气转换为葡糖酸和过氧化氢，过氧化氢随后被过氧化氢酶转变为水和氧气（净反应：葡萄糖$+1/2O_2 \rightarrow$葡糖酸）。

实际上，单纯的酶促脱氧系统要比酶和化学还原剂的混合使用系统的效率低。啤酒中有效葡萄糖的浓度可能过低以至于无法有效地去除氧气，但却有文献报道只添加葡糖氧化酶和亚硫酸盐就可以成功地抑制啤酒的味道变质。另一种可能是在第一个反应中形成的过氧化物与/或在第二个反应中导致氧气形成的中间产物，有反应活性，从而导致啤酒味道的氧化变质。

④加速熟化。储藏会带来剩余可发酵提取物的二次发酵，其发酵温度、酵母数量以及发酵速率都较低。低温促进剩余酵母的沉降和形成浊雾的物质（蛋白质/多酚复合物）的沉淀。熟化阶段或者丁二酮休止期会重新激活酵母菌，使其代谢发酵早期分泌的副产物，如丁二酮和2,3-戊二酮。在熟化期，96%的丁二酮和2,3-戊二酮被活性酵母用于生物合成（尤其是在氨基酸缬氨酸/亮氨酸合成中），啤酒中形成的另外4%的α-乙酰乳酸被氧化为丁二酮。产生丁二酮气味的临界值为0.10mg·L^{-1}，这种小分子会产生不愉快的奶油或奶油糖果味道，被认为是浓啤酒的主要臭味。

根据酵母的种类、物理环境等，这一过程在传统储藏中需要5～7周。当使用较多添加物来生产啤酒时，会造成较高含量的丁二酮产生，因此使用丁二酮休止期就尤为重要。这对发酵型浓啤酒也十分重要，因为他们不需要拥有那么重的口味。

加速熟化过程中，啤酒被完全稀释，无法观察到酵母菌，并被储存在较高的温度下以降低能使啤酒产生臭味的连二酮浓度。加速熟化只需要7～14d就可以生产出与冷熟化过程所获得的相似产品，并且具有相同的透明度和气味稳定性。有时候，新鲜的发酵麦芽汁被加入到冷藏的diacetylladen 啤酒中以使活性酵母吸收丁二酮。

利用外源酶 α-乙酰乳酸脱羧酶[ALDC,(*S*)-2-羟基-2-甲基-3-氧代丁酸酯羧化酶,E.C.4.1.1.5],过量的 α-乙酰乳酸可以直接转化为无害的丁二醇而不产生丁二酮。

ALDC 的使用消除了一个需要延长熟化期的主要原因,从而使酿造工人可以扩大他们的储存能力的峰值。

⑤淀粉-浊雾的去除。发酵中的许多问题,例如黏性发酵或者令人无法接受的低发酵极限,只有在制浆后某些可检测的发酵参数没有达到预期值时才会被注意到。那些既不会有用也不会发酵的未降解淀粉或者高分子量碳水化合物,会重组成不可溶的复合物,从而引起啤酒产生淀粉或碳水化合物的浊雾。该状况下,必须立即采取补救措施,以防止产生不合规格的味觉改变。在发酵中大多采用的低温下,真菌 α-淀粉酶能够迅速水解大麦、麦芽和谷物淀粉的内 α-1,4-糖苷键,形成麦芽糖以及与一个类似于天然麦芽淀粉酶作用后形成的碳水化合物分布。

(7)特殊酿造过程

低卡路里啤酒(节食/轻型啤酒)是根据美式风格酿造的。玉米是主要的添加物,大概占到总谷物的 50%到 65%,用添加的酶进行处理,如葡糖淀粉酶能降解不可发酵的碳水化合物,因此这类啤酒的发酵度要高于通常的啤酒。在细菌和真菌酶类的作用下,干啤酒、超级干啤酒和汽酒都是富二氧化碳的发酵产物,几乎所有的碳水化合物都完全转化成酒精和 CO_2。高粱啤酒(巴土啤酒、非洲粟酒、burukuto、pito)的主要淀粉来源是未出芽的高粱,还添加一些玉米作为补充。使用乳酸进行酸化、将 pH 降低至 4 之后,会添加细菌 α-淀粉酶,加热蒸煮器并煮 90~120min。冷却至 60~62℃后,加入发芽的高粱与/或细菌葡糖淀粉酶以进行部分糖化。粗滤和降温至 30℃~35℃后加入酵母。浑浊的发酵液被装入敞口瓶、大罐子等容器中,放置 16~24h 后就可以饮用了。IMO 啤酒的生产仍处于实验阶段。异麦芽寡糖(IMO:具有 α-1,6-糖苷键的葡萄糖寡聚体)被认为具有激发位于结肠处双歧杆菌属的细菌有利健康的活性,同时会产生一种温和的甜味和较低的成龋因子的性质。含有 IMO 的糖浆通常是利用偶联反应从淀粉中生产出来的,其中一个反应是由微生物来源的(固定化)酶催化的葡萄糖基转移作用,将高麦芽糖含量的糖浆转化为含有 IMO 的糖浆。葡萄糖基转移作用的产物含有 38%的潘糖(4-α-葡糖基麦芽糖)、4%的异麦芽糖、28%的葡萄糖和 23%的麦芽糖。在酿造中用 IMO 糖浆来替代麦芽糖将为传统的食物产品带来功能性质,而在生产技术和产品味道方面的改变却非常的小。通过在酶辅助制浆过程中引入转葡糖苷酶(E.C.2.4.1.X.),也可以实现

IMO的现场生产。

高比重酿造所使用的甜麦芽汁能达到18°P甚至更高。经过发酵和熟化后，啤酒被用冷碳酸水稀释至指定的比重或者规定的酒精浓度。高比重酿造的优势在于啤酒的质量更均一(酒精含量、原始比重等)，而且物理性质上更稳定，这是因为那些造成浊雾的化合物在高浓度下更容易沉淀。处理浓缩的甜麦芽汁会使设备的利用率更高，并且能量上的支出较低。与正常比重发酵相比，其缺点在于尚未解决的制浆过程、更长的发酵时间、不同的口味特性以及较差的啤酒花利用率。外源酶被用于辅助制浆(中性蛋白酶、细菌α-淀粉酶)和发酵(真菌α-淀粉酶)。

4. 食品添加剂

食品添加剂是指为提高食品品质和色、香、味以及为防腐和加工工艺需要而加入食品中的化学合成或天然物质，现已成为现代食品行业不可缺少的部分。按照添加剂的效用不同，可以分为酸味剂、增味剂、甜味剂、乳化剂、香味剂、护色剂、防腐剂、漂白剂和抗氧化剂等。随着酶工程技术的迅速发展，作为高效、安全的生物催化剂，酶已在食品添加剂的生产中得到较为广泛的应用。

(1)酶在酸味剂生产中的应用

酸味剂是使食品产生酸味的食品添加剂。在食品中添加一定量的酸味剂，给人一种酸爽的感觉，起到增加食欲的效果，有利于钙的吸收，还能防止微生物污染。

采用酶法生产的酸味剂主要是乳酸和苹果酸。

①采用乳酸脱氢酶，催化丙酮酸还原为乳酸。D型乳酸由D-乳酸脱氢酶催化丙酮酸还原而成的是D型乳酸，用L-乳酸脱氢酶催化丙酮酸还原而成的为L型乳酸。

②采用2-卤代酸脱卤酶，催化2-氯丙酸水解生成乳酸。以L-2-氯丙酸为底物，通过L-2-卤代酸脱卤酶的催化作用，将L-2-氯丙酸水解生成D型乳酸。

③采用延胡索酸酶催化反丁烯二酸水合，生成苹果酸。苹果酸又称羟基丁二酸，最早从苹果中分离得到且在苹果中含量最高，故名苹果酸。苹果酸的酸味柔和、持久，可以掩盖蔗糖以外的一些甜味剂的味道，有效提高食品中的水果风味，已在食品生产中得到广泛应用。由于构型不同，苹果酸可以分为L-苹果酸和D-苹果酸。现在国内外主要生产L-苹果酸。

随着酶工程的发展，特别是固定化技术的应用，主要通过酶法生产L-苹果酸。用延胡索酸(反丁烯二酸)为底物，通过延胡索酸酶的催化作用，水合生成L-苹果酸。

(2)酶在增味剂生产中的应用

补充或增强食品原有风味的一类物质称为食品增味剂或食品增强剂，通常又称为鲜味剂。酶在食品增味剂生产中主要用于氨基酸和呈味核苷酸的生产。

①L-氨基酸的酶法生产。有些氨基酸，如L-谷氨酸、L-天冬氨酸等具有鲜味，称为氨基酸类增味剂。氨基酸类增味剂是当今世界上产量最大、应用最广的一类食品增味剂。

通过酶的催化作用生产L-氨基酸类增味剂的途径主要有：蛋白酶催化蛋白质水解生成L-氨基酸混合液，再从中分离得到鲜味氨基酸；谷氨酸脱氢酶催化α-酮戊二酸加氨还原，生成L-谷氨酸；转氨酶催化酮酸与氨基酸进行转氨反应，生成所需的L-氨基酸；谷氨酸合酶催化α-酮戊二酸与谷氨酰胺反应，生成L-谷氨酸；天冬氨酸酶催化延胡索酸(反丁烯二酸)氨基化，生成L-天冬氨酸等。

②呈味核苷酸的酶法生产。呈味核苷酸都是5′-嘌呤核苷酸，主要有鸟苷酸和肌苷酸等。通过酶的催化作用生产的核苷酸类增味剂主要有5′-磷酸二酯酶催化RNA水解，生成呈味核苷酸(4种5′-单核苷酸，即腺苷酸、鸟苷酸、尿苷酸和胞苷酸的混合物)；腺苷酸脱氨酶催化AMP脱氨，生成肌苷酸等。

(3)酶在甜味剂生产中的应用

食品甜味剂在食品中广泛使用，因为它能改进食品的可口性和其他食用性质，满足爱甜食者的口味。利用酶的催化作用可以得到各种甜味剂。

①嗜热菌蛋白酶催化天冬氨酸和苯丙氨酸反应生成天苯肽。天苯肽是由L-天冬氨酸和L-苯丙氨酸甲酯缩合而成的二肽甲酯，是一种常用的甜味剂。其甜度约为蔗糖的150～200倍，但热量低，在甜度相同的情况下，天苯肽的热量仅为蔗糖的1/200，所以在食品、饮料等方面广泛应用。天苯肽可以通过嗜热菌蛋白酶在有机介质中催化L-天冬氨酸与L-苯丙氨酸甲酯反应缩合生成。

②葡萄糖基转移酶生产帕拉金糖。帕拉金糖是蔗糖的一种异构体，甜味与蔗糖相似，但甜度较低。可通过葡萄糖基转移酶的催化作用，由蔗糖转化而成。

③β-葡萄糖醛酸苷酶生产单葡萄糖醛酸基甘草皂苷。甘草皂苷是甘草的主要有效成分，具有免疫调节和抗病毒等功能。甘草皂苷及其钠盐是一种低热值的甜味剂，其甜度约为蔗糖甜度的170～200倍。甘草皂苷的生物活性与其分子中的β-葡萄糖醛酸基有密切关系，通过β-葡萄糖醛酸苷酶的作用，去除甘草皂苷末端的一个β-D-葡萄糖醛酸残基，得到单葡萄糖醛酸基

的甘草皂苷，其甜度约为蔗糖甜度的1000倍，是一种高甜度、低热值的新型甜味剂。

(4)酶在乳化剂生产中的应用

食品乳化剂是使食品中互不相溶的液体形成稳定乳浊液的一类食品添加剂。目前广泛使用的乳化剂是甘油单酯及其衍生物和大豆磷脂等。

利用脂肪酶的作用，可以将甘油三酯水解生成甘油单酯，简称为单甘酯，是一种应用广泛的食品乳化剂。目前工业产品主要是经过分子蒸馏含量达90%以上的单甘酯，以及单甘酯含量为40%～50%的单双酯混合物。

5. 乳品工业

乳制品是除母乳以外营养最为丰富和均衡的全价食品，它含有人体所必需的全部营养成分。由于乳的营养全面性和均衡性，使其在婴儿营养和成年膳食中占有极其重要的地位。用于乳品工业的酶有凝乳酶、乳糖酶、过氧化氢酶、溶菌酶和脂肪酶等，主要用于对乳品质量的控制、改善干酪的成熟速度及对废液乳清的处理。

(1)酶在干酪生产中的应用

干酪又称奶酪，是一种在牛奶或羊奶中加入适量乳酸菌发酵剂和凝乳酶制剂，使乳中蛋白质(主要是酪蛋白)凝固，排出乳清，并经一定时间制成的乳制品。干酪的营养价值很高，内含丰富的蛋白质、乳脂肪等，对人体健康大有益处。干酪中的蛋白质发酵后，因为凝乳酶及蛋白酶的分解作用，形成胨、肽、氨基酸等，很容易被人体消化吸收。与其他动物性蛋白相比，干酪中所含的必需氨基酸质优而量多。干酪的种类不同，所含的蛋白质、脂肪、水分和盐类的含量也不同，但其营养成分总和相当于原料乳中营养成分总和的10倍以上；干酪还含有大量的钙和磷，它们是形成骨骼和牙齿的主要成分。

全世界干酪生产所消耗的牛奶达1亿多吨，占牛奶总产量的25%。在干酪的生产过程中，加入凝乳酶，可以水解κ-酪蛋白，在酸性环境下钙离子使酪蛋白凝固，再经后续工序即可制成干酪。

天然凝乳酶取自小牛的皱胃，全世界一年要宰杀4000多万头小牛，来源不足，价格昂贵。20世纪80年代初，科研人员成功地将天然凝乳酶基因克隆至大肠杆菌和酵母菌中，用发酵法生产凝乳酶。重组凝乳酶商业化生产不但解决了奶酪工业受制于凝乳酶来源不足的问题，而且这种基因工程凝乳酶产品纯度比小牛皱胃酶高，且所制干酪在收率和品质上均更优。

传统上干酪制作过程中成熟时间较长，成熟费用较高，生产成本增加。自20世纪50年代以来，人们就不断寻求加速干酪成熟的方法，大多数干酪促熟都是运用一定方法加快蛋白质分解成肽及各种氨基酸；将脂肪分解成短链脂肪酸和挥发性脂肪酸，从而使干酪质地变得细腻光滑，并赋予干酪特殊的风味，缩短成熟时间。其中添加外源酶的酶促熟是比较成功的，在干酪促熟中应用的酶有蛋白酶、脂肪酶、肽酶及酯酶等。为了使干酪中各种风味物质达到平衡，在促熟过程中应尽量使用含有多种酶的共同体系，目前研究较多的是微胶囊复合酶系(蛋白酶/肽酶/脂酶)，可提高酶的稳定性，控制酶释放速度，并保持干酪风味、质地，缩短成熟期。

(2)酶在低乳糖奶生产中的应用

乳糖是哺乳动物乳汁中特有的糖类，牛乳中含乳糖4.6%～4.7%，是哺乳期婴儿的能量供给和大脑发育所需半乳糖的重要来源，对婴儿吸收钙有促进作用。但是乳糖也容易造成乳糖不耐症，这主要是因其肠道缺乏乳糖酶或乳糖酶功能低下，使食入的乳糖不能被分解吸收。除北欧和非洲牧民具有乳糖不耐症外，世界人口中70%的大于3周岁的人都有乳糖不耐症，缺乏乳糖酶或乳糖酶功能低下与种族、地理环境、遗传有关。此外，为改善液态牛奶在通过管道进行超高温瞬时杀菌时，乳糖产生胶状物堵塞管道的情况，可以在牛乳中加入乳糖酶，它可使乳糖水解生成葡萄糖和半乳糖，可改善加工过程，提高效率，克服乳糖不耐症，提高乳糖消化吸收率，改善制品口味。随着固定化技术的兴起与发展，固定化乳糖酶与游离态乳糖酶相比，对酸碱的耐受力增强、热稳定性增强、酶活力提高和保质期更长，并且还可反复使用、生产周期短并显著降低使用成本等优点。同定化载体及同定化方法的不同则使固定化乳糖酶的性质相差很大，如以阳离子交换树脂D151为载体、戊二醛为交联剂，用吸附交联法对黑曲霉乳糖酶进行固定化，结果固定化酶最适温度为60℃，比游离酶低10℃，最适pH较游离酶稍向碱性方向移动；以壳聚糖微球为载体、戊二醛为交联剂固定乳糖酶，确定固定化酶最适温度为40℃左右，最适pH为7.0；以海藻酸钙为载体固定乳糖酶，酶稳定性增强，最适温度较游离酶大，最适pH不变。

固定化乳糖酶作用于脱脂牛奶，不但保持了原有的风味，而且还增加了甜度；采用经固定化乳糖酶处理的牛奶加工酸奶，可以缩短发酵时间，同时可使酸奶的风味更加突出，延长酸奶的货架寿命。①

6. 焙烤食品

焙烤食品的种类琳琅满目，且需多种辅料，但许多天然的原材料由于本身的缺陷或者来源有限，其生产和应用受到了限制。近年来酶工程技术在这些方面取得了一些突破，使这一传统行业在原材料、工艺、产品质量等方

① 聂国兴．酶工程．北京：科学出版社，2013：297－298

面有了较大的进展。

在面包烘焙中应用的酶主要有淀粉酶、蛋白酶和木聚糖酶等，这些酶的使用可以增大面包体积，改善面包表皮色泽，改良面粉质量，延缓陈变，提高柔软度，延长保存期限。

(1)淀粉酶

在烘烤过程中，面粉中的β-淀粉酶在60℃左右会迅速失活，因此在烘烤阶段其作用较小。而面粉中α-淀粉酶具有较强耐热性，可使糊化淀粉转换为葡萄糖和糊精。糊精可以使面包产生黏性并增加外皮的色泽，同时在水分子作用下烘烤膨胀会使面包体积增大。有报道称，基因工程菌生产的重组麦芽糖α-淀粉酶可显著延缓面包的老化，在糊化温度下仍可降解直链淀粉和支链淀粉产生α-麦芽糖，提高面包心弹性。

(2)蛋白酶

在饼干制作过程中，以蛋白酶代替偏二硫酸钠可削弱小麦面筋的结构，阻止面团产生过高的弹性。在韧性面团中，蛋白酶的使用能调节面团胀润度和控制面筋的弹性强度。在发酵面团中，可得到不易变形、膨松性适中的产品。

(3)木聚糖酶

小麦面粉中，戊聚糖的含量为2%～3%，其主要成分是阿拉伯木聚糖。研究表明，水溶性的戊聚糖可提高面包品质，而非水溶性的戊聚糖则会产生相反作用。使用戊聚糖酶(或称半纤维素酶)作为面团改良用酶，可提高面团的机械搅拌性能，促进面包在烤炉中的胀发。当加入0.30.3mL/kg的木聚糖酶时，面团的形成时间可减少一半，面包的体积和比容增大，面包心的弹性增强，面包皮的硬度大为减小，有效地改善了面包焙烤品质。当加入量为O.05～O.48mL/kg时，能增加面包的抗老化作用，延长货架期。①

(4)脂肪酶

面团在物理学上是一种脂稳定性泡沫。研究发现，脂肪酶具有一定的防止焙烤食品老化的作用。适量的脂肪酶可强化面团筋力，改善面筋蛋白的流变学特性，增加面团对过度发酵的耐受性以及入炉急胀性能，从而增大焙烤食品的体积、改善焙烤食品心的柔软程度及一致性，但过量的脂肪酶则会导致面团过于僵硬强壮，减小焙烤食品体积增幅。最近研究发现，在添加黄油或奶油的面包制造过程中，加入适量脂肪酶可使乳脂中微量的醇酸或酮酸的甘油酯分解而生成有香味的6-内脂或甲酮等物质，进而增加焙烤面包的香味。

---

① 聂国兴．酶工程．北京：科学出版社，2013：302

(5)脂肪氧合酶

脂肪氧合酶的适量添加,可氧化分解面粉中的不饱和脂肪酸,生成具有芳香风味的羰基化合物而增加面包香味,并可氧化面粉中天然存在的黄色素一类胡萝卜素而使面粉漂白。据报道,大豆中富含脂肪氧合酶,目前大部分国家在焙烤食品中已广泛添加含有脂肪氧合酶的大豆粉,用于焙烤食品的增白以及筋力和弹性的提高。

(6)转谷氨酰胺酶

人们对烘焙质量、新鲜度要求不断提高,由此产生了新的烘焙技术,即对面团深度冷冻或令其延迟发酵,可以储存一段时间后再进行烘焙。然而,这种技术对面团有负面影响,如果在冷冻面团中添加转谷氨酰胺酶可制成耐冷冻、抗破碎的面皮。转谷氨酰胺酶还能用于压片面团中,其交联作用有助于改善产品的工艺和质量。

(7)乳糖酶

在添加脱脂奶粉的面包制造过程中,加入适量乳糖酶,可促进奶粉中的乳糖分解成可被酵母利用的发酵性糖(葡萄糖和半乳糖),进而有利于发酵度的增加以及面包的色泽与品质的改善。

(8)葡萄糖氧化酶

利用葡萄糖氧化酶良好的氧化性,添加适量的葡萄糖氧化酶,可显著增强面团筋力,使面团不黏、有弹性。醒发后,面团洁白有光泽,组织细腻;烘烤后,体积膨大、气孔均匀、有韧性、不黏牙;面包的抗老化作用增强。但游离葡萄糖氧化酶催化速度快,容易使面团变干、变硬,从而导致面包品质差。另外,该酶在面粉中稳定性差,容易失活。因此,将葡萄糖氧化酶包埋在海藻酸钠-壳聚糖微胶囊中,不仅可以减慢催化速度,还可以提高酶的稳定性。同时,微胶囊化葡萄糖氧化酶可比原酶更好地改善面团特性及面包烘焙品质。

(9)半纤维素酶

添加适量半纤维素酶可将造成焙烤食品体积减少的不溶性戊聚糖分解为有助于焙烤食品体积增加的可溶性戊聚糖,有助于改善面团的机械性能和入炉急胀性能,可获得具有较大体积、较强柔软性以及较长货架期的焙烤食品。但使用半纤维素酶有时会出现面团发黏现象。

(10)复合酶

上述酶虽各有优点,但单独使用多会存在一些不足。各种酶制剂之间往往还存在相互作用,如能按一定比例配制这几种酶,会有意想不到的效果。葡萄糖氧化酶与木聚糖酶结合使用时,能产生协同增效作用,添加15U/100g木聚糖酶时,面包心的弹性提高0.024;与葡萄糖氧化酶结合改善效果更明显，面包心的弹性提高0.907，且面包的比容和高径比都有所提高，面包瓤芯更为柔软，口感更为细腻松软。

7. 淀粉类食品工业

淀粉类食品是指含有大量淀粉或者以淀粉为主要原料加工而成的食品，是世界上产量最大的食品。

淀粉可以在各种淀粉酶的作用下，水解生成糊精、麦芽糖和葡萄糖等产物；或者经过葡萄糖异构酶、环状糊精葡萄糖基转移酶等的作用生成果葡糖浆、环状糊精的产物。主要用酶如表6-2所示。

表6-2　酶在淀粉类食品生产中的应用

酶	用　途
α-淀粉酶	生产糊精、麦芽糊精
α-淀粉酶，糖化酶	生产淀粉水解糖、葡萄糖
α-淀粉酶，β-淀粉酶，支链淀粉酶	生产饴糖、麦芽糖，啤酒酿造
支链淀粉酶	生产直链淀粉
糖化酶，支链淀粉酶	生产葡萄糖
α-淀粉酶，糖化酶，葡萄糖异构酶	生产果葡糖浆、高果糖浆、果糖
α-淀粉酶，环状糊精葡萄糖苷酶	生产环状糊精

(1)酶在葡萄糖生产中的应用

葡萄糖是淀粉糖工业中产量最大的一个部门，品种多、形式也多，既有各种不同DE值的淀粉糖浆和各种不同规格的结晶葡萄糖，又有许多以淀粉为原料的发酵工业的水解糖液。此外，果葡糖浆和山梨酥的生产也都是以葡萄糖为基础原料的。所以，葡萄糖的制造是上述工业的基础。

酶法是世界各国生产葡萄糖的主要方法。以淀粉为原料，先经α-淀粉酶液化成糊精，再用糖化酶催化得到葡萄糖。

α-淀粉酶又称为液化型淀粉酶，它作用于淀粉时，从淀粉分子内部随机地切开α-1,4-葡萄糖苷键，使淀粉水解生成糊精和一些还原糖，生成的产物均为α型，故称为α-淀粉酶。

糖化酶也称葡萄糖淀粉酶，它作用于淀粉时，从淀粉分子的非还原端开始逐个地水解α-1,4-葡萄糖苷键，生成葡萄糖。此外，该酶还有一定的水解α-1,6-葡萄糖苷键和α-1,3-葡萄糖苷键的能力。

在葡萄糖的生产过程中，淀粉先配制成淀粉浆，添加一定量的α-淀粉酶，在一定条件下使淀粉液化成糊精，然后，在一定条件下加入适量的糖化酶,使糊精转化为葡萄糖。

所采用的α-淀粉酶和糖化酶都要求达到一定的纯度,尤其是糖化酶中应不含葡萄糖苷转移酶。因为葡萄糖苷转移酶会催化葡萄糖生成异麦芽糖等杂质,会严重影响葡萄糖的收率。

(2)酶在果葡糖浆生产中的应用

果葡糖浆是由葡萄糖异构酶催化葡萄糖异构化生成部分果糖而得到的葡萄糖和果糖的混合糖浆。1966 年,日本首先用游离葡萄糖异构酶工业化生产果葡糖浆,1973 年以后,国内外纷纷采用固定化葡萄糖异构酶进行连续化生产。

果葡糖浆生产所使用的葡萄糖,一般是由淀粉浆经α-淀粉酶液化,再经糖化酶糖化得到的葡萄糖,经过精制获得浓度为 40%～45%的精制葡萄糖液,要求葡萄糖当量值大于 96。精制葡萄糖液在一定条件下,由葡萄糖异构酶催化生成果葡糖浆。异构化率一般为 42%～45%。

钙离子对α-淀粉酶有保护作用,在淀粉液化时需要添加,但它对葡萄糖异构酶却有抑制作用,所以葡萄糖溶液需用层析等方法精制。

葡萄糖异构酶(glucose isomerase,EC5. 3. 1. 5)的确切名称是木糖异构酶(xylose isomerase),它是一种催化 D-木糖、D-葡萄糖、D-核糖等醛糖可逆地转化为酮糖的异构酶。

葡萄糖转化为果糖的异构化反应是吸热反应。随着反应温度的升高,反应平衡向有利于生成糖的方向变化,如表 6-3 所示。异构化反应的温度越高,平衡时混合糖液中果糖的含量也越高,但当温度超过 70℃时,葡萄糖异构酶容易变性失活。所以异构化反应的温度以 60℃～70℃为宜。在此温度下,异构化反应平衡时,果糖可达 53. 5%～56. 5%。但要使反应达到平衡,需要很长的时间。在生产上一般控制异构化率为 42%～45%较为适宜。

表 6-3　不同温度下反应平衡时生成的葡萄糖组成

反应温度/℃	葡萄糖/%	果糖/%
25	57. 5	42. 5
40	52. 1	47. 9
60	46. 5	53. 5
70	43. 5	56. 5
80	41. 2	58. 8

异构化完成后，混合糖液经脱色、精制、浓缩，至固形物含量达71%左右，即为果葡糖浆。其中含大约42%的果糖、52%的葡萄糖和6%的低聚糖。

将异构化后混合糖液中的葡萄糖与果糖分离，并将分离出的葡萄糖再进行异构化，重复进行，可使更多的葡萄糖转化为果糖。由此可得到果糖含量达70%甚至更高的糖浆，即为高果糖浆。

(3)酶在饴糖、麦芽糖生产中的应用

饴糖是我国传统的淀粉糖制品。是以大米和糯米为原料，加进大麦芽，利用麦芽中的α-淀粉酶和β-淀粉酶，将淀粉糖化而成的麦芽糖浆。其中含麦芽糖30%～40%，糊精60%～70%。

β-淀粉酶(β-amylase)又称为麦芽糖苷酶，是一种催化淀粉水解生成麦芽糖的淀粉水解酶。它作用于淀粉时，从淀粉分子的非还原端开始，作用于α-1,4-葡萄糖苷键，顺次切下麦芽糖单位，同时发生沃尔登转位反应(Walden inversion)生成的麦芽糖由α型转为β型，故称为β-淀粉酶。

饴糖除了用麦芽生产以外，也可以用酶法生产。使用时，先用α-淀粉酶使淀粉液化，再加入β-淀粉酶，使糊精生成麦芽糖。酶法生产的饴糖中，麦芽糖的含量可达60%～70%。可以从中分离得到麦芽糖。

(4)酶在糊精、麦芽糊精生产中的应用

淀粉低程度水解的产物为糊精，可以作为食品增稠剂、填充剂和吸收剂使用。葡萄糖当量值在10～20之间的糊精称为麦芽糊精。

淀粉在α-淀粉酶的作用下生成糊精。控制酶反应液的葡萄糖当量值，可以得到含有一定量麦芽糖的麦芽糊精。

(5)酶在环状糊精生产中的应用

环状糊精是由6～12个葡萄糖单位以α-1,4-糖苷键连接而成的具有环状结构的一类化合物，能选择性地吸附各种小分子物质，起到稳定、乳化、缓释、提高溶解度和分散度等作用，在食品工业中有广泛用途。其中，应用最多的是α-环状糊精(含6个葡萄糖单位)，又称为环已直链淀粉；β-环状糊精(含7个葡萄糖单位)，又称为环庚直链淀粉；γ-环状糊精(含8个葡萄糖单位)，又称为环辛直链淀粉。其中α-环状糊精的溶解度大，制备较为困难；γ-环状糊精的生成量较少，所以目前大量生产的是β-环状糊精。

β-环状糊精通常以淀粉为原料，采用环状糊精葡萄糖苷转移酶为催化剂进行生产。环状糊精葡萄糖苷转移酶(Cyclodextrin Glycosyltreansferase,CGT)，又称为环状糊精生成酶。

由于反应液中还含有未转化的淀粉和界限糊精，需要加入α-淀粉酶进行液化，然后经过脱色、过滤、浓缩、结晶、离心分离、真空干燥等工序，获得

β-环状糊精产品。

8. 酶在肉类加工中的应用

肉类食品营养物质丰富，是人类优质蛋白质的重要来源，现代消费者对于肉类食品口感、风味的要求越来越高。应用于肉品加工中的酶制剂有谷氨酰胺转氨酶、蛋白酶等，主要用来改善组织、肉类嫩化及转化废弃蛋白质使其供人类食用或作为饲料蛋白质浓缩物。

(1)酶在肉类嫩化中的应用

食用肉类由于胶原蛋白的交联作用，形成广泛分布的、粗糙的、坚韧的结缔组织，非常影响口感。食用时，需对肉做嫩化的处理，才能获得良好口感的肉食。在肉类嫩化中广泛使用的酶是木瓜蛋白酶，它是一种半酰氨基蛋白酶，具有广谱的水解活性，主要在烹饪过程中起作用。它在适当温度下，使蛋白质的某些肽键断裂，有效降解肌原纤维蛋白和结缔组织蛋白，特别是对弹性蛋白的降解作用较大，从而提高了肉的嫩度，使肉的品质变得柔软适口。此外，菠萝蛋白酶、胰酶、生姜蛋白酶等也可作为肉的嫩化剂，用生姜蛋白酶作用于猪肉时，在30℃、pH7条件下，对猪肉的嫩化效果显著。工业上软化肉的方式有两种：一种是将酶涂抹在肉的表面或用酶液浸肉，另一种较好的方法是肌肉注射，即在动物屠宰前10～30min，把酶的浓缩液注射到动物颈静脉血管中，随着血液循环，使酶在肌肉中得到均匀分布，从而达到嫩化的效果。

(2)酶对肉的重构作用

谷氨酰胺转氨酶能利用肉制品蛋白质肽链上的谷氨酰胺残基的甲酰胺基为供体，赖氨酸残基的氨基为受体，催化转氨基反应，使蛋白质分子内或分子间发生交联，从而改变蛋白质的凝胶性、持水性、塑性等性质。利用谷氨酰胺转氨酶处理碎牛肉，生产出一种色泽、口感、风味均被人们接受的重组肉干；在碎羊肉中添加0.05%的谷氨酰胺转氨酶，不仅可以黏合碎羊肉，而且能提高产品的品质，这样就充分利用了肉制品加工中的副产品。

谷氨酰胺转氨酶添加到香肠中可以提高其切片性，并且可避免香肠发生脱水收缩，同时该酶还可用于低盐、低脂肉制品的开发。

(3)酶在动物血加工中的应用

我国猪血资源丰富，有“液体肉”之称，是很好的营养、补血、补钙剂。血液作为肉中的天然营养成分，其组成成分不稳定，容易氧化变质，故很少应用于肉制品中。谷氨酰胺转氨酶结合血红蛋白，添加到肉制品中，不仅改善了肉制品的色泽，还具有抗氧化能力，使产品品质维持稳定、延长货架期，同时也最大限度地保留了肉中的天然营养成分。

动物血中血红蛋白占血液蛋白质的2/3，其颜色暗红，使血制品呈现不良的感观性质，限制了血粉食品的消费市场，加入碱性蛋白酶对血红蛋白进行脱色，制得无色血粉，效果良好。

(4)其他作用

屠宰场的分割车间，一般在骨头上平均残存5%的瘦肉，通常这一部分肉是不容易回收的。在欧美肉类工业企业中，采用中性蛋白酶回收骨头上残存的瘦肉，其回收率大大提高。

明胶是一种热可溶性的蛋白质凝胶，在食品加工中有广泛的用途。一般采用含有丰富胶原蛋白的动物的皮或骨生产明胶。天然状态的胶原蛋白为三股螺旋结构，不溶于水，如果采用适当的方法处理，即可使三股螺旋结构解体成为单链而溶解在热水中，得到明胶溶液。目前我国多数工厂仍采用碱法制取明胶，而欧美各国20世纪80年代初期就使用蛋白酶来制取明胶，使提取时间从几周缩短到不足一天。

美国Doler公司采用专门的蛋白酶，用肉类做原料，经过酶法水解、提取、放大、浓缩等系统工艺生产出具有高度浓缩的调味浓缩物，味美、香醇、浓郁，为绝大多数人欢迎，被称为是高纯度、纯天然优质的开胃调味剂。

6.1.2　酶在非食品行业的应用

1. 饲料生产

饲用酶制剂是动物养殖发展到一定水平出现的一种新型饲料添加剂，20世纪90年代初才进入我国，短短的几年时间已从探索性应用发展到被广大养殖业经营者认同和使用，发展异常迅速。目前酶制剂已在国内外的许多畜禽饲料公司得到广泛应用，应用范围覆盖猪、鸡、牛、羊和水产等各个领域。

(1)饲料用酶制剂的作用

饲料用酶制剂的作用如下：

①补充同源酶的不足，促进动物的消化吸收，提高饲料的利用率

动物饲料以淀粉、蛋白质等大分子化合物为营养源，由于动物生理上的差异，不同动物消化道中的酶不同且数量有限，再加上饲料在消化道中停留的时间很短，如鸡、鱼、虾仅3～4h，在这样短的时间内，酶的催化作用远远没有发挥出来，饲料未被充分消化吸收而随粪便排出体外，造成部分浪费。

②破坏植物细胞壁，使营养物质更好地被利用。

由于植物细胞壁中含有大量纤维素组成的微纤维，埋在木质素、半纤维素和果胶中间，形成结构稳定且复杂的细胞壁结构，加工粉碎只能打碎部分细胞壁，有很多植物细胞仍完整无损，故营养物质难以被动物消化吸收。如果利用纤维素酶、半纤维素酶和果胶酶等来破坏植物细胞壁，使其中的营养

物质释放出来，更好地被利用。

③消除抗营养因子，释放矿物元素和其他微量元素来提高饲料利用率，促进动物健康生长。

纤维素是一种纤维二糖的高聚体，是抗营养因子，这种物质较难溶解并对单胃动物的消化有阻碍作用。半纤维素和果胶部分溶于水后，会产生黏性溶液，增加消化物的黏度，使营养物质和内源酶难以扩散，饲料在肠道内的停留时间更短，营养物质的同化作用减弱，从而影响了动物的消化吸收。利用酶制剂可以将纤维素、半纤维素、果胶以及糖等降解为单糖或寡糖，降低此类物质对动物消化吸收的阻碍作用。与此同时，结合着的矿物元素和一些微量元素在酶的作用下被水解出来，为动物所吸收，有利于动物健康生长。

④酶制剂的选择和优化组合。

生物体是一个多酶系统，因此选用的饲用酶制剂也应由多种酶组成，以发挥整体效应。复合酶的效果均优于单一酶，但是酶与酶之间既存在着互补的促进效应（或叫叠加效应），又存在着某些拮抗作用，因此选择不同酶制剂的结合是一个非常重要的问题，应根据不同动物与不同生长期的生理特性和日粮的组成等因素综合考虑。选择与组合添加酶制剂的种类及其适宜的添加量，应通过实验来确定，避免盲目性。

(2)饲料用酶的种类和来源

目前有20多种饲料用酶，根据动物体能否分泌饲料用酶及酶的作用可分为内源性消化酶类和外源性分解酶类。

①内源性消化酶类。这类酶畜禽可以体内合成，能将饲料中淀粉、蛋白质、脂肪等营养物质分解成畜禽可以吸收的小分子物质。为了补充和强化这类酶的作用，需要添加内源性消化酶类，主要有淀粉酶、蛋白酶和脂肪酶。

淀粉酶是能分解淀粉糖苷键的一类酶的总称，包括α-淀粉酶、β-淀粉酶、糖化酶、异淀粉酶等。在饲料中起主要作用的是α-淀粉酶和糖化酶。

蛋白酶是能分解蛋白质肽键的一类酶的总称，有酸性、中性、碱性之分。酸性蛋白酶的性质与动物胃蛋白酶相近，最适pH为2～5，主要来源于黑曲霉、根霉和青霉。中性蛋白酶来源于芽孢杆菌、曲霉、灰色链霉菌、微白色链霉菌等，最适pH为7～8。碱性蛋白酶来源于芽孢杆菌、链霉菌等，最适pH为9～11。因为动物胃肠环境多呈酸性至中性，所以在饲料中使用的多为酸性蛋白酶和中性蛋白酶。

这类酶能将脂肪分解成脂肪酸、甘油和磷脂酸。它们主要来源于黑曲霉、根霉和酵母。

②外源性分解酶类。外源性分解酶类是指动物体内不能够分泌的一类

酶。这类酶由于动物自身不能分泌，在内源性消化酶充足时，对进一步提高饲料的消化利用率往往起很大作用。目前常见的外源性分解酶类有下述几种。

纤维素酶是能够水解纤维素β-1，4葡萄糖苷键的酶，是C_1酶、C_X酶、β-1，4葡萄糖苷酶等几种酶的混合物。对纤维素的水解可破坏植物细胞的细胞壁，使细胞内部和纤维素组织中的淀粉颗粒充分暴露出来，从而提高饲料利用率。此类酶主要来源于黑曲霉、绿色木霉、根霉、青霉等。

半纤维素酶是分解半纤维素（包括各种戊糖与聚己糖）的一类酶的总称，主要包括阿拉伯聚糖酶、聚半乳糖酶、β-葡聚糖酶、半乳聚糖酶、木聚糖酶和甘露聚糖酶等。这些酶的主要作用表现为降解动物消化道内的非淀粉多糖，降低肠道食糜的黏度，促进营养物质的消化吸收，从而促进动物生长和提高饲料利用率。半纤维素酶主要来源于黑曲霉、木霉等。

植物饲料均含果胶，它是由许多半乳糖醛酸分子通过α-1，4糖苷键连接成的直链状天然高分子化合物。果胶酶是一种分解果胶的酶，包括果胶脂酶（PE酶）和聚半乳糖醛酸酶（PG酶）。果胶酶可裂解单糖之间的糖苷键，并脱去水分子，把包裹在植物表皮的果胶分解成乳糖醛酸及其低聚物，使营养成分得到充分释放和利用。

植酸酶是降解植酸及其盐类的酶。子实饲料及其副产品中含有大量的植酸磷（六磷酸肌醇），一般占总磷的50%～70%。由于单胃动物消化道缺乏植酸酶，因而不能吸收利用其中的磷。微生物植酸酶可以提高单胃动物饲料磷的利用率，减少饲料中矿物磷的添加量。同时，添加外源性植酸酶还可以消除植酸的抗营养作用。微生物的植酸酶的最佳pH一般在2.5～6.0之间，通常猪和家禽胃的pH为1.5～3.5，小肠前端的pH约为5～7，因此，植酸酶在消化道内能够被激活，具有很强的催化作用。产植酸酶菌株主要有米曲霉、黑曲霉、酵母等。

β-葡聚糖酶能够水解β-葡聚糖之类大分子，与纤维素酶协同作用，将底物水解成葡萄糖及少许低聚合度的物质，可有效地降低肠道中物质的黏度，促进营养物质的吸收。

复合酶指含有两种或两种以上的酶类的复合产品。目前复合酶制剂剂型主要有以下几种：一是以蛋白酶、淀粉酶为主的复合酶，主要用于补充动物内源酶的不足；二是以β-葡聚糖酶为主的复合酶，此类酶制剂的主要功能是消除饲料中的β-葡聚糖等抗营养因子，提高饲料的利用率，主要应用于美洲、欧洲等以大麦为主要饲料原料的国家；三是以纤维素酶、果胶酶为主的复合酶，主要作用是破坏植物细胞壁，使细胞中的营养物质释放出来，增加饲料的营养价值，并能降低胃肠道内容物的黏稠度，促进动物消化吸收；四是以纤维素酶、蛋白酶、淀粉酶、糖化酶、葡聚糖酶、果胶酶为主的复合酶,它综合以上各酶系的共同作用,具有更强的助消化作用。

(3)饲料用酶制剂的应用

随着研究的深入,产品科技含量的增加,饲用酶制剂应用效果逐步提高,应用范围也日益拓宽。

①仔猪。酶制剂最早用于早期断奶仔猪,添加以消化酶为主的饲用酶制剂,弥补了仔猪内源酶分泌量的不足,提高了淀粉、蛋白质等饲料养分的消化利用率,促进消化道的发育,使仔猪肠壁吸收功能大为加强;同时添加酶制剂可降低仔猪胃肠道中食糜的黏性,消除非淀粉多糖等抗营养因子对消化吸收的不良影响,降低了腹泻等疾病的发生率,增强了机体的抵抗力。

②生长肥育猪。复合酶制剂对生长肥育猪有良好的饲养效果。目前生长肥育猪日粮中,应用酶制剂降解碳水化合物尤其是在富含纤维素的非常规型日粮中的效果很明显。植物细胞壁中含有大量的纤维素而不易破碎,难以与内源消化酶接触而被消化吸收,因而它们构成了非水溶屏障性抗营养因子。在饲料中添加纤维素酶、木聚糖酶、果胶酶为主的复合酶制剂可降解细胞壁木聚糖和细胞间质的果胶成分,并使纤维素部分水解,胞内营养物质更易与肠道消化酶接触,提高消化及营养物质的利用率。

③家禽。国外20世纪70年代开始在家禽日粮中添加酶制剂。由于家禽消化道较短,肠道微生物菌群少,对养分的消化吸收不彻底,肠道黏度的存在更加重了营养物质消化吸收的困难,因而饲用酶制剂的应用效果很明显。复合酶制剂对改善家禽机体代谢有良好作用。

④草食家畜。幼龄草食家畜瘤胃发育不全,不能充分利用饲料资源,添加复合酶制剂有助于消化吸收。

⑤其他方面。饲用酶制剂,除在养殖业中发挥作用以外,还在防病治病、饲料去毒和饲料储存等方面得到应用。

(4)饲料用酶制剂的要求

酶应用于饲料,主要为补充畜禽内源酶的不足。所以,要根据具体情况合理使用酶作为饲料添加剂。

①安全性。用于饲料工业的酶制剂首先应考虑其安全性。来源于微生物的酶制剂,应采用安全菌株。FDA规定枯草芽孢杆菌、米曲霉、黑曲霉、啤酒酵母和脆壁克鲁维酵母,为不需要经过毒素鉴定的安全菌株。其他菌株,需要有认可部门提供菌株产毒试验报告,证明为安全菌,方可用于饲用酶制剂的生产。来源于动物和植物的酶制剂,动物组织应根据相关规定进行检验,必须符合《肉与肉制品卫生管理办法》中肉类检疫要求。植物组织应不霉烂、不变质。

在生产饲用酶制剂的过程中，为确保产品的安全、卫生，一切不能用于饲料的物质，禁止加入饲用酶制剂中，如非食用的填充料、杀菌剂、防腐剂等。

②标准化。饲用酶制剂的各种酶活力是饲用酶制剂产品性能的重要指标。统一合理的标准化检测方法可用于检测不同厂家生产的酶制剂产品的各种酶活。用户可根据酶活测定结果，对各种酶制剂进行横纵比较和选择。合理的检测方法指检测条件应尽可能地接近畜禽体内正常的生理环境，如温度39～40℃、pH6～7等。酶制剂的优劣最后要看饲养试验对生产性能的测试结果。但目前酶制剂饲养试验尚无合理的标准化方法，造成众多的酶制剂产品性能的研究报告无可比性。由于酶制剂饲养试验测试方法不规范，测试结果不足以说明问题，消费者往往得不到可供参考的信息。

③稳定性。酶制剂作用的发挥受多种因素的影响，很容易受热、酸、碱、重金属和其他氧化剂的影响而变性失去活力，所以加入饲料中的酶制剂必须能耐受饲料加工过程中的各种影响，还应耐受动物胃中酸及小肠中蛋白分解酶的作用。

采用载体吸附和特殊的包埋工艺相结合的方法，可大大提高酶的稳定性。酶被吸附到载体上后，减轻了制粒期间由高温蒸汽所导致的热降解，使酶的稳定性得到了改善。干酶是最抗热的，能耐90℃高温达30min之久而不失活，但在同样的温度下，供给蒸汽热，就会迅速失活。一般在制粒前65℃的调制温度中，吸附到载体上的酶是十分稳定的，随着调制温度升高到75℃时，酶开始失活，活力约为开始水平的30%。但我国很多饲料厂饲料制粒温度高于75℃，因此，我国市场对酶制剂产品的耐热性能的要求比国外要高得多。我国饲料用酶制剂进一步推广的关键之一就是提高酶制剂的耐热性能。

以下因素可能影响酶制剂的耐热性能。

a. 菌种。不同的菌种发酵生产的酶耐热性能不同。

b. 包被技术和颗粒化生产工艺。合适的包被技术和良好的颗粒化生产工艺可提高酶的耐热性能。

c. 载体。采用不同的载体，酶制剂的耐热性不同。

但不管采用什么菌种、工艺，酶制剂对高温的耐受性都有一定的限度。为了进一步提高饲料中酶的稳定性，可以采用在制粒后添加酶的方法。这种方法是将液态酶产品喷洒在冷却后的颗粒饲料上，可以避免高温对酶活力的不利影响。悬浮液酶是在选定的植物油中的酶悬浮物，这种酶产品完全无水，即使在高温中也比较稳定。喷洒液态或悬浮液酶的颗粒饲料，可以100%回收添加的酶，实际生产表明，喷洒液态酶比喷洒悬浮液酶更易操作，这是由于液态酶不要求溶解并预先稀释。

国外虽然制粒温度不高，现在也广泛采用制粒后喷洒技术，原因是制粒后喷洒技术一避免了酶活性降低，二避免了制粒前工艺过程中酶制剂的粉尘危害工人健康。

④合理配方设计。除植酸酶外，几乎所有的饲用酶制剂都是复合酶制剂。复合酶制剂和预混料一样，都存在一个配方设计合理性的问题。复合酶制剂配方设计包括两方面的含义：一是对应于某种日粮、动物和生长阶段而言，复合酶制剂的各种单酶的选择和活力的设定；二是日粮中复合酶制剂的合理添加剂量。复合酶制剂的配方设计要做到合理，先要有正确的理论作指导，然后要在饲养实践中受到检验，才能不断完善。

⑤降低植酸酶的生产成本和价格。我国植酸酶产品的酶活，仅为500IU/g，而国外通过基因工程菌种发酵生产的植酸酶产品的酶活可达到40000IU/g，有的甚至可达4000000IU/g以上。产品酶活大幅度的提高，必将大幅度降低植酸酶的生产成本。在当前畜禽养殖场排泄物含磷量尚未出台有关法规加以限制的情况下，只有进一步降低植酸酶的成本和价格，使之显著低于无机磷源的价格，植酸才能在我国得到大规模的推广应用。[①]

(5)饲料用酶的使用方法

降低植酸酶的生产成本和价格 pH、浓度来进行控制即可达到最佳的使用效果。而饲料用酶制剂的使用方法却要受动物体内种种条件的限制和影响，特别是有些未经变性的以生料混配的粉料，加上动物吃食时都是强食、争食、狼吞虎咽，饲料在畜禽体内停留的时间又短，因此消化吸收率低，饲料中的许多有效成分来不及消化吸收就排出体外，因此在使用方法上，应灵活运用。目前一般采用的办法有以下两种。

①体外酶解法。体外酶解法是将酶制剂加入饲料后，人为地控制一定的温度、湿度、pH和作用时间，使物料在酶的作用下得到一定程度的降解，从而获得理想的效果。这种方法麻烦一点，但能较好地发挥酶的作用。此法适用于饲料在体内停留时间较短，体内有不符合酶解条件的动物。

②体内消化法。体内消化法是将酶制剂直接添加到饲料中，经充分拌和后饲喂畜禽。拌和时应采用逐步扩大的拌和方法，以保证酶在饲料中的均匀分布。此法简单，效果略差。

为了防止酶在使用和储存过程中的失活，应保存于低温通风处，使用时最好现配现用。

---

① 王金胜．酶工程．北京：中国农业大学出版社，2007：267－268

2. 环境保护

人类的生产和生活与环境密切相关，地球环境受到各方面因素的影响，正在日益恶化，已经成为人类关心的重大问题。如何保护和改善环境是人类面临的重大课题。

随着生物科学和生物工程的迅速发展，生物技术在环境保护领域的研究、开发方面已经展示了巨大的优势。酶在环保方面的应用日益受到关注，呈现出良好的发展前景。

(1)酶在环境监测方面的应用

环境监测是了解环境情况、掌握环境变化、进行环境保护的基础和关键。酶在环境监测方面的应用越来越广泛，已经在农药污染的检测、重金属污染的监测和微生物污染的监测等方面取得重要成果，现举例介绍如下。

①利用胆碱酯酶检测有机磷农药污染。最近几十年来，为了防治农作物的病虫害，大量使用各种农药，对农作物产量的提高起了一定的作用，然而由于农药，特别是有机磷农药的滥用，造成了严重的环境污染，破坏了生态环境。

人们研究了多种方法监测农药的污染，采用胆碱酯酶监测有机磷农药的污染就是一种具有良好前景的检测方法。

胆碱酯酶可以催化胆碱酯水解生成胆碱和有机酸。

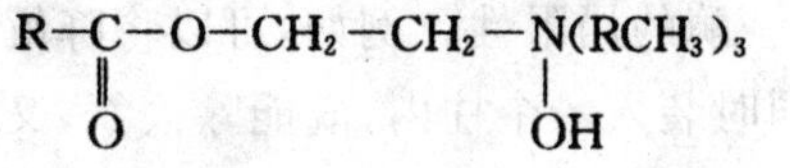

$$\underset{\text{(胆碱酯)}}{R-\overset{}{\underset{\underset{O}{\|}}{C}}-O-CH_2-CH_2-\underset{\underset{OH}{|}}{N}(RCH_3)_3} \quad \text{(水)}$$

有机磷农药是胆碱酯酶的一种抑制剂，所以可以通过检测胆碱酯酶的活性变化，来判定是否受到有机磷农药的污染。20世纪50年代，就有人通过检测鱼脑中乙酰胆碱酯酶活性受抑制的程度，来检测水中存在的极低浓度的有机磷农药。现在可以通过固定化胆碱酯酶的受抑制情况，检测空气或水中微量的酶抑制剂(有机磷等)，灵敏度可达0.1mg/L。

②利用乳酸脱氢酶的同工酶监测重金属污染。乳酸脱氢酶有5种同工酶，它们具有不同的结构和特性。通过检测家鱼血清乳酸同工酶(SLDH)的活性变化，可以检测水中重金属污染的情况及其危害程度。镉和铅的污染可以使 $SLDH_5$ 活性升高，汞污染使 $SLDH_1$ 活性升高，铜污染则引起 $SLDH_4$ 的活性降低。

③通过β-葡聚糖苷酸酶监测大肠杆菌污染。

将4-甲基香豆素基-β-葡聚糖苷酸掺入选择性培养基中，样品中如果有大肠杆菌存在，大肠杆菌中的β-葡聚糖苷酸酶就会将其水解，生成甲基香豆素。甲基香豆素在紫外光的照射下发出荧光。由此可以监测水或者食品中是否有大肠杆菌的污染。

④利用亚硝酸还原酶检测水中亚硝酸盐浓度。

亚硝酸还原酶是催化亚硝酸还原生成氢氧化铵的氧化还原酶。其反应如下。

$$HNO_2 + NAD(P)H \xrightarrow{\text{亚硝酸还原酶}} NAD(P)^+ + NO + H_2O$$

（亚硝酸）（还原型辅酶Ⅰ）　　　　（辅酶Ⅰ）（一氧化氮）

利用固定化亚硝酸还原酶，制成电极，可以检测水中亚硝酸盐的浓度。

(2)酶在废水处理方面的应用

水污染问题是全世界最关心的环境主题。水源污染常常是由那些剧毒、而且抗生物降解的化学品造成的。这些化合物很容易在体内组织中浓缩聚集，使人产生疾病。

早在20世纪70～80年代，固定化酶已被用于水和空气的净化。实践证明，用酶处理这些污染物是行之有效的。法国工业研究所开展利用固定化酶处理工业废水的研究，将能处理废水的酶制成固定化酶，其形式有酶布、酶片、酶粒或酶柱等。处理静止废水时，可以直接用酶布或酶片。处理流动废水时，需根据废水所含的污物种类和数量，确定玻璃酶柱或塑料酶柱的高度和内径。根据所处理物质不同，选用不同的固定化酶。也可以装成多酶酶柱，以弥补单一酶的局限性。例如，可以将降解氰化物的固定化酶和除去酚的固定化酶同时装入一个柱内，既能除去氰，又能除去酚。如果某些酶不能并存，则各自单独装柱。

不同的废水，含有各种不同的物质，要根据所含物质的不同，采用不同的酶进行处理。有的废水中含有淀粉、蛋白质、脂肪等各种有机物质，可以在有氧和无氧的条件下用微生物处理，也可以通过固定化淀粉酶、蛋白酶、脂肪酶等进行处理。

冶金工业产生的含酚废水，可以采用固定化酚氧化酶进行处理。美国采用化学方法将高活性的酚氧化酶结合到玻璃柱上，用于处理冶金工业的含酚废水。利用固定化丁酸梭菌的酶系，分解乙醇产生氢，已被用来处理酒精厂的生产废水，而氢又是重要的能源物质，这就起了变废为宝的作用。

农药废水是极难降解的废水，因其毒性大、浓度高、组分复杂，已成为现代工业废水治理的难题之一。生物降解法就是利用酶制剂或微生物将有机磷农药水解成结构简单、毒性较低的小分子化合物，已在农药废水处理中得到应用。采用共价结合法将降解对硫磷等9种农药的酶，固定在多孔玻璃珠上，所制成的多酶柱可有效处理含有对硫磷的农药废水(去除率可达到

90%以上)，且具有处理连续性、成本低廉、能够处理多种农药废水等特点。

造纸厂在制造某些特种纸张时，需要添加淀粉和白土，结果在废水中悬浮着纤维的胶态淀粉。由于废水的数量很大，如果用液体的 α-淀粉酶处理，则很不经济。但是，利用固定化的 α-淀粉酶，就可以连续水解胶态淀粉，使原先悬浮着的纤维很容易地沉淀下来，分离除去。在纸张漂白过程中由于加入氯和氯化物，导致环境污染，芬兰技术研究中心和芬兰木浆和纸研究中心共同研究酶法处理纸浆，使排水管道中含氯的有机化合物数量减少。对芬兰造纸厂每天排放的1000t 废水进行检验，结果表明纸浆用酶处理后，氯的用量减少 25%，废水中氯有机化合物的含量减少 40%。加拿大应用 *Trichoderma longibranchiatum* 中的木聚糖酶对纸张进行漂白，也大大减少了废水的污染程度。

含有硝酸盐、亚硝酸盐的地下水或废水，可以采用固定化硝酸还原酶(nitrate reduetase，EC1.7.99.4)、亚硝酸还原酶(nitrite reductase，ECl.7.99.3)和一氧化氮还原酶(nitric-oxide reductase，EC1.7.99.2)进行处理。使硝酸根、亚硝酸根逐步还原，最终成为氮气。其反应过程如下。

$$HNO_3 + \text{还原型受体} \xrightarrow{\text{硝酸还原酶}} HNO_2 + \text{受体}$$

$$HNO_3 + \text{还原型受体} \xrightarrow{\text{亚硝酸还原酶}} NO + H_2O + \text{受体}$$

$$2NO_3 + \text{还原型受体} \xrightarrow{\text{一氧化氮还原酶}} N_2 + \text{受体}$$

溶菌酶是一种能够催化裂解某些细菌细胞壁的酶，这一特性也可被应用于污水处理，日本学者采用固定化溶菌酶技术成功地处理了废水中生物难降解的黑腐酸以及与黑腐酸结构类似的有机物质。

日本国家资源和环境学院已成功应用酪氨酸酶、过氧化物酶和漆酶对废水中的有毒化合物进行了处理。具有潜在危险的化学品经酶氧化后，转化成易与凝结剂形成共沉淀的物质，然后这些沉淀可被厌氧菌降解，从而达到解毒的目的。目前该学院正在研究如何通过基因工程手段大批量生产用于污水处理的强力酶制剂。

(3)酶在可生物降解材料开发方面的应用

目前应用于工业、农业、林业、纺织业、包装业和医疗等领域的高分子材料，大多数是生物不可降解或不可完全降解的材料。这些高分子材料被使用以后，就成为固体废弃物，对环境造成严重的影响。研究和开发可生物降解材料，已经成为当今国内外的重要课题。其中，利用酶的催化作用合成可生物降解材料，已经成为可生物降解的高分子材料开发的重要途径。

利用酶在有机介质中的催化作用合成的可生物降解材料主要有：利用脂肪酶的有机介质催化合成聚酯类物质、聚糖酯类物质；利用蛋白酶或脂肪酶合成多肽类或聚酰胺类物质等。

3. 纸浆和造纸工业

酶在纸浆和造纸工业中的应用始于1980年。20世纪80年代，在发现了木聚糖酶的辅助漂白功能后，酶首次应用于加工厂。纸浆和造纸工业中采用的生物技术大多以酶为基础。酶的专一性使得它们成为对纸浆和工艺用水中某些特定组分进行靶向修饰的独特工具，并且它们的催化性质可以用很少的剂量就能产生明显的效果。酶的应用被普遍认为是对环境友好的。不过酶在纸浆和造纸工业中的应用也有一定的局限性，主要和酶的大小和性质有关，而且酶的价格相对较高。根据造浆和造纸过程中诸多步骤的操作条件，开发了一些能够适应这些过程的，具有合适pH和温度范围的酶制剂。现如今，酶在造纸业中最主要应用有：漂白、纸浆精化、通过水解抽提物或增强排污能力来提高造纸机的运行能力以及特殊产品的纤维改性。

(1)机械制浆

机械制浆涉及机械力的作用，并结合温度、压力，有时候还会结合化学法来分离木质纤维。机械制浆，比如压力磨木浆或热机械制浆(thermomechanical pulp，TMP)，均具有很高的产率(高达95%)，可用来大规模制造具有良好的不透明性和可印刷性能的纸张。然而这些工艺也存在不足之处，相对于化学制浆法而言，过程中需要较高的能量强度，否则做出来的纸张强度低，树脂含量高并且颜色回变快。在开发高效制浆新工艺时，能量消耗是个关键问题。在过去几年内，对提高纸张质量的需求是热机械制浆工艺中比能量消耗增加的主要原因。降低能源消耗的一个办法就是在精制前用生物技术的方法对原材料进行改性。

机械纸浆纤维和酶的低接触性限制了对纸浆纤维的改性，这种改性只能发生在纸浆表面(外层纤维表面，细料)并且只能对溶解到工艺水中的可溶胶状物进行改性。目前，世界各地研究机构的机械制浆工艺中主要应用的生物技术为生物机械制浆、制浆前对沥青组分的生物降解以及酶辅助的机械纸浆粗纤维精制。

酶法只有在木屑进行初级精加工后引入到机械制浆工艺中才被认为有效，原因主要是木屑和酶之间较低的接触性。基于单组分纤维素的机械制浆新工艺概念已经开发出来。对不同酶进行实验表明，里氏木霉纤维二糖水解酶Ⅰ(*T. reeseicellobiohydrolase* Ⅰ，CBH Ⅰ)对纤维素的轻微改性，使得在实验室圆盘精研机规模下，节约了20%的能源。

有趣的是，使用未优化的纤维素酶混合酶时，能量消耗并没有明显的改观。在中试规模下，利用低强度精制器进行两步二次精制时，使用纤维二糖水解酶能节约10%～15%的能量。此法已经开始用于工业规模试验，并在进一步开发中。

进行短时间温育时，纤维素酶混合物和纤维二糖水解酶Ⅰ(CBH Ⅰ)均不能引发又粗又硬的TMP纤维的明显改性。纤维化指数分析表明，CBHⅠ可能诱发了纤维层内部纤维之间的解聚，并由此导致了纤维结构的松弛和拆解。纤维素酶与CBH Ⅰ共同作用时不会对纸浆质量产生任何有害的影响。实际上，相对于对照样品，CBH Ⅰ处理的纸浆具有更高的拉伸指数。这是CBH Ⅰ作用引起强烈的纤维化所造成的。同时CBH Ⅰ处理后的纸浆仍具有很好的光学特性。

(2)化学制浆

化学制浆的主要目的是除去木质素，并使木质纤维相互分离而便于加工。在制浆过程中，位于木质纤维之间的木质化层被各种化学试剂溶解。目前占主导地位的制浆方法是牛皮纸加工，该过程中的蒸煮液被烧尽，化学试剂得以循环利用。在制浆过程中，半纤维素得到很大程度的改性。传统的牛皮纸蒸煮制浆工艺中，部分半纤维素首先溶解在蒸煮液中。在后续过程中，当蒸煮液的碱性降低时，部分已溶解的木聚糖重新沉淀到纤维素纤维上。尽管甘露葡聚糖是软木中主要的半纤维素，但是在牛皮纸制浆中，大部分甘露葡聚糖被溶解和降解。因此松木浆中木聚糖的含量相对其在松木中的要高。除木聚糖外，木质素也部分被重新吸附在纤维上。据报道，在木质素一碳水化合物的复合物(LCC)中，木质素是与半纤维素相连的。此外，半纤维素在空间上限制了高分子量的木质素逸出纸浆纤维的细胞壁，因此，半纤维素特别是木聚糖的去除，可以强化残余木质素从纸浆中析出。

现在，多种方法被研究用来增强蒸煮时化学品向木材中的扩散性，以提高化学制浆的效率。长远目标是完全取代含硫化学品。化学试剂对木材的浸润以及其内溶解的木质素的去除主要取决于扩散和吸附作用、细胞壁基质的结构和多孔性以及可去除分子的大小。在硫酸盐处理的牛皮纸蒸煮过程中，通过高碱性(pH 12～14)、高硫化物和高温(165℃～170℃)的共同作用，木材纤维被释放并实现木质素的部分脱除。牛皮纸纤维相比机械制浆纤维具有更大的柔韧性和结合能力。残留在牛皮纸纤维中的木质素会导致纸张的深棕色，必须通过漂白除去。①

同机械制浆一样，在化学制浆过程之前，单酶渗入木屑中的能力受到木屑低孔率的制约。然而据报道，某些酶，比如半纤维素酶、几丁质酶和纤维素酶，能增强氢氧化钠对南方松树边材的扩散能力。这归因于纹孔膜的分

① [荷]埃拉(Aehle)；林章凛，李爽译．工业酶：制备与应用．北京：化学工业出版社，2005：189－200

解，因为纹孔膜是液体向木材渗透的主要阻力。经丙酮萃取和酶处理过的纸浆均一性增强，黏度和产量提高，废料也减少了。纸浆均一性的增强归因于更加均一的去木质素作用，而后者归功于扩散情况的改善。水解程度的影响，比如水解过程中碳水化合物的损失，以及软木中对丙酮萃取的需求仍有待进一步阐明。

(3)漂白

漂白过程的首要目的是去除蒸煮步骤后纸浆内残留的少量木质素，但不降低纤维素的分子量。未漂白的纸浆中，木质素只占其干重的1%左右，但在制浆过程中，木质素被化学修饰，形成难以降解的物质。蒸煮和漂白是两个独立的步骤，在过程中使用的化学品选择性有所不同。在漂白过程中，木质素分几个阶段逐渐地被降解和萃取出来。一般来说，漂白至少有五个阶段。以前常用的纸浆漂白剂有元素氯和二氧化氯。如今在欧洲，纸浆漂白一般采用无元素氯或全无氯工艺，常用的漂白剂有氧气、臭氧和过氧化氢等。

木聚糖酶辅助化学制浆漂白是现如今(2003 年)纸浆和造纸工业中主要的生物技术应用。但它是一种间接降解木质素的方法，这样在应用上就受到了限制。现在有前景的生物酶新方法大多以漆酶为介质，直接进行木质素的氧化和降解。然而，其他一些如 HOS、缓释系统等酶辅助漂白方法还在研究当中。

①木聚糖酶辅助漂白。

木聚糖酶在漂白中的作用是修饰木聚糖浆以提高后续漂白过程中木质素的可萃性。目前已经提出了一些其他可能的或者协同的木聚糖酶辅助漂白机制。纤维细胞壁内的木质素可萃性的增强被认为是由于重新沉淀的木聚糖发生水解或是木质素碳水化合物复合体(LCC)中木聚糖被去除所引起的。木聚糖酶从软木牛皮纸纤维中去除木聚糖，暴露出表面的木质素。木聚糖酶对重新沉淀或 LC 木聚糖的活性研究表明木聚糖类型和位置均对木聚糖酶辅助漂白起关键作用。

木聚糖酶似乎对所有类型的牛皮纸纤维起作用，而甘露聚糖酶取决于纤维的类型。大多数情况下，漂白的效果与木聚糖酶的来源无关，真菌和细菌的木聚糖酶均对木聚糖浆起作用并能实现很好的漂白度。比较来源于类 10 和 11 的木聚糖酶效率，类 11 中的一些酶能够更有效地进行漂白。木聚糖酶的纤维素结合域和木聚糖结合域(CBD 和 XBD)对漂白效率的影响也被研究过，不过，到目前为止还没有发现 XBD 或者 CBD 对木聚糖酶漂白有重要的影响。

木聚糖酶在不同漂白工序中的应用可以减少化学试剂的使用。酶带来的好处与所使用的漂白工序以及纸浆中残余的木质素量有关。在氯漂白中，不论是小试还是中试，预漂白中活性氯的消耗平均降低了25%，整体降低了15%。检测工厂漂白废水的总有机卤素(AOX)，绿色污染物的浓度降低了15%～20%。如今，木聚糖酶在工业上用于无元素氯或全无氯的工艺过程，而且通常用在ECF工序中，因为二氧化氯的生产能力有限。在不使用氯气的情况下，酶的应用使漂白亮度值提高。在TCF过程中，酶法优势在于其对亮度的增强、纤维强度的维持以及漂白成本的节约。2000年，北美和斯堪的纳维亚半岛的20个作坊加工厂都采用了酶辅助漂白法。

用于纸浆漂白的热稳定性木聚糖酶已经于1995年投放市场。新酶产品的热稳定性继续得以改善，木聚糖酶在高pH和高温(pH 10和90℃)条件下的活性研究也有所进展。2000年木聚糖酶的大致价格为每吨纸浆不到2美元。通过对无元素氯过程中经济效益的核算表明，该成本降低是由二氧化氯消耗量的减少所引起的。氧化物试剂(臭氧、过氧化氢)的成本更高，因此酶应用后会节约更多。可见酶法漂白的潜在经济价值是非常巨大的。

②漆酶-介质漂白法。

在漆酶协同法中，电子传递分子被漆酶氧化，直接作用并有效的去除木质素。起初的研究中，漆酶的常用底物2,2-联氮二(3-甲基苯并噻唑啉磺酸盐)和ABTS被用来作为介体。随后又发现了更好的介体，比如1-羟基联三氮茚(1-hydroxybenzotriazole，HBT)、紫尿酸、*N*-羟基-*N*-苯乙酰胺(*N*-hydroxy-*N*-phenylacetamide，NHA)等。去木质素的最有效介体通常含有N—OH功能基团。然而介体剂量的高成本以及批式生产过程中有毒副产物的生成，在漂白的中试过程中均需要考虑。因此，用NHA的一个前体[比如*N*-(1,1-二甲基-3-氧丁基)-2-丙烯酰胺(DiAc)，*N*-乙酸基-*N*-苯(基)乙酰胺(*N*-Acetoxy-*N*-phenylacetamide)]来实现介体慢速给料的连续式方法已经被开发出来。除了含氮介体外，无机介体，比如过渡金属(特别是钼)复合物，最近被成功用于漆酶协同漂白的过程当中。

一些有关漆酶协同去木质素的机理研究已经发表。其中LMS体系已被证实能够取代氧气或臭氧法来实现木质素的去除。

木聚糖酶和漆酶协同漂白的顺序作用能够增强纸浆的漂白率。然而以HBT为介体的LMS体系和木聚糖酶同时作用时却无效，很可能因为HBT导致了木聚糖酶的失活。HBT也可造成漆酶的失活，因为HBT基团会和很多漆酶的芳香氨基酸侧链发生化学反应。在寻找新介体的研究中发现NHA对酶的毒害较小。实际上，最好是联合使用脱木质素的漆酶协同法和间接的木聚糖酶处理法，因为两种处理法的底物不同，这样每种处理过程均会得到最好的效果。

(4)造纸

在造纸过程中,纸从混有纸浆、各种造纸用化学试剂以及染料的造纸机中被制造出来。填料准备好后,造纸机通常运行成网、加压、干燥、上胶和研光等单元操作。形成均匀一致的纸张需要消耗大量的水。造纸机的高速运作要求所有单元操作具有很高的效率。

造纸业目前正在寻求能够满足立法和环保要求的方法以减少清洁水的用量。水循环中的主要问题是水处理过程中溶解物和胶状物质(dissolved and colloidal substances,DCS)的聚集。这些物质主要为半纤维素、果胶、分散树脂、木聚糖和溶解的木质素。DCS 直接影响造纸机的运转和纸张质量,同时对水处理过程中纯化效率也产生影响。

像葡甘露聚糖、果胶、木聚糖等提取物的组成和结构可用适当的酶进行改造,如脂肪酶、甘露聚糖酶、果胶酶和氧化酶。酶作用导致的微小化学变化,都可能极大地改变白水中 DCS 物质的性质。更重要的是,可能会获得工艺上的提高,如产率、纸张强度和纸浆的光亮度等。

由萃取物亲脂性带来的油脂问题,可通过纸浆机中脂肪酶水解甘油三酸酯为甘油和自由脂肪酸而减弱。在日本,一种商业化的脂肪酶 Resinase 已经在木材纸浆的工业生产中应用了几年。据报道,不同来源的甘油三酸酯都能有效地被脂肪酶水解,从而减弱纸浆黏度和树脂障碍问题。脂肪酶的使用减少了添加剂和表面活性剂的消耗量,同时也提高了纤维性能。抗张强度的明显提高是纤维亲水性提高的缘故。另外,水解酶、氧化酶如漆酶也已被应用在亲脂、亲水萃取物的组成和结构改造上。漆酶可以将多聚木聚糖转变为纤维,同时也能对亲脂萃取物进行微小改变。

20 世纪 90 年代后期造纸业中,就酶对纸浆的化学、机械、回收利用性能的改造进行过广泛研究。主要目的是提高打浆性能和纤维强度,通过提高纤维化或者影响纸浆中精细化学品量来提高排水量或者水保持力。“纤维工程”(就是对纤维表面物质进行直接修饰以提高纤维性能,主要是结合力)已经在化学制浆法中得以应用。相对化学制浆来说,好的机械制浆纤维工程纸浆可能更清澈,因为其化学添加剂的使用量较少。

单纯纤维素酶对未漂白或漂白的牛皮纸纸浆性质的影响已被仔细研究。

研究表明 *T. reesei* 的生物水解酶(cellobiohydrolases,CBH)对纸浆黏度的改善作用有限,而内源葡聚糖酶(EG)尤其是内源葡聚糖酶Ⅱ能够显著降低纸浆黏度和精制后的强度。据报道,用 *T. reesei* 内源葡聚糖酶 EGⅠ和 EGⅡ处理 ECF-漂白的松树牛皮纸浆,能够显著提高打浆性能,同时纸浆强度的削弱，可能是内源葡聚糖酶对无定型纤维素的降解，尤其是对纤维有缺陷和不规则区域的降解所造成的。然而据报道，在花旗松化学纸浆中，纤维素酶和纤维素酶—半纤维素酶的混合物可以提高粗纤维的打浆性能，进而改善纸张性能。也有报道称，*T. reesei* 的 CBH Ⅰ能够改善打浆性能，同时对精制过程中 ECF-漂白的云杉牛皮纸浆结合性质也有改善。

商业化的纤维素酶、半纤维素酶混合物可以提高造纸机的废水排放和运转性能。这可用于特殊纸或者某些对纸张有特殊需要时的纸张制造。纤维素酶的成功使用需要特殊注意酶的用量和酶处理时间。

(5)纸浆精化

再生纸浆已经日益广泛地用于制备新闻用纸、棉纸和其他高级图像用纸。回收纸中的纤维首先必须脱墨，如重新打浆并且除污垢和墨，然后才能再次用于造纸中。在纸浆精化中，一般通过机械和化学作用将墨颗粒分散进而从纤维上去除。为了实现更加环保有效的纸浆精化工艺，酶辅助纸浆精化过程是一个很有潜力的方法。将纤维素酶、半纤维素酶混合物应用于纸浆精化已经进行了实验室、中试和生产规模的研究。将酶用于回收纸的纸浆精化是打浆和造纸业中最有潜力的酶利用方式，并且已经在工厂中得以应用。

酶用于纸浆精化过程有两个主要途径：通过碳水化合物水解酶如纤维素酶、半纤维素酶、果胶酶去除纤维表面墨颗粒；或者是水解墨的吸附层和包被层。已经有研究采用适当的酶与大豆油基底墨吸附层、木质素及淀粉作用。酶辅助纸浆精化过程是基于以下假设，即酶水解墨吸附层、淀粉层被层或表面纤维，释放墨颗粒大到能够浮选精化而去除。用来处理特定级别纸的酶混合物的设计需要提高墨颗粒的分散能力和浮选能力。

6.2　非工业用酶的应用

6.2.1　酶在食品分析中的应用

用酶的催化活性来进行分析测定可以追溯到19世纪中期。然而，像现在这样将酶用于食品分析只是20或者25年以前的事。这要归功于纯酶的大规模制备，合适的、便宜的光度计的获得，以及酶的操作和样品制备方法的详尽说明。

食品研究中，需要测定各种食品组成的含量，并检测在技术加工和随后的贮存中引起的变化。目前使用酶法也是为了这个目的，这主要是由于酶具有很强的专一性。

工业上，要检验原材料，实施生产管理，分析终端产品和有竞争力的产品。酶法因其在分析时使用方便、快速和专一性强等显著优点，很快就被工业界承认。

官方检验包括通常的样品分析，核对其是否遵守法律、规章以及指导方针，还要检查确定该食品工厂是否履行了根据法律进行完善申明的义务。酶法分析不仅结果比较精确，而且该方法的适应性很强，可以适用于不同类型的样品，因此酶法很早就用于这些用途。由于需要对食品征收关税，海关官员通常用酶法分析。军队检查员也用酶进行普通的食品监控及稳定性和贮存的检查。

目前许多国家和国际委员会都推荐用酶进行分析鉴定。事实上，标准的酶法应用非常广泛。

1. 碳水化合物

在食品分析中，糖类是例行检查的。糖的成分是整个分析中非常重要的一个部分：它们构成了食品热值的一大部分，而且可以由不同糖的相对含量推断食物样品的真实性。乳糖的存在表明使用了牛奶。淀粉在肉制品中被用作膨松剂和增厚剂。

(1)葡萄糖

它是目前含量最丰富的糖，通常由已糖激酶方法测定。

$$\text{D-葡萄糖}+\text{ATP}\xrightarrow[\text{已糖激酶}]{\text{E. C. 2.7.1.1}}\text{ADP}+\text{葡萄糖 6-磷酸} \tag{6-1}$$

$$\text{葡萄糖 6-磷酸}+\text{NADP}^{+}\xrightarrow[\text{葡萄糖 6－磷酸脱氢酶}]{\text{E. C. 1.1.1.49}}\text{D-葡萄糖酸 6-磷酸}+\text{NADPH}+\text{H}^{+} \tag{6-2}$$

不推荐使用其他酶法有很多原因，比如，这些酶是非特异性的(葡萄糖脱氢酶)，或者样品中的还原性物质干扰了反应(葡萄糖氧化酶－过氧化物酶法)。另外，其他的方法不能在一个试管中同时测定果糖。葡萄糖通常与果糖、蔗糖、麦芽糖和淀粉等其他糖类一起测定。

(2)果糖

已糖激酶也作用于果糖，该反应是在葡萄糖之后测定的，见反应(6-3)，反应(6-4)和反应(6-2)。

$$\text{D-果糖}+\text{ATP}\xrightarrow[\text{已糖激酶}]{\text{E. C. 2.7.1.1}}\text{ADP}+\text{果糖 6-磷酸} \tag{6-3}$$

$$\text{果糖 6-磷酸}\xrightarrow[\text{磷酸葡糖异构酶}]{\text{E. C. 5.3.1.9}}\text{葡萄糖 6-磷酸} \tag{6-4}$$

测定酒和果汁中的葡萄糖和果糖是为了检测禁止添加的糖。果糖和葡萄糖也和蔗糖一起测定。

(3)半乳糖

可以通过以下反应很方便地测定。

$$\text{D-半乳糖}+\text{NAD}^{+}\xrightarrow[\text{半乳糖脱氢酶}]{\text{E.C.5.3.1.9}}\text{D-半乳糖酸}+\text{NADH}+\text{H}^{+} \qquad (6\text{-}5)$$

此反应只用于某些乳制品(酸奶,软干酪)中半乳糖的测定。这种方法也可以用于酸水解琼脂、瓜胶、角叉胶、阿拉伯树胶、蝉豆树胶和黄蓍胶等增厚剂。

(4)甘露糖

测定甘露糖的意义也不是很大。尽管如此,它和半乳糖一样是增厚剂的一种重要组成,并且可以根据反应(6-6),反应(6-7),反应(6-4)和反应(6-2)将这些底物酸水解后进行测定。

$$\text{D-甘露糖}+\text{ATP}\xrightarrow[\text{己糖激酶}]{\text{E.C.2.7.1.1}}\text{ADP}+\text{甘露糖 6-磷酸} \qquad (6\text{-}6)$$

$$\text{甘露糖 6-磷酸}\xrightarrow[\text{磷酸葡糖异构酶}]{\text{E.C.5.3.1.8}}\text{果糖 6-磷酸} \qquad (6\text{-}7)$$

(5)蔗糖

这种二糖不存在于动物中,但是以各种不同的含量存在于很多植物中。水解后得到等物质的量的葡萄糖和蔗糖的混合物,反应(6-8),可以通过葡萄糖来测定,反应(6-1)和反应(6-2)。

$$\text{蔗糖}+H_2O\xrightarrow[\beta\text{一果糖异构酶}]{\text{E.C.3.2.1.26}}\text{D-葡萄糖}+\text{D-果糖} \qquad (6\text{-}8)$$

除了测定葡萄糖外,还可以通过反应(6-2)、反应(6-3)和反应(6-4)测定反应(6-8)中产生的果糖,以保证结果准确或者增加检测的灵敏度。

蔗糖、葡萄糖和果糖在果蔬产品(比如果汁、果酱、番茄浓汤或者土豆)、面包和饼干、蜂蜜、冰激凌、糖果、甜点、低热值食物、炼糖厂产品或者饮料中被检测。大大过量的葡萄糖影响了蔗糖和果糖分析的精确性。因此,过量的葡萄糖必须用葡萄糖氧化酶和过氧化氢酶尽可能完全地去掉。

(6)麦芽糖

酶催化水解麦芽糖得到两分子葡萄糖,可以通过上述方法测定。

$$\text{麦芽糖}+H_2O\xrightarrow[\alpha\text{一葡萄糖苷酶}]{\text{E.C.3.2.1.20}}\text{2D-葡萄糖} \qquad (6\text{-}9)$$

含有 α-葡萄糖苷键的,20 蔗 2 糖 D 和-麦芽三糖都可以被水解。

麦芽制品、啤酒、婴儿食品中的麦芽糖经常和淀粉(葡萄糖糖浆)、淀粉糖;啤酒中的糊精的部分水解产物一起测定。

(7)乳糖

乳糖是牛奶中的糖。乳糖是婴儿食品中一种重要成分。它通常在水解后运用反应(6-10)通过半乳糖测定,乳糖的存在表明食品生产中使用了牛奶或奶制品。

$$乳糖+H_2O \xrightarrow[\beta-半乳糖苷酶]{E.C.3.2.1.23} D\text{-}半乳糖+D\text{-}葡萄糖 \tag{6-10}$$

因为很少有样品含有大量的半乳糖，所以通过半乳糖进行分析得到的结果很准确。乳糖也可以通过葡萄糖测定，见反应(6-10)、反应(6-1)和反应(6-2)，但是过量的游离葡萄糖降低了结果的准确性，因此必须通过葡萄糖氧化酶和过氧化氢酶的混合物除去(见半乳糖苷果糖)。乳糖含量在牛奶、奶制品和其他食品，如婴儿食品、面包、饼干、冰激凌、巧克力、甜点和香肠等中作为奶含量被测定。

(8)半乳糖苷果糖

半乳糖苷果糖是乳糖加热时形成的。它可以通过反应(6-10)、反应(6-3)、反应(6-4)和反应(6-2)测定，并用于检查牛奶的加热情况。

(9)棉子糖

棉子糖在甜菜糖中的相对浓度很高。它在糖的生产中富集在糖蜜中。棉子糖也存在于大豆中。它可以通过反应(6-11)和反应(6-5)测定。

$$棉子糖+H_2O \xrightarrow[\alpha-半乳糖苷酶]{E.C.3.2.1.22} D\text{-}半乳糖+蔗糖 \tag{6-11}$$

棉子糖在甜菜糖生产的不同阶段被测量。因为大豆粉能包含 10% 的这种糖(添加大豆通常会说明)，所以食品中添加的大豆蛋白也可以通过测量棉子糖来间接检测。

(10)淀粉

100 多年来，淀粉的分析在食品分析中都有着重要的作用。它可以在水解后通过葡萄糖来测定。由于其他葡萄糖多糖和寡聚体也可以被酸水解，因此用酸解的方法并不可取。此外，还会发生不希望的反应(比如葡萄糖转化为果糖)。由于淀粉酶并不能完全将淀粉水解为葡萄糖，因此也不是很适合酶促水解。淀粉葡萄糖苷酶才是最佳选择。尽管如此，除了淀粉外，麦芽糖和寡葡萄糖苷也会被该酶水解为葡萄糖。分析是通过反应(6-12)，反应(6-1)和反应(6-2)进行的。

$$淀粉+(n-1)H_2O \xrightarrow[淀粉葡萄糖]{E.C.3.2.1.3} nD\text{-}葡萄糖 \tag{6-12}$$

样品中的淀粉必须通过在高压锅中加热或者用浓盐酸和二甲基亚砜处理来溶解。所有的步骤都必须按照说明小心操作。寡葡萄糖苷(麦芽糖糊精、葡萄糖糖浆、淀粉糖)可以通过不溶解淀粉的乙醇-水混合物萃取来分离。

淀粉在诸如面粉、面包、饼干和含有淀粉膨松剂的肉制品等产品中被测定；寡葡萄糖苷在果汁、饮料、糖果、果酱和冰激凌中被测定；糊精在啤酒中被测定，这些表明它们存在发酵性糖。

2. 有机酸

有机酸和它们的盐在代谢中经常出现，并且重要性各不相同。它们存在于食品中对味道的影响极大，并且指示发酵过程。

(1)乙酸

乙酸是一种挥发性酸。它可以由反应(6-13)至反应(6-15)特异地测定。因为乙酸激酶可以作用于丙酸盐，所以它并不合适使用。

$$\text{乙酸}+ATP+CoA\xrightarrow[\text{乙酰}-CoA\text{合成酶}]{E.C.6.2.1.1}\text{乙酰-}CoA+AMP+\text{焦磷酸} \quad (6\text{-}13)$$

$$\text{乙酰-}CoA+\text{草酰乙酸}+H_2O\xrightarrow[\text{柠檬酸合成酶}]{E.C.4.1.3.7}\text{柠檬酸}+CoA \quad (6\text{-}14)$$

$$L\text{-苹果酸}+NAD^+\xrightarrow[L\text{-}MDH]{E.C.4.1.3.7}\text{草酰乙酸}+NADH+H^+ \quad (6\text{-}15)$$

反应(6-15)是一个先发生的指示反应，计算时必须考虑平衡。

乙酸在酒、果蔬产品、干酪、敷料剂和醋中作为检验发酵情况而被测定。

(2)抗坏血酸

作为一种维生素，抗坏血酸对人来说具有重要的生物学作用。它在果蔬生产等工业上通常被用作一种食品添加剂。一个化学-酶催化过程[反应(6-16)]被应用于定量测定抗坏血酸。

$$L\text{-抗坏血酸}(XH_2)+MTT\xrightarrow{PMS}\text{去氢抗坏血酸}(X)+\text{甲臜}^-+H^+ \quad (6\text{-}16)$$

式中，MTT为3(4,5-二甲基噻唑基-2)-2,5-二苯基-四唑溴；PMS为5-甲基吩嗪硫酸甲酯。

为了增加特异性，抗坏血酸盐在样品空白中被氧化去除。

$$L\text{-抗坏血酸}+O_2\xrightarrow[\text{抗坏血酸氧化酶}]{E.C.1.10.3.3}\text{去氢抗坏血酸}+H_2O \quad (6\text{-}17)$$

抗坏血酸在果蔬产品、肉制品、牛奶、啤酒、酒和面粉中被测定。维生素的含量通常会标明。

当脱氢抗坏血酸被化学氧化为抗坏血酸后，反应(6-18)，可以通过反应(6-16)和反应(6-17)测定。

$$\text{脱氢抗坏血酸}+\text{二硫代苏糖醇(还原态)}\rightarrow L\text{-抗坏血酸}+\text{二硫代苏糖醇(氧化态)} \quad (6\text{-}18)$$

(3)天冬氨酸

天冬氨酸主要是在苹果汁中测定的，反应(6-19)和(6-20)。

$$L\text{-天冬氨酸}+\alpha\text{-酮戊二酸}\xrightarrow[GOT]{E.C.2.6.1.1}\text{草酰乙酸}+L\text{-谷氨酸} \quad (6\text{-}19)$$

$$草酰乙酸 + NADH + H^+ \xrightarrow[L\text{-}MDH]{E.C.1.1.1.37} L\text{-}苹果酸 + NAD^+ \quad (6\text{-}20)$$

(4)柠檬酸

柠檬酸是代谢中一种重要的物质。它在植物和牛奶中含量丰富,可以通过反应(6-21)和反应(6-20)测定。

$$柠檬酸 \xrightarrow[柠檬酸(pro-35)-裂解酶]{E.C.4.1.3.6} 草酰乙酸 + 醋酸 \quad (6\text{-}21)$$

草酰乙酸可以通过化学反应或者酶反应(草酰乙酸脱羧酶是存在于柠檬酸裂解酶中的杂质)脱羧变成丙酮酸。然而,草酰乙酸的减少并不会导致结果不准确,因为生成的丙酮酸也可以通过L-乳酸脱氢酶反应(6-37)来测定。

果蔬产品、面包、干酪、肉制品、饮料、酒、茶和糖果都要分析柠檬酸。

(5)甲酸脱氢酶

作为细菌和真菌的一种代谢终产物,甲酸可以作为许多食品的防腐剂。但是,使用这种添加剂必须遵守相关法律。甲酸可以根据反应(6-22)测定。

$$甲酸 + NAD^+ + H_2O \xrightarrow[甲酸脱氢酶]{E.C.1.2.1.2} 碳酸 + NADH + H^+ \quad (6\text{-}22)$$

(6)葡萄糖酸

葡萄糖氧化就生成葡萄糖酸。δ-葡糖酸内酯被用作香肠生产中的催熟剂。葡糖酸激酶用于测定葡糖酸。

$$D\text{-}葡萄糖酸 + ATP \xrightarrow[葡糖酸激酶]{E.C.2.7.1.12} D\text{-}葡萄糖酸\ 6\text{-}磷酸 + ADP \quad (6\text{-}23)$$

$$D\text{-}葡萄糖酸\ 6\text{-}磷酸\ 1\text{-}NADP^+ \xrightarrow[6\text{-}PGDH]{E.C.1.1.1.44} D\text{-}核酮糖\ 5\text{-}磷酸 + NADPH + H^+ + CO_2 \quad (6\text{-}24)$$

式中,6-PGDH为6-磷酸葡糖酸脱氢酶。

δ-葡糖酸内酯也可以碱水解(反应6-25)(pH10~11)转化为葡糖酸后用反应(6-23)和反应(6-24)测定。

$$D\text{-}葡糖酸\text{-}\delta\text{-}内酯 + H_2O \rightarrow D\text{-}葡糖酸 \quad (6\text{-}25)$$

(7)谷氨酸

谷氨酸脱氢酶可以定量测定谷氨酸,反应(6-26)。

$$L\text{-}谷氨酸 + NAD^+ + H_2O \xrightarrow[谷氨酸脱氢酶]{E.C.1.4.1.3} \alpha\text{-}酮戊二酸 + NADH + NH_4^+ \quad (6\text{-}26)$$

该反应的平衡强烈地倾向于谷氨酸的还原合成。最初,用联氨捕获α-酮戊二酸来获得定量的转化。而现在用心肌黄酶和碘硝基四唑氯[反应(6-

27)]更方便。

$$NADH + H^+ + INT \xrightarrow[\text{心肌黄酶}]{E.C.1.8.1.4} NAD^+ + \text{甲臜} \qquad (6\text{-}27)$$

这个颜色反应非常灵敏，必须在制备过程中除去样品中所有的还原物质以免干扰。

(8)3-羟基丁酸

鸡蛋中存在羟基丁酸表明已经受精，并且已经孵化了超过6d。羟基丁酸可以通过以下反应(6-28)测定。

$$D\text{-}3\text{-羟基丁酸} + NAD^+ \xrightarrow[3\text{-}HBDH]{E.C.1.1.1.30} \text{乙酰乙酸} + NADH + H^+ \qquad (6\text{-}28)$$

其中，3-HBDH为3-羟基丁酸脱氢酶。

为了保证该反应是定量的并且提高灵敏度，可以将反应(6-28)与颜色反应(6-27)耦合起来。

(9)异柠檬酸

异柠檬酸是柠檬酸循环中的一个中间体，它的测定在果汁分析中非常重要。柠檬酸转化为异柠檬酸的比率是常数。因此，分析异柠檬酸也可以用来分析果汁中是否添加了柠檬酸(掺杂)。异柠檬酸脱氢酶可以定量测定这种酸。

$$D\text{-异柠檬酸} + NADP^+ \xrightarrow[\text{异柠檬酸脱氢酶}]{E.C.1.1.1.42} \alpha\text{-酮戊二酸} + NADPH + CO_2 + H^+ \qquad (6\text{-}29)$$

异柠檬酸的内酯或者酯首先被碱水解[反应(6-30)]，然后通过反应(6-29)测定。

$$D\text{-异柠檬酸的(内)酯} + H_2O \xrightarrow{pH\ 9\sim10} \text{异柠檬酸(+醇)} \qquad (6\text{-}30)$$

柠檬酸非常贵而不会用于柑橘类果汁的掺杂。

(10)乳酸

在食品分析中使用酶的最重要例子之一就是酶法确定乳酸的立体异构型。动物中只发现了L－(＋)－乳酸。它作为糖酵解的终产物累积在肌肉中。D-(-)-乳酸可以在某些乳酸菌中合成。现在在饮食中还没有限制摄入D-(-)-乳酸。实际上，由WHO提出的ADI值(允许日摄入量，acceptable daily intake)很快被撤销了。它可以用以下反应(6-31)及反应(6-32)分析。

$$L\text{-乳酸} + NAD^+ \xrightarrow[L\text{-}LDH]{E.C.1.1.1.27} \text{丙酮酸} + NADH + H^+ \qquad (6\text{-}31)$$

$$D\text{-乳酸} + NAD^+ \xrightarrow[D\text{-}LDH]{E.C.1.1.1.28} \text{丙酮酸} + NADH + H^+ \qquad (6\text{-}32)$$

乳酸脱氢酶反应的平衡倾向于形成乳酸。起初是用联氨捕获丙酮酸来获得定量的转化。现在,用如下的酶反应(6-33)会更加方便。

$$丙酮酸+L\text{-}谷氨酸 \xrightarrow[GPT]{E.C.2.6.1.2} L\text{-}丙氨酸+\alpha\text{-}酮戊二酸 \quad (6\text{-}33)$$

L-乳酸在果蔬产品、肉类添加剂和发粉中被测定。D-乳酸和L-乳酸在酸奶和干酪等奶制品中作为微生物活性的检测而被测定。在酒和啤酒中乳酸的含量可与检测结果联系起来。

(11)苹果酸

三羧酸循环的一种中间体——L-苹果酸存在于水果(比如葡萄)和蔬菜中。在分析测定中,它在苹果酸脱氢酶和NAD+的作用下被氧化为草酰乙酸。生成的草酰乙酸不再用联氨捕获,而是进行酶反应(6-34)和反应(6-35)。

$$L\text{-}苹果酸+NAD^+ \xrightarrow[L\text{-}MDH]{E.C.1.1.1.37} 草酰乙酸+NADH+H^+ \quad (6\text{-}34)$$

$$草酰乙酸+L\text{-}谷氨酸 \xrightarrow[GOT]{E.C.2.6.1.1} L\text{-}天冬氨酸+\alpha\text{-}酮戊二酸 \quad (6\text{-}35)$$

L-苹果酸在水果产品和酒中被分析。化学法只能测定总苹果酸含量,与之相比,酶法甚至可以检测添加到产物中的少量廉价D,L-苹果酸。文献中已经报道了测定D-苹果酸的一个酶促反应,但是所需要的酶从市场上买不到。

(12)草酸

超过一半的肾结石是由草酸钙组成的。草酸还因其影响肠中钙的吸收而显得重要。它通过反应(6-36)和反应(6-22)测定。

$$草酸 \xrightarrow[草酸脱氢酶]{E.C.4.1.1.2} 甲酸+CO_2 \quad (6\text{-}36)$$

草酸在啤酒(草酸钙是形成喷出效果的原因)、水果、蔬菜和可可粉制品中需要被测定。不推荐使用草酸氧化酶法进行食品分析,因为该反应受到很多因素影响。

(13)丙酮酸

丙酮酸是代谢中一个关键的中间体。它通过以下反应(6-37)测定。

$$丙酮酸+NADH+H^+ \xrightarrow[L\text{-}LDH]{E.C.1.1.1.27} L\text{-}乳酸+NAD^+ \quad (6\text{-}37)$$

酒要进行丙酮酸分析。丙酮酸是一个与SO_2结合的组分。在评估鲜牛奶和巴氏灭菌牛奶时,测定丙酮酸可以替代微生物计数。

(14)琥珀酸

琥珀酸也是柠檬酸循环的一个中间体,它可以通过反应(6-38)、反应(6-39)和反应(6-37)测定。

$$琥珀酸+ITP+CoA \xrightarrow[\text{琥珀-}CoA\text{ 合成酶}]{E.C.6.2.1.4} IDP+琥珀酰\text{-}CoA+Pi \quad (6\text{-}38)$$

$$IDP+PEP \xrightarrow[\text{丙酮酸激酶}]{E.C.2.7.1.40} ITP+丙酮酸 \quad (6\text{-}39)$$

需要分析水果和水果制品中的琥珀酸,它表明了水果的成熟度。在整个鸡蛋中存在这种酸表明有污染后的微生物活性。其他需要抽查的样品是干酪、豆制品和酒。

3. 醇类

酶也可以用来分析测定醇,比如食品中的乙醇、甘油、山梨醇和木糖醇等糖醇或者胆固醇。

(1)乙醇

许多微生物,特别是酵母的无氧代谢都会产生乙醇。用于测定乙醇的反应(6-40)是第一个正式用酶法分析的。起初用氨基脲捕获生成的乙醛。然而,它的酶氧化反应(6-49)更加快速和有效。

$$乙醇+NAD^{+} \xrightarrow[ADH]{E.C.1.1.1.1} 乙醛+NADH+H^{+} \quad (6\text{-}40)$$

乙醇的浓度可以用来指示诸如酒、香槟酒、烈性酒和啤酒等含酒精饮料的质量。由水果制得的产品中乙醇的含量表明使用了损坏的原材料,或者表明存在酵母(比如酸乳酒的情况)。已经根据法律将饮料中所含乙醇的最大量分为“低酒精”或者“无酒精”。

(2)甘油

在自然界分布很广,它主要存在于脂中。甘油可以通过反应(6-41)、反应(6-42)和反应(6-37)测定。

$$甘油+ATP \xrightarrow[\text{甘油激酶}]{E.C.2.7.1.30} 甘油\ 3\text{-磷酸}+ADP \quad (6\text{-}41)$$

$$ADP+PEP \xrightarrow[\text{丙酮酸激酶}]{E.C.2.7.1.40} ATP+丙酮酸 \quad (6\text{-}42)$$

测定酒中的甘油非常重要,因为乙醇和甘油的比值以及甘油和葡糖酸的比值直接表明了该酒是否掺杂了添加的甘油。啤酒、烈性酒和杏仁蛋白软糖也要分析甘油。

(3)糖醇类

山梨醇是通过还原果糖得到的。它作为一种糖的替代品引起了糖尿病人的注意。酶法测定山梨醇可以通过下列反应进行。因为该酶也作用于其他多元醇,所以该反应并不是特异的。

$$D\text{-山梨醇}+NAD^{+} \xrightarrow[\text{山梨醇脱氢酶}]{E.C.1.1.1.14} D\text{-果糖}+NADH+H^{+} \quad (6\text{-}43)$$

可以通过反应(6-3)、反应(6-4)和反应(6-2)定量测定生成的果糖来使该分析对山梨醇有特异性。另一个可行的办法是将反应(6-43)与反应(6-27)耦合。在这些条件下,同样参与山梨醇脱氢酶反应的木糖醇也可以得到测量(反应 6-44)。

$$\text{木糖醇} + NAD^+ \xrightarrow[\text{山梨醇脱氢酶}]{E.C.1.1.1.14} \text{木酮糖} + NADH + H^+ \qquad (6\text{-}44)$$

由果糖和由 INT-心肌黄酶定量测定山梨醇的区别给出了样品中木糖醇的含量。低热值食物、苹果类的水果制品、冰激凌、糖果和饼干要分析山梨醇。木糖醇在低热值食物、口香糖和糖果中被测定。

4. 其他食品成分

胆固醇是一种具有多种生理功能的重要的类固醇,比如,它是质膜的一个组分。同时,胆固醇在脉管组织中的过度沉积将导致动脉硬化。胆固醇可以通过将反应(6-45)与反应(6-46)和反应(6-47)耦合来进行测定。

$$\text{胆固醇} + O_2 \xrightarrow[\text{胆固醇氧化酶}]{E.C.1.1.3.6} \Delta^4\text{-胆甾烯酮} + H_2O_2 \qquad (6\text{-}45)$$

$$H_2O_2 + \text{甲醇} \xrightarrow[\text{过氧化氢酶}]{E.C.1.11.1.6} \text{甲醛} + H_2O \qquad (6\text{-}46)$$

$$\text{甲醛} + NH_4^+ + 2\text{乙酰丙酮} \rightarrow \text{二甲基吡啶染料} + 3H_2O \qquad (6\text{-}47)$$

胆固醇被用于测定诸如面条和蛋黄乳等食品中的蛋含量。一般来说,由动物脂肪制成的食品中胆固醇的含量非常重要。当分析含有植物原料的食品中的胆固醇时,具有 3β-羟基的植物甾醇类(羊毛甾醇除外)将干扰反应。

(1)甘油三酸酯

一种含有甘油的重要油脂。通常在临床化学中被检测。低脂肪的食品也用酶法检测甘油三酸酯。该法是用酯酶或者脂肪酶水解甘油三酸酯得到脂肪酸和甘油,见反应(6-48)。生成的甘油再通过反应(6-41)、反应(6-42)和反应(6-37)测定。

$$\text{甘油三酸酯} + 3H_2O \xrightarrow[\text{酯酶和脂肪酶}]{E.C.3.1.1.1/E.C.3.1.1.3} \text{甘油} + 3\text{脂肪酸} \qquad (6\text{-}48)$$

(2)乙醛

乙醛是啤酒、酸奶和烈酒中的一种香料物质。它在酒中与 SO_2 结合而被束缚。乙醛脱氢酶与 NAD^+ 相连可以用于测定乙醛。

$$\text{乙醛} + NAD^+ + H_2O \xrightarrow[\text{乙醛脱氢酶}]{E.C.1.2.1.5} \text{乙酸} + NADH + H^+ \qquad (6\text{-}49)$$

(3)氨

氨是含有氮和氢的最简单的化合物。果汁、牛奶、饼干、干酪、低热值食物和肉制品均要进行氨分析。

$$\alpha\text{-酮戊二酸} + NADH + H^{+} + NH_4^{+} \xrightarrow[\text{谷氨酸脱氢酶}]{E.C.1.4.1.3} \text{L-谷氨酸} + NAD^{+} + H_2O \tag{6-50}$$

(4)硝酸盐

1986年首次报道了用一种稳定的酶来测定硝酸盐。

$$\text{硝酸盐} + NADPH + H^{+} \xrightarrow[\text{硝酸盐还原酶}]{E.C.1.6.6.2} \text{亚硝酸盐} + NADP^{+} + H_2O \tag{6-51}$$

硝酸盐的测定非常重要。它是亚硝酸盐和亚硝胺的前体。因此,它被认为是危险的。水、饮料、肉、奶制品、果蔬和婴儿食品都需检测硝酸盐。事实上,食品中硝酸盐的主要来源——肥料也需检测。

(5)亚硫酸盐

酶法测量亚硫酸盐于1983年首次被报道。

$$SO_3^{2-} + O_2 + H_2O \xrightarrow[\text{亚硫酸盐氧化酶}]{E.C.1.8.3.1} SO_4^{2-} + H_2O_2 \tag{6-52}$$

$$H_2O_2 + NADH + H^{+} \xrightarrow[NADH\text{过氧化物酶}]{E.C.1.11.1.1} 2H_2O + NAD^{+} \tag{6-53}$$

亚硫酸盐经常在食品工艺中用作防腐剂并且有很多功能。比如,它能使酶失活,防止褐变并且在酒中结合乙醛。一般地,当用传统的蒸馏或者酶法分析诸如卷心菜、韭葱、洋葱、大蒜和山葵等含硫的样品时,都会得到高浓度的亚硫酸盐。但在检测酒时,酶法的结果比较精确。

(6)肌酸和肌酸酐

肌酸和肌酸酐都是在肌肉中发现的。汤、酱油和肉类提取物中的肉含量就是通过测定这些食品中的肌酸和肌酸酐来确定的,见反应(6-54)、反应(6-55)、反应(6-42)和反应(6-37)。

$$\text{肌酸酐} + H_2O \xrightarrow[\text{肌酸酐酶}]{E.C.3.5.2.10} \text{肌酸} \tag{6-54}$$

$$\text{肌酸} + ATP \xrightarrow[\text{肌酸激酶}]{E.C.2.7.3.2} \text{磷酸肌酸} + ADP \tag{6-55}$$

(7)卵磷脂

卵磷脂是存在于植物和动物中的最重要的磷脂。它的复数形式"lecithins"指的是乳化剂,比如说大豆制剂(大豆卵磷脂含有18%～20%的卵磷脂)。卵磷脂可以用磷脂酶D测定。磷脂酶D催化卵磷脂水解生成胆碱。随后胆碱又作为雷氏盐被测定。尽管如此,更值得选择的方法是用来自于仙人掌杆菌的磷脂酶C和碱性磷脂酶水解卵磷脂,见反应(6-56)和反应(6-57),然后用热失活碱性磷酸酶处理并测定胆碱,见反应(6-58)、反应(6-42)

和反应(6-37)。

$$\text{卵磷脂}+H_2O\xrightarrow[\text{磷脂酶}C]{E.C.3.1.4.3}1,2-\text{甘油二酯}+\text{磷酸胆碱}\tag{6-56}$$

$$\text{磷酸胆碱}+H_2O\xrightarrow[\text{碱性磷酸酶}]{E.C.3.1.3.1}\leqslant\text{笔黑胆碱}+Pi\tag{6-57}$$

$$\text{胆碱}+ATP\xrightarrow[\text{胆碱激酶}]{E.C.2.7.1.32}\text{磷酸胆碱}+ADP\tag{6-58}$$

分析的样品可以用不同的方法进行制备。可以用超声制得水悬浮液，或者在叔丁醇和水中制得样品溶液(比如蛋黄乳等蛋制品)。另一种方法是，在用有机溶剂萃取后将样品溶解在叔丁醇中，或者用甲醇化的氢氧化钾碱性水解制取(比如可可粉产品)。但是分析结果会导致进一步的问题，尤其是用可溶于丙酮的含磷化合物作为对照，以及“卵磷脂”和“卵磷脂的复数”之间没有区别时。

(8)尿素

尿素是蛋白质代谢的最重要产物。大部分尿素在肝脏中由氨合成。尿素通过肾排泄。脲酶被用来测定尿素含量，见反应(6-59)和反应(6-50)。

$$\text{尿素}+H_2O\xrightarrow[\text{脲酶}]{E.C.3.5.1.5}2NH_3+CO_2\tag{6-59}$$

需检测尿素的样品有肉制品和牛奶。其中尿素是奶牛饮食中的蛋白质的指标。废水和游泳池水的尿素含量表明了这些水中尿的浓度。

6.2.2 酶在医药方面的应用

我国医学早有使用带有酶成分的鸡内金、神曲和谷芽等入药的记载。现代生物学认为，生物活动的正常进行都依赖于有机体内部生化反应的平衡和稳定。这种复杂而有秩序的生化反应，几乎都需要酶来催化、调节。为保持人体的健康，酶必需准确地调节各个反应，以保持身体内物质和能量的平衡。当身体内缺乏某种酶时，代谢反应就有障碍，导致疾病的发生。

由于酶制剂具有作用明确、专一性强、疗效显著和副作用小等特点，因此，其作为药物可以治疗很多疾病，被广泛用作助消化、抗炎敛疮、促凝、促纤溶、促进生物氧化以及解毒、抗肿瘤等方面的治疗用药。近年来，我国治疗酶的研究和生产有了较大的发展。随着对疾病发生分子机制的研究，医药用酶的应用范围越来越广泛。

1. 疾病诊断

疾病的治疗效果好坏在很大程度上取决于诊断的准确性。疾病诊断的方法很多，其中酶学诊断特别引人注目。测定临床指标所用的酶为诊断用酶，它是一类酶分析试剂。

酶学诊断方法有两个，一是根据体液内酶活力的变化诊断疾病，二是用酶测定体液中某种物质的量诊断疾病。

(1)根据体液内酶活力的变化诊断疾病

一般健康人体液内所含有的某些酶的量稳定在某一范围。如果出现某些疾病，则体液内的某种或某些酶的活力将会超出范围，由此可以根据体液内某些酶的活力变化情况，诊断出某些疾病(表6-4)。

表6-4　酶在疾病诊断方面的应用

酶	疾病与酶活力变化
葡萄糖氧化酶	测定血糖含量，诊断糖尿病
胆碱脂酶	测定胆固醇含量，治疗皮肤病、支气管炎、气喘
尿酸酶	测定尿酸含量，治疗痛风
淀粉酶	胰脏疾病、肾脏疾病时，活力升高；肝病时，活力下降
胆碱酯酶	肝病时，活力下降
酸性磷酸酶	前列腺癌、肝炎、红血球病变时，活力升高
碱性磷酸酶	佝偻病、软骨化病、骨瘤、甲状旁腺机能亢进时，活力升高；软骨发育不全等，活力下降
谷丙转氨酶	肝炎、心肌梗死等，活力升高
谷草转氨酶	肝病、心肌梗死等，活力升高
胃蛋白酶	胃癌时，活力升高；十二指肠溃疡时，活力下降
磷酸葡萄糖变位酶	肝炎、癌症时，活力下降
醛缩酶	癌症、肝病、心肌梗死等时，活力升高
葡萄糖醛缩酶	肾癌及膀胱癌时，活力升高
碳酸酐酶	坏血病、贫血时，活力升高
乳酸脱氢酶	癌症、肝病、心肌梗死时，活力升高

(2)用酶测定体液中某种物质的量诊断疾病

酶具有专一性强、催化效率高等特点，可用酶来测定体液中某些物质的含量从而诊断某些疾病。例如，利用葡萄糖氧化酶和过氧化氢酶的联合作用，检测血液或尿液中葡萄糖的含量，可作为糖尿病临床诊断的依据，这两种酶都可以固定化后制成酶试纸或酶电极，临床检测十分方便。

利用尿酸酶测定血液中尿酸的含量诊断痛风病。固定化尿酸酶已在临床诊断中使用。利用胆固醇氧化酶测定血液中胆固醇的含量诊断心血管疾病或高血压等。这两种酶都经固定化后制成酶电极使用。

酶法检测有快速、简便、正确、灵敏等优点，因而发展很快，国外已经商品化的诊断用酶已有百余种，辅酶底物及其辅助试剂 80 多种。近年来，供临床测试的自动分析仪牌号很多，大多数采用酶法反应测定临床指标，自动显示或打印报告结果。

此外，酶标免疫测定在疾病诊断方面的应用也越来越广泛。所谓酶标免疫测定，是先把酶与某种抗体（或抗原）结合，制成酶标记的抗体（或抗原）。然后利用酶标抗体（或酶标抗原）与待测定的抗原（或抗体）结合，再借助于酶的催化特性进行定量测定，测出酶-抗体-抗原结合物中的酶的含量，就可以计算出欲测定的抗体或抗原的含量，通过抗体或抗原的量能诊断某种疾病。该法结合了免疫反应的专一性和酶反应的灵敏性，是一类既简便又灵敏可靠的临床诊断试剂。

酶标免疫反应可分均相反应与固相反应两类。均相反应所用的标记酶有溶菌酶、苹果酸脱氢酶、葡萄糖 β-磷酸脱氢酶及 β-半乳糖苷酶等。固相反应所用的标记酶有 β-半乳糖苷酶、过氧化物酶、碱性磷酸酯酶及乙酰胆碱酯酶等。均相反应在检测时方法简单，不需分离抗体、抗原，适用于测定药物、激素等。用此法可测定的药物和激素及所用的标记酶见表 6-5。

表 6-5 标记酶的灵敏度

名　称	标记酶	灵敏度范围/(μg/mL)
利多卡因	G-6-PDH	1～12
氨茶碱	G-6-PDH	2.5～4.0
地高辛	G-6-PDH	0.0005～0.006
可的松	G-6-PDH	0.02～0.5
苯巴比妥	G-6-PDH	5～80
庆大霉素	G-6-PDH	1～16
普鲁卡因胺	G-6-PDH	1～16
氨甲蝶呤	G-6-PDH	0.09～0.9
托普霉素	G-6-PDH	1～16
吗啡	溶菌酶	≥0.5
巴比妥类	溶菌酶	≥0.5
两性霉素	溶菌酶	≥2.0

续表

名 称	标记酶	灵敏度范围/(μg/mL)
苯甲酰芽子碱	溶菌酶	≥1.6
甲状腺素	MDH	0.02～0.2
大麻碱	MDH	≥0.05

固相酶免疫反应测定法发展很快。实用价值最大的为夹心法，又称酶联免疫吸附测定（Enzyme Linked Immuno-Sorbent Assay，ELISA）。试剂设计有多种类型，可以分为测抗体及测抗原两种。ELISA测定手续较麻烦，但其精度较高。

常用于酶标免疫测定的酶有过氧化氢酶和碱性磷酸酶等。

①过氧化氢酶。

首先制成过氧化氢标记抗体（或标记抗原），然后通过免疫反应生成过氧化氢酶—抗体—抗原复合物。将此复合物与过氧化氢接触，过氧化氢酶催化过氧化氢生成氧和水。生成的氧可用氧电极测定，从而测定过氧化氢酶的量，再计算出欲测抗原（或抗体）的含量。

②碱性磷酸酶。

将碱性磷酸酶与抗体（或抗原）结合，制成碱性磷酸酶标记抗体（或碱性磷酸酶抗原）。该酶标记抗体（或酶标抗原）与样品液中的对应抗原（或抗体），通过免疫反应结合成碱性磷酸酶—抗体—抗原复合物。将该复合物与硝基酚磷酸（NPP）反应。碱性磷酸酶催化NPP水解生成硝基酚和磷酸。硝基酚呈黄色，黄色的深浅与碱性磷酸酶的含量呈正比。因此，通过分光光度计测定420nm波长下的光吸收（A），就可以测出复合物中磷酸酶的量，从而计算出欲测抗原（或抗体）的含量。

酶标记免疫测定已成功地用于多种抗体或抗原的测定，从而用于某些疾病的诊断。通过酶标免疫测定，可以诊断肠虫、毛线虫、血吸虫等寄生虫病以及疟疾、麻疹、疱疹、乙型肝炎等疾病。但目前仍存在灵敏度不高等问题，有待进一步研究改进。

酶标记免疫测定技术还可以应用于某些具有亲和力的生物分子对之间的测定。如酶标记抗胰岛素蛋白测定胰岛素的含量，酶标抗生素蛋白测定生物素含量等。这类检测的原理与酶标免疫测定相类似，但它只是分子对之间的亲和结合，故称为酶标亲和检测。

随着细胞工程的发展，已生产出各种单克隆抗体，给酶标免疫测定提供了更大的发展平台。

2. 酶在疾病治疗方面的应用

因为酶具有专一性和高效率的特点，所以在医药方面使用的酶具有种类多、用量少、纯度高的特点。下面简述一下主要医药用酶（表 6-6）。

表 6-6 主要的医药用酶

酶	来 源	用 途
淀粉酶	胰脏、麦芽、微生物	治疗消化不良、食欲不振
蛋白酶	胰脏、胃、植物、微生物	治疗消化不良、食欲不振，消炎、消肿，除去坏死组织，促进创伤愈合，降低血压，制造水解蛋白质
脂肪酶	胰脏、微生物	治疗消化不良、食欲不振
纤维素酶	霉菌	治疗消化不良、食欲不振
溶菌酶	蛋清、细菌	治疗手术性出血、咯血、鼻出血，分解脓液，消炎，镇痛，止血，治疗外伤性浮肿，增加放射线的治疗效果
尿激酶	人尿	治疗心肌梗死、结膜下出血、黄斑部出血
链激酶	链球菌	治疗血栓性静脉炎、咳痰、血肿、下出血、骨折、外伤
青霉素酶	蜡状芽孢杆菌	治疗青霉素引起的变态反应
L-天冬酰胺酶	大肠杆菌	治疗白血病
超氧化物歧化酶	微生物、血液、肝脏	预防辐射损伤，治疗红斑狼疮、皮炎、结肠炎、氧中毒
凝血酶	蛇、细菌、酵母	治疗各种出血
胶原酶	细菌	分解胶源，消炎，脱痂，治疗溃疡、化脓
溶纤酶	蚯蚓	溶血栓
右旋糖酐	微生物	预防龋齿，制造右旋糖酐用作代血浆
弹性蛋白酶	胰脏	治疗动脉硬化，降血脂
核糖核酸酶	胰脏	抗感染，去痰，治肝癌
L-精氨酸酶	微生物	抗癌
L一组氨酸酶	微生物	抗癌
L一蛋氨酸酶	微生物	抗癌
谷氨酰胺酶	微生物	抗癌
α-半乳糖苷酶	牛肝、人胎盘	治疗遗传缺陷病（弗勃莱症）

现以一些常用的药用酶为例，简单介绍如下。

(1)蛋白酶

蛋白水解酶是能够使蛋白质构造和功能发生变化的酶,它对于细胞运动、组织的破坏和变形、激素的活化、受体和配基的相互作用、感染、细胞增殖等过程都有影响。蛋白酶是临床上使用最早、用途最广的药用酶之一,可用于治疗多种疾病。目前临床上使用的蛋白酶主要来自于动植物,如胰蛋白酶、胃蛋白酶和菠萝蛋白酶等。

蛋白酶在医药领域的应用最初是在消化药上,用于治疗消化不良和食欲不振。其中胰凝乳蛋白酶与胰蛋白酶一样是消化食物的重要酶类,在小肠中胰蛋白酶和胰凝乳蛋白酶等分解成活性的酶。使用时蛋白酶往往与淀粉酶、脂肪酶等制成复合制剂,以增加疗效。作为消化剂使用时,蛋白酶一般制成片剂,以口服方式给药。国内经临床验证对气管炎等炎症有疗效的是黑曲霉 As. 3. 350 酸性蛋白酶、宇佐美曲霉 As. 3. 3401 酸性蛋白酶和 1. 398 中性蛋白酶。其中 1. 398 蛋白酶除可祛痰、消炎和消肿外,在烧伤和烫伤治疗上也有很好的疗效。

由 Strept omyces griseus K1 生产数种蛋白酶混合物,含有中性及碱性蛋白酶、氨基肽酶、羧肽酶等,可用于手术后和外伤的消炎,还可以治疗副鼻腔炎、咳痰困难等。蛋白酶之所以有消炎作用,是因为它能分解一些蛋白质和多肽,使炎症部位的坏死组织溶解,增加组织通透性,抑制浮肿,促进病灶附近组织积液的排出并抑制肉芽的形成。给药方式可以口服、局部外敷或肌内注射等。

蛋白酶经静脉注射后,由于蛋白酶催化运动迟缓素原及胰血管舒张素原水解,除去部分肽段后可以生成运动迟缓素和胰血管舒张素,使血压下降,可治疗高血压。但蛋白酶注射入人体后,可能引起抗原反应,通过酶分子修饰技术,可使抗原性降低或消除。

美国加利福尼亚州应用蛋白质工程的方法对蛋白酶的性质进行了改造,既保留了蛋白水解酶的特性,同时除去与治疗部位以外的组织毒性相关的遗传密码子。然后将改造后的蛋白质用微生物来表达,以生产有治疗作用的蛋白水解酶。美国 Genetech 公司应用基因工程法生产中性蛋白酶,对炎症、活化血管和运动神经细胞、与细胞增殖相关的肽类物质的失活过程有影响。因此,该酶对头痛、哮喘、眼病、肺癌、类风湿性关节炎等预期都有治疗作用。

(2)溶菌酶

溶菌酶具有抗菌、消炎、镇痛等作用。用于治疗手术性出血、咯血、鼻出血,分解脓液,消炎,镇痛,治疗外伤性浮肿,增强放射线治疗的效果等。由于溶菌酶作用于细菌的细胞壁,可使病原菌、腐败性细菌等溶解死亡,而且它对抗生素耐药性的细菌同样可起溶菌作用，因而具有显著疗效，同时对人体的副作用很小，是一种应用广泛、较为理想的药用酶。溶菌酶与抗生素联合使用，可显著提高抗生素的疗效。

(3)超氧化物歧化酶

超氧化物歧化酶(SOD)催化超氧负离子(O_2^-)进行氧化还原反应，使机体免遭 O_2^- 的损害。因此 SOD 具有抗辐射作用，并对红斑狼疮、皮炎、结肠炎及氧中毒等疾病有显著疗效。不管用何种给药方式，SOD 均未发现有明显的副作用，抗原性也很低。所以 SOD 是一种多功效低毒性的药用酶。SOD 的主要缺点是它在体内的稳定性差，在血浆中半衰期只有 6～10min。通过酶分子化学修饰可以大大增加其稳定性，为 SOD 临床使用创造了条件。

(4)L-天冬酰胺酶

L-天冬酰胺酶是第一种用于治疗白血病的酶，因为癌细胞生长时需要天冬酰胺。L-天冬酰胺酶可以切断天冬酰胺的供给，因此对癌症特别是白血病的治疗有显著疗效。

当 L-天冬酰胺酶注射进入人体后，人体的正常细胞内由于有天冬酰胺合成酶，可以合成 L-天冬酰胺而使蛋白质合成不受影响。而对于缺乏天冬酰胺合成酶的癌细胞来说，由于本身不能合成 L-天冬酰胺，外来的天冬酰胺又被 L-天冬酰胺酶分解掉，因此蛋白质合成受阻，从而导致癌细胞死亡。

在一般情况下，注射该酶可能出现的过敏性反应包括发热、恶心、呕吐、体重下降等。对比起可怕的白血病来，这些副作用是轻微的痛苦，在未找到其他治疗方法之前，是可以接受的。1994 年美国 Enzon 公司应用聚乙二醇修饰 L-天冬酰胺酶已得到 FDA 认证，用于治疗淋巴性白血病。

(5)多核苷酸磷酸化酶

利用多核苷酸磷酸化酶制备双链多聚次黄嘌呤核苷酸(多聚肌苷酸)、多聚胞嘧啶核苷酸(多聚胞苷酸)的复合物(又称聚肌胞)。聚肌胞是一种高效的干扰素诱导物，具有抗病毒和增强机体免疫机能的作用，对疱疹性角膜炎、抑制肿瘤生长以及增强免疫等都有作用。

(6)尿激酶

尿激酶具有溶解血纤维蛋白及溶解血栓的活性，也可用于溶解血块。现在日本和美国等国家已经广泛应用该酶。尿激酶是从人尿中提取的，存在于人尿中的尿激酶比微生物来源的安全性高。应用组织培养的方法，可以从培养的肾脏细胞得到大量的尿激酶。最近，从人类的肝细胞培养物中也可以得到尿激酶。点滴注射可以治疗脑血栓、末梢动、静脉闭塞症、眼内出血等疾病。日本已应用基因工程技术生产了治疗用尿激酶和尿激酶原。

基因工程技术的应用使酶的生产成本降低。

(7)链激酶

链激酶能治疗外伤淤血、水肿、扭伤，除去坏死组织，还可用于治疗严重烧伤、角膜疮疹等，注射这种酶制剂可使受伤部位血块溶解，减轻痛苦。链激酶可由溶血链球菌制取。

(8)脂肪酶

脂肪代谢最基本的酶是脂肪酶，通过脂肪酶外部调节可达到助消化目的，脂肪酶也可用于恶性肿瘤的治疗和肠胃功能紊乱消化不良的治疗。微生物脂肪酶被用来从动物和植物中富集多不饱和脂肪酸，而多不饱和脂肪酸作为生物药物和营养成分起着越来越重要的作用。游离的多不饱和脂肪酸和它们的单、双甘酯被用以生产各种药物，包括抗胆固醇、消炎和溶解血栓等药物。辛酸和癸酸的单甘酯、双甘酯和三甘酯可用于溶解人体内结石。

(9)核酶/脱氧核酶

核酶/脱氧核酶最主要的应用是在医疗领域基因治疗中。基因治疗的概念出现在二十几年前，现在已经在临床上得到了实际应用。基因治疗最早的临床研究是1990年Blaese等进行的对腺苷脱氨酶(ADA)缺乏症的治疗，随后在对遗传病、病毒侵染、肿瘤等疾病的治疗中得到广泛的应用。

基因治疗的主要策略可以分为：

①向体内导入外源基因取代体内的有缺陷的基因发挥作用。中国也是开展基因治疗比较早的国家，1991年薛京伦等开展了血友病B基因治疗的临床实验，并取得比较理想的效果。Blaese等的研究策略也属于这一种。

②对致病基因进行抑制。该方法是用反义核酸或核酶通过干涉致病基因的转录或翻译而清除其表达产物，例如，利用mRNA的反义核酸阻止目标基因的表达、表达有害基因的强阻遏物、竞争性RNA的超量转录等。与这些方法相比，利用RNA切割型核酶或者脱氧核酶通过识别特定位点而抑制目标基因表达的基因治疗方案在抑制效率和专一性上有独特的优势。反义核酸与mRNA杂交，杂交分子可以被活性RNase H切割清除。可以看出反义核酸或者通过杂交部分抑制靶mRNA的表达，或者在RNase H的参与下彻底破坏靶mRNA，无论哪种情况，一个反义核酸分子只作用一个靶mRNA分子，而核酶则可以在切割一个靶mRNA之后从杂交体上解脱下来，对下一个靶分子进行杂交切割，具有更高的作用效率。

自从发现能够自身切割和连接的组Ⅰ内含子以来，对催化型核酸的深入研究极大地拓宽了这种非蛋白质类催化分子在医疗上的应用。虽然目前通过体外选择方法已经获得了可以催化不同类型反应的核酶，但对医疗应用来说最主要的还是那些具有切割特定RNA顺序，从而可以在体内抑制某些有害基因的核酶，原理见图 6-2。利用具有切割 RNA 活性的核酶来进行基因治疗，阻止有害基因的表达主要得益于锤头型核酶和发夹型核酶，因为这两种类型的核酶的催化结构域很小，既可以作为转基因表达产物，也可以直接以人工合成的寡核苷酸形式在体内转运。近年来通过体外选择方法得到的具有切割 RNA 活性的脱氧核酶具有很好的应用前景，因为脱氧核酶不但催化结构域小，而且性质比核酶稳定，在体内的半衰期比较长。除了以上这种基于消除不利基因活性的基因治疗外，具有切割和连接活性的组Ⅰ内含子还可以对发生有害突变的基因进行基因矫正。体外选择得到的 RNA/DNA 也可以通过干涉细胞内某些因子的功能而对一些疾病进行治疗。药用 RNA/DNA 一个很明显的优势是几乎不会引发免疫反应，仅在自身免疫疾病中观察到很少的几例对 RNA/DNA 有免疫反应。

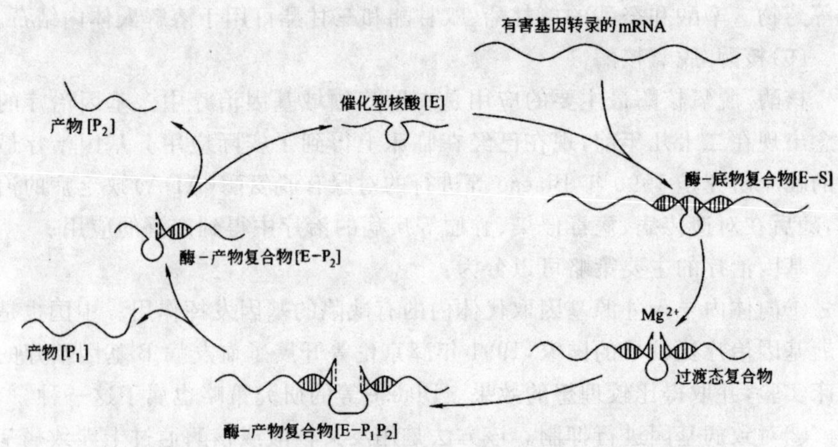

图 6-2　利用核酶/脱氧核酶抑制有害基因的基本原理

通过对核酶/脱氧核酶进行多种的人为化学修饰可以大大增强它们在体内的稳定性，甚至可以与传统药物的稳定性相比。然而核酸类药物在体内以及细胞内的有效扩散问题仍然是这类化合物应用的关键性障碍。

这里以针对受 HIV 侵染的艾滋病患者进行的治疗为例介绍核酶的医药应用。一种相对简单的方案是向病人体内输注携带核酶因而受到“保护”的 CD^{4+} T 外周血淋巴细胞等免疫细胞，以提高患者的免疫力。$CD4^+$ T 细胞可以来自未受 HIV 侵染的正常人（最好是 HIV 阴性的同卵双胞胎），也可以来自患者。将 CD^{4+} T 细胞从人体取出，体外培养后，转入携带可以切割 HIV mRNA 的核酶基因的逆转录病毒载体，然后将这些得到修饰了的细胞重新输回到病人体内。临床观察表明将核酶基因转化进入细胞的方法很安全，用定量 PCR 方法（扩增体内核酶顺序并定量分析其含量）检测表明，携有外源核酶的 CD^{4+} T 细胞在病人体内受到核酶的保护，免受 HIV

病毒的侵害，数量保持稳定，提高了机体免疫力。对照实验中将不携带核酶基因的空逆转录病毒载体转入体外培养的CD^{4+} T 细胞，这样的细胞输回病人体内后，受到 HIV 病毒破坏而数量减少。

组Ⅰ内含子核酶可以用来修复体内的有害突变基因，其基本原理如图6-3所示，这为修复型基因治疗开辟了一个很有发展前景的途径。表6-7和表6-8列举了一些核酶和脱氧核酶的药用研究情况。

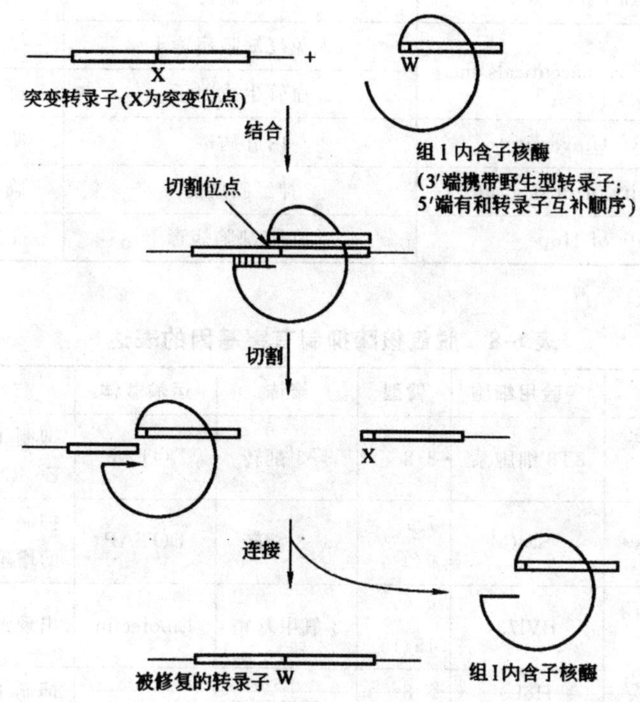

图6-3　利用组Ⅰ内含子核酶在 mRNA 水平修复有害突变基因

（w 代表与突变位置相对应的天然基因顺序）

表6-7　药用核酶的应用

公　司	核酶的作用对象	研究阶段
Alza	Anti-ras ribozymes	临床前期
American Cyanamid	B细胞白血病-淋巴瘤	临床前期
Columbia University	人免疫缺陷病毒Ⅰ	一、二期临床

续表

公　司	核酶的作用对象	研究阶段
Gene Shears	人免疫缺陷病毒Ⅰ	一、二期临床
	乙肝病毒，丙肝病毒	临床前期
Innovir	乙肝病毒，丙肝病毒	临床前期
Osaka University	丙肝病毒	临床前期
Ribozyme Pharmaceuticals Inc.	人免疫缺陷病毒Ⅰ	一、二期临床
	血管生成因子	临床前期
Tokyo University	丙肝病毒	临床前期
University of Pittsburgh	神经胶质瘤	临床前期
City of Hope	人免疫缺陷病毒Ⅰ	一、二期临床

表 6-8　脱氧核酶抑制有害基因的表达

作用目标	实验用细胞	臂型	修饰	运输载体	效　果
人乳头瘤病毒 E6	3T3 细胞系	8/8	3′-3′翻转	DOTAP	抑制了 60%的 E6 RNA
癌基因 c-myc	SMC	7/7-9/9	3′-3′翻转	DOTAP	抑制 80%细胞的增殖
酪氨酸激酶癌基因	BVl73	8/8-15/15	2′氧甲基帽	Lipofectin	出现细胞凋亡
BCR-ABL-荧光素酶	HeLa (tran sient)	8/8-15/15	2′氧甲基帽	Lipofectin	抑制了 99%荧光素酶表达
BCR-ABL	K562	12/6	硫代磷酸基 2-碱基帽	Cytofeetin	抑制 40%蛋白质表达，50%细胞增殖
BCR-ABL	CD324＋CML-骨髓细胞	12/6	硫代磷酸基 2-碱基帽	Cytofectin	抑制 53%～80%蛋白质表达
人免疫缺陷病毒Ⅰ	HeLa	7/7	无	Lipofectin	50%抑制
CCRS	eLa	7/7	无	Lipofectin	50%融合

续表

作用目标	实验用细胞	臂型	修饰	运输载体	效 果
人免疫缺陷病毒Ⅰenv	U87	7/7	无	Lipofectamine	抑制77%～81%病毒组装
亨廷顿氏遗传病基因huntingtin	HEK-293	8/8	3′-3′翻转	Lipofectamine	减少了85% Huntingtin蛋白质
NGFI－A	SMC	9/9	3′-3′翻转	SuperFect	增殖下降为75%

(10)凝血酶

凝血酶是一种催化血纤维蛋白原水解，生成不溶性的血纤维蛋白，从而促进血液凝固的蛋白酶可以从人或动物血液中提取分离得到，也可以从蛇毒中分离得到，从蛇毒中获得的凝血酶称为蛇毒凝血酶。通常采用牛血、猪血生产凝血酶。

凝血酶可以用于治疗各种出血性疾病。

(11)乳糖酶

乳糖酶是一种催化乳糖水解生成葡萄糖和β-半乳糖的水解酶。

通常人体小肠内有一些乳糖酶，用于乳糖的消化吸收，但是其含量随种族、年龄和生活习惯的不同而有所不同。有些人群，特别是部分婴幼儿，由于遗传上的原因缺乏乳糖酶，不能消化乳中的乳糖，致使饮奶后出现腹胀、腹泻等症状。服用乳糖酶或者在乳中添加乳糖酶可以减轻或者消除乳糖引起的腹胀、腹泻等症状。

(12)核酸类酶

核酸类酶是一类具有生物催化功能的核糖核酸(RNA)分子。它可以催化本身RNA的剪切或剪接作用，还可以催化其他RNA、DNA、多糖和酯类等分子进行反应。

据报道，一种发夹型核酸类酶，可使艾滋病毒(HIV)在受感染细胞中的复制率降低，在牛血清病毒(BLV)感染的蝙蝠肺细胞中也观察到核酸类酶抑制病毒复制。这些结果表明，适宜的核酸类酶或人工改造的核酸类酶可以阻断某些不良基因的表达，从而用于基因治疗或进行艾滋病等病毒性疾病的治疗。

(13)其他相关酶制剂

细胞色素C氧化酶是生物体内细胞呼吸的重要酶。最初是从酵母中抽提该酶，现在可从哺乳动物牛或猪心脏中得到。该酶用于治疗脑出血、脑软化症、脑血管障碍、窄心症、心肌梗死、头部外伤后遗症、一氧化碳中毒症、安眠药中毒症。

近年来，应用基因工程技术开发新的治疗用酶制剂，已显示出广阔的前景。1994年，美国FDA承认Genzyme公司应用基因工程法生产的葡萄糖脑苷酯酶。该酶可治疗高雪病（葡萄糖脑苷酯酶缺乏症）。以前该酶是从人的肝脏中得到的，它售价很高，很多患者承担不起治疗的费用。1998年用于治疗高雪病的新的基因工程药物葡萄糖脑苷酯酶的上市，大大促进了对该疾病的治疗。1999年，美国Genzyme公司销售该酶的收入约2.307亿美元。与胎盘中分离得到的葡萄糖脑苷酯酶相比，工程菌得到的酶质量和价格都有优势。

美国Genentech公司开发的DNA分解酶（Pulmozyme）可治疗囊泡性肺纤维病，在欧美、新西兰、阿根廷等国，该酶作为药品已有出售。它可以去除呼吸道的分泌物，达到去痰的作用，医治了囊泡性纤维病患者呼吸困难的问题。该药对吸烟引起的慢性支气管炎的临床治疗效果已引起人们的注意。据报道，该酶对慢性支气管炎的治疗使再入院治疗和死亡的人数明显减少。以美国为例，有近100万人患有慢性支气管炎，因而公司将获得极大的效益。1999年的销售额为5880万美元，比1998年增加34.9%。

由于大气层的破坏，紫外线照射量增强，长时间的日光照射会导致皮肤癌和鳞状细胞癌。这种病已为美国耶鲁大学医学院证明为p53基因突变所引起的。因而，能使发生变化的DNA分子恢复正常的内切酶备受关注。美国Applied Genetics公司等应用基因工程技术生产了一类特殊的内切酶，用脂质体使之胶囊化后可以用来治疗导致皮肤癌的色素性干皮症（该种病人身体内不能产生酶）。

随着对疾病病因的解析，预计会产生新的酶类药物。基因工程技术的应用使酶的生产成本降低，但是在精制的酶制剂中，含有病毒及病原体的可能性还不能排除。因此在使用时还需做认真的安全检查。

3. 药物制造

利用酶的催化作用可以将前体物质转变为药物。现已有不少药物包括一些贵重药物是由酶法生产的，现举例说明一些酶在制药方面的应用（表6-9）。

表 6-9　酶在制药方面的应用

酶	用　途
青霉素酰化酶	制造半合成青霉素和头孢菌素
11-β-羟化酶	制造氢化可的松
L-酪氨酸转氨酶	制造多巴
β-酪氨酸酶	制造多巴
核糖核酸酶	生产核苷酸类物质
核苷磷酸化酶	生产阿拉伯糖腺嘌呤核苷(阿糖腺苷)
多核苷酸磷酸化酶	生产聚肌苷酸、聚胞苷酸
蛋白酶和羧肽酶	将猪胰岛素转化为人胰岛素
蛋白酶	生产各种氨基酸和蛋白质水解液

(1)青霉素酰化酶

由于抗生素的问世,使千百万濒于死亡的生命得以拯救,为人类保健事业做出卓越贡献。但是,由于长期大量使用抗生素,特别是无节制滥用的结果,造成细菌产生抗药性(或称耐药性),使天然青霉素的治疗效果明显下降,为了解决细菌耐药性问题,除努力寻找新抗生素外,更有效的办法是研究细菌产生耐药性的原因,改造原有青霉素的结构,用人工的方法合成各种能抑制耐药性细菌的新青霉素。现在已经得到几十种半合成青霉素,它们都能作用于耐药性菌株,是疗效很好的广谱抗生素。要生产各种半合成青霉素,首先或重要的问题是获得青霉素酰化酶。半合成抗生素生产中,青霉素酰化酶起重要作用。它既可以催化青霉素或头孢菌素水解生成6-氨基青霉烷酸(6-APA)或7-氨基头孢霉烷酸(7-ACA),又可催化酰基化反应,由6-APA合成新型青霉素或由7-ACA新型头孢菌素。其化学反应式如下:

$$\underset{\text{青霉素}}{R-\overset{O}{\overset{\|}{C}}-NH-\text{[}\beta\text{-内酰胺-噻唑环}(S,\ CH_3,\ CH_3,\ COOH)\text{]}} \xrightleftharpoons{\text{青霉素酰化酶}} R-\overset{O}{\overset{\|}{C}}-OH + \underset{\text{6-APA}}{NH_2-\text{[}\beta\text{-内酰胺-噻唑环}(S,\ CH_3,\ CH_3,\ COOH)\text{]}}$$

青霉素酰化酶主要用于合成头孢菌素类抗生素,其产生菌主要有杆菌及单胞菌,如巨大芽孢杆菌、醋酸杆菌、大肠杆菌、巴氏醋酸杆菌、混浊醋杆菌、假单胞菌、产黑假单胞菌和坏死单胞菌等。α-氨基酸酯水解酶也可用于头孢菌素的合成,其产生菌主要为单胞菌,如:铜绿假单胞菌、柑橘溃疡单胞菌。尽管这些产生菌所产生的酶均能催化相同的反应，但不同来源的酶，其底物专一性差异很大，活性中心也不同。K. citri 所产生的 α-氨基酸酯水解酶，其活性中心有一个氨基，Escherichia coli 和 Bacillus megaterium 所产生的青霉素 G 酰化酶，其活性中心为丝氨酸残基，来源于 Fusarium semitectum 和 Eruinia aroideae 的青霉素 V 酰化酶则为金属酶。

不同来源的青霉素酰化酶对温度和 pH 的要求也不同。同一来源的青霉素酰化酶在催化水解反应和催化合成时所要求的条件各不相同，尤其是 pH 条件相差较大，因此操作时要控制好条件。一般说来，催化水解反应时，pH 为 7.0～8.0，而催化合成反应时，pH 降低到 5.0～7.0。在催化合成反应时，除了要控制好 pH、温度和酶浓度外，还要注意反应液中 6-APA（或 7-ACA）与侧链羧酸衍生物（R—COOH）的比例。理论上的比例是 1∶1，但在实际生产中，反应液中 6-APA（或 7-ACA）∶R—COOH 应为 1∶（2～4），还加入一些适当的表面活性剂或异丁醇等，这都是为了提高转化率和产量。

早在 20 世纪 70 年代，我国就开始研究和开发青霉素酰化酶。中科院上海生化所和上海医工院合作研究明胶包埋戊二醛交联技术固定化含青霉素酰化酶的大肠杆菌，并在上海第三制药厂扩大和生产应用，多孔性固定化细胞 PGA 在分层柱中裂解 3% 青霉素 G 生产 6-APA，连续生产期超过了七个月。中科院微生物研究所也在山西太原制药厂生产试验成功。1980 年国家开始组织了多年科技攻关。在此期间微生物研究所开发成功巨大芽孢杆菌青霉素酰化酶，并在不同载体上有效地固定化 PGA。中科院上海药物所又成功构建了高产青霉素酰化酶的重组大肠杆菌，并与中科院大连化物所合作研制了中空纤维固定化细胞反应器。两者也分别进行了中试和生产试验。中科院生化所也曾在上海经委资助下完成了“再生型固定化青霉素酰化酶”的项目，获得了可与进口酶相同活力的成果。微生物研究所巨大芽孢杆菌生产技术与固定化酶技术转让给浙江顺风海德尔有限公司已形成规模性生产，供给国内几个厂用于 7-ADCA 的生产，还有部分外销，但固定化载体是进口的，成本高了些。目前国内工厂在裂解生产中使用的固定化青霉素酰化酶还有一半是进口的。

（2）β-酪氨酸酶

酪氨酸酶在用于合成或修饰一些有重要价值的有机化合物方面引起很多科学家的注意。二羟苯丙氨酸（dopa，多巴）是治疗帕金森综合征的一种重要药物。所谓帕金森综合征是一种大脑中枢神经系统发生病变的老年性疾病。其病因是由于遗传原因或人体代谢失调，不能由酪氨酸生成多巴或多巴胺。β-酪氨酸酶可催化 L-酪氨酸或邻苯二酚生成二羟苯丙氨酸，反应如下：

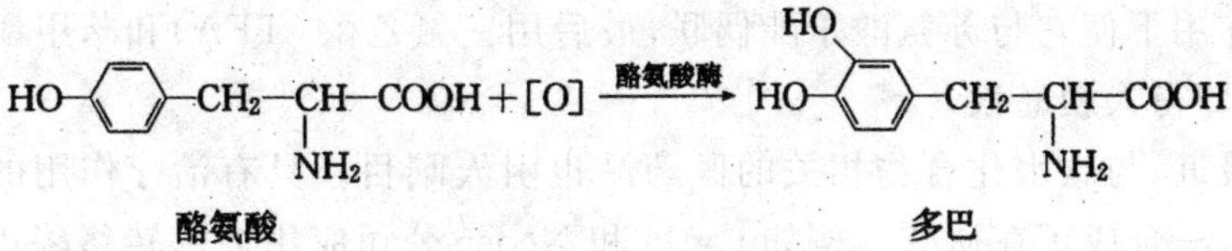

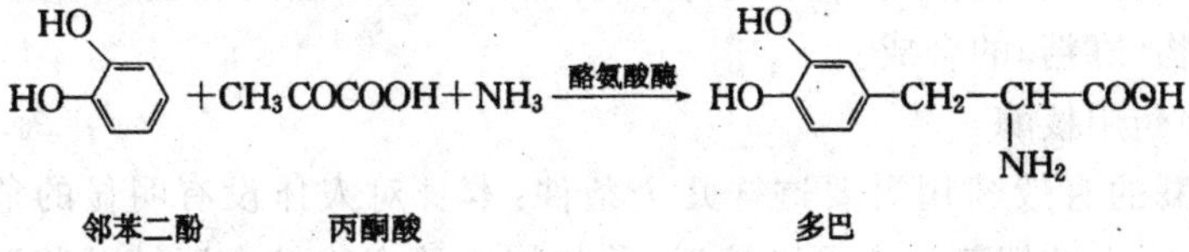

$$HO-C_6H_4-CH_2-CH(NH_2)-COOH+[O]\xrightarrow{\text{酪氨酸酶}}(HO)_2C_6H_3-CH_2-CH(NH_2)-COOH$$

酪氨酸　　多巴

$$C_6H_4(OH)_2+CH_3COCOOH+NH_3\xrightarrow{\text{酪氨酸酶}}(HO)_2C_6H_3-CH_2-CH(NH_2)-COOH$$

邻苯二酚　丙酮酸　　多巴

(3)核苷磷酸化酶

核苷中的核糖被阿拉伯糖取代可以形成阿糖苷。阿糖苷具有抗癌和抗病毒的作用，其中阿糖腺苷疗效显著。阿糖腺苷（阿拉伯糖腺嘌呤核苷）可由嘌呤核苷磷酸化酶催化阿糖尿苷（阿拉伯糖尿嘧啶核苷）转化而成。

阿糖尿苷生成阿糖腺苷的反应有两步，阿糖尿苷在尿苷磷酸化酶的作用下首先生成阿拉伯糖-1-磷酸：

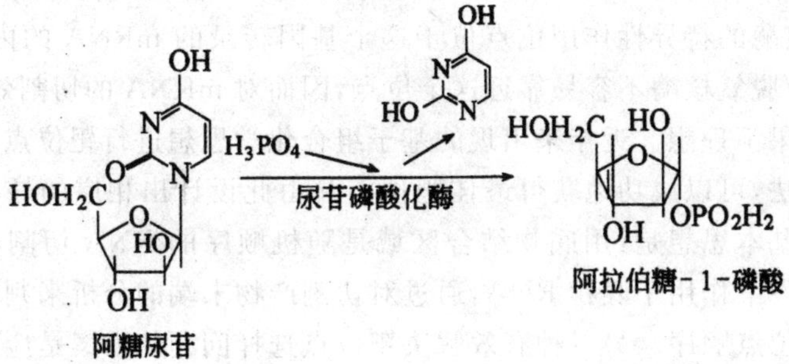

阿糖尿苷 + H_3PO_4 $\xrightarrow{\text{尿苷磷酸化酶}}$ 阿拉伯糖-1-磷酸 + 尿嘧啶

然后阿拉伯糖-1-磷酸再在嘌呤核苷磷酸化酶的作用下生成阿糖腺苷。

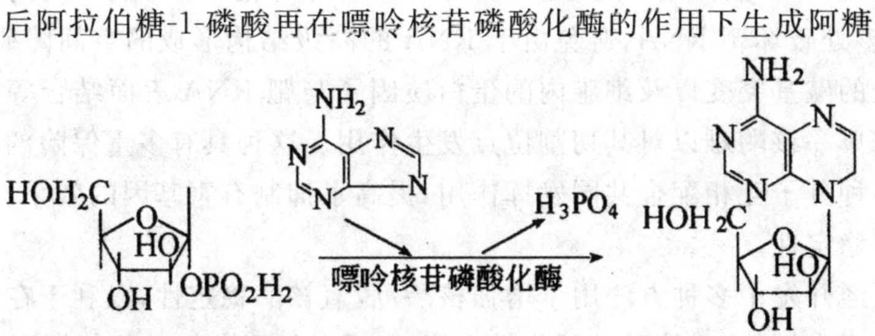

阿拉伯糖-1-磷酸 + 腺嘌呤 $\xrightarrow{\text{嘌呤核苷磷酸化酶}}$ 阿糖尿苷 + H_3PO_4

(4)无色杆菌蛋白酶

人胰岛素与猪胰岛素只有在B链第30位的氨基酸不同。无色杆菌蛋白酶可以催化胰岛素B链羧基末端（第30位）上的氨基酸置换反应，由猪胰岛素（Ala30）转变为人胰岛素（Thr30），以增加疗效。具体过程为：在无色杆菌蛋白酶作用下，猪胰岛素第30位的丙氨酸被水解除去，然后在同一酶的作用下使它与苏氨酸丁酯偶联，最后用三氟乙酸（TFA）和苯甲醚除去丁醇，即得人胰岛素。

最近，与碳水化合物相关的医药品也引人瞩目。具有治疗作用的糖蛋白的酶法合成正在研究。例如Cytle和Neose公司应用糖基转移酶进行碳水化合物（寡糖）的合成。

（5）药用核酶

核酶的有效药用需要这样几个条件：本身对人体没有明显的危害；靶RNA分子上的切割位点可以接近，并与核酶的底物结合区域碱基互补；核酶在切割有害mRNA的位置，相对于靶RNA要有足够的量，即核酶能定位在其靶RNA分子存在的部位，不仅仅是在同一组织、器官、细胞，最好是在同一细胞器，例如核仁；要有一定的稳定性以持续发生作用。

①切割位点的选择。

在体内的环境下，RNA折叠形成高级结构，一些区域暴露在分子表面，而另一些区域位于分子内部。如果针对某一个有害基因设计的切割型核酶/脱氧核酶的特异性作用位点位于这个基因转录的mRNA的内部的话，那么核酶/脱氧核酶不容易靠近这个位点，因而对mRNA的切割效率低，基因抑制效果不理想。近年来出现的基于组合化学思想进行靶位点可接近性判断的方法，可以成功地获得最佳靶位点并由此设计出相应的核酶。这种组合法的基本思想是：用底物结合区域是随机顺序的RNA切割型核酶库在一定条件下作用于底物RNA，通过对切割产物末端的分析来判断易于被切割的靶位点顺序。另一种有效解决靶位点选择问题的方案是应用混合核酶。它是由一组不同特性的核酶组成，分别针对靶RNA上不同的潜在切点，在多处破坏靶RNA，避免由于RNA的高级结构形成的空间障碍、潜在切点处的碱基突变以及细胞内的蛋白质因子与靶RNA表面结合等多种原因造成单一核酶难以对其切割位点发生作用。这种具有多重保险的混合核酶中各种分子互相配合共同发挥作用，提高了抑制有害基因的效率。

②稳定性。

已经开发了多种方法用于增强核酶/脱氧核酶稳定性，以利于在体内的治疗应用。例如，对核酸进行化学修饰，在RNA酶内的一些位置引入脱氧核苷酸形成DNA-RNA复合核酶，去除锤头型核酶的螺旋Ⅱ及其相连序列构建成一个小型化的核酶，通过载体稳定核酸类分子，改变核酸分子元件的手性。一般来说，化学修饰会降低核酶的催化活力，但其稳定性的提高足以抵消活力降低的不利影响，总体来看，作为药物的实用性增强。

③毒性和免疫适应。

人和动物模型的实验证明，无论是系统还是局部给药，机体对PS寡核苷酸表现出很好的耐受性，并且所有检测到的毒性都与反义靶序列本身没有关系。从一些实验结果来看，副作用主要有：高浓度的寡核苷酸积累会出现可以逆转的毒性；在用兔和灵长目动物作模型的实验中发现长期皮下给药会引发炎症；静脉注射抗细胞间粘连分子有轻度毒性。啮齿动物对寡核苷酸的免疫刺激比灵长目动物敏感，在高浓度寡核苷酸给药剂量情况下，可以观察到单核细胞渗入到肝、脾、肾，并有脾肿大、淋巴样组织增生、肝巨噬细胞等反应。灵长目动物实验中，大剂量的寡核苷酸导致近端小管上皮细胞肉芽增生，免疫组织化学研究表明，寡核苷酸积累在这些胞肉中。对猴高剂量快速的寡核苷酸静脉注射会导致短时间但有时会致命的血压降低，对人较低剂量的用药没有发现血压的明显变化。对寡核苷酸中相邻两个残基CpG免疫刺激作用的研究表明，PS骨架比PO骨架的免疫刺激性要小，CpG对胞嘧啶代谢的影响可以通过修饰CpG上胞嘧啶环的5′位点而消除。

④体内运送、细胞吸收和转运载体。

功能型核酸在体内以活性形式存在的时间比较短，被细胞的摄入率比较低，在寡核苷酸药用研究中转运载体系统被广泛用来增加其稳定性、防止经由肾脏的排泄、延长作用时间、提高渗入细胞的可能性，以及通过受体介导解决核酶/脱氧核酶的靶向性问题，使核酸类分子集中进入目的组织或器官。目前核酶等寡核苷酸的转运形式主要有两种，一种是病毒介导的转运；另一种是非病毒方法，用物理或者化学方法进行核酸的转运。第一种转运效率高，并且核酶可以稳定地在目的细胞中表达，作用时间长；后者避免了野生型病毒对人体的污染，不会影响正常的基因表达，还可以作为人工合成的修饰核酶的转运载体。

常用的病毒载体有反转录病毒、腺病毒、腺病毒相关病毒、单纯疱疹病毒、禽类病毒、牛多瘤病毒等，其中以反转录病毒最为常用。

非病毒介导的核酶转运主要有物理方法如裸露DNA直接注射、电穿孔、显微注射等和化学方法如磷酸钙沉淀、脂质体包埋、多聚季铵盐、DEAF-葡聚糖等。

更为理想的定位是将核酶定位于特定的细胞器中。有人对核酶在核仁中的定位进行了研究。核仁不但是rRNA的合成场所，端粒酶的mRNA、癌基因c-myc、N-myc和myoD的mRNA也转运进入核仁进行加工。一些病毒蛋白质例如HIV的Rev和Tat蛋白质，以及HTLV-1的Rex蛋白质都被转移进入核仁，协助自身的RNA完成从核仁向胞质的转运。可以看出，许多有害 RNA 集中在核仁中，如果将治疗相关疾病的核酶同时定位在核仁中，那么在这个比较小的空间里，核酶的效率就会很高。

除了在治疗人类疾病方面，核酶/脱氧核酶在防治动植物病毒侵害以及基因组研究等分子生物学实验中也有一定的用途。例如田波等设计了针对马铃薯 PSTVd(potato spindletuber viroid)病毒负链 RNA 的核酶，用载体 pROK2 携带核酶基因转移进入马铃薯中，转基因的马铃薯表现了对 PSTVd 明显的抵抗能力。

(6)固定化酶及相应产品

现代酶工程具有技术先进、工艺简单、产品收得率高、效益大、投资小、能耗量低、效率高、污染轻微等优点，为高新技术。如以苯丙酮酸及天冬氨酸为原料，经固定化转氨酶转化生成 L-苯丙氨酸的成本低于 150 元/kg 以下；又如传统发酵工艺生产 L-苹果酸成本在 4.0 万元/t 以上，而用固定延胡索酸酶转化生产的 L-苹果酸最低成本为 1.5 万元/t，出口价高于 3.5 万元/t 以上。此外，以往采用化学合成、微生物发酵及生物材料提取等传统技术生产的药品，皆可通过现代酶工程生产，甚至可获得传统技术得不到的昂贵药品，如人胰岛素、McAb、IFN、6-APA、7-ACA 及 7-ADCA 等。固定化酶及相应产品(部分)见表 6-10。

表 6-10　固定化酶及其相应产品

固定化酶	产　品
青霉素酰化酶	6-APA，7-ADCA
氨苄青霉素酰化酶	氨苄青霉素酰胺
青霉素合成酶系	青霉素
11β-羟化酶	氢化可的松
类固醇-Δ^1-脱氢酶	脱氢泼尼松
谷氨酸脱羧酶	γ-氨基丁酸
类固醇酯酶	睾丸激素
多核苷酸磷酸化酶	Poly I：C
前列腺素 A 异构酶	前列腺素 C
辅酶 A 合成酶系	CoA
氨甲酰磷酸激酶	ATP
短杆菌肽合成酶系	短杆菌肽

续表

固定化酶	产　品
右旋糖酐蔗糖酶	右旋糖酐
β-酪氨酸酶	L-酪氨酸,L-多巴胺
5′-磷酸二酯酶	5′-核苷酸
3′-核糖核酸酶	3′-核苷酸
天冬氨酸酶	L-天冬氨酸
色氨酸合成酶	L-色氨酸
转氨酶	L-苯丙氨酸
腺苷脱氢酶	IMP
延胡索酸酶	L-苹果酸
酵母酶系	ATP,FDP,间羟胺及麻黄素中间体

6.2.3　酶在生物技术领域的应用

当今世界新技术革命的主要内容包括生物技术,对国民经济的发展起着促进作用。

生物技术的研究对象是生物体及其代谢产物。在生物体及其代谢过程中,酶是必不可少的。前面所阐述的酶在发酵原料处理和分析检测等方面的应用与发酵工程分不开,不再赘述。现着重介绍酶在细胞工程和基因工程中起关键性作用的几个方面的应用情况,主要包括酶在除去细胞壁、大分子切割以及分子拼接方面的应用。

1. 除去细胞壁

细胞壁存在于微生物细胞和植物细胞的表层,可保护细胞免受外界因素的破坏,在维持微生物和植物细胞的形状和结构起着重要作用。但在生物工程中,很多时候都需要除去细胞壁。

①制备胞内物质。微生物和植物细胞内的许多物质,如胞内酶、胰岛素及干扰素等基因工程菌的产物,天然抗氧化剂等植物细胞次级代谢物都存在于细胞内。只有除去细胞壁,才能将这些胞内物质提取出来。

②制备原生质体。原生质体是除去细胞壁后,由细胞膜及胞内物质组成的微球体。原生质体在生物工程中很有应用价值,那是因为它解除了细胞壁这一扩散障碍,有利于物质透过细胞膜进出胞内外。例如,原生质体融

合技术可使两种不同特性的细胞原生质体交融结合而获得具有新的遗传特性的细胞;固定化原生质体发酵可使胞内产物不断分泌到胞外发酵液中,而且有利于氧气和营养物质的传递吸收,可提高产率又可连续发酵生产;在基因工程以及植物基因工程中,将受体细胞制成原生质体就可提高体外重组DNA进入细胞的效率等。

在制备原生质体或提取胞内某些稳定性较差的活性物质时,既要除去细胞壁,又不能损伤其他成分,就只能利用各种具有专一性的酶,而不能采用激烈的破碎方法。

除去细胞壁时所采用的酶要根据不同细胞的结构和不同的细胞壁组分进行选择。下面详细分析。

(1)除去细菌细胞壁

肽多糖是细菌细胞壁的主要成分。

革兰氏阴性菌的细胞壁除了肽多糖以外,还有一层脂多糖。采用从蛋清中分离得到的溶菌酶可以专一地作用于肽多糖分子中 *N*-乙酰胞壁酸与 *N*-乙酰氨基葡萄糖之间的 α-1,4-键。而EDTA可作用于脂多糖,为了达到较好的除去革兰氏阳性菌细胞壁的效果,需要溶菌酶和EDTA的联合作用。

(2)除去酵母细胞壁

酵母分外层和内层细胞壁,外层由磷酸甘露糖和蛋白质组成,内层由 β-葡聚糖构成细胞壁的骨架。

除去酵母细胞壁主要采用 β-1,3-葡聚糖酶。该酶作用于细胞壁内层的 β-葡聚糖分子中的 β-1,3-糖苷键,使作为细胞壁骨架的 β-葡聚糖水解,从而使细胞壁被破坏。蜗牛的消化液中就含有很多的 β-1,3-葡聚糖酶,常用于酵母的破壁。此外,如果想同时破坏细胞壁的内外两层达到更好的效果,就可以将 β-葡聚糖酶与磷酸甘露糖酶及蛋白酶联合作用。

(3)除去霉菌细胞壁

霉菌细胞壁的结构很复杂。不同种类的霉菌有不同的细胞壁结构和组分。要除去霉菌的细胞壁,一要确定属于哪种霉菌,二要选对几种酶共同作用,才能更好地破壁。

毛霉、根霉等藻菌纲霉菌的细胞壁主要由几丁质(*N*-乙酰 D-氨基葡萄糖以 β-1,4-键结合而成)和壳多糖(氨基葡萄糖以 β-1,4-键结合而成)等多种物质组成。破壁时主要采用放线菌或细菌产生的壳多糖酶、几丁质酶及蛋白酶等多种酶的混合物。这些混合多酶制剂一般称之为细胞壁溶解酶。

米曲霉、黑曲霉和青霉等半知菌纲霉菌的细胞壁的主要组分是几丁质和β-葡聚糖等。破壁时主要使用β-1,3-葡聚糖和几丁质酶的混合物。

(4)植物细胞壁的破除

植物细胞壁主要由纤维素、半纤维素、木质素和果胶等组成。可以采用纤维素酶、半纤维素酶和果胶酶组成的混合酶破除植物细胞壁。通过霉菌发酵可以得到需要的这几种酶。

2. 大分子切割

在许多情况下,需要把大分子切割成较小的分子或片段,这样才能用于生物工程的相关领域。而且切割过程中往往要求在特定的位点上进行,这就需要借助某些具有专一性的水解酶或其他酶类才能实现。

用于生物大分子定点水解的酶很多,这里主要介绍几种在基因工程方面常用的水解酶。

(1)限制性内切核酸酶

基因工程中必须用到的工具酶就是限制性内切核酸酶。它是一类在特定的位点上,催化双链DNA水解的磷酸二酯酶。最早于1968年由Meselson和Yuan在大肠杆菌细胞中发现,到现在已有300多种内切核酸酶被发现。

限制性内切核酸酶能够识别双链DNA中的某段碱基的排列顺序,并且将DNA分子切开只能在某个特定位点上,这就是它的高度专一性。

通常,4～6个核苷酸就组成了限制性内切核酸酶的碱基识别顺序。这个识别顺序呈二元对称结构,即从两条链的5′端向3′端读出时,这个识别顺序完全相同。在基因工程方面,一般使用的限制性内切核酸酶的切割位点都在其识别顺序之内。限制性内切核酸酶在切割DNA分子时,在两条链上的切点是错开的是黏性末端,在两条链上的切点是平整的是平整末端。

在基因工程方面,限制性内切核酸酶从双链DNA分子中切取所需的基因,并用同一种酶将质粒DNA或噬菌体DNA切开,以便进行DNA的体外重组。在应用时,应根据实际情况选择限制性内切核酸酶。

现将一些常见的限制性内切核酸酶的名称、来源、识别顺序和作用位点列举如表6-11。

表 6-11 一些限制性内切核酸酶的来源与作用位点

酶	识别序列与作用位点 5′→3′	来源
Alu Ⅰ	AG↓CT	Arthrobacter luteus
Ava Ⅰ	C↓PyCGPuG	Anabaena vayiabilis
*Bam*HⅠ	G↓GATCC	Bacillus amylolique faciens
Bgl Ⅱ	A↓GATCT	Bacillu globigii
Eco RⅠ	G↓AATTC	Escherichia coli Rye13
Hae Ⅲ	G↓GCC	Hacmophilus aegyptius
Hind Ⅲ	A↓AGCTT	Haemophilus influenzae
Hpa Ⅰ	GTT↓AAC	Hacmophilus parainfluenzae
Kpn Ⅰ	GGTAC↓C	Klebsiella pneumoniae
Pst Ⅰ	CTGCA↓G	Providencia stuartii
Sal Ⅰ	G↓TCGAC	Streptomyces albus
Sma Ⅰ	CCC↓GGG	Serratia marcens
Xba Ⅰ	T↓CTAGA	Xanthomonas badrii
Xho Ⅰ	C↓TCGAG	Xanthomonas holicola

(2)DNA 外切核酸酶

这是一类从脱氧核糖核酸(DNA)分子末端开始逐个除去末端核苷酸的酶。这些酶中有的可以从 DNA 链的 5′端开始作用,有的从 3′端开始作用,有的则可从 5′端和 3′端同时作用。图 6-4 为其作用方式。

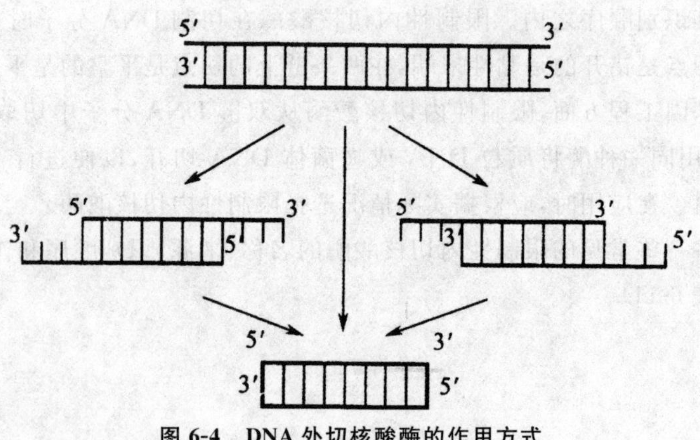

图 6-4 DNA 外切核酸酶的作用方式

在基因工程方面，DNA外切核酸酶用于载体或基因片段的切割加工。如果获得的基因载体或基因片段太大，为使DNA片段变小一些满足使用的需要，利用DNA外切酶从两条链的末端各除去若干个核苷酸；如果获得的DNA片段为平整末端，为获得所需的带有黏性末端的DNA片段，可以采用从5′端或3′端作用的DNA外切酶，以利于体外重组DNA。

(3)碱性磷酸酶

碱性磷酸酶可以除去DNA或RNA链中的5′-磷酸。在基因工程中主要用于防止质粒DNA的自我环化而除去5′-磷酸，或在用^{32}P对DNA或RNA进行5′-端标记之前除去5′-磷酸。

碱性磷酸酶还可用于水解核苷酸生成核苷，并应用于酶标免疫测定。

(4)核酸酶S_1

核酸酶S_1作用于单链DNA或RNA。在基因工程中，用于从具有单链末端的DNA分子中除去单链部分的核苷酸，而变成平整末端的双链DNA。在以mRNA为模板，合成互补DNA(cDNA)时，往往会发生“发夹状”环，用核酸酶S_1就可除去这些“发夹状”环。

(5)自我剪切酶

自我剪切酶是一类催化本身RNA分子进行剪切反应的核酸类酶，是具有自我剪切功能的R酶RNA的前体。它可以在一定条件下催化本身RNA进行剪切反应，使RNA前体生成成熟的RNA分子和另一个RNA片段。

1984年，阿比利安(Apirion)发现T4噬菌体RNA前体可以进行自我剪切，将含有215个核苷酸(nt)的前体剪切成为含139个核苷酸的成熟RNA和另一个含76个核苷酸的片段。

(6)RNA剪切酶

RNA剪切酶是催化其他RNA分子进行剪切反应的核酸类酶。

例如，1983年，S. Altman发现大肠杆菌核糖核酸酶P(RNase P)的核酸组分M1 RNA在高浓度镁离子存在的条件下，具有该酶的催化活性，而该酶的蛋白质部分C5蛋白并无催化活性。M1 RNA可催化tRNA前体的剪切反应，除去部分RNA片段，而成为成熟的tRNA分子。后来的研究证明，许多原核生物的核糖核酸酶P中的RNA(Rnase P-RNA)也具有剪切tRNA前体生成成熟tRNA的功能。

3. 分子拼接

大部分酶都能将两个及其以上的分子拼接在一起合成较大的分子能力，它们能催化各种各样的生物合成反应，所以其在生物体内是非常重要的。

在 DNA 体外重组等生物技术的研究和使用过程中，常常需要使用一些酶，使分子拼接起来，主要的有以下几种。

(1)DNA 连接酶

1967 年发现的能使双链 DNA 的缺口封闭的酶是 DNA 连接酶。它催化 DNA 片段的 5′-磷酸基与另一 DNA 片段的 3′-OH 生成磷酸二酯键。在基因工程方面，常用的工具酶是 T4 DNA 连接酶，该酶是由 T4 噬菌体感染大肠杆细胞后产生的，可用于具黏性末端和有平整末端的两个 DNA 片段的连接。故此可将由同一种限制性内切核酸酶切出的载体 DNA 和目的基因连接起来，成为重组 DNA。其作用方式见图 6-5。

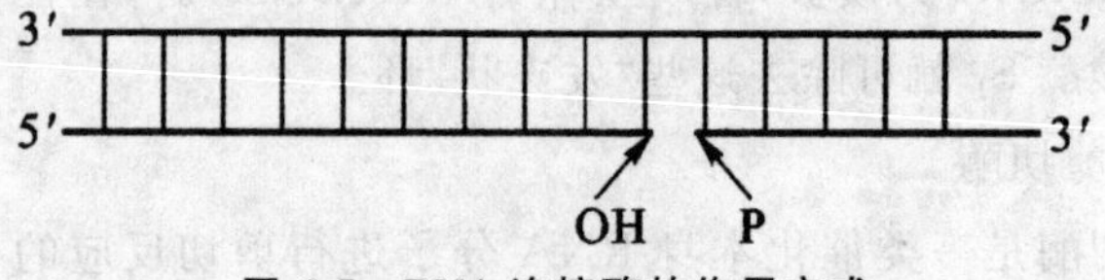

图 6-5 DNA 连接酶的作用方式

(2)DNA 聚合酶

DNA 聚合酶是一类催化 DNA 复制和修复 DNA 分子损伤的酶。主要包括大肠杆菌 DNA 聚合酶Ⅰ、大肠杆菌 DNA 聚合酶Ⅱ、大肠杆菌 DNA 聚合酶Ⅲ和 T4 DNA 聚合酶、水栖耐热菌(Thermus aquaticus)DNA 聚合酶(*Taq* DNA polymerase)等。

DNA 聚合酶的共同特点是：需要模板与引物，不能起始新的 DNA 链的合成，催化脱氧核苷三磷酸加到 DNA 链的 3′-OH 末端，合成的方向是从 5′端至 3′端。

在细胞内，DNA 聚合酶主要用于进行 DNA 缺口的修补，将缺损的 DNA 分子修复成为完整的双链 DNA 分子。

在基因工程方面，DNA 聚合酶主要用于聚合酶链反应(polymerase chain reaction，PCR)技术进行基因的扩增。PCR 技术的基本过程包括：双链 DNA 的变性、引物与单链 DNA 退火结合、引物延伸三个步骤，如图 6-6 所示。

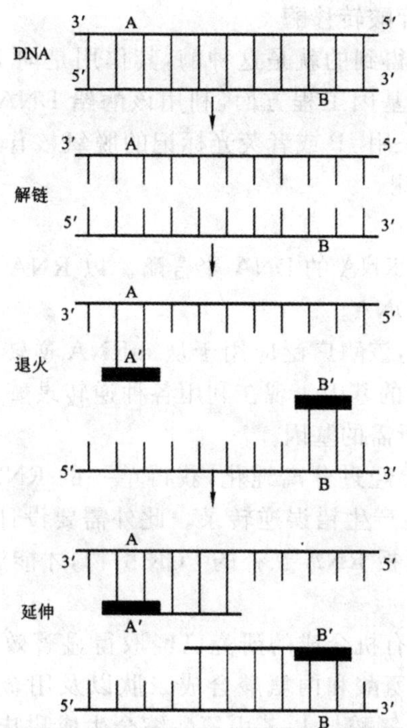

图 6-6 PCR 的基本过程

①双链 DNA 的变性(解链)。将待检测的 DNA 升温至 85℃～95℃,使 DNA 双链之间的氢键断开,解离为单链 DNA。

②引物与单链 DNA 退火结合。单链 DNA 在温度逐步降低至 50℃～70℃时,会与其碱基互补的引物结合形成双链,引物是经过设计后人工合成的与模板 DNA 某一片段互补的寡核苷酸链,长度一般为 15～30 个碱基。

③引物延伸。引物结合后,将温度升高至 70℃～75℃,在 DNA 聚合酶的作用下,以引物为起点,以 4 种脱氧核苷三磷酸为底物,以目标 DNA 链为模板,按照碱基配对原则,由 5′端向 3′端的方向延伸进行 DNA 复制。

以上三个步骤反复进行,一般经过 30 次循环,即可使目的基因扩增几百万倍。①

① 郭勇. 酶工程原理与技术. 2 版. 北京:高等教育出版社,2010:305

(3)末端脱氧核苷酸转移酶

从小牛胸腺分离得到的就是这种酶，其作用是向 DNA 的 3′-OH 末端转移脱氧核苷酸。在基因工程方面，利用该酶给 DNA 片段加上一段同聚体，形成附加末端。采用^{32}P 或者荧光标记的脱氧核苷酸进行 3′端标记，以便于 DNA 的分离检测。

(4)逆转录酶

该酶又称依赖于 RNA 的 DNA 聚合酶。以 RNA 为模板，以脱氧核苷三磷酸为底物，合成 DNA。

在基因工程方面，该酶广泛应用于从 mRNA 逆转录生成互补的 DNA(cDNA)，以获得所需的基因。现在利用各种逆转录酶进行逆转录 PCR，可以简便、快速地获得所需的基因。

在使用时，首先要经过分离纯化，获得单一的 RNA 以作为模板使用，如果 RNA 不纯，将会产生错误逆转录。此外需要设计和合成一段由 15～30 个碱基组成的与模板 RNA 互补的 PCR 引物，才能进行逆转录。

(5)蛋白酶

利用蛋白酶进行有机合成的研究已经取得显著效果。例如，利用 α-胰凝乳蛋白酶催化苯丙氨酸和丙氨酸合成二肽以及用金属蛋白酶催化 N 端经修饰保护的 L-天冬氨酸与 L-苯丙氨酸缩合生成甜味剂天苯肽。

(6)脂肪酶和酯酶

在水溶液中，这两种酶催化酯类水解成为有机酸和醇；而在非水相介质或微水有机介质中，可催化其逆反应，使醇和酸合成酯。

在含微量水的有机介质中，通过这种技术可以获得含大量不饱和脂肪酸的油脂以及其他酯类。有着极其广阔的应用前景。

(7)自我剪接酶

自我剪接酶是在一定条件下催化其本身 RNA 分子同时进行剪切和连接反应的核酸类酶。

自我剪接酶都是 RNA 前体。根据其结构特点和催化特性的不同，该亚类可分为两个小类，即含Ⅰ型 IVS 的 R 酶和含Ⅱ型 IVS 的 R 酶。

Ⅰ型 IVS 与四膜虫 rRNA 前体的间隔序列(IVS)结构相似，需要鸟苷(或 5′-鸟苷酸)及镁离子(Mg^{2+})参与，才能催化 rRNA 前体的自我剪接。

Ⅱ型 IVS 则与细胞核 mRNA 前体的 IVS 结构相似，在催化 mRNA 前体的自我剪接时，需要镁离子参与，但不需要鸟苷或鸟苷酸。

通过自我剪接酶的催化作用，可以将原来由内含子隔开的两个外显子连接在一起，成为成熟的 RNA 分子，才能发挥其功用。其催化反应如下式所示。

第7章 酶的安全性和管理

这一章综述了对酶的安全操作以及含酶产品的管理，这两部分的其他方面包括使用含酶产品的消费者的安全性，安全性和用途的标记，与生产有关的管理，以及产品管理条例等将不会涉及的产品管理条例。读者可以参考贸易协会及其他已列出的网址以得到相关信息。

7.1 酶的安全性

我们对于酶安全操作的许多知识都来自并发展于洗涤剂工业。在20世纪60年代后期，蛋白酶首次大规模应用于清洁剂生产中。随后从20世纪60年代后期到70年代早期，洗涤剂工业中的工作者患皮肤刺激和职业性哮喘病被报道。这些对健康的不利影响归因于直接接触酶。英国肥皂和清洁剂工业协会(the UK Soap and Detergent Industry Association，SDIA)对这些不利影响做出了反映，他们设立了委员会用于发展工业卫生学和雇员健康，并推荐雇员减少与酶的接触。清洁剂工业和酶生产商一起努力发展液态和密封的酶，以减少雇员与酶气溶胶(灰尘和雾状物)的接触E20703。这种做法使得安全性得以引入并使酶在许多产品和生产过程中得以应用，包括清洁剂、食品加工和纺织品。

这一章描述了酶安全性项目的要素，这些要素对于减少与酶的接触和维持车间里雇员的健康和安全很重要。这包括雇员教育、管理措施、监测方法和医药监督。在酶安全性的各个方面均有很多文章发表，如需获得更详细的信息，可以参考它们。

7.1.1 酶对健康的影响

与酶有关的健康危险数据证实其毒性很小。酶引发的不利影响可以分为两大类：刺激和呼吸过敏。没有任何科学证据可以证实与酶接触会产生其他毒性表现，包括再生毒性、发育毒性、诱变、慢性毒性和致癌性。

(1)呼吸过敏

对于与呼吸道无关的任何酶，反复吸入含酶的灰尘或雾状物会导致呼吸过敏或过敏哮喘症状。呼吸过敏有两个主要的发展阶段，也被称为1型速发超敏反应。

第一阶段是敏化，当某个人通过呼吸首次接触过敏原，如酶、家居粉尘或花粉时就会发生。如果吸入足够的酶，体内就会开始把它识别为外来物质，并会产生过敏抗体。一旦产生过敏抗体，就称此人被敏化。但是，敏化并不是一种疾病，因为在此阶段没有任何过敏症状。

第二阶段，当一个已敏化的人再次接触过敏原（如酶）时，就会产生临床过敏症状。典型的过敏症状包括流眼泪、流鼻涕、咳嗽、胸闷气短或职业性哮喘病。并不是所有敏化的人都会表现出过敏症状。过敏的发展决定于个体的耐受性，以及接触的强度和时间。如果易得病的患者吸入了酶气溶胶，就会产生过敏症状，并且症状在几个小时之内或几天之后会消失。

(2)接触皮肤和眼睛

酶并不是皮肤敏化剂。但是，蛋白水解酶会引起皮肤刺激。在长时间与酶接触之后通常会产生皮肤刺激。这种负面表现是因为蛋白酶有刺激性，并不是过敏反应。湿度会使皮肤刺激程度加深。皮肤刺激最可能出现在身体排汗的部位，如手、腋窝和脚。如果皮肤可能会有接触，应戴上手套。良好的个人卫生对于预防皮肤刺激也很必要。

蛋白水解酶也会引起眼部刺激。在酶制备过程中，需要佩戴适当的眼部防护具以避免接触。

7.1.2　控制技术

酶安全性项目的主要目标就是把与酶接触维持在会引起负面健康影响的水平之下。这可以通过留意产品的物理形态和执行工程控制、工作实践和个人防护设备来实现。清洁剂工业已建立起如下的关键策略来防止雇员与酶接触。这些也可以应用于其他工业。

①遏制任何粉尘或液态气溶胶源头的形成。

②避免经常反复或无控制的溢出。

③避免个人污染。

④采用适当措施来处理空容器。

(1)产品形态

产品形态很大程度影响着气溶胶形成的可能。因此，产品形态常常支配着工程控制、处理步骤的选择，以及用于向雇员提供充分保护的设备型号。酶制剂主要以三种主要形式供给：液态、颗粒状和粉末状。由其本质可知，粉末状酶制剂被吸入接触的可能性最大，因为细小的粉尘很容易由空气传播。当使用粉末状酶时，为确保车间的安全，需要更苛刻的处理步骤和局部的排气通风。颗粒状酶制剂常常需要防护衣，这可以减小酶粉尘形成的可能性，但是必须要注意避免破坏和压碎颗粒。当颗粒被破坏或压碎时，接触含酶粉尘的可能性就会增加。液态的酶是不挥发的，但仍有可能在物质转移、倾倒、混合操作和设备清洁过程中形成气溶胶。

(2)工程控制

工程控制是防止酶气溶胶从生产设备中释放的首选方法。因为产品的形态决定了在生产设备中使用何种工程控制，所以工程控制应该为特定的产品形态和生产过程而设计。密闭和局部排气通风形式的工程控制十分有效，它们也是控制接触酶的最合适方法。这个过程应该尽可能密闭以容纳生产操作中产生的酶气溶胶。局部排气通风应该用以辅助密闭法。同时联合使用这两种方法对于从雇员身上分离酶制剂有帮助。因此，它们应该被用于以下地方。

①将酶制剂加入工艺中的地方。

②物质转移点。

③把含酶产品打包到容器中的地方。

特异性设计，性能检定，系统维持和过程变化管理是设计和执行工程控制的关键因素。

(3)工作实践控制

工作实践控制包括安全的工作实践、教育和良好的家政实践。设立安全的工作实践是为了防止酶气溶胶的产生并避免与皮肤接触。在清洁和用高压水扫除和冲洗等操作来清除溢出物中会形成气溶胶。清洁的首选方法是用装有高效微粒空气(High-Efficiency Particulate Air，HEPA)过滤器的真空清洁器来抽真空。应避免用高压水冲洗和蒸汽清洁。工人们应该知道任何可能会产生气溶胶的工作程序并知道怎样使气溶胶的产生达到最小化。

雇员和承办人的教育对于形成安全的工作环境极为重要。为了很好地遵从工作准则并应用控制技术，雇员需要知道采取这些控制措施的原因。需要告诉他们可能会存在的健康危险，怎样和何时使用控制措施、紧急步骤，以及启用医药监督项目的原因。

(4)个人防护设备

个人防护设备用于补充其他的控制措施，或作为主要的控制方法用于特殊情况如溢出物的清洁或设备的维修保养。个人防护设备的类型包括呼吸防护、防护服和眼部防护。应该引导风险评估来决定何时应该穿上个人防护装备以及哪种类型是必要的。

有一些情况需要用工程和工作实践的控制来补充呼吸防护具。由于很难在这些操作中控制酶的量，所以清洗操作和清除溢出物也会需要呼吸防护。呼吸防护项目的重要的组成包括合适的防毒面具的选择、训练、密合性测试和医药监督。

在某些操作中可能会需要穿戴防护服和眼部防护具，如保养操作、溢出物清洁和清洗操作。在有可能有皮肤或眼部接触的地方要有皮肤和眼部的防护。这尤其适用于蛋白水解酶，因为它具有刺激的可能性。眼睛和皮肤保护的器具有安全镜、护目镜、面罩、手套和连裤工作服。

(5)空气监测

在工作环境中要评价某种特定物质的空气传播水平，常常需要做空气监测。这对于评估工程控制的效率十分重要，也能评估是否需要呼吸保护及空气传播水平是否能够满足职业性暴露限制。空气监测项目的组成包括空气取样计划、测量方法、空气取样设备以及结果评估方法。

(6)接触极限

美国政府工业卫生师协会（AGGIH）设立枯草杆菌蛋白酶的阈限值（TLV）为 $60ng/m^3$。这是建立在至少 60min 的高容量空气监测的基础上的。一些国家也建立了枯草杆菌蛋白酶的控制极限。澳大利亚、阿根廷、加拿大、丹麦、荷兰和英国对于枯草杆菌蛋白酶也采取了和 AGGIH 一样的 TLV。

(7)医药监督

执行医药监督项目用以监测雇员的健康，以便尽早检测出任何潜在的健康影响。医药监督项目的要素包括基线检查、例行医药监测和对雇员症状的评估。医药检测的组成包括医疗病史、呼吸问卷、药物测试、肺功能检测和酶敏感性确定。

吸入酶能产生过敏抗体。一旦体内产生过敏抗体就说明此人已被敏化。敏化并不是一种疾病，它暗示着接触了一种特殊酶。一个已敏化的人如果进一步吸入同种类型的酶就会产生过敏症状。有些医药测试可以检测过敏抗体，如实验室血液检测或皮肤针刺检测。这些检测用于检测过敏作用或辅助确认某种特定酶的过敏症。

从酶供应商和贸易协会那里可以得到附加的信息，如发酵酶产品生产者协会（the Association of Manufacturers of Fermentiation Enzyme Products，AMFEP）http://www.amfep.org/amfep.html，国际萨伏内里地毯及清洁协会（Association Internationale dela Savonnerie etdela Detergence，AISE）http://www.aise-net.org/，美国肥皂和清洁剂协会（US Soap and Detergent Association，SDA）http://www.sdahq.org/以及酶技术协会（the Enzyme Technical Association，ETA）http://enzymetechnicalassoc.org/。

7.2　酶的管理

酶产品要根据其应用进行管理,也就是说,是否用于食品制造业,如助消化剂,用于动物饲料,用于清洁剂,用于纺织业加工等。不同国家的管理也不尽相同。本节对很多管理作了综述,并给出更详细信息的参考;还专门介绍了在饲料中、工业、化学用途方面用作食品添加剂和辅助加工的酶。这里包含的信息并不是按部就班地告诉读者在某个特定国家里如何注册有特殊用途的酶产品。除了此处列出的信息,发酵酶产品生产者协会(AMFEP)和酶技术协会(ETA)也提供管理和安全信息相关的网页,并给出读者可能感兴趣的链接:http://www.amfep.org/amfep.html 和 http://enzymetechnicalassoc.org/。在要求某国认可一种特定产品之前,和所有的管理事务一样,与相关的权威机构取得联系并讨论步骤和档案内容十分重要。

根据它们主要的酶活,如 α-淀粉酶、枯草杆菌蛋白酶、葡糖淀粉酶、纤维素酶等,来描述和提及酶产品及酶制剂。和美国化学文摘社(the Chemical Abstracets Service,CAS)一样,IUB 官方制定了酶的系统名(E.C. 编号)。在特定规章中,常常参考 E.C. 编号和 CAS 编号。

不管是否有特殊的立法,要酶制剂的生产商在引进之前确保有潜力的产品能安全应用于预期目标是一种明智的做法。对于即将用于食品的酶产品,需要提出生产有机体(微生物、植物或动物)、生产加工和产品的安全性。已有一些出版物讨论此类问题并提供评估框架。此外,食品化学药典(the Food Chemical Codex)和世界卫生组织/食品添加剂专家委员会(WHO/JECFA)给出了食品级酶的规范,这些规范可被认为是其涵盖领域内需要的最少规范。一些国家也给出了更严格的规范。对于用于饲料的酶,有相似的安全性要求。此外,还需要提出动物营养科学委员会(the Scientific Committee for Animal Nutrition,SCAN)和美国饲料管理官方协会(the Association of American Feed Control Officials,AAFCO)(见 7.2.2 节)讨论的安全性问题。对于用于工业加工的酶,如纺织品加工、皮革制造、造纸和消费者产品如清洁剂和自动洗碗产品,其主要的安全问题都将在 7.2.3 节中讨论。

7.2.1　食品用酶

表 7-1 列出了申请所需的批准以及在食品加工中使用酶的国家。

表 7-1 申请所需的批准以及在食品加工中使用酶的国家

国家/地区	传统方法	基因改造生物的产品
欧盟添加剂	批准,acc. 89/107 指示	批准,acc. 89/107 指示
欧盟加工助剂	不一致	不一致
法国	文章 8(1989)通知或完全提交	文章 8(1989)通知或完全提交
丹麦	待批准	待批准
英国	自愿的	自愿的
波兰	待批准	待批准
瑞士	不需批准	待批准
泰国	注册	注册
韩国	注册	待批准
中国台湾	注册	注册
日本	新产品需要批准	待批准
澳大利亚/新西兰	待批准	待批准
加拿大	新产品需要批准	待批准
美国	公司公认安全物质(GRAS)评估,GRAS 通知或食品添加剂	公司公认安全物质(GRAS)评估,GRAS 通知或食品添加剂

食品加工用酶的管理恐怕是最复杂的一个。我们不但需要知道各个国家是如何管理酶的,还要知道用现代生物技术生产的酶常常需要的额外管理,包括目前正在发展的基因改造生物(Genetically Modified Organisms,GMO)食品的标记。因为正处于发展中,并且关键是如何解释,所以 GMO 食品标记管理在此不作详述。目前,欧盟、日本和澳亚利亚/新西兰已经发展或正在发展这样的管理。酶的助消化剂作用在一些国家,欧盟和美国也被专门管理;这些管理条例在此不作讨论。

在欧盟,食品酶分为食品添加剂或加工助剂两大类。如果酶在最终的食品中有技术功能,那它就是食品添加剂,因此也受食品添加剂指令(the Food Additives Directive)的调控(95/2);目前受此类管制的只有两种酶,糖果点心里的转化酶 (E1103)和奶酪中的溶菌酶(E1105)。某些其他的酶可被视为食品或食品组成,因此如果用新方法制备这类酶,就要受到新型食品管制条例(the Novel Food Regulation)97/258 的控制。欧盟食品加工中使用的大多数酶制剂都是加工助剂，就是说它们在食品加工阶段而非终产品中有自己的技术功能。根据食品添加剂框架指令（the Food Additives Framework Directive）中文章1.3可知，它们不受其控制。因此，食品中大多数酶的使用都不受协会管理（community regulation），而要受制于不同的国家规定。在本文中，需要提到的是，迫于有些对不协调形势不满意的成员的压力，欧洲委员会于2000年创建了一个工作小组，称为SCOOP特别工作队（Task Force）7.4。这个特别工作队7.4制作了关于欧盟市场上现有的酶、它们如何被管理、安全性如何评价、应该如何分类的详细目录。这篇论文定稿时，他们的最终报告尚未出版。

在欧盟，为了获得某种作为食品添加剂被管理的酶的批准，其卷宗需要呈交给食品科学委员会（the Scientific Committee for Food，SCF）。SCF是用以评价所有食品添加剂的安全性的机构。SCF在1992年4月11日发布了准备制作食品酶的数据的指导方针（见 http://europa.eu.int/comm/food/fs/sc/scf/reportsen.html）。

欧盟有两种关于酶的纵向指令：果汁和酒类指令。在与果汁和某些类似产品有关的委员会指令93/77/EEC中，通过了果胶分解酶、蛋白水解酶和淀粉分解酶的使用。在与酒市场常见组织有关的委员会指令822/87/EEC中，批准成分清单上有果胶分解酶。如果这些纵向指令没有认可某种酶，那么这种酶将不能应用于果汁或酒类生产中。

"酶可以作为加工助剂被使用（在终食品中没有技术影响）"这一条规定是由欧盟的国家立法机关制定的。法国、丹麦和英国已建立起涵盖所有食品用酶的法律；其中法国和丹麦在使用之前仍需要批准；而在英国申请批准纯属自愿，但仍受推荐。

法国食品酶法（the French Food Enzyme Law）Arrete du septembre 1989（J. O. du 01-10-89）规定，对于在法国使用的食品酶，不论是销售声明（市场通告）还是全套档案都必须要提交并且被批准。法国食品安全局（Agence Francaise de Securite Sanitaire des Aliments，AFSSA）拥有查看档案的责任，它是法国于2000年设立的新的食品安全机构（见 http://www.afssa.fr）。这些规定按照酶主要的活性和用途一一列出，职权部门也能够根据其商标进行跟踪。因此，如果某个制造商想改变某种已列出的酶的名字或添加新用途，则需要在销售之前由销售声明提出申请并获得。其中有一个重要的差别就是在一份档案被批准之后，销售声明还必须把酶产品作为一种已批准的食品添加剂列在准许进口的货单上。

为批准来源于基因改造生物（GMO）的酶，需要先描述该基因的构建；生产机体不能存在于产品中，并且产品中不能有任何可检测的（可转化的)DNA。

法国的酶法(the French Enzyme Law)也为食品酶设定了纯度要求,例如N<0.5mg/kg,大肠菌<30/g,汞<0.5mg/kg,厌氧的 SO_2 还原<30/g,砷<3mg/kg,铅<10mg/kg,微生物总数<50.000/g,黄曲霉毒素<0.005mg/kg。

在英国,酶由健康部门(http://www.doh.gov.uk/)管理,这个部门是环境、食品和农业事务部门(DEFRA,http://www.defra.gov.uk/)的一部分。健康部门批准一种"新"酶是以其需要和安全性为基础。食品咨询委员会(FAC,http://www.foodstandards.gov.uk/)决定是否需要一种新酶,而食品、消费产品和环境中化合物毒性委员会(COT,http://www.foodstandards.gov.uk/committees/cot/summary.htm)则负责评价其安全性。COT 于 1993 年发布了微生物酶制剂的安全性评价指南。①

在丹麦,食品酶受控于丹麦食品、农业和水产部(the Danish Ministry of Food,Agriculture and Fisheries)在 1997 年 12 月 11 日发布的所谓"Bekendt gorelse om tils atningsstoffer til levnedsmidler"的食品原料添加剂指令第 942 号(有修改)。在这种体制下,酶制剂的使用者或进口商有责任通知宣传,其内容需要遵从 1992 年食品科学委员会(SCF)制定的指南。通知单仅仅对一种特定的品牌或商标有效,而且必须在销售之前通过职权部门批准。

在日本,健康、劳动、福利部(the Ministry of Health,Labour and Welfare,MHLW)(http://www.mhlw.go.jp/English/)制定了食品酶的使用。准许进口的货单上列出了已批准的酶[英文版,见食品卫生法,日本食品添加剂协会(Japan Food Additives Association),1999],而且除那些来源于自克隆的微生物的酶以外,所有来源于重组体的酶都必须经过批准。(MHLW 需要证实自克隆情况并且联系他们以确定信息要求。)目前已批准的重组食品和食品添加剂清单里,也包括能在 http://www.mhlw.go.jp/english/topics/food/index.html 里找到的酶。重组体衍生酶的批准要求也能在这个网址里找到。

目前韩国正在建立与日本类似的体系。

一些国家和地区,包括波兰、匈牙利、泰国和中国台湾对于食品酶需要注册过程。在酶产品的进口或销售之前,这些过程需要的信息大大不同。需要注意到,波兰有很长的、产品必须遵守的说明书,韩国也正在建立需要批准重组体衍生的食品酶产品的规章条例。

在美国,食品成分(含食品酶)要么被美国食品及药物管理局(FDA)当

① [荷]埃拉(Aehle);林章凛,李爽译.工业酶:制备与应用.北京:化学工业出版社,2005:336~347

作食品添加剂管理，要么就是公认安全物质(Generally Recognized As Safe,GRAS)。为了成为GRAS,食品成分需要在1958年以前已经商业化，或者由于其建立在科学原则基础上的预期用途而被视为安全，并且科学家对于食品安全性的知识公认它是安全的。如果一种成分不是GRAS,它就作为食品添加剂被管理。GRAS成分无需FDA的批准即可商业化，只需经过通常称为“自我肯定”的步骤即可。通过自愿的GRAS通知程序进行的GRAS鉴定也要告知FDA。FDA于1997年4月17日提出了GRAS通知程序。尽管规章条例还未最终确定，GRAS通知程序已开始使用。当提出申请GRAS通知时，FDA就开始评价是否每份已提交的通知都能对GRAS的鉴定提供充分的基础，以及通知中的信息和FDA可以获得的其他信息是否能使他们质疑该物质的使用是否是GRAS。评价之后，FDA写信回复通知者，并且在网站上贴出该信件。

一般来说，FDA的回复有以下三种类型。

①该机构对通知者的GRAS鉴定的基础不表示质疑。

②该机构总结得出该通知并不能为GRAS鉴定提供充分的基础(如由于该通知不包含合适的数据和信息，或是因为可得到的数据和信息对于被通知的物质的安全性提出质疑)。

③回复函声明该机构应通知者的要求，中断了对于GRAS通知的评估。

食品添加剂需要首先由FDA批准其食品添加剂申请。食品添加剂申请过程可能需要几年的时间才能获得表示批准的规章；在美国，食品添加剂在进入市场之前需要获得批准。

来源于基因改造生物(GMO)产品的管理机制与来源于非基因改造生物的产品一样。基因改造生物(GMO)衍生的食品酶可以通过自我肯定、GRAS通知和(或)食品添加剂申请进入市场，这和来源于非基因改造生物的食品酶是一样的。

在实施GRAS通知过程之前，需要经历GRAS物质的申请过程，在此过程中，申请者将要求FDA确认该产品为GRAS。有些酶制剂被确认为GRAS,并且大部分都列在用于食品业的酶的部分清单(Partial List of Enzyme)上，http://www.cfsan.fda.gov/～dms/opa-enzy.html,该部分清单也列出了作为食品添加剂被管理的酶。

烟酒枪械管理局(the Bureau of Alcohol,Tobacco,and Firearms,BATF;例如啤酒、葡萄酒和蒸馏酒精饮料)和美国农业部(the U.s.Department of Agriculture,USDA,例如肉和家禽)管理的产品首先需要得到FDA的批准才能得到BATF或USDA的批准。在历史上，只有通过申请过程并拥有产品的确定管理，才能这样。一旦该产品受控于FDA，BATF就将允许其用于葡萄酒（27 CFR §24.246）和蒸馏酒精饮料（27 CFR §24.247）而没有任何更进一步的措施，但是它可能需要加入布鲁尔添加剂手册（Brewer's Adjunct Manual）以用于啤酒中。通过申请书，USDA将会允许其应用。BATF和USDA已经同意认可GRAS申请过程，这个过程也是目前制造商将要遵循的过程，以便得到一种新的、BATF或USDA控制的GRAS食品酶的批准。

在加拿大，加拿大卫生部（Health Canada）通过《食品与药品法》（Food and Drugs Act）对食品用酶进行管理。在加拿大待售的每种酶必须要依据其酶活、特定来源和允许的用途列在规章条例上（见B部分，第16章，表格V，有可能作为食品酶使用的食品添加剂；http://www.hc-sc.gc.ca/food-aliment/english/publications/acts_and_regulations/food_and_drugs_acts/c-tables.pdf）。列表是通过食品添加剂申请获得的。一旦加拿大卫生部全体职员完成了他们的安全检查并对此满意，申请者就有可能通过临时市场许可（Interim Marketing Authorization）得到临时的许可，出售食品酶。要建立一种已批准的食品添加剂的整套规章条例需要几年的时间，在此时间内要列出公报Ⅰ（Gazette Ⅰ）中提出的规章条例以征求意见，并在议会通过之后出版公报Ⅱ中的条例。呈报需求与美国相似。新食品立法中，基因改造生物（GMO）条例正在发展中。

澳大利亚和新西兰通过澳大利亚新西兰食品管理局（the Australia Newzealand Food Authority，ANZFA）对食品酶进行管理。酶在销售之前需要被批准；可以参考http://www.anzfa.gov.au/foodstandards/获得更多信息以及如何寻求一种酶的批准并对其分类等内容。已批准的酶按照酶活和来源列在标准1.3.3和条款15～17中（见http://www.anzfa.gov.au/foodstandards/foodstandardscodecontents/standard13/standard133.cfm）。

7.2.2 饲料用酶

表7-2列出了申请所需的批准以及在动物饲料和饲料加工中使用酶的国家。

表7-2 申请所需的批准以及在动物饲料和饲料加工中使用酶的国家

国家/地区	申请所需的批准
欧盟	新酶/产品所需要的全部档案 已批准产品发生变化的通知

续表

国家/地区	申请所需的批准
美国	GRAS或饲料添加剂， 美国饲料管理协会(AAFCO)列出的
加拿大	待批准

在欧盟国家，用作饲料添加剂的酶受制于饲料添加剂指令(the Feed Additive Directive)70/524/EEC。指令87/153/EEC给出了标准的细节以及要提交的以获得批准的酶的档案内容，并由94/40/EEC和95/11/EEC(即所谓的"指导方针指令")修订。除了这些标准，还需包括生产机体和生产过程的描述，并且生产机体需要"存储"(即生产机体需要由一家公认的菌种保藏中心存放)。这些要求限制了生产商在不向职权部门寻求批准的情况下改善工艺的数量。动物营养科学委员会(Scientific Committee for Animal Nutrition，SCAN，http://europa.eu.int/comm./food/fs/sc/scan/index_en.html)确定要批准的要求，并检查饲料用酶的档案。已批准的酶要和所有饲料添加剂一样，加入指令的附件Ⅰ(AnnexⅠ)；批准就意味着生产菌株的特异性。

在1998年8月的一本出版物中，动物营养科学委员会(SCAN)认为在用于未来饲料酶产品的基因改造生物(GMO)中，应该避免或排除抗生素抗性标记(ARMs)。因此，工业界发展生产饲料用酶的微生物来源用以避免使用ARMs是一种明智的做法。SCAN也发表了一些其他的关于饲料用酶的观点，可参见其网站。

在美国，饲料的成分要么是公认安全物质(GRAS)，要么是列入美国饲料管

理官方协会(AAFCO)的正式出版物[AAFCO手册(也可见http://www.aafco.org/)]中。分类要经过各个州的批准。在1997年提出并于1998年正式通过的酶协调政策(Enzyem Coordination Police)下，FDA将检查饲料业中使用的新的酶产品，并通过一封无反对意见的信件推荐其列入AAFCO手册。列入的要求在AAFCO手册的协调政策中讲得很清楚。其他可能组成或包含酶的相关材料也列入AAFCO手册，§§36.11和36.12。

在加拿大，饲料用酶由饲料部门、动物卫生和生产部门、加拿大食品监督机构管理。添加一种新酶需要安全性和效力数据、目的性分类、产品配方、分析数据及方法。酶必须经过批准之后才能用于饲料业。关于如何申

请饲料酶的批准、哪些酶已被批准以及活性测试标准的说明可在一些贸易契约书（http：//inspection. gc. ca/english/anima/feebet/tradememem/trindxe. shtml)中找到。

7.2.3 工业用酶

表7-3列出了申请所需的批准以及在工业中使用酶的国家。

表7-3 申请所需的批准以及在工业中使用酶的国家

国家/地区	申请所需的批准
澳大利亚、加拿大、欧盟、日本、韩国、菲律宾、美国	列于详细目录
德国、奥地利	用作清洁剂的酶需要其档案来获得注册号码

在有此类规定的国家，用于工业过程（如纺织品加工和造纸业）的酶，以及作为洗衣粉和洗碗精成分的酶通常与其他化学品一样进行管理。它们通常被包含在下述的详细目录清单里。此外，这种酶产品的成分也需要列在各自的目录内。

在欧盟国家，这些规章条例是一致的。正在讨论中的酶的活性列在欧洲现有化合物目录(EINECS)中，或者由欧洲新化学品清单(ELINCS)批准为新化学品（也可见 http：// ecb. ei. jrc. it)。欧盟委员会指令67/548/EEC(92/32/EEC的第七次修订版)涵盖了这些酶的管理规章，该指令此后就指的是ELINCS指令，并实施国家管理。EINECS中有超过300种酶。用作各种用途的酶，无论其作为成分还是加工助剂，只要是在欧盟使用，都要通过这个管理方案进行管理。

目前EINECS中列出的所有的酶都仅以其催化活性为特征，并按照美国化学文摘社(CAS)编号列出，酶的来源对于确定其EINECS状态并不重要。这表明EINECS清单涵盖来源于基因改造微生物的酶，包括蛋白质工程改造的酶。欧盟委员会目前正在检查如何把酶列在EINECS中，这种管理方案以后可能会改变。

在美国，用于产酶的属间微生物（即重组来自不止一种分类物种的DNA生成的重组微生物）由美国环境保护署(EPA)毒性物质管理法(TSCA)管理。EPA TSCA的规章在联邦条例法典(CFR)40部分，700～789页（见 http://www. access. gpo. gov/nara/cfr/waisidx _ 00f/0cfrv23_00. html)。

虽然已有超过100种酶按照CAS编号清楚地列于TSCA目录上，现行的EPA政策(未成文的)却是酶是自然产生的物质,在目录上很不清楚。如果一个制造商想生产或进口一种酶产品,并且想向相关机构确认这种酶是不是在目录上,他就可以提交一份诚心希望生产(Bona Fide Intent to manufacture)的文件,每40CFR§720.25。EPA就会评定所给的信息,并确定该文件的实体是否在目录上。这也是用于确定一个实体是不是处于目录的机密部分的步骤。

属间微生物由生物技术的微生物产品(Microbial Products of Biotechnology)管理,最终法规是TSCA,1997年公布了其最终标准。欲知标准的内容、使用指导以及规定可以使用的微生物清单,请参见http://www.epa.gov/biotech_rule/index.html。在美国,对于化学品,在40 CFR §720.36下;以及对于含有使用属间微生物的,在40 CFR§720.234下,进行的酶的研发免受TSCA管理。如果属间微生物的生产或研发都在美国进行,它就仅受条例管制。如果酶在美国以外生产,并且进口时产品不含微生物,那就只有酶产品和配方成分受制于毒性物质管理法(TSCA)。

在加拿大,有这些用途的酶需要列在国内物质目录(Domestic Substances List,DSL)上;用于生产酶的微生物,不论是否属于重组体,也要列在DSL上。通知要求、步骤和DSL详见http://www.ec.gc.ca/cceb1/nsd/eng/index_e.htm。

日本、澳大利亚、韩国和菲律宾也有包含酶及其成分的化学品目录。在日本,酶被视为天然的,无需详细列在目录上。在任何一个这些国家里,在一种酶产品进口或生产之前,都需要先咨询主管的环境法规机构。

参考文献

[1]陈守文．酶工程．北京:科学出版社,2008

[2]王金胜．酶工程．北京:中国农业出版社,2007

[3]肖连冬,张彩莹．酶工程．北京:化学工业出版社,2008

[4]吴敬,殷幼平．酶工程．北京:科学出版社,2013

[5]韦平和,李冰峰,闵玉涛．酶制剂技术．北京:化学工业出版社,2012

[6]梁传伟,张苏勤．酶工程．北京:化学工业出版社,2005

[7]聂国兴．酶工程．北京:科学出版社,2013

[8]邢淑婕．酶工程．北京:高等教育出版社,2008

[9]郭勇．酶工程(第3版)．北京:科学出版社,2009

[10]陈宁．酶工程．北京:中国轻工业出版社,2014

[11]施巧琴．酶工程．北京:科学出版社,2005

[12]由德林．酶工程原理．北京:科学出版社,2011

[13]周济铭．酶工程．北京:化学工业出版社,2008

[14]贾新成,陈红歌．酶制剂工艺学．北京:化学工业出版社,2008

[15]梅乐,岑沛霖．现代酶工程．北京:化学工业出版社,2008

[16]袁勤生,赵健．酶与酶工程．上海:华东理工大学出版社,2005

[17]罗贵民．酶工程(第2版)．北京:化学工业出版社,2008

[18](德)布赫霍尔茨(Buchholz K.)等编著,魏东芝等译．生物催化剂与酶工程．北京:科学出版社,2008

[19]袁勤生．酶与酶工程(第2版)．上海:华东理工大学出版社,2012

[20]李斌,于国萍．食品酶工程．北京:中国农业大学出版社,2010

[21]杜明,苏东海．极端环境中的酶科学与技术．哈尔滨:哈尔滨工业大学出版社,2014

[22]郭勇．酶工程原理与技术(第2版)．北京:高等教育出版社,2010